U0646015

海洋生态环境
保护与修复
案例集

李兵　姜玥璐　编著

清华大学出版社
北京

内 容 简 介

本书旨在探索和实现新型教学模式——案例教学，生动阐释海洋生态环境保护理论，强化海洋环境专业技术人才的培育。本书精心编排了 40 余个来自不同背景的案例，为案例讨论提供了丰富的素材基础，促进了不同事件、信息、知识、观点之间的交流与互动。案例的多样性和生动性能够极大提高学生的学习兴趣，使他们从被动接受知识转变为积极参与讨论，实现了从传统教学模式到主动学习模式的转变，有助于学生超越传统的主客体认知框架，培养批判性思维和自主学习能力。

本书旨在为青年教师提供高质量的教学参考，并支持举办相关领域的案例教学研讨会，以促进新型高、精、专教育资源的形成。本案例集的出版和在教学中的广泛应用，将有效推广海洋生态环保理念，使海洋生态环保教育成为中国生态环境保护教育的一大特色。

版权所有，侵权必究。举报：010-62782989，beiqinquan@tup.tsinghua.edu.cn。

图书在版编目 (CIP) 数据

海洋生态环境保护与修复案例集 / 李兵, 姜玥璐编著. –– 北京 : 清华大学出版社, 2025. 6.
ISBN 978–7–302–69492–2

Ⅰ . X145

中国国家版本馆CIP数据核字第20257EG988号

责任编辑：李双双
封面设计：何凤霞
责任校对：王淑云
责任印制：宋　林

出版发行：清华大学出版社
　　　　网　　　址：https://www.tup.com.cn, https://www.wqxuetang.com
　　　　地　　　址：北京清华大学学研大厦 A 座　　　　邮　　　编：100084
　　　　社 总 机：010-83470000　　　　邮　　　购：010-62786544
　　　　投稿与读者服务：010-62776969, c-service@tup.tsinghua.edu.cn
　　　　质量反馈：010-62772015, zhiliang@tup.tsinghua.edu.cn
印 装 者：三河市龙大印装有限公司
经　　销：全国新华书店
开　　本：185mm×260mm　　　　印　　张：17.5　　　　字　　数：445 千字
版　　次：2025 年 7 月第 1 版　　　　印　　次：2025 年 7 月第 1 次印刷
定　　价：69.00 元

产品编号：109038-01

本书编辑委员会

主任：李　兵　姜玥璐

委员：王潇雄　胡安东　王　叶　梁宝瑞
　　　祝乐乐　殷恒芝　孟　仪　王瑞源
　　　赖紫荣　唐有仪　奂圣鑫　杨理阁
　　　王雨欣　高德贵

序 言 1

案例教学是一种通过模拟或者重现现实生活中的一些场景，让学生把自己纳入案例情境之中，通过讨论或者研讨来进行学习的一种教学方法。海洋生态环境保护案例教学通过分析、比较，研究各种各样成功的和失败的案例经验，从中抽象出某些一般性的案例结论或案例原理，可以让学生通过自己的思考或者他人的思考来拓宽视野，从而丰富自己的知识储备。

《中华人民共和国海洋环境保护法》第十条，国家鼓励、支持海洋环境保护科学技术研究、开发和应用，促进海洋环境保护信息化建设，加强海洋环境保护专业技术人才培养，提高海洋环境保护科学技术水平。基于海洋环境保护法的内容，本课题组设计了新型教学模式，以加强对海洋环境专业技术人才的培养。

海洋生态环境案例教学是新型教学模式的一大实践，只通过课本的理论教学难以达到培养科研人才的目的，需要借助实践案例引导教学。海洋生态环境案例教学不仅是一种知识形态的载体，更重要的是体现出了其理性之上升华而成的价值理性，是实践智慧的结晶。通过丰富的现实案例及其影响力能更加生动地表达海洋生态环境保护的理论，从而使学生能够独立思考，在潜意识内产生相对高度的价值观，也就是学习人员的深度学习及参与配合，"学必求其心得，业必贵其专精"。本书通过案例分析，针对同一问题不同观点的互相交锋和彼此互动，激发学生的创造性思维，提高学生的判断能力、分析能力、决策能力、协调能力、表达能力和解决问题的能力；实现创新发展，达到产教结合。该特点体现在以下几个方面。

一是教学模式上从主客体模式向主体间性模式转变。海洋生态环境保护案例将多元背景的案例组合在一起，为案例讨论中不同的事件、信息、知识、观点的交流和互动奠定了基础，由于学习者面对的是生动有趣的多元案例，因此对课堂的兴趣度极高，他们从被"投喂"到参与制作，形成截然相反的效果，实现了对客观印象中"主体""客体"认知框架的超越，帮助学生从被动走向自觉。

二是讲授方法上提倡场景叙事法。教学案例丰富多样，按照叙事的风格，通过相关案例的影视、图像或者新闻的辅助，生动地将学习者带入案例。利用案例的真实性，引发学习者的共鸣和情感联结。

三是案例选择上挑选与教学目标相恰的教学案例。本案例集的案例大多是国内外前沿的案例，涵盖了海洋生态环境领域的多个方面。案例的贴切度和课堂参与程度及通过案例讨论得到的启发，通常是成正比的；海洋生态环境案例考虑"学"的过程中，学习者的主体性（学生的能力、学生的需求和学生的构成），在海洋生态环境案例集中选取了与他们的背景及国情时事相关的题材，从而形成了较好的课堂反响，达到了升华课堂的目的。

四是通过案例教学引发实践智慧，实现产教结合。中国古老的工匠精神恰恰是实践智慧的体现。工匠精神是社会文明进步的重要尺度、是中国制造前行的精神源泉、是企业竞争发展的品牌资本、是员工个人成长的道德指引。学习者通过案例教学引发的精神层面的升华（精益、专注、创新），并结合本身的知识储备达到"知行合一"。学习者因此能够勇于探索，拥有发现真问题、解决大难题、定义新命题的实践创新能力，从而更好地投入到工业、产业及社会实践中去。

海洋生态环境保护案例集正式纳入教学后，青年教师也可以参考本书，开展高质量教学工作；还可以开展相关领域案例教学研讨，加快形成一批新型的高、精、专教育资源。相信本案例集的出版，以及在教学中的广泛应用，一定有助于"海洋生态环保"理念的推广，让海洋生态环保教育成为中国生态环境保护的特色。

李 兵

序 言 2

海洋不仅孕育了无数生命，更是人类文明发展的重要舞台。随着人类活动的不断扩张，海洋生态环境面临着前所未有的挑战。因此，海洋生态环境的保护与修复，不仅是科学问题，更是关乎人类未来的重大课题。

本书通过一系列真实的案例，向读者展示了海洋生态环境保护与修复的复杂性、紧迫性及可行性。内容涵盖了海洋生态环境保护与修复的多个方面。本书对海洋生态环境保护与修复进行了概述，旨在为读者提供一个宏观的视角，使他们能够了解海洋生态系统的构成、功能及当前面临的主要威胁。接着，本书通过分析典型的利益冲突案例，探讨了在海洋生态环境保护中可能遇到的各种挑战，如经济发展与环境保护的矛盾、不同利益相关者之间的冲突等。这些案例不仅展示了问题的复杂性，也提供了解决问题的思路和方法。海洋生态保护案例部分精选了一些成功的保护项目，如珊瑚礁保护、海洋保护区的建立等，这些案例展示了科学、政策和社会力量如何协同工作，共同保护海洋生态系统。而在海洋生态恢复案例中，本书关注受损生态系统的恢复过程，如油污清理、海滩修复等，这些案例不仅展示了恢复工作的复杂性，也体现了人类对海洋生态系统恢复的承诺和努力。

通过案例研究和实践操作，同学们可以更深入地了解保护措施的预防性质和修复工作的恢复性质，以及在实际工作中遇到的困难和现实博弈，有助于学生在未来职业生涯中设计和实施更有效的海洋生态环境保护与修复策略。本书的编写过程也是对海洋生态环境保护与修复工作的一次深刻反思。作为一名深耕海洋科学与技术领域多年的工作人员，我深知这项工作的艰辛与挑战。海洋生态环境的保护与修复需要跨学科的知识、跨领域的合作及全社会的参与。这本书的编写，正是基于这样的理念，希望它能够成为连接理论与实践、科学与社会的桥梁。

我衷心希望本书能够帮助同学们理解课堂知识与现实世界之间的差异，激发读者对海洋生态环境保护的热情，引导大家以更加科学、理性的态度参与到这项伟大的事业中来。海洋是地球的蓝色心脏，保护它，就是保护我们共同的家园。让我们携手努力，为海洋生态环境的保护与修复贡献自己的力量。

姜玥璐

目　录

第1章　海洋生态环境保护与修复概述　　　　　　　　　　　　　　　　　1

1.1　海洋生态系统保护与海洋强国　　　　　　　　　　　　　　　　　1

1.2　海洋生态环境保护和修复的区别　　　　　　　　　　　　　　　　4

1.3　海洋生态系统保护的重要性　　　　　　　　　　　　　　　　　　7

1.4　当前海洋生态系统面临的威胁　　　　　　　　　　　　　　　　　12

参考文献　　　　　　　　　　　　　　　　　　　　　　　　　　　　31

第2章　海洋生态保护案例　　　　　　　　　　　　　　　　　　　　　41

2.1　红树林资源保护案例　　　　　　　　　　　　　　　　　　　　　41

2.2　渔业资源保护案例　　　　　　　　　　　　　　　　　　　　　　57

2.3　大堡礁连通性保护案例　　　　　　　　　　　　　　　　　　　　69

2.4　鸟类迁徙路线保护案例　　　　　　　　　　　　　　　　　　　　76

2.5　海底采矿环境保护案例　　　　　　　　　　　　　　　　　　　　86

2.6　声呐对海洋动物的影响及其保护案例　　　　　　　　　　　　　　92

第3章　海洋生态恢复案例　　　　　　　　　　　　　　　　　　　　　99

3.1　互花米草生物入侵防治案例　　　　　　　　　　　　　　　　　　99

3.2　蓝色海湾恢复案例　　　　　　　　　　　　　　　　　　　　　　107

3.3　陆海协同的感潮河流治理案例　　　　　　　　　　　　　　　　　120

3.4　天津河口生态减灾案例　　　　　　　　　　　　　　　　　　　　128

3.5　奥斯本人工鱼礁建设案例　　　　　　　　　　　　　　　　　　　134

3.6　宁波海面漂浮垃圾治理案例　　　　　　　　　　　　　　　　　　141

3.7　新西兰查塔姆岛海岸沙丘恢复案例　　　　　　　　　　　　　　　147

3.8　斯里兰卡红树林恢复案例　　　　　　　　　　　　　　　　　　　154

3.9　澳大利亚阿德莱德海草修复案例　　　　　　　　　　　　　　　　161

3.10　荷兰代尔夫兰海滩修复案例　　　　　　　　　　　　　　　　　167

第 4 章　海洋生态环境保护典型利益冲突案例　　174

4.1　资源开发与生态保护冲突案例　　174

4.2　海洋环境污染案例　　207

4.3　跨区域协同治理案例　　230

4.4　英法渔业争端案例　　241

4.5　海洋环境管理典型案例　　246

第 1 章

海洋生态环境保护与修复概述

1.1 海洋生态系统保护与海洋强国

海洋生态保护不仅有助于维持海洋资源的可持续利用，保障海洋经济的长期健康发展，也是实现海洋强国战略的关键一环。加强海洋生态保护能够使海洋资源得到更好的利用，推动海洋经济的高质量发展，从而在全球海洋治理中发挥更大的作用。随着中国改革进入深水区，海洋经济已成为国家经济增长的新动力，有效缓解了陆地经济压力，并促进了传统产业的升级及新兴产业的发展。党的十八大以来，中国大力支持海洋新兴产业的发展，增强海洋资源开发能力，致力于建设世界一流港口，推动经济由高速增长向高质量发展转变[1]。

新兴海洋产业的发展受到特别重视，这些产业以其高技术水平和环境友好性，有助于实现中国经济的高质量发展。同时，海洋旅游业作为海洋经济的重要组成部分，通过展示沿海地区的风土人情和文化特色，吸引了国内外游客，促进了消费增长。例如，海南省利用其区位优势和自由贸易港政策，通过提升度假产品质量和推进各类海洋旅游项目，积极发展海洋旅游产业。总的来说，我国海洋事业的制度逐步完善，全民对海洋事业的关注度不断提升，为建设海洋强国提供了战略机遇。中国海洋资源丰富，海岸线绵长，海域国土面积广阔，拥有丰富的矿物资源、化学资源、生物资源和动力资源。此外，中国沿海地区经济基础坚实，从经济特区到各类经济圈的设立，沿海城市的开放和发展为海洋强国的建设提供了成功范例和强大动力[2]。

1.1.1 海洋生态系统保护促进海洋生态文明发展

海洋生态文明建设是生态文明建设的重要组成部分，是习近平生态文明思想在海洋领域的集中体现，是我国海洋环境治理过程中的创新和发展，其核心要义在于促进和维护人与海洋和谐共生。海洋生态文明是从海洋视野、人与自然界关系角度反映人类文明进步程度的范畴，它同其他文明一样都属于历史范畴，随着人类文明的发展经历着由低级向高级不断演进的过程。我国追求的生态文明，是人类社会与自然界和谐相处、良性互动、持续发展的一种高级形态的文明境界[3]。这种文明既需要有理论上、战略上的阐述，也需要有实践上的创造。建设海洋强国战略的实施亦是如此，充分体现了海洋发展中建设生态文明的根本要求。

通过行政、法律、经济等多种手段，保护海洋环境和修复生态，以资源节约、环境友好的方式开发使用海域，保持生态系统基本功能，逐步形成有力促进海洋生态文明建设的产业结构、发展方式和消费模式,实现海洋的和谐、可持续开发利用,才能为海洋强国建设创造资源、生态和环境条件[4]。可见,把海洋纳入整个生态文明建设,既是实践上也是理论上的重大创新突破。这不仅是对中国特色社会主义理论的完善、丰富和重大发展,也是对全球人类文明形态和文明理念、道路认识的升华,不仅对中国的发展有重大而深远的意义,而且对建设人类文明具有重要贡献。

建设海洋强国,应该把海洋元素与谋求建设强盛国家紧密联系在一起,从而把海洋的重要性放在前所未有的重要位置上[5]。以更高站位、更远视野拓宽建设强盛现代化国家的发展空间,有利于提升国家的发展能力和文明程度。"建设海洋强国"有着丰富的内涵,有几个非常重要且不可或缺的方面,它们互为条件,相辅相成,构成了海洋强国的基本内容。建设海洋强国是战略目标、任务与重点的统一,体现出以海洋经济建设为中心、以海洋生态文明建设为保障的提升海洋资源开发能力、强化综合管理、推进海洋强国建设的战略思路[6]。其紧密相联的逻辑结构,清晰反映了海洋强国的内涵及其相互关系。

1.1.2 海洋生态系统保护支持海洋经济可持续发展

我国主张的海域面积约为 300 万千米²,拥有超过 1.8 万千米的大陆海岸线和 1.4 万千米的岛屿海岸线,滩涂面积达 3.8 万千米²,岛屿数量超过 1.1 万个[7]。这些丰富的海洋资源不仅是现代化建设的重要资源库、生态屏障、经济命脉和战略空间,还蕴含着天然气、潮汐能、风能等绿色能源,为陆地资源的可持续利用提供了新的可能性。海洋生物多样性和矿产资源为多个产业提供了原材料;同时,海洋也是淡水资源的重要来源,对人类生存至关重要。

海洋经济的发展催生了滨海旅游、海洋牧场、海上风电、油气开发、船舶制造和海上运输等产业,成为经济增长的新动力,对沿海地区的发展和开放型经济的构建起到了推动作用[8]。海洋产业作为技术密集型产业,国家对其投入了大量资源进行技术研发和运维,促进了科技创新,为产业转型升级和新兴产业发展提供了支撑,对建设海洋经济强国具有重要意义[9]。因此,保护海洋生态环境,避免因经济利益而损害生态,推动海洋经济的可持续发展,符合我国和全球的经济发展需求,也是我们长期的奋斗目标。

海洋生态环境的保护与可持续发展是环境保护的必然选择,也是实现可持续经济发展的必要途径。自党的十八大以来,我国采取了一系列措施来保护海洋生态环境。自然资源部推动了全国海岸带的综合保护和生态修复,沿海地区将海岸保护作为工作重点,坚持生态优先原则,将可持续发展作为发展的核心。在用地用海过程中,自然资源部采取了多项措施,对处于生态保护红线内的新增填海造地重大项目,要求省级政府同步编制调整方案,并纳入国土空间规划。2022 年,中国在"中国—岛屿国家海洋合作高级别论坛"上发布了《海岛可持续发展倡议》,并在国际上制定了《"海洋十年"中国行动框架》,对全球海洋治理产生了积极影响。这些举措与党的十八大、二十大报告形成了完整的体系,为中国海洋生态环境保护贡献了力量[10]。

1.1.3 海洋生态系统保护支撑陆海统筹联动管理

海洋与陆地之间存在着密切的相互作用,不断地进行着物质、能量和信息交流。海洋所面临的问题往往源自陆地,同时,海洋的状况也对陆地产生影响。因此,陆海统筹成为构建海洋生态环境管理体系的核心原则。这一理念强调在追求经济发展的同时，必须考虑到对生态环境的保护，而海洋环境的污染防治和生态修复是实现可持续发展的关键[11]。在当前背景下，海洋生态系统对于维持全球生态平衡具有极其重要的作用。海洋环境的污染和破坏不仅威胁到海洋生物多样性，也对生态平衡构成了严重的危害。为了应对海洋环境污染导致的生态系统功能退化，必须采取治理措施和修复海洋环境，以减轻或消除污染对海洋生态系统的负面影响。

此外，海洋生态文明建设已经迈入一个新的阶段，即通过高水平的海洋生态环境保护来促进经济社会的高质量发展[12]。公众对于优质的海洋生态环境和生态产品有着更高的期待，对于海洋生态环境问题的容忍度也在降低。由于海洋生态环境问题的复杂性、流域—河口—近海的连通性及治理主体的多样性，海洋生态环境问题已成为美丽中国和海洋强国建设中最突出的短板。海洋生态环境问题虽然表现在海洋，但其根源在于陆地，因此，实现有效治理和生物多样性保护的关键在于对陆地的系统治理，而非海洋自然生态本身。目前，海洋生态环境保护面临的挑战包括结构性、根源性和趋势性压力尚未得到根本缓解，环境污染和生态退化问题依然严重。美丽中国建设的目标与公众对海洋生态环境的期待之间仍存在明显差距。具体问题包括对陆海统筹环境保护和治理的认识存在片面性，陆海生态环境协同联动的制度机制不健全，以及陆海统筹的科技支撑不足[13]。为了有效改善近岸海域水质，必须坚持"陆海统筹、以海定陆"的原则。这需要相关地市基于近岸海域水质保护和改善的需求，共同制定入海河流水质达标及提升方案，通过系统规划和统筹联动，减少入海污染通量，从而改善近岸海域水质。

鉴于海洋的流动性和跨区域传输特性，海洋生态环境保护通常涉及多个责任主体。因此，需要相关省份加强联防联控机制建设，共享海洋环境信息和应急资源，并在重大工程项目环评方面进行会商，共同致力于污染防治、生态保护、风险防范、灾害应急和监督管理等工作，以保护共同的海洋环境。此外，相关省份还需要构建陆海统筹的海洋生态环境管理体系，不断巩固和发挥体制优势，强化制度、机制和政策之间的联动。核心目标是建立陆海统筹的生态环境治理体系和提升治理能力，途径包括巩固机构改革形成的体制优势、加强制度顶层设计、完善联防联控机制和增强政策的宏观引导作用[14]。

1.2 海洋生态环境保护和修复的区别

　　海洋资源的可持续利用是全球环境议程的核心议题，而海洋生态环境保护与修复是确保海洋资源可持续利用的基石。区分保护和修复概念的异同对帮助理解海洋资源管理的实际应用至关重要。

　　海洋生态环境保护指的是一系列预防性措施，旨在维护海洋生态系统的健康、稳定和生物多样性[15]。这些措施包括制定和执行保护法规、建立海洋保护区、推广可持续的海洋资源利用方式及减少污染物排放。保护策略的核心在于防止新的破坏和污染，以保持海洋生态系统的现有状态。其本质一是对"人海"关系的再调适，目的是维护海洋生态系统本身的完整性和弹性，保障海洋生态系统健康，提高海洋保护利用综合效率和效益，最终达到"人海和谐"；二是海洋生态保护修复不能只关注生态空间，还应关注生产、生活空间，海洋生态问题主要缘于人对海洋及其邻近的陆地资源和空间的不合理开发利用；三是海洋生态保护修复的手段是综合的，要达到保护修复的目的，既包括实施具体的保护修复工程技术措施，还应包括严密的管理措施，构建合理的制度体系和运转机制等。

　　与保护不同，海洋生态环境修复关注的是已经遭受损害或退化的生态系统[16]。修复工作涉及一系列技术和工程手段，如人工鱼礁建设、海草床和红树林的恢复、受损珊瑚礁的重建及海滩净化等。这些措施旨在恢复受损生态系统的结构和功能，使其尽可能地回到未受干扰前的自然状态。海洋生态保护修复主要是开展海岸带、岛屿两种生态类型的修复。一是污染较重的河口海湾。通过调整陆海开发布局、污染源头治理、生物群落截污、加强污染应急管理与处置等手段，控制入海污染，恢复水体水质。二是城市邻近的海岸带。通过综合手段，构筑生态安全屏障，包括恢复生境，提高海洋生产力，恢复海洋的活力，恢复并优化景观格局，提升城市滨海景观资源价值等。

　　表 1-1 展示了国际上与生态修复相关且常见的术语，这些术语之间可能存在冲突或重叠。为了确保生态系统服务和产品的持续性，可以通过不同形式的人为干预来加速恢复过程。"Restoration"一词被定义为"生态恢复"，意指协助退化的生态系统恢复到未受干扰前的结构和功能状态。这一术语强调生态系统的自我组织和自我恢复能力，要求人类干预的程度较低，目标是使受损的生态系统恢复到未受损时的完整健康状态。"Rehabilitation"则被理解为"生态修复"，指的是通过人工手段使受损的生态系统恢复到较好的状态，不包括生态系统依靠自身力量恢复的情形。修复的目标是部分恢复到生态系统受干扰前的结构和功能，更侧重于人类对受损生态系统的改善，而不一定是恢复到最初的状态[17]。"Reconstruction"意为"生态重建"，指的是在人类活动导致的退化之后，重新构建原有的自然生态系统，重点在于恢复原有系统的结构和物种多样性。"Replacement"即"生态重置"，旨在建立一个新的生态系统以满足人类需求，新建立的生态环境旨在恢复或超越原有生态环境的水平，而不是追求原始自然状态下的生态系统。

表 1-1　生态修复相关概念分类

术语 （Term）	内涵 （Connotation）	目标状态 （Target state）	干预程度 （Intervention procedure）
生态恢复 （Restoration）	使退化生态系统回到原始位置或状态的行为，按字面解释需要在该精确位置上绝对复制	恢复原状，即回到原始未受损状态	有限
生态修复 （Rehabilitation）	部分替代生态系统中已减少或丧失的结构或功能特征的行为，以使本地生态系统"启动并再次成为可行的系统"	改善退化生态系统状态，但并不期望达到原始状态	积极
生态重建 （Reconstruction）	在损害非常严重的地方，消除或者扭转所有退化因素，纠正所有生物和非生物损害，同时需要重新引入所有或大部分理想的生物区系	与当地原有生态系统相匹配	完全
生态重置 （Replacement）	用其他地方的生态服务代替那些已经被破坏的服务	建立具有不同于原始或退化的用途或特征的新区域	完全

随着生态文明建设的不断进步，生态修复的概念也逐渐丰富和完善。在国家和地方政府的管理层面及企业开展的生态修复业务，更倾向采用广义上的生态修复概念。这指的是在生态系统退化之后，采取各种必要的措施，在促进生态恢复的基础上，进一步改善生态环境，使其达到可持续利用的状态，包括表 1-1 中的"生态恢复""生态修复""生态重建"和"生态重置"[18]。这种做法不仅依赖生态系统自身的恢复力量，也依赖外部力量来重建和重置受损的生态系统，不仅包括在原地的恢复，也包括在新地点的重建。修复的对象是结构和功能受损的生态系统，修复手段包括化学修复（如污染物的去除）、物理修复（如生境结构的调整）、生物修复（如物种群的种植）及工程技术措施等的优化组合[19]。

对比来看，海洋生态环境保护和海洋生态环境修复是两个密切相关但又有所区别的概念，它们在目标、方法和实施过程中各有侧重。

在目标方面，海洋生态环境保护的目标是预防海洋环境的进一步恶化，保持或改善现有的海洋生态系统健康和生物多样性，侧重于维持和提升海洋生态系统的整体质量和稳定性，防止新的破坏和污染。海洋生态环境修复则是在海洋生态系统已经遭受损害或退化的情况下，采取一系列措施来恢复其原有的结构和功能，更侧重于对已经受损的生态系统进行恢复和重建，使其尽可能地回到未受干扰前的自然状态[20]。

在方法层面，海洋生态环境保护通常包括制定和执行保护法规、建立海洋保护区、推广可持续的海洋资源利用方式、减少污染物排放等预防性措施。海洋生态环境修复则涉及更具体的技术手段，如人工鱼礁建设、海草床和红树林的恢复、受损珊瑚礁的重建、海滩净化等，旨在直接改善受损生态系统的健康状况。

在实施过程中，海洋生态环境保护往往需要长期的努力和社会各方面的参与，包括政府、企业、公众等，以形成持续的保护机制。海洋生态环境修复则通常是项目性的，针对特定的受损区域或生态系统，通过科学规划和实施一系列修复措施，以达到预定的恢复目标。

表 1-2 简洁地概括了海洋生态环境保护和修复的主要区别，有助于读者理解两者在目标、方法和实施过程中的不同侧重点。除此之外，海洋生态环境保护和海洋生态环境修复之间存在着密切的相互关系，它们共同构成了海洋生态环境管理的完整体系。以下是它们之间的关键联系点。

表 1-2　海洋生态环境保护和修复的主要区别

比较维度	海洋生态环境保护	海洋生态环境修复
目标	预防海洋环境恶化，维持和提升海洋生态系统的质量和稳定性	恢复受损或退化的海洋生态系统，使其尽可能回到未受干扰前的自然状态
方法	制定和执行保护法规、建立海洋保护区、推广可持续利用、减少污染物排放等	人工鱼礁建设、海草床和红树林恢复、珊瑚礁重建、海滩净化等具体技术手段
实施过程	需要长期努力和社会各方面参与，形成持续保护机制	通常是项目性工作，针对特定受损区域或生态系统，通过科学规划实施修复措施

互补性：海洋生态环境保护旨在预防海洋生态系统退化和受损，通过制定和执行保护措施，如建立海洋保护区、限制污染物排放等，来维护海洋生态系统的健康和稳定。海洋生态环境修复则是在生态系统已经受损的情况下进行的，通过一系列技术和工程手段，如恢复红树林、重建珊瑚礁等，来修复和重建受损的生态系统 [21]。两者相辅相成，保护措施可以减少对海洋生态系统的压力，从而降低修复的需求；而有效的修复工作又可以增强生态系统的抵抗力，使其更能抵御未来的威胁。

持续性：海洋生态环境保护需要长期的承诺和持续的努力，以确保海洋生态系统的长期健康和可持续性。海洋生态环境修复也不是一次性的活动，而是一个持续的过程，需要定期监测和后续管理，以确保修复成效的持久性和生态系统的持续恢复。

系统性：海洋生态环境保护和修复都需要系统性的思考和方法，考虑到海洋生态系统的复杂性和不同组成部分之间的相互依赖关系。保护和修复工作需要跨学科、跨部门的合作，以及政府、企业、社区和国际组织的共同参与 [22]。

动态平衡性：海洋生态环境保护和修复需要在经济发展和生态保护之间寻找动态平衡，确保在促进经济发展的同时，不过度牺牲海洋生态系统的健康。这要求政策制定者和执行者在决策过程中充分考虑生态成本和长期影响，采取综合管理措施，实现经济、社会和环境的协调发展。

相互促进性：保护工作的有效实施可以为生态系统提供更好的恢复条件，而修复活动的开展又可以增强生态系统的自然恢复能力，提高其对外界干扰的抵抗力 [23]。两者相互促进，共同提升海洋生态系统的整体质量和稳定性。

综上所述，海洋生态环境保护和海洋生态环境修复虽然都是为了维护海洋生态系统的健康和可持续发展，但保护更侧重于预防和维持现状，而修复则侧重于对已经受损的生态系统进行恢复和重建 [23]。两者相辅相成，共同支持着海洋生态系统的健康和可持续发展。通过有效结合保护和修复措施，可以更好地应对海洋环境面临的挑战，实现人与自然和谐共生的目标。

1.3　海洋生态系统保护的重要性

1.3.1　海洋生态系统对地球系统稳定至关重要

1.3.1.1　海洋对大气成分调节至关重要

海洋作为地球上最大的生态系统之一，覆盖了地球表面积的 71%，在调节大气成分和稳定全球气候方面发挥着关键作用。首先，海洋是地球上最大的碳汇之一，吸收了人类活动释放到大气中约 25% 的二氧化碳[24]。通过一系列复杂的生物地球化学过程，如碳酸盐系统，海洋使大气中的二氧化碳含量得到降低，从而帮助缓解全球变暖带来的影响[25]。此外，海洋微生物通过固氮作用将大气中的氮气转化为可被生物利用的形式，这对维持生态系统的氮循环至关重要，并对全球生物多样性和生产力有深远影响[26]。

海洋浮游植物通过光合作用，利用阳光、二氧化碳和水产生葡萄糖和氧气。据估计，海洋浮游植物产生的氧气占地球大气中氧气总量的 50%~85%[27]。这一过程不仅为海洋生态系统提供了能量，也是大气中氧气的主要来源之一。海洋中的氧气循环是一个全球性复杂的物理化学过程，例如，极地的低温海水富含氧气，并向全球深层洋流输送氧气，确保海洋的充氧机制稳定运行。然而，海洋在不同季节和区域的氧气含量也会受到温度和营养物质供应的影响。随着气候变化导致海水温度升高，海水的溶解氧含量降低，可能形成缺氧区域。此外，浮游植物的生长和光合作用受到氮、磷等营养物质的限制，进一步影响了氧气的产生[28]。

综上，海洋通过吸收二氧化碳、产生氧气和参与氮循环，在大气成分调解中具有不可替代的作用。海洋生态系统的健康与大气成分的稳定密切相关，进而影响全球气候和所有生物的生存环境。因此，保护海洋生态平衡对维持地球系统稳定至关重要。

1.3.1.2　海洋对全球水循环至关重要

海洋在全球水循环中扮演着核心角色。水蒸气从海洋表面蒸发，进入大气层，冷却凝结成云，并以雨、雪、露、霜等形式返回地表，完成水循环的完整周期。在热带地区，强烈的太阳辐射使海洋表面水温升高，形成能量盈余，推动暖流从赤道流向高纬度地区，同时冷流从高纬度地区流向低纬度地区，形成大尺度的海洋环流。这种热量和水汽的输送，重新分配了能量，调节了全球气候，并为陆地淡水资源提供了补给[29]。

此外，海洋生物通过生理活动，如光合作用和呼吸作用，参与到水和碳的循环中，进一步影响水循环的动态过程。人类活动，如城市化和污染，导致河流流量减少、水质恶化，从而威胁海洋水资源和生态平衡[30-31]。这些变化对渔业、旅游业和航运等依赖海洋的行业也有潜在影响。渔业资源的丰富程度受到海洋温度和盐度的影响，与水循环紧密相关。

综上，海洋不仅为全球水循环提供了丰富的水源，还通过热量交换和气候调节等功能影响着水循环的整体动态。保护海洋环境，维持海洋生态平衡，对于全球水循环的稳定和人类社会的可持续发展具有重要意义。

1.3.1.3　海洋对全球气候稳定至关重要

海洋是地球气候系统的重要组成部分，强烈影响气候的形成和变化。大部分太阳辐射被海洋吸收，由于海洋拥有巨大质量和高比热容，它成为地球最大的能量储存器之一。海洋的热惯性使得海表温度变化较小，从而能够缓冲和调节大气温度变化[32]。如果全球 100 米厚的表层海水降温 1℃，那么所释放的热量将足以使全球大气增温 60℃，这充分展示出海洋拥有强大的调温能力。

海洋还孕育了如厄尔尼诺事件和拉尼娜事件、台风等极端气候现象，对全球或区域气候异常和气象灾害有显著影响。例如，北大西洋暖流使北欧地区气候温和，而东亚和南亚的季风气候对农业生产至关重要。洋流系统在海陆之间传递热量，塑造了地球的气候格局，如新几内亚沿岸的潜流和棉兰老潜流，以及南北半球和各大洋之间海水的交换，对全球气候有着显著的影响[33]。

综上所述，海洋通过调节大气中的水分输送和热量动力学过程，维持了全球气候的稳定性。加强对海洋的生态保护与研究，提高对海洋过程的认识，对于应对全球气候变化和保障未来可持续发展具有重要意义。

1.3.2　海洋生态系统对全球生物多样性保护至关重要

1.3.2.1　海洋生态保护对全球生物多样性保护有突出价值

海洋是全球生物多样性的主要储存库之一，已知物种超 25 万种，且尚有更多物种待发现。海洋生物多样性与可持续发展的经济、社会和环境三大支柱密切相关，对地球健康运转和人类福祉至关重要。海洋生物多样性对可持续发展的重要性在《2030 年可持续发展议程》和联合国可持续发展目标中得到体现[34]。可持续发展目标 14 明确指出，保护和可持续利用海洋、海域和海洋资源对实现可持续发展具有重要意义，海洋生物多样性直接影响着全球经济增长、粮食安全和人类生计[35]。

然而，海洋生物多样性正面临多重威胁，如过度捕捞、栖息地丧失、气候变化和环境污染。全球约 33% 的鱼类资源被列为过度捕捞[36]，20%~50% 的蓝碳生态系统已经消失或退化[37]。此外，全球变暖和海洋酸化改变了鱼类资源的分布，预计将导致海洋净初级产量减少 3%~10%，鱼类生物量减少 3%~25%[38]。环境污染，如富营养化、缺氧和塑料垃圾，也加剧了海洋生态系统的压力[39]。海岸带生态系统的生物多样性下降和渔业资源衰退，预示着海洋生态系统存在潜在的不可逆变化[40]。因此，科学评估和量化生态系统的承载力与韧性成为解决这些问题的关键。

综上所述，海洋生态环境保护对于维护全球生物多样性保护和实现可持续发展至关重要。国际社会需要采取有效措施，保护海洋资源，确保海洋生态系统的稳定健康与可持续发展。

1.3.2.2　海洋生态保护对全球生物连通性保护至关重要

海洋生态系统的连通性通过水文、生物、地质和地球化学过程将不同生态系统联系在一起，从而确保物种遗传多样性和生态功能稳定性[41-42]。洋流就像海水运动的高速公路[43]，在全球范围内输送营养物质和生物幼体，维持生物多样性。例如，洋流通过扩散海洋生物的幼体，促进基因交换和种群的补充，提高海洋生态系统的生产力和适应能力[44]。营养物质的运输，包括物理方式（如水体运动）、化学方式（如碳氮循环）和生物方式（如生物迁移和食物链），为不同生境斑块提供了多样化的营养物质，促进了生物种群的生长、繁殖和环境适应能力[45]。例如，墨西哥湾的大鳞油鲱通过洄游将初级生产力从河口转移至海湾。红树林通过蟹类等生物的浮游幼体将有机物质输出到大洋，增加了营养物质的生物传输。营养物质的富集区通过营养循环形成，为生态系统提供了更多样化的营养物质，增加了生态系统的稳定性。

生物迁徙也是维持生态连通性的重要体现。海洋植物，如红树林和海草通过繁殖体在不同区域传播，从而在空间上保持生态连通性。海洋动物，如珊瑚礁鱼类因个体发育需求，在不同栖息环境间迁移，以确保获得充足的食物来源、降低被捕食的风险，并增加浮游幼体的扩布概率和存活概率[46]。这种连通性对于鱼类种群的补充至关重要，尤其是鱼类产卵场和孵育场之间的联系，使得仔稚鱼在不同生命阶段通过迁移对海洋鱼类种群的补充量做出重要贡献。物种迁徙还会影响种群分布和物种存续能力，进而对生态系统的稳定性产生深远影响[47]。

海洋中的高级生物，如金枪鱼、鲨鱼、棱皮龟和蓝鲸等，都是典型迁徙性物种。它们的长距离迁徙跨越国家管辖水域和公海水域，在公海海域与专属经济区之间建立了高度的连通性。迁徙活动不仅促进了种群的遗传交流，还维持了食物链的稳定性，对保护海洋物种多样性和维护生态平衡具有重要意义。此外，海狮、海豹和信天翁等具有重要保护意义的物种，也在广阔海域形成了复杂的生态连通网络。

生物释放的化学物质也在陆地和海洋生态系统连通性中起到重要作用。这些化学物质通过水体或大气传输到其他生态系统中，促进了陆地和海洋生态系统之间的交流和相互作用。例如，陆地植物释放的挥发性有机物质吸引授粉昆虫，从而间接影响海洋的生物行为和生态系统结构[48]。

局部海域群落连通性的变化会直接影响区域物种的丰度和多样性，对维持生态系统健康具有重要意义。生物体迁移扩散、营养物质传输和空间结构影响着生态系统的结构与功能，共同塑造了生态系统的功能和稳定性。多元物种通过迁徙、桥梁物种和化学通信等方式，促进了陆地与海洋生态系统之间的能量和物质传递，维持了生态平衡。然而，人类活动和自然因素干扰威胁着陆地和海洋生态系统连通性。因此，保护和恢复生物多样性，加强国际合作，制定综合保护政策，是维持生态连通性的关键和实现全球生态系统可持续发展的关键[49]。

1.3.3 海洋生态系统保护对双碳目标实现至关重要

海洋生态系统保护在维护海洋健康、生物多样性及实现全球"双碳"目标（碳达峰和碳中和）具有至关重要的作用。作为地球上最大的碳汇，海洋吸收了约 30% 的人类活动产生的 CO_2，形成了"蓝色碳库"[50]。这一碳库的形成主要依赖多种关键过程，包括海—气交换、沉积作用、陆源输入及与邻近大洋的碳迁移。碳在海洋中以溶解无机碳（DIC）、溶解有机碳（DOC）、颗粒有机碳（POC）及生物量等多种形式存在，构成了复杂的海洋碳循环[51]。

海洋碳循环的储碳机制包括水体溶解泵（solubility pump，SP）、碳酸盐泵（carbonate pump，CP）、生物碳泵（biological pump，BP）和微型生物碳泵（microbial carbon pump，

MCP）[52]。这些机制共同作用，促进了海洋中碳的长期封存。其中，海洋生物泵通过浮游植物的光合作用，将无机碳转化为颗粒有机碳，并通过生物过程，如沉降和摄食打包沉降，将其从海表层输送至深海，实现长期碳封存。研究表明，若生物泵活动受阻，大气中 CO_2 的浓度将显著上升，进一步加剧气候变暖[53]。

海洋生态系统的健康是维持海洋碳汇的关键。然而，人类活动导致的海洋生态系统破坏，如海洋酸化和过度捕捞，不仅降低了海洋对大气中 CO_2 的封存能力，还可能导致已储存碳被释放[54]。因此，保护和恢复海洋生态系统，如红树林和海草床，对于减少温室气体排放、提高海洋对碳的吸收和储存能力至关重要[55]。这些海洋生态系统通过光合作用吸收大量的 CO_2，并将其长期储存在植被和土壤中。同时，沉积作用能够进一步将碳封存于沉积物中，形成长期碳汇，从而显著减缓温室气体的积累速度。

尽管如此，海洋生态系统依然正在面临来自气候变化、海洋污染和生物多样性丧失的多重压力[56]。要实现"双碳"目标，需要采取综合措施，包括减少温室气体排放、控制海洋污染、恢复受损的海洋栖息地及合理管理渔业资源。这些措施不仅有助于保护海洋生态系统，还能增强其对气候变化的适应能力，为实现全球碳中和目标提供重要支撑。

1.3.4 海洋生态系统保护对粮食安全至关重要

海洋生态系统保护对全球粮食安全至关重要。海洋是高质量蛋白质和其他营养元素的重要来源，为海洋生物（如鱼类、贝类和海洋植物）提供了丰富的食物资源[57]。在科学管理和合理利用的基础上，海洋资源不仅可以提高国家粮食自给率，还能增强全球粮食生产的稳定性和韧性。保护海洋生态系统，维持生物多样性，有助于分散粮食生产风险。当某一物种的数量减少时，其他物种可以作为替代来源，从而保障粮食供应的持续性。同时，海洋食物资源的多样性还有助于稳定市场价格和供应，缓解价格波动带来的影响，并促进市场竞争，提高市场效率[58]。

随着中国经济的持续增长和社会消费结构的升级，居民对水产品的需求不断增加。充分利用中国超过 120 万千米² 的可养殖海域，所生产的优质蛋白可以与 18 亿公顷① 耕地产出相媲美。这不仅能够减少对进口水产品的依赖，缓解贸易逆差，还能通过水产品替代部分主粮需求，从而减少对陆地农业资源的消耗，增强国家粮食安全保障[59]。目前，中国海洋水产品生产量居世界首位，海水养殖产量约占全球产量的 70%，海洋捕捞量约占全球捕捞量的 17%。近年来，尽管近海渔业资源衰退，但海水养殖规模持续增长，其年均增速超过种植业，成为国家粮食安全的重要保障。

海洋水产品对改善国民健康和营养状况的贡献同样不可忽视。海洋水产品富含蛋白质、脂肪、维生素和矿物质，尤其是其中的高度不饱和脂肪酸和脂溶性维生素 A、D，不仅能够满足居民对优质蛋白的需求，还对维持心脑血管健康、提升免疫力具有重要作用。2012 年的数据显示，中国沿海海洋生态系统提供的可食用动物源性蛋白质数量相当于全国草地畜牧业提供的动物源性蛋白质的 1.5 倍[60]。海洋水产品还通过减少对陆地养殖饲料作物的种植需求，提高了耕地和淡水资源的利用效率[61]。据估算，生产等量陆源动物蛋白所需要的土地和水量分别相当于中国耕地面积的 1/7 和农业用水总量的 1/5，这充分体现了海水产品在提

---

① 1 公顷=100 千米²。

高资源利用效率方面的优势[62]。

　　然而，海洋生态系统正面临气候变化、污染、过度捕捞等多重威胁，可能对粮食安全和生态稳定性产生严重影响。因此，加强海洋资源的科学管理和合理利用、保护和恢复海洋生态系统显得尤为重要。控制污染、恢复栖息地、优化渔业管理等措施，不仅可以提升海洋生态系统的可持续利用能力，还能增强粮食安全保障，为国民健康和经济发展提供长期支持。

1.4 当前海洋生态系统面临的威胁

1.4.1 全球变暖对海洋生态系统的影响

全球变暖现象对海洋生态系统产生了显著影响，其后果之一是海水温度上升导致的海洋分层现象，即海洋水体按温度和密度分离成不同的层[63]。表层水体变暖而密度降低，深层水体变冷而密度增加，这种分层阻碍了营养物质和氧气在海洋中的垂直混合，从而对海洋生物构成潜在威胁[64]。海洋分层导致深海区域氧气含量下降，可能引发缺氧现象，使得某些海域无法支持生物生存。同时，营养物质的循环受阻，导致浮游植物数量下降，这些植物是海洋食物网的基础。浮游植物的减少会使整个海洋生物链产生连锁反应，影响鱼类、海鸟和海洋哺乳动物，进而对依赖海洋资源的人类社会造成影响。全球变暖还加剧了生物多样性的丧失，海洋热浪导致热带海洋生物多样性迅速下降[65]。由于碳排放量的增加，珊瑚礁等关键生态系统受到威胁，自20世纪90年代以来急剧减少。预计未来几十年内，由于温室气体排放量的持续增加，海洋和陆地生物多样性将面临进一步丧失，最终影响海洋生态系统[66]。

1.4.1.1 全球变暖对渔业资源的影响

海洋鱼类作为变温水生生物，依赖适宜的海洋温度进行生理过程，不同物种对温度变化的适应性存在差异，海洋环境的改变对鱼类的生存能力产生显著影响，可能导致其适应、迁移或灭绝[67]。海洋变暖导致的海洋分层现象，阻碍了营养物质和氧气的垂直混合，对海洋生物构成潜在威胁。特别是对于依赖海冰生存的鱼类，如极地鳕鱼，海冰的减少导致其卵和幼鱼更易受到波浪运动、紫外线B（UVB）辐射和视觉捕食者的影响，进而影响幼鱼的补充量[68]。

鱼类的栖息环境、新陈代谢、能量收支、生长发育、运动性能、繁殖力和反捕食行为等均受到升温的不利变化影响，这些变化直接作用在种群的出生率、存活率及死亡率上，决定种群总量及补充量[69]。研究表明，海洋变暖后，冷水性鱼类的种群密度和数量都有所降低，尤其是热耐受范围非常有限的鱼类，如南极鱼，在遗传水平上适应海洋变暖的可能性很小，一旦达到其生理耐受极限，将面临灭绝的风险。

全球气候变化下的海洋变暖可能导致鱼类发生不可逆的迁移。海水升温正在改变鱼类生物地理分布的重新分配或范围变化，并可能形成新的种间关系，甚至造成热适应能力较强物种的生物入侵。海洋鱼类分布区域的迁移方向包括向高纬度及向深水区，IPCC发布的第六次评估报告（AR6）指出，自19世纪60年代以来，海洋物种平均以每10年43.7~74.7千米的速度向极地移动。已有超过365种热带珊瑚礁鱼类正在以每10年26千米的速度向高纬度海域扩大其范围，因为许多热带鱼类所处纬度地区的最高温度已经临近其最适温度[70]。对于宜居环境十分有限的海洋鱼类而言，随海洋层化增强，上层海洋等温线下移，它们只能向更深层海域迁移以降低基础代谢，然而它们还可能面临深海低氧区扩大的威胁。海洋变暖引起的种群迁移导致外来物种入侵频繁发生，研究较多的是某些热带珊瑚礁关键草食性鱼类向温带海域的入侵，如兔子鱼及刺尾鱼属的部分物种等。在资源充足且被捕食压力小的情况下，热带草食性鱼类的种群规模迅速扩大，其较高的啃食速率严重破坏了当地近岸大型海藻林，使得原有丰富的鱼类多样性锐减，并取而代之成为优势种类[71]。

海洋变暖导致海水溶解氧浓度下降，是导致海洋鱼类灭绝或迁移的首要原因。一方面，海洋变暖导致海水中氧气的溶解度降低；另一方面，海洋变暖加剧海洋层化，上层层结性增强，输送到海洋深层的氧气减少。全球海洋平均温度每上升 1℃，将损失约 24 毫摩 / 千克溶解氧。溶解氧是海洋鱼类获得氧气的主要来源。研究表明，海洋低氧阈值大致为 60 毫摩 / 千克，许多海洋鱼类不能在低于此值的环境中生存，远低于此值的溶解氧浓度对许多海洋鱼类是致命的[72]。此外，生物个体生长取决于有氧范围，是决定种群生长的关键参数。随着海洋温度的上升，氧气供给量与鱼类合成代谢需氧量之间的平衡被打破，鱼类的有氧范围受到限制，其温度耐受能力减弱，不利于鱼类的生长和发育，导致其生存适宜度降低，种群衰退或发生迁移，进而影响生物多样性、群落组成和结构及生态系统的稳定。

温度也是影响海洋鱼类代谢的重要环境因子之一。海洋变暖会改变鱼类的有氧需求、基础代谢率与能量分配。随海水温度的上升，鱼类的静息耗氧量增加，代谢速率呈先加快后减慢的变化趋势。若超过其最适温度范围，代谢率会下降，热耐受性也会减弱。鱼类的耐热范围在不同生命阶段和不同纬度是不同的，其中幼鱼及热带鱼对温度变化更敏感。为降低基础代谢消耗，部分鱼类种群可能会暂时性迁移至温度更低的水域。由于基础代谢率增加，海洋鱼类需要权衡能量收支，通常以牺牲生长和生殖为代价。当食物充足时，部分海洋鱼类会减少对食物消化、吸收、同化的能量消耗或增大摄食量以维持每日能量收支平衡[73]。

在渔业资源方面，随着全球气候变暖，世界可食用鱼类资源正在减少。研究数据显示，1930—2010 年，随着人类活动对当地气候逐渐产生影响，可持续捕捞的海洋食用种类减少了 4.1%。研究学者表示，虽然 4.1% 看起来不多，但是在 1930—2010 年，这意味着可持续捕捞的海洋物种减少了 140 万吨[74]。在未来很长一段时间内，全球变暖将使食物供应面临紧张局面。而且海水变暖的后果与过度捕捞等因素所产生的危害不同，数据模型表明，气候变化目前正对海产品产生真正严重的影响。联合国粮食及农业组织的数据显示，鱼类蛋白质消费量占世界人口蛋白质消费量的 17%，而部分沿海和岛屿国家居民的鱼类蛋白质消费量的这一比例则高达 70%。另外，鱼类是全球 50% 以上人口的重要蛋白质来源，全球约有5600 万人无论是从食物上还是经济上都受到海洋渔业的支持[75]。

东北大西洋和日本海的鱼类数量减少了 35%，而东亚地区渔业生产力的下降幅度最大。东亚地区的发展中国家数量较多，渔业、海产品是当地居民极度依赖的经济支撑之一。在新英格兰海域，科德角南部的北美螯龙虾数量直线下滑，而在缅因州海岸外其数量却在激增，渔民近海捕捞到的北美螯龙虾越来越少，而为了捕捞龙虾，远海捕捞逐渐在向常态发展，这也加剧了捕捞的危险性。2016 年，缅因州龙虾渔获量创下纪录为 1.32 亿磅①，是 2000 年的 2 倍，但是康涅狄格州的龙虾渔获量则从 1998 年的 380 万磅减少到 2016 年的 25.9 万磅[76]。

综上所述，全球变暖对海洋鱼类的生理生态和渔业资源产生了广泛而深刻的影响。海洋变暖导致的海洋分层、栖息地缩减、种群迁移、溶解氧下降、代谢改变、繁殖力下降等问题，不仅威胁到海洋鱼类的生存和繁衍，也对全球渔业资源和人类社会产生了重大影响。应对全球变暖带来的挑战，需要国际社会共同努力。

---

① 1 磅≈0.454 千克。

1.4.1.2 全球变暖对红树林生态系统的影响

红树林生态系统对于海洋环境的健康和稳定具有多方面的重要意义。它们为多种海洋生物提供栖息地，包括鱼类、甲壳类、软体动物和无脊椎动物，这些生物在红树林中完成其生命周期的关键阶段，如繁殖和觅食。红树林的根系有助于减少海浪对海岸线的侵蚀，发挥防风护岸的功能，保护沿海地区不受风暴潮等自然灾害的破坏。在碳循环方面，红树林通过捕获和储存大量碳，有助于减少大气中的二氧化碳含量，对抗全球气候变化。此外，红树林还能过滤陆源性污染物，如农业肥料和城市废水，减少水质污染，提升水体清澈度[77]。因此，保护红树林对于维持生物多样性、生态平衡和人类福祉至关重要。

全球变暖对红树林生态系统产生了深远的影响，这些影响体现在短期效应和长期效应两个方面。短期效应主要表现为发生极端水文事件，如海啸、气旋和风暴潮，这些事件可能持续数小时至数天。气旋、飓风和风暴潮等事件发生在海面之上，由风力驱动，而海啸则在海面下发生，具有地震性质。这些极端事件通过落叶和死亡率对红树林造成物理破坏或毁灭性影响[78]。与红树林相关的气候变化影响因素多样，包括 CO_2 富集、温度升高、海平面上升、降水量的增减、气旋的强度频率和分布变化、水动力能量的变化及气候振荡，如厄尔尼诺南方涛动（ENSO）。这些气候变化因素可能会对红树林生态系统的不同组成部分产生积极或消极的影响。物种层面上的影响幅度和方向可能受到物种对环境变化特定响应的影响，而栖息地斑块尺度上的影响可能受控于更广泛的环境设置[79]。此外，温度的升高可能会导致营养循环速率加快，红树林沉积物中氮和磷转化过程的速率、微生物的生长和转化过程的速率与温度变化密切相关且正相关。然而，营养利用效率与温度之间不太可能存在紧密相关性，因为光合作用效率可能在低于33℃的温度下趋于平缓。热带生物，包括红树林植物，比北方和温带生物更接近其上部热阈值，因此对温度升高更加敏感[80]。

红树林作为环绕热带分布的生态系统，已经处于其温度耐受性的上限。因此，超过最适温度阈值的进一步升温可能会减缓红树林的生长。研究表明，红树林物种的光合速率在超过33℃时下降，叶片的最适温度范围为28~32℃，光合作用在温度超过38℃时会完全受到抑制[81]。然而，生长在亚热带温度下的红树林可能会受益于温度的升高。例如，印度河三角洲的红树林生长速率可能因温度升高而增快，但其他人为压力，如河流水流量和冲积流的减少、过度开发、城市化、海平面上升等，可能会抵消仅由温度升高带来的生长速率增加。

从红树林的分布情况来看，全球变暖预计将直接导致红树林分布范围向两极移动。传统上，北纬23.5°和南纬23.5°被用来划分热带地区。然而，其他气候和地理特征，主要是温度、降水模式和大气环流，允许对热带界限的其他分类定义出略有不同的地理界限[82]。1979—2004年的气候观测显示，热带带的纬度向极地方向移动了2°~4.5°。模型模拟也发现热带带的纬度扩大了约2°。至少在北大西洋和北太平洋，观测到表面温度的变化已经影响了红树林分布的纬度极限。研究还发现，年最低平均温度升高0~2℃将促进红树林向美国东南部740千米海岸线的盐沼扩展，而温度升高2~4℃可能导致额外9860千米的红树林植被扩展[83]。这种温度介导的红树林扩展转移正在被广泛记录，全球范围内正在努力理解温带盐沼向红树林栖息地转移对碳储存、营养处理、地表高程变化和野生动物结构性供应的影响。

在植物尺度上，红树林的生产力和生物量将在达到上部温度阈值之前增加。温暖的温度将改变物候模式（例如，开花和结果的时间）和物种组成。温度对红树林生物量等因素的影响可能在纬度范围极限处最大，因为红树林在一些海岸线的高纬度地区受到霜冻的限制。在干旱地区，温度的升高将增加水汽亏缺，减少红树林植物的生长和存活率。高盐度条件和高蒸发率也会导致红树林退化，引起物种优势和生物多样性的变化[84]。

在生态系统尺度上，热带和亚热带红树林森林中的两种蟹类展示了物种和种群对温度升高的特定响应。乌氏招潮蟹（Uca urvillei）能够忍受其地理分布范围内广泛的温度区间。相比之下，红爪蟹（Perisesarma guttatum）的热耐受性要低得多，但种群表现出对当地条件的适应，红爪蟹的热带种群对急性热应激的耐受性高于亚热带种群，可能对全球变暖表现出较少的脆弱性[85]。另一个例子是红树林牡蛎（Crassostrea rhizophorae），它在 45℃、42℃ 和 35℃ 的空气中暴露时分别存活了 2 小时、5 小时和 24 小时。因此，对高温的适应通常发生在红树林中[86]。

由此可见，全球变暖对红树林生态系统的影响是多方面的，包括极端气候事件的直接破坏、生长和生产力的变化、物种分布的转移及生态系统内部种群的响应。这些影响相互作用，共同塑造了红树林生态系统的未来，对此需要开展更多的研究、付出更多的保护努力来应对全球变暖带来的挑战。

1.4.1.3　全球变暖对珊瑚礁生态系统的影响

珊瑚礁生态系统是地球上最丰富和复杂的海洋生态系统之一，其不仅为大量海洋生物提供栖息地，维持生物多样性，还为人类提供食物、药物资源及旅游和娱乐活动。珊瑚礁还具有重要的生态防护功能，能够吸收波浪能量，保护海岸线免受侵蚀，减少飓风和暴风雨可能造成的财产损失[87]。此外，珊瑚礁在经济上的贡献也不容忽视，它们为数百万人提供了就业机会和经济收入。在佛罗里达州，珊瑚礁吸引了大量游客进行浮潜、钓鱼和观赏活动[88]。珊瑚礁的分布受到特定环境条件的限制，主要位于 30°N~30°S 的热带和亚热带浅海区域。适宜珊瑚生长的水温范围为 20~28℃，超出此范围时珊瑚易发生白化。全球珊瑚礁的总面积约占海洋总面积的 0.2%，其中印度—太平洋和大西洋—加勒比海区域是珊瑚礁的主要分布区，分别占全球珊瑚总面积的 78% 和 8%[89]。

全球变暖对珊瑚礁生态系统产生了广泛而深远的影响。珊瑚白化事件的增加、珊瑚群落结构的改变及微生物群落的响应，共同构成了珊瑚礁生态系统面临的主要威胁[90]。珊瑚白化是指珊瑚与其共生藻（虫黄藻）的关系破裂，导致共生藻死亡，珊瑚失去色彩并最终可能死亡。研究表明，海水温度的异常升高是导致珊瑚白化的主要原因。近年来，珊瑚白化事件的频率和严重程度在全球范围内持续增加，对珊瑚礁生态系统的稳定性和健康状态构成威胁。美国国家海洋和大气管理局（National Oceanic and Atmospheric Administration，NOAA）的数据显示，佛罗里达州南部海岸的海水温度在 2023 年夏季创下历史新高：一些岛礁的海水温度高达 36℃，该地区的珊瑚白化危机正在加剧，科学家已经在中美洲和南美洲附近海域观察到了珊瑚白化的迹象[91]。专家表示，海洋温度持续过高，可能对世界各地本已处于脆弱状态的珊瑚礁造成毁灭性的影响，导致珊瑚礁逐渐白化、死亡，进而影响其他海洋生物。

珊瑚白化的机制复杂，涉及多种环境因素和生物响应。早期研究指出，温度升高是导致珊瑚白化的关键因素。后续研究进一步揭示了温度、紫外线辐射和光合有效辐射等环境异常对珊瑚白化的影响。珊瑚白化不仅影响珊瑚本身，还会导致共生藻的死亡，进而影响整个珊瑚礁生态系统[92]。近年来，科学家利用环境协变量和温度指标分析了全球珊瑚白化的模式，发现海水温度升高与珊瑚白化事件的发生密切相关。

珊瑚白化对珊瑚礁生态系统的影响是多方面的。首先，白化事件导致珊瑚覆盖度下降，影响珊瑚礁的结构和功能。其次，白化事件后的珊瑚恢复过程中，珊瑚幼虫的再定殖对生态系统的恢复至关重要。然而，连续的热胁迫事件会导致珊瑚幼虫的存活率降低，从而影响珊瑚礁的长期恢复。此外，海水温度的升高还会改变珊瑚礁的群落结构，某些珊瑚种类的占比会降低，而耐热性更强的珊瑚种类则可能增加[93]。珊瑚白化的分子及细胞层面的机制尚未完全明了。一些研究认为，活性氧（ROS）在珊瑚白化中可能发挥了重要作用。高温及强光可能导致共生藻产生过量的活性氧，进而引发珊瑚白化。然而，单细胞层面的研究显示，活性氧可能并非珊瑚白化的初始因素。珊瑚白化后，珊瑚群落的微生物群落也可能发生改变，有益细菌可能减少，而致病菌或机会致病菌可能增加[94]。

目前，珊瑚白化事件对珊瑚礁生态系统的长期影响也不容忽视。虽然海水温度恢复正常后，珊瑚礁群落的物种丰度可能会恢复到白化前的水平，但群落的组成可能已经发生了改变。耐热种、能快速生长的本地残余种和从附近迁移进入的新种可能成为群落的主要组成物种。这种群落结构的改变可能会影响与珊瑚相关的其他动物的种群、多样性与行为模式。

1.4.1.4 全球变暖对海草床生态系统的影响

海草床生态系统作为近海三大海洋生态系统之一，不仅为众多海洋生物提供栖息地、繁殖场所和竞争环境，而且作为重要的蓝色碳汇，具有高效的光合作用、放氧和碳捕获与封存能力[95]。这些特性使海草床在维持海洋生物多样性、生态系统稳定性、渔业资源量、地球碳氮氧循环平衡及固碳增汇过程中发挥着不可替代的作用。

海水温度是影响海草分布和生长的关键环境因素。全球海草分布广泛，除常年冰层覆盖的北冰洋沿岸外，其他纬度的海岸带地区均有海草的存在。根据对高温的适应性，海草分为热带海草和温带海草，其中热带和亚热带海草进行光合作用的最适宜温度范围在27~33℃，而温带海草的最适宜生长温度则在11.5~26℃。鳗草作为温带地区重要的海草种类，其最优生长温度为15~20℃。温度对海草的影响主要通过光合作用率和呼吸作用率反映，当温度偏离海草的最适宜生长温度范围时，海草的光合速率会降低[96]。例如，鳗草的光合作用参数在冬季最低，随着春季温度的升高而逐渐增加，在夏季达到最高值。然而，当温度超过30℃时，鳗草的呼吸作用会超过光合作用；而在45℃时，其光合酶系统会受到严重损伤。因此，春季海水温度的逐渐升高有助于提高海草的生产力，而夏季的高温则可能降低其生产力[97]。

夏季高温对鳗草的枝茎存活率和叶片生长率有显著的负面影响，在21℃时，鳗草的相对生长率明显高于18℃和27℃时的相对生长率。在秋季，鳗草叶片的生物量在最适宜的生长温度范围内达到最大值。长期数据记录显示，海水温度与海草的生长率具有相关性，随着温度的升高，海草叶片的生产力也随之增加。此外，当温度从27℃升高到33℃时，单脉二药草的光合作用率和生长率都随之升高。然而，在澳大利亚大堡礁，泰来草、单脉二药草和圆叶丝粉草在40℃和43℃时对温度升高较为敏感，海草的生长率和枝茎密度降低，若高温的强度和频率持续增加，海草生产力将受到大范围影响[98]。

全球变暖是导致海草床资源严重退化的重要原因之一[99]。海菖蒲、泰来草和丝粉草等热带海草对温暖的热带海水有较高的适应性，但它们对低温的耐受能力较差，抗氧化防御系统较弱，难以有效抵御低温胁迫。在21℃的海水中，这些海草的光系统Ⅱ（PSⅡ）光合机构已发生损伤，导致光合性能下降，且温度越低，造成的损害越大。若同时遭遇强光照，损伤将更为严重。此外，热应激也对海草的生存构成严重威胁，尤其是 36℃ 以上的高温可直接导致 PS Ⅱ 反应中心失活，诱发光合机构损伤。热胁迫的强度越大，光合活性的恢复就越困难。高光照可进一步加剧热应激的破坏作用，因此在海洋热浪或自然状态下的中午退潮期间，热应激与强光的耦合作用极易导致光合活性显著下降，甚至不可逆转[100]。热带海草相对薄弱的抗氧化防御系统难以消除热应激引起的损伤。增强的活性氧（ROS）产生的氧化应激是植物在温度升高时常见的次级应激反应。不同海草物种的基因表达研究强烈支持编码 ROS 清除剂的基因的参与，表明在热应激期间海草中有 ROS 产生[101]。

全球变暖还会影响海草的光合作用和呼吸作用。在温和的温度增量下，光合速率可能因膜流动性的增加而提高，这改善了嵌入类囊体膜中的光合蛋白的流动性。此外，温度增强的酶活性也可能发挥作用。然而，当温度进一步升高时，光合速率会降低，原因包括功能性蛋白从类囊体膜上脱落和二磷酸核酮糖羧化酶（Rubisco）的失活等[102]。热带和温带海草的光合作用最佳温度不同，超出这个最佳窗口，变暖会负面改变光合装置的功能。PS Ⅱ 的反应中心是热应力下最热敏感的组分之一，它与电子传递链、基质酶、光系统 Ⅰ（PS Ⅰ）活性和叶绿体包膜的过程密切相关。海草通常激活与叶黄素循环色素相关的光保护机制，以应对热应激相关的光合作用抑制导致的光合装置中能量过量。这种机制与光保护色素玉米黄质、紫黄质和紫黄素（Violaxanthin）浓度的增加有关[103]。除了对光合作用的影响外，变暖还增强了海草的呼吸速率，导致碳不平衡[104]。在大多数情况下，植物地上部分的呼吸速率比地下部分高。在许多海草物种中，在热应激期间看到的地上至地下生物量比例的增加可能是一种防御机制，以降低热诱导的呼吸增加的影响。

综上所述，全球变暖对海洋生态系统的影响是广泛且深远的。海洋变暖引发了水体分层、溶解氧浓度下降、生物多样性丧失等一系列生态问题，对海洋生物的生存、繁殖和迁移模式产生了显著冲击。同时，红树林、珊瑚礁和海草床等关键生态系统的功能逐渐削弱，进一步加剧了生态失衡。渔业资源的减少不仅威胁到沿海地区居民的粮食安全和经济稳定，也给全球食物供应链带来压力。在未来，随着温室气体排放量的持续增加，这些挑战可能进一步升级。为应对全球变暖对海洋生态系统的多重威胁，需要国际社会共同努力，通过减少碳排放、保护和修复受损的生态系统及加强科学研究与合作，确保海洋生态系统的韧性和可持续性，以应对气候变化并维护人类社会的长期福祉。

1.4.2　海洋酸化对海洋生态系统的影响

海洋酸化由大气中 CO_2 的增加引起，对海洋生态系统产生了深远的影响。随着 CO_2 溶解于海水形成碳酸使海水的 pH 值降低，海洋环境酸化[105]。这一过程对海洋生物的生理机能产生了显著影响，尤其是对那些依赖稳定 pH 值进行钙质外壳或骨骼构建的生物，如珊瑚、贝类和某些藻类。海洋酸化减弱了这些生物形成碳酸钙的能力，从而影响了它们的生长、繁殖和存活率[106]。此外，海洋酸化还可能干扰海洋食物网，影响海洋生物的多样性和丰富度[107]。

1.4.2.1　海洋酸化对海洋理化性质的影响

在开阔大洋中，溶解无机碳（DIC）的组成主要由 HCO_3^-（超过 90%）、CO_3^{2-}（约 9%）和 CO_2（低于 1%）构成。大气 CO_2 浓度增加导致海水中溶解 CO_2、HCO_3^- 和 H^+ 的浓度上升，

同时 CO_3^{2-} 浓度和 $CaCO_3$ 的饱和度下降。在大气 CO_2 浓度加倍的条件下，预计表层海水的 CO_2 浓度将增加近 100%，HCO_3^- 浓度增加 11%，DIC 浓度增加 9%，而 CO_3^{2-} 浓度下降约 45%，$CaCO_3$ 饱和度也相应降低 [108]。

长期观测数据表明，1988—2007 年，在太平洋时间序列站 ALOHA，表层海水的 pH 值以每年约 0.0019 的速率下降；而在东南亚时间序列站 SEATS，1998—2009 年的 12 年间，pH 值以每年约 0.0022 的速率下降。这些变化与全球大气 CO_2 浓度的上升趋势相吻合。开阔大洋表层海水酸化主要是由人为 CO_2 排放量增加引起的，而近岸海域的 pH 值变化则更为复杂，受陆源输入、物理过程和生物活动的影响，变化幅度较大 [109]。研究表明，受到呼吸作用、低氧条件和大气 CO_2 含量升高的共同影响，近岸海域的酸化速度可能比开阔大洋更快。

在南海东北部近海水域，pH 值的周日变化可达约 0.3 个单位。不同海域的上升流对表层海水的饱和度有不同的影响 [110]。例如，在北太平洋的东海岸（俄勒冈至加利福尼亚沿岸）首次观测到上升流导致的表层文石不饱和状态，而在南海北部陆架区，尽管也受上升流影响，但文石饱和度仍保持过饱和状态。此外，富营养化的陆架海域，如分别受密西西比河和长江淡水影响的墨西哥湾和东海，除吸收大气 CO_2 导致的 pH 值降低外，底层水体缺氧和酸化也是 pH 值下降的重要原因 [111]。

海洋酸化不仅改变了海洋的理化性质，还通过影响海洋生物的生理活动、微生物的分解作用、光化学反应及与气候变化因素的相互作用，改变了海洋中多种微量气体的含量 [112]。例如，海洋生物产生的二甲基硫（DMS）是大气中硫的重要来源，对气候和云的形成有重要影响。海洋酸化可能改变产生 DMS 的生物的生理机能，从而减少 DMS 的产量 [113]。微生物在海洋中分解有机物、循环营养盐、产生氨（NH_3）和其他挥发性有机化合物（VOCs），这些气体对大气化学和气候变化有重要影响。海洋酸化可能改变微生物群落的结构和功能，进而影响这些气体的产生 [114]。此外，海洋酸化还可能通过影响光化学反应来改变卤代碳化合物的浓度，这些化合物在大气中被氧化后，会破坏平流层的臭氧层 [115]。海洋酸化还与全球气候变化的其他因素相互作用，如海洋温度升高和溶解氧水平变化，这些变化可能进一步影响微量气体的生产和释放。随着海洋温度的升高，有机物质的分解速度可能加快，从而使某些微量气体的排放量增加。

1.4.2.2　海洋酸化对典型海洋生物的影响

海洋酸化是一个全球性的环境问题，主要是由于大气中 CO_2 的增加导致海水中 DIC 的增加，进而引发 pH 值下降和碳酸盐系统的变化。这些变化对海洋生物的生理功能和生存状态构成了威胁，尤其是对那些依赖钙质外壳或骨骼的生物，如珊瑚、贝类和某些藻类等 [106]。

首先，海洋酸化影响钙质生物的钙化作用。在 CO_2 浓度升高引起的海水酸化条件下，珊瑚藻类、珊瑚与贝类的钙化量下降，颗石藻的钙化速率降低，细胞表面的颗石片脱落。这种影响对钙化海洋无脊椎动物幼体尤为显著 [116]。此外，海洋酸化还可能影响非钙化光合生物与非钙化动物，如促进藻类与浮游动物的呼吸作用，影响藻类的无机碳获取机制、动物受精过程及鱼类嗅觉系统等 [117]。

在生物大分子层面，高水平 CO_2 环境下生长发育的生物体，其 RNA 与 DNA 的比值降低，蛋白质合成减少，表明海洋酸化导致了这些生物系统负效应 [118]。例如，底栖大西洋鳕的胚胎形成和孵化率未受影响，但 CO_2 分压与其胚胎 RNA 和 DNA 的比值之间存在明显的负线性关系。此外，海洋酸化也会影响生物矿化基因表达，如紫海胆幼体重要细胞过程的基

因表达在 CO_2 导致的酸化条件下发生变化[119]。

海洋酸化还影响蛋白质结构及转运。暴露于高 CO_2 环境下的多孔鹿角珊瑚，其编码细胞防御、维持蛋白质完整性和蛋白质折叠相关的基因转录均下调[120]。此外，海洋酸化还影响海洋生物蛋白质的运输，如多孔鹿角珊瑚的膜运输发生改变。

在海洋酸化环境中，生物体需要消耗更多的能量来对抗高浓度 CO_2 的影响，导致其机体能量代谢等生化指标改变。例如，东方牡蛎软组织负生长，死亡率增加，组织能量储存下降，但组织 ATP 水平不变[121]。此外，海洋酸化还可影响氧化磷酸化偶联及线粒体 ATP 合成与释放，进而影响细胞生命活动的其他代谢。酸化也会影响生物体中的酸碱平衡和大分子运输。海水 pH 值变化可引起生物细胞内液和细胞外液的 pH 值改变，影响细胞内的酸碱平衡。同时，海水 pH 值变化可引起大分子运输发生变化，如多孔鹿角珊瑚细胞膜上的转运者发生变化。

海洋酸化的这些影响将逐步传递到生态系统，进而使生态系统的社会、经济服务功能发生改变。在有外界压力的情况下，如暴露于酸化的海水中，生物将耗费更多的能量去抵御酸化胁迫，或导致代谢失常，从而使其生理行为或耐受其他环境变化的能力发生改变，如生长下降、繁殖率降低等，并产生一系列随之而来的生态效应[122]。目前有些研究已经显示，海洋酸化将会降低生物的多样性，导致某些物种的消亡，更有甚者，会导致食物链中的关键种类灭绝，从而对人类赖以生存的海洋生态系统产生巨大影响[123]。

海洋酸化对海洋生物的影响是多方面的，包括影响其钙化作用、生理功能、基因表达、蛋白质结构及转运、能量代谢、酸碱平衡和大分子运输等。这些影响最终可能导致生物多样性的降低、生态系统结构的改变，以及对人类社会和经济产生负面影响。因此，深入研究海洋酸化对海洋生物的影响，对于保护海洋生态系统和人类社会的可持续发展具有重要意义。

1.4.2.3　海洋酸化对浮游生物的影响

浮游植物作为海洋生态系统中的关键初级生产者，对环境变化极为敏感，其生理生态的改变会直接影响整个海洋生态系统的功能和稳定性[124]。海洋酸化对浮游生物的影响是一个复杂的生态问题，涉及海洋生态系统中初级生产者和食物网的基础。

海洋酸化对浮游植物细胞的生理生态会产生显著影响。研究表明，在高 CO_2 浓度条件下，部分浮游植物种群的平均细胞粒径降低，如小型鞭毛藻伸长斜片藻（Plagioselmis prolonga）的细胞在高 CO_2 浓度环境中变小。此外，硅藻的生长速率受到海洋酸化的影响，当 CO_2 浓度从 1.9×10^{-4} 上升至 7.5×10^{-4} 时，硅藻的生长速率平均增加 5%~33%，其中大体积硅藻的生长速率增加更为明显。然而，对于细胞体积较小的硅藻物种，生长率的增加幅度则需要进一步研究确定。与硅藻不同，甲藻在海洋酸化环境中的响应表现为细胞大小的变化不大，但颗粒有机碳（POC）生成物的生长速率在某些种类中有所降低[125]。超微型浮游植物，如超微型真核藻类、聚球藻、原绿球藻和瓦氏鳄球藻的生长速率在海洋酸化条件下有所增长，但其他超微型浮游植物，如泡沫节球藻的生长率则有所降低。

海洋浮游植物的 CO_2 浓缩机制（CCM）在高 CO_2 环境下显得尤为重要，因为它决定了浮游植物的生长速率和优势种的演替[126]。海洋酸化可能会促进某些藻类的生长，如骨条藻，但对其他藻类，如海链藻和角毛藻的生长影响不明显，这可能导致海洋生态系统的群落演替。海洋酸化还可能通过下调 CCMS 活性，增加浮游植物的固碳速率，进而影响浮游植物的生物量和初级生产力。例如，在现有研究中，海洋酸化环境中浮游植物对 DIC 的摄取量增加了约 40%，诱导浮游植物的初级生产增加了 10%~60%[127]。

自然浮游植物群落对海洋酸化的响应表现出复杂的区域性。不同 CO_2 浓度对自然群落的演替有显著影响，如硅藻在低 CO_2 浓度条件下的相对丰度降低，而某些藻类的丰度升高。海洋酸化还可能导致浮游植物群落多样性下降。未来在全球变暖条件下，海洋酸化可能会带来大范围及更深层海域的缺氧问题，影响浮游生物代谢途径、食物网动态、群落结构变化，进而影响海洋的生物地球化学循环[128]。海洋中的生态与生物地球化学变化可能对海洋生物多样性、生态系统服务或过程及海产品质量产生深远影响。

总的来说，海洋酸化对浮游生物的影响是多方面的，包括细胞大小的变化、生长速率的调整、固碳速率的增加、钙化速率的变化及群落结构的演替等。这些影响可能会导致海洋生态系统功能和稳定性发生改变，对海洋生物多样性和全球碳循环产生重要影响。深入研究海洋酸化对浮游生物的影响，对于理解和预测全球气候变化下的海洋生态系统变化具有重要意义。

1.4.2.4 海洋酸化对珊瑚礁生态系统的影响

海洋酸化导致海水的化学性质发生变化，对珊瑚礁及其带壳生物的建造和维持过程构成了严重威胁。

海洋酸化通过增加溶解速率，削弱了珊瑚礁的建造过程。在健康的珊瑚礁区域，尽管溶解作用与钙化作用同时发生，但通常钙化率超过溶解率，使得整个礁区表现为净钙化。然而，海洋酸化导致溶解速率上升使其最终可能超过钙化速率，引发珊瑚礁的负增长[129]。例如，Suzuki 等在日本西南部海域的观测显示，珊瑚礁在夜间表现出了净溶解现象[130]。Gattuso 等在 Moorea 的边缘礁观测到整个礁体以 0.8 毫摩尔/(米²·天)的速度溶解。Walter 和 Burton 在海岸潮间带的实验也记录了类似的溶解现象，速度为 13.7 毫摩尔 $CaCO_3$/(米²·天)[131]。模拟实验(如"生物圈 2 号")预测当大气中的 CO_2 浓度达到 560 微升/升时，全球大部分珊瑚礁海域的水体文石饱和度(Ω arag)将降至 3.0 以下，最终造成即使是健康的珊瑚礁也将面临从净增长向净损耗状态的转变[132]。

珊瑚的生长和结构完整性依赖 $CaCO_3$，但酸化水体显著降低了这些必需矿物质的可用性。珊瑚的钙化率与水体中的 CO_2 浓度成反比，而与 pH 值和碳酸钙饱和度成正比。碳酸盐体系的其他参数，如溶解无机碳(DIC)和总碱度(TA)，对珊瑚礁系统中生物活动的直接影响不显著[133]。大多数实验研究表明，造礁石珊瑚和其他海洋钙化生物的钙化活动对水体中 $CaCO_3$ 饱和度(或 $[CO_3^{2-}]$)是敏感的。造礁石珊瑚作为珊瑚礁体的主要建造者，受到海洋酸化的严重影响。当大气中的 CO_2 浓度加倍时，海水 pH 值将进一步下降，导致鹿角珊瑚和滨珊瑚等几种造礁石珊瑚的钙化率下降 3%~60%[134]。Marubini 等的模拟实验表明，到 2100 年，与冰川时期相比，造礁石珊瑚的钙化率将下降 30%；即使与现在相比，也将下降 11%。此外，珊瑚礁钙化率的变化与 $[HCO_3^-]$ 没有显著的相关关系，而与 $[CO_3^{2-}]$ 或文石饱和度呈正相关。当 $[CO_3^{2-}]$ 从工业革命前的 272 微摩尔/千克降到 177 微摩尔/千克(CO_2 浓度为 560 微升/升)时，珊瑚礁的钙化率将下降 49%[135]。

海洋酸化还可能破坏珊瑚与其共生藻之间的关系。共生藻通过光合作用为珊瑚提供必要的营养物质和能量，而海洋酸化可能导致造礁石珊瑚白化，进而破坏共生体系[136]。尽管目前关于珊瑚钙化活动与光合作用之间的相互关系存在争议，但珊瑚—虫黄藻共生体系在海洋酸化背景下的潜在影响需要得到进一步研究。

海洋酸化还对珊瑚的幼体补充和群落恢复构成挑战。珊瑚藻对造礁石珊瑚幼体的附着至关重要，但对海洋酸化非常敏感，预计大部分珊瑚藻在未来几十年内将消失。此外，大型藻类的附着生长可能会限制珊瑚的繁殖和生长，因为它们与珊瑚竞争光和生存空间，并释放化学毒素阻止其他生物附着。

综上所述，海洋酸化作为全球气候变化的重要后果之一，正在从多方面深刻影响海洋生态系统。从理化性质的改变到生物个体的生理功能、群落结构及生态系统服务功能，海洋酸化的影响已显现出系统性和复杂性。无论是珊瑚礁、海草床、浮游生物还是钙化生物，都面临生存环境恶化、种群动态改变及生态服务功能削弱的风险。海洋酸化不仅威胁着海洋生态系统的稳定性和生物多样性，还可能进一步扰乱全球碳循环、气候调节，以及与人类社会密切相关的渔业、旅游业和沿海保护功能。为了应对这一挑战，亟须加强全球协作，通过减少碳排放、保护和修复脆弱生态系统、推进相关科学研究和政策制定，共同努力减缓海洋酸化的影响，维护海洋生态系统的韧性与可持续性。

1.4.3　海平面上升对海洋生态系统的影响

海平面上升对海洋生态系统构成直接威胁，并给沿海地区的自然环境和社会经济发展带来显著影响。据自然资源部海洋预警监测司发布的《中国海平面公报》，1980—2023 年，中国沿海海平面上升速率为 3.5 毫米 / 年；1993—2023 年，上升速率为 4.0 毫米 / 年，高于同时段全球 3.4 毫米 / 年的平均水平。2023 年，中国沿海海平面较常年（1993—2011 年平均值）高 72 毫米，仍处于有观测记录以来的高位。预测模型指出，至 2080 年，全球约 20% 的滨海湿地可能因海平面上升而消失，凸显了滨海湿地正在遭受严重威胁[137]。滨海湿地的地面高程能否适应海平面的上升是其生存的关键，而这一变化不仅受地理和水文地质条件的影响，生物学过程也扮演着重要角色。不同滨海湿地类型，如红树林和盐沼，其生物学过程的作用可能存在差异，这可能影响它们对海平面上升的适应能力[138]。

1.4.3.1　海平面上升对红树林生态系统的影响

海平面上升对红树林生态系统产生的影响是多方面的，涉及海水盐度变化、植物生理与生长，以及生态系统结构与功能的诸多方面[139]。

首先，红树林生态系统主要分布在潮间带区域，即平均海平面至高潮时海水所能淹没的地带。海平面的变化直接影响该区域的海水盐度，而红树植物对盐度的适应能力因种类而异[140]。研究表明，秋茄和海莲等红树植物幼苗的生长在高盐度条件下受到抑制，蒸腾作用、气孔导度及成活率均有所下降。在高盐度、低氮和高硫的环境下，大红树的 CO_2 吸收率、气孔导度和生长速度亦显著降低。长期淹水对植物营养关系的影响显著，包括减少养分运输、改变营养素可用性和积累厌氧衍生毒素，这些因素均可导致植物养分缺乏，尤其是氮、磷和钾[141]。

红树林通过一系列形态结构特征和生理机制适应潮间带的淹水胁迫，但长期的淹水胁迫仍可能影响红树植物的生长发育，导致植物死亡。红树林生长带与潮汐水位之间存在严格的对应关系，而不同红树植物根据对生境的不同要求在滩涂上排列成带，形成生态序列[142]。海平面上升引起的潮汐浸淹程度增加可能会导致红树林群落结构发生变化，从而威胁红树林的生存。

淹水对红树植物的影响主要包括两个机制：一是降低根系的氧气供应、无氧呼吸代谢及水分利用效率；二是在缺氧的沼泽土壤中积累植物毒素，如低价铁化合物、锰化合物与硫化物等，这些毒素抑制了光合作用及根系氧气供应。随着海平面上升导致的淹水时间和频率增加，红树植物幼苗的生长速率受到抑制，存活率降低，进而影响红树林的生长发育和分布[143]。地质历史时期的红树林分布格局变化与海平面波动密切相关，海平面快速上升导致红树林死亡，分布区转变为开阔水域。预测显示，未来海平面上升将导致全球红树林面积减少[144]。

红树林应对海平面上升的机制包括垂直和水平方向上的适应。红树植物产生的枯落物会对土壤垂向累积产生重要影响，有助于地面高程的变化，从而抵御海平面上升的威胁[145]。泥沙输入与沉积过程协同有机物累积，促进表层土壤的垂向累积。红树植物根系的生长与分解过程会显著影响土壤体积，进而影响地面高程变化。根系的结构性状特征，如粗根和细根的组分差异，会影响根系的分解速率和土壤体积。

海平面上升会对红树林生态系统的生长发育和繁殖过程产生显著影响，且主要通过改变海水盐度实现。红树植物能够适应热带和亚热带海岸潮间带的特殊生境，依赖胎生繁殖方式进行种群繁衍和扩张。研究表明，木榄胚轴在低盐度（1% 以下）海水中萌根生长表现更佳，而在高盐度（2% 和 3%）条件下的生长则受到抑制。红海榄胚轴在 2% 盐度下的萌根表现最佳，而在淡水条件下的萌根率显著下降[146]。

胚轴在发育过程中，其密度逐渐下降，成熟胚轴的密度接近或低于生境水的密度，有利于漂浮传播。木榄胚轴在发育过程中形成了适应高盐和周期性潮水浸淹逆境的生物学特性。桐花树的成熟果实密度与海水密度接近，但胚轴密度较大，导致成熟果实在不同盐度海水中多数沉于水底。这表明桐花树繁殖体脱离母体后，只能在短期内随水漂流，胚轴吸水后即下沉，限制了其传播距离。

海平面上升导致的海水密度下降可能会减少红树种子的悬浮能力，影响其在海水中的传播效率，进而对红树林生态系统的连通性和区域分布产生负面影响。这些影响对红树林生态系统的长期稳定性和生物多样性构成了威胁，需要通过科学的保护和管理措施来减轻其潜在的生态风险。

1.4.3.2　海平面上升对海洋生物入侵的影响

海平面上升通过改变水深、潮汐模式及水文条件，以及增加海水入侵频率和强度影响海洋生态系统。具体而言，海平面上升导致河口和河流的生境盐度增加，诱发沙质海滨侵蚀，低地势海滨区的洪水风险升高，盐沼面积减少，这些变化影响了海滨生态系统的种间关系、物种组成和群落动态，为外来种的入侵和扩散提供了机会[147]。

气候变化会直接影响入侵植物在特定区域的生存能力，并改变它们与土著种的竞争关系。全球气候变化可能使一些生态系统对外来生物的抵御能力下降，增加外来种成为入侵种的可能性。由于土著种与其环境的长期适应性，气候变化创造的新环境可能会减少其适宜度，而入侵种通常更快地适应新环境[148]。此外，全球气候变化可能会增加植物资源的可利用度，为入侵种的成功入侵提供了条件。这可能导致外来生物的大规模入侵与快速扩散，使得土著种减少，生物多样性降低，原有生态系统被改变，甚至引发社会经济与生态环境问题。

海平面上升导致的生境盐度增加会对植物生长发育产生影响，与耐盐性和耐水淹能力较差的土著种相比，入侵种更能承受这些负面影响。海平面上升可能会提高耐盐性和耐水淹入侵种的竞争力，改变其入侵过程，导致海滨植被结构简单化、种类组成单一化，生物多样性降低[149]。例如，新基因型芦苇因耐盐性高而迅速扩张，互花米草因耐盐性高于本地种而在盐沼湿地形成单优群落。

海平面上升引起的水位变化导致长时间海水淹没，可能会降低盐沼的初级生产力。不同植物耐水淹能力的差异会导致生态系统植被格局发生变化，适应水位变化的入侵种可能继续存在，而土著种可能向高潮带迁移。硬质海岸大坝（堤）的构筑可能导致土著物种栖息地消失。互花米草的克隆体系为其提供了缓解淹水胁迫的结构保障，可能最终替代本地种群落[150]。

海平面上升后，风暴潮和巨浪等异常灾害的发生频率和强度增加，海浪的增加会冲走植物根系周围的有机质，减弱沉积过程，导致植物生长和滩面淤积速度跟不上海平面的上升速度，植被面积减少，甚至现有植被受到破坏。具有克隆性的外来种，如互花米草，通过致密的根茎系统维持生存，并借助快速促淤能力构建局部生境，逐步定居并成功入侵[151]。风暴潮等扰动促进了海滨生态系统中外来种与本地种的共存，共存时间和最终植被格局取决于生态系统的恢复速度。

总体而言，海平面上升直接造成生境理化性质改变，并引发水文异常过程，环境的改变通过一系列非线性反馈调节影响海滨生态系统的生物入侵过程。对这种扰动适应性差的本地种分布区将会缩小，甚至导致区域性灭绝，而适应性强的外来入侵种分布区相应扩大。逆境的胁迫减弱了本地种的竞争能力，强化了外来入侵种的竞争优势，进而影响海滨生态系统中生物入侵的格局。

1.4.4　人类活动对海洋生态系统的影响

1.4.4.1　塑料污染对海洋生态系统的影响

塑料废弃物对海洋生态环境的影响是一个日益严峻的全球性问题。自 2000 年以来，全球塑料年产量显著增长，从 2.34 亿吨增加到 2019 年的 4.60 亿吨。与此同时，塑料垃圾的产生量也从 1.56 亿吨增加到 3.53 亿吨。在这一增长过程中，由于回收过程中产生的损失，2019 年有 2.2 亿吨塑料垃圾泄漏到环境中，其中 82% 的垃圾未得到有效管理。这些塑料垃圾通过河流进入海洋，并在洋流的作用下形成聚集区。在这一过程中，易降解物质逐渐消失，而难以降解的塑料制品则积累形成在大洋上漂浮的垃圾岛。据估计，海洋中漂浮的塑料制品数量已超过 5 万亿件，主要聚集在全球大洋五大涡旋区域，且这些塑料垃圾和微塑料主要分布在人口密集的地区[152]。然而，这些只是海洋表层能被监测到的塑料污染，更多的塑料可能存在于海底或其他水层中。海洋中漂浮的大型塑料垃圾对航行安全构成了威胁，并会对渔业、水产养殖及生态系统多样性造成危害。塑料对太阳光的遮挡和反射作用导致海水中的光线传递受阻，影响了藻类的光合作用，进而对其他生物的生存和生长造成间接干扰。

大型塑料在迁移过程中会因物理、生物或化学因素作用降解为微塑料或纳米塑料。这些塑料碎片的数量大约是海洋浮游生物数量的 6 倍[153]。对于海洋生物而言，这些碎片的危害极大。一些体积较大的碎片可能被海洋生物误食，导致窒息死亡，或消化系统阻塞而最终饿死。绿色和平组织的研究报告称，至少有 267 种海洋生物因误食海洋垃圾而受到伤害[154]。此外，一些崩解得更细碎的塑料虽然不会造成海洋生物窒息，但它们在被吞食前已经在海水中浸泡了很长时间，吸附了海洋中的重金属和污染物，这些污染物会聚积在海洋生物的体内。塑料和微塑料在海洋沉积物中的积累对海洋生态系统构成了潜在威胁。海底塑料碎片的堆积可能会阻碍气体交换，导致底栖生物缺氧，影响生态系统功能。微塑料会富集环境中的有机污染物及重金属，影响沉积物界面上的生物化学过程，进而影响生物地球化学循环[155]。

可见，塑料垃圾对海洋生态环境的影响是多方面的，包括威胁航行安全，危害渔业和水产养殖，影响生态系统多样性，干扰光合作用，导致海洋生物因误食而阻塞消化系统、造成窒息或饿死，以及影响生物地球化学循环，等等。这些影响不仅会对海洋生物造成直接伤害，还可能通过食物链影响人类健康。

1. 微塑料对海洋生物的影响

浮游植物是海洋生态系统中的基础生产者，对能量流动和物质循环起着至关重要的作用。微塑料与微藻之间的吸附可能会抑制藻细胞的生长，降低光合效率。这种吸附作用与微塑料的粒径密切相关。较大粒径的微塑料可能成为微藻附着和生长的载体，而较小粒径的微塑料则可能吸附在微藻表面，影响其与环境之间的能量和物质交换。实验研究表明，不同粒径的微塑料对杜氏盐藻（Dunaliella salina）的生长具有不同的影响，0.05 微米的微塑料暴露能够显著抑制其生长，而 6 微米的微塑料对其则无显著影响。此外，63~75 微米的微塑料暴露可使月牙藻（Selenastrum capricornutum）的浓度增加 56%，表明大粒径微塑料可能会促进某些微藻的生长[156]。微塑料对微藻生长和光合作用的负面影响存在浓度依赖效应。例如，1 微米 PVC 微球会对中肋骨条藻（Skeletonema costatum）的生长和光合作用产生抑制作用，96 小时后最大生长抑制率达 39.7%[157]。聚苯乙烯微塑料对蛋白核小球藻（Chlorella pyrenoidesa）的生长和光合作用也有剂量效应的负面影响，并可能导致类囊体变形和细胞膜受损[158]。

微塑料对海洋动物的影响主要集中在消化系统、呼吸系统和生殖系统，进而影响其消化、呼吸和繁殖等生理过程。这些影响在鱼类、贝类、甲壳类动物和棘皮动物等多种海洋生物中均有发现。微塑料在消化系统中的积累会直接影响海洋生物的摄食和生长发育。摄入的微塑料可能积聚在海洋生物的消化道中，甚至堵塞消化道，导致虚假的饱腹感和摄食率下降。例如，暴露于微塑料中的双壳贝类（Ennucula tenuis）体内的总能量储备随微塑料浓度的增加而降低[159]。海洋桡足类（Tigriopus japonicus）在滤食含尼龙-6 的藻液后，摄食率和滤水率均降低，存在剂量—效应关系[160]。

微塑料对海洋生物行为的影响可能包括集群、游泳、捕食和勘探等行为的负面效应。例如，许氏平鲉（Sebastes schlegelii）暴露于聚苯乙烯微球中后，游泳速度下降，捕食勘探范围变小，产生集群行为[161]。微塑料还可附着在甲壳类浮游动物的触角、附肢等部位，影响其游泳速度。紫贻贝、牡蛎等在微塑料暴露实验中也表现出摄食和游泳行为受到影响。此外，微塑料还可能导致生物产生异常行为，如汤氏纺锤水蚤（Acartia tonsa）幼体暴露在塑料微球中后，游泳时会出现"跳跃"行为[162]。

微塑料对生物生殖的干扰可能导致生殖细胞数量减少或质量降低。对于体外受精的海洋生物，其配子质量可能直接受到水体中微塑料的影响。例如，含羧基的微塑料可增加长牡蛎（Crassostrea gigas）精细胞内的活性氧。聚苯乙烯微塑料对雄性牡蛎的生殖细胞会产生负面影响，使其运动水平下降。微塑料对生物繁殖的影响与微塑料的剂量和成分有关。例如，研究人员基于 0.05 微米微塑料的梯度浓度对长牡蛎的生殖细胞和受精卵进行暴露实验，发现 25 毫克 / 毫升的微塑料导致受精率、孵化率严重下降[163]。

微塑料还可能通过干扰生物的能量收支，对生物的繁殖能力造成损害。例如，微塑料使珍珠贝（Pinctada margaritifera）的能量摄入降低，但其代谢率并未降低，导致珍珠贝减少用以繁殖的能量支出[164]。微塑料污染可引起海洋生物的应激反应，干扰其免疫防御系统。纤维微塑料对斑马鱼（Danio rerio）肠道具有较强的毒性，会导致黏膜损伤、通透性增加和炎症等，破坏其肠黏膜的免疫屏障[165]。高浓度聚苯乙烯微塑料暴露能够激活造礁石珊瑚（Pocillopora damicornis）的应激反应，并通过 JNK 和 ERK 信号通路抑制其免疫系统[166]。海胆（Paracentrotus lividus）体腔液中添加氨基聚苯乙烯颗粒，可增加吞噬细胞的溶酶体膜不稳定性，引起细胞凋亡[167]。

海洋生物接触特定浓度的微塑料可能会在短时期内产生免疫反应，但一段时间后机体会产生适应机制。例如，采用高密度聚乙烯（HDPE）微塑料对海马（Hippocampus kuda）进行为期 45 天的喂养实验，仅在实验早期便发现海马体内 SOD 和 CAT 的活性增加，但很快又恢复正常水平[168]。贻贝（Mytilus galloprovincialis）首次暴露于 HDPE 微塑料中，体内免疫和应激反应相关基因出现差异性表达，第二次暴露后消化腺中相关基因的表达量降低，推测贻贝产生了适应机制[169]。

微塑料可通过影响相关基因的表达而干扰生物的内环境稳定。例如，长牡蛎滤食微塑料后，胰岛素信号通路相关基因表达下调，对生殖细胞增殖和成熟产生负面影响[170]。微塑料暴露还对日本青鳉（Oryzias latipes）雌激素受体介导的基因表达产生影响，使卵壳前体蛋白 H 的表达量显著降低[171]。

生物体摄入和积累微塑料可能会产生遗传毒性。例如，微塑料的存在可以使十溴代联苯醚对栉孔扇贝细胞造成的 DNA 损伤程度提高，对扇贝产生遗传毒性[172]。高浓度及小粒径的聚苯乙烯微塑料使日本虎斑猛水蚤的 F1 代存活率显著下降。浮游动物大型蚤（Daphnia magna）在聚苯乙烯微塑料中暴露 21 天后，其后代体型变小，且畸形率高达 68%[173]。

微塑料对海洋生物的影响是多方面的，包括抑制浮游植物的生长和光合作用，干扰海洋动物的消化系统、呼吸系统和生殖系统，引起行为异常，激活应激反应和免疫防御系统，干扰内环境稳定，以及产生遗传毒性。这些影响可能会对海洋生态系统的结构和功能产生长期和深远的影响。因此，减少塑料污染，保护海洋生物多样性，是当前亟待解决的全球性环境问题。

2. 塑料对珊瑚礁生态系统的影响

珊瑚通过摄食过程摄入微塑料，这些微塑料可能会在珊瑚肠道中保留超过 24 h。摄入率因珊瑚种类而异，且微塑料的风化过程和天然食物的存在会影响摄入行为。珊瑚更倾向摄入无微生物的微塑料，这可能与塑料浸出物作为食物刺激物有关[174]。然而，某些珊瑚种类，如蘑菇珊瑚（Danafungia scruposa），可能因误将带有微生物表面生物膜的塑料认为是天然食物而摄入并保留 PE 生物污染微塑料[175]。微塑料可能携带有害化学物质，这些物质在微塑料摄入后可能会对珊瑚造成额外的压力。尽管大多数摄入的微塑料可以在 1～2 天后通过清洁机制排出，但保留的微塑料及其携带的化学物质对珊瑚的潜在影响仍值得关注。微塑料的摄入和黏附可能导致珊瑚疾病，如肠道堵塞和病原体的转移[176]。此外，微塑料的风化行为，如紫外线辐射和生物膜形成，可能会对珊瑚产生不利影响。不同珊瑚物种对微塑料的摄入和反应表现出物种特异性差异。一些珊瑚种类可能对微塑料的摄入更为敏感，而其他种类可能展现出更强的抵抗力[177]。

珊瑚与黄藻之间的共生关系可能受到微塑料的影响。微塑料暴露可以通过化学信号破坏宿主—共生体关系，影响珊瑚的能量学、生长和健康。实验室研究表明，这些影响包括摄食行为、光合作用性能、能量消耗、骨骼钙化，甚至组织漂白和坏死[178]。然而，也有研究表明，微塑料对珊瑚的某些生理阶段影响有限[179]。珊瑚对微塑料的反应可能受到微塑料属性（如聚合物类型、尺寸、浓度、风化行为）和暴露条件（如持续时间、环境压力）的影响。

综上所述，人类活动产生的塑料污染对海洋生态系统的影响是多层面且深远的。塑料废弃物在海洋中的积累和扩散，不仅直接威胁航行安全，还对海洋生物的生存、繁殖和行为产生了广泛的负面影响，从误食和窒息到能量代谢紊乱与遗传毒性，均显示出塑料污染的复杂性和危害性。此外，塑料会对珊瑚礁等关键生态系统产生破坏，通过影响其共生关系、钙化过程及健康状态，进一步削弱生态系统的功能与服务能力。微塑料的扩散和累积，更是将这些危害传递至海洋生态系统的每一个层面，包括光合作用、食物链、沉积物和生物地球化学循环。这些问题不仅威胁了海洋生态平衡，也使依赖海洋资源的人类社会面临潜在的健康和经济风险。因此，减少塑料污染、加强海洋生态系统保护、推动全球合作与治理，已成为当前迫切需要解决的环境议题，为保护地球海洋生态系统的健康与可持续性奠定了基础。

1.4.4.2　船舶活动对海洋生态系统的影响

全球每年约有 9 万艘远洋船舶转移约 120 亿吨的压载水，这些水中携带的生物种类多达 7000 种。在压载舱的恶劣环境下，许多海洋生物，包括藻类，能够形成休眠孢子或休眠孢囊，并在适宜的环境中再次萌发，这可能导致水华等生态问题的发生[180]。据估计，被排入新水域的动植物中大约有 3% 能够存活下来，而这种外来物种的入侵性传播对海洋生物多样性、沿海和近岸生态环境造成了破坏，对当地物种的生存构成威胁，并可能危害当地居民的健康。在中国，辽东湾、长江口和珠江口等地区因污染严重已被政府列为重点关注区域[181]。目前，已有 16 种外来赤潮通过船舶压载水入侵中国海域，这些藻类的生态适应性强，分布广泛，一旦环境适宜即可引发赤潮。近年来，香港多次发生因压载水传播细菌导致的红潮事件，造成鱼、贝类感染，导致当地居民食用后中毒。据环保局公布的数据，中国因生物入侵造成的直接经济损失高达 574 亿元，其中海洋入侵物种是主要外来物种之一[182]。

浮游植物在压载水中的存活能力强，增殖速度快，有研究显示，其在压载水中的存活时间可达 23 天。此外，浮游植物产生的休眠孢囊在适宜的生长条件下能够再次生长[183]。在船舶压载水中，硅藻是最常见的生物之一，具有高丰度和生物多样性。硅藻通过无性繁殖能够快速扩大种群，因此，某些赤潮藻类及其孢囊可能会对入侵地的海洋生态环境造成严重危害。例如，通过船舶压载水引入的链状裸甲藻已使澳大利亚的生态环境和社会经济产生较大损失[184]。

浮游动物是鱼类和其他经济动物的重要饵料，压载水带来的浮游动物入侵可能对当地渔业经济造成严重影响。统计显示，1971—1990 年，以船舶压载水为媒介转移的浮游动物中，大部分为甲壳纲。这些甲壳纲生物被认为是潜在的有害水生生物，其入侵已对澳大利亚等地造成影响。在中国，入境船舶压载水中的浮游动物以桡足类无节幼体较为常见，它们是经济鱼类和虾类等的重要饵料。浮游动物不仅是入侵生物，还可作为细菌的携带者，这些细菌即使在船舶压载水经过处理后也可能存活，从而导致微生物危害[185]。水生生物入侵通常是不可逆的，并且所造成的影响随时间推移可能会越来越严重。因此，在生物入侵前进行预防和监管至关重要。

船舶压载水还含有霍乱弧菌和大肠埃希菌等病原微生物。霍乱弧菌甚至能够在侵入某些藻类后进入休眠状态，并随藻类通过船舶压载水传播到世界各地，在条件成熟时再次成为具有传染性的致病因子[186]。这些病原微生物可直接感染人类或通过感染水生动物而间接危害人类健康，因此在船舶压载水排放的主要地区易造成致病菌的传播并导致动物和人类患病。

除压载水危害外，海洋溢油事故也对海洋生态系统构成了极大的威胁，其影响深远且多方面，被广泛认为是海洋生态环境的超级杀手。每年大约有世界石油总产量 0.5% 的石油通过不同途径泄入海洋，其中油轮燃料泄漏是最主要的污染源[187]。溢油事故不仅会影响海洋生物的多样性，还会破坏沿海和近岸的生态环境，对当地物种的生存构成威胁，并可能危害当地居民的健康。

溢油进入海洋后，受风、浪、海流、光照、气温、水温和生物活动等因素的影响，其数量、化学组成、物理及化学性质会随时间推移发生变化。溢油的归趋主要包括：在海面迅速扩散形成油膜；在海水搅动下分散混合到海水中并乳化；油块的相对密度增大后，部分油块继续漂浮，部分通过颗粒物吸附迁移，部分被微生物降解[188]。溢油污染对海岸生态系统的毒性效应可以从短期和长期两方面分析。短期影响包括对植物、微生物的急亚慢性毒性效应，如生物量减少、酶活性变化、微生物群落减少、赤潮等。长期影响则集中于溢油对植物群落结构变化的长期效应，如耐油性物种比例增加，溢油在植物和底栖生物中富集等[189]。从海洋生态系统的总体性来看，溢油阻断了海洋生态系统与大气系统的气体交换，导致海洋生态系统的生产力降低，物质循环和能量流动异常，食物链平衡被打破，可能导致生物多样性遭受巨大损失。从个体角度来看，溢油对浮游植物的影响是毁灭性的，直接阻碍了其光合作用和呼吸作用。PAHs 等化学毒性物质对海洋动物、海鸟产生了不可逆的损伤作用。从群落角度来看，溢油污染导致生物种群、群落结构发生恶性变化，耐污性物种比例增加，PAHs 的持久性富集成为海洋生物群落正常发展的隐患[190]。

海洋溢油事故对海洋生态系统的影响是复杂和多维的，涉及从个体生物到整个生态系统的多个层面。为了减轻溢油对海洋生态系统的影响，需要采取有效的预防和应急措施，包括改进船舶设计以减少溢油风险、加强船舶操作和维护以防止事故发生，以及开发和应用有效的溢油清理技术。

1.4.4.3　噪声污染对海洋生态系统的影响

海洋噪声污染对海洋生态系统产生了显著的有害影响，这些影响波及海洋中的鱼类、无脊椎动物及海洋哺乳动物[191]。研究表明，暴露于船舶噪声下的螃蟹和鳗鱼显示出较差的抗捕食行为。类似地，陆地上鸟类的多样性和种群丰富度也因城市及其周边道路沿线的持续噪声而减少。一些物种为了适应人类活动产生的噪声，已经改变了它们的发声行为。

商业航运是海洋噪声的主要来源之一[192]。船舶产生的低频噪声（500 Hz 以内）中，有80%~85% 是由螺旋桨空泡现象产生的，而海洋动物通常也利用这一频率范围进行交流。此外，发动机、机械运作及船体的液压流动也是噪声的来源。不同类型船只的噪声水平各异，例如，一艘 54 000 总吨的集装箱船发出的噪声可达到 188 分贝，而一艘 26 000 总吨的化学品运输船的噪声则为 177 分贝。散货船的噪声频率较高，接近 100 赫兹，而集装箱和油轮的噪声频率多低于 40 赫兹[193]。

动物通过声音进行交流，它们发展出了特定的声调来警告同伴潜在的危险、吸引配偶或在群体中识别后代[194]。声景生态学家的录音揭示了栖息地内不同物种具有独特的声学生态位，它们发出的声音音调和时隙各有不同，从而避免相互干扰。然而，人类活动产生的噪声，如发动机和海上平台作业等，可能会破坏这种声学平衡，淹没动物间关键的通信信号[195]。

夜行性和水生动物的声呐系统对它们在昏暗环境中的导航和捕食至关重要。例如，蝙蝠和海豚使用回声定位技术，发出特定频率的声波并利用回声来识别障碍物和猎物。但是，人为的噪声干扰，如交通噪声或声呐活动，可能会损害这些动物的听力，迫使它们改变声波频率，从而产生效果较差的回声，最终迷失方向[196]。

对于依赖声音进行繁殖交流的物种，雄性通常使用特定叫声来吸引雌性。这些叫声往往是低频的，但在噪声污染的环境中，一些动物被迫提高声音的音调以与低频噪声竞争[197]。这种声音变化可能会降低雄性吸引和保持配偶的能力。此外，噪声环境中声音的传播范围受限，可能导致繁殖领地缩小。科学家担心，长此以往，噪声污染可能会降低种群数量和遗传多样性，对生态系统产生深远的影响。

综上所述，海洋噪声污染对海洋生物的交流、繁殖行为和生态系统的平衡构成了严重威胁。我们需要采取有效措施减少海洋噪声污染，如改进船舶设计以降低噪声水平、限制噪声污染源的活动范围和时间，以及加强对海洋生物声学行为的科学研究，从而更好地理解噪声污染对海洋生物行为的具体影响。

1.4.4.4 海岸带建设对海洋生态系统的影响

1. 海堤建设对海洋生态环境的影响

海堤硬防工程旨在防止海水冲刷和侵蚀海岸线，保护海岸线上的建筑物和设施。然而，这类工程对海洋生态环境的影响是深远和复杂的。新建的海堤、围堤和护岸形成新的海岸线，这些人工岸线与自然岸线存在显著差异，导致邻近海域的水动力条件发生变化[198]。例如，围填海活动可能导致纳潮量减少，影响海域的水质和沉积物冲淤，进而改变地形地貌。

具体来说，海堤硬防工程会改变水流方向，影响洋流模式。这种改变可能会导致海洋温度和溶解氧分布不均匀，进而影响海洋生态系统的稳定性[199]。海堤建设会影响沉积物的组成、运动和分布。沉积物是海洋生物栖息地的重要组成部分，其变化会直接影响底栖生物的栖息环境。海堤工程可能会破坏海洋植被，尤其是红树林等湿地植物[200]。这些植被不仅为海洋生物提供了栖息地，还具有重要的生态功能，如防风、固碳和净化水质。同时，海堤工程可能会减少海洋生物的种类和数量，影响生物群落的结构和稳定性。生物多样性的下降会降低生态系统的抵抗力和恢复力[201]。

大规模的围填海工程可能会对海湾的纳潮量和防洪排涝能力产生影响，增加沿海城市在面对风暴潮和内涝等自然灾害时的风险。海堤建设对滨海及海口湿地生态系统的影响也不容忽视。海洋生物的栖息环境受到破坏，导致游泳动物迁移，浮游动植物和底栖生物的生存受到威胁。红树林和芦苇等敏感湿地植物遭受的砍伐填埋，进一步使其丧失了生态调节功能，影响了区域生物的种类、密度、多样性和群落结构。全球范围内，海岸湿地，如红树林和盐沼因海堤建设和土地开垦而持续减少。这些人工海岸线难以为潮汐依赖物种提供栖息地，从而导致潮汐栖息地的退化和生物多样性的损失[202]。海堤引起的土地开垦还严重影响了沿海盐沼，破坏了其提供的生态服务，如栖息地质量、水质净化和海岸防御。

红树林对海堤有明显的保护作用，被认为是具有生态、经济和社会效益的防护模式。然而，海堤阻断了红树林的退路，加剧了海岸侵蚀，降低了红树林的潮滩沉积速率。海堤还干扰了河口地区的自然水文过程，这对红树植物的正常生长和生物多样性的维持至关重要[203]。堤前红树林是对海平面上升最敏感的红树林，而海堤被认为是红树林应对海平面上升的主要障碍。

总之，海堤建设对海洋生态环境的影响是多方面的，包括水流方向发生改变、沉积物动态受到影响、植被结构遭到破坏及生物多样性的减少。这些影响不仅局限于海洋生态系统，还可能延伸到沿海陆地生态系统、滩涂湿地生态系统、河口湾生态系统和沿岸浅海生态系统。因此，相关单位在进行海堤建设时，必须考虑到这些潜在的生态影响，以实现海洋生态环境的可持续发展。

2. 海岸侵蚀对海洋生态环境的影响

海岸侵蚀是一个复杂的自然和人为因素共同作用下的地质现象，对海洋生态环境产生着深远的影响。其成因是在风、浪、潮、流等自然力的作用下，海水将岸边的泥沙带走，导致海岸线后退和海滩下蚀[204]。这一现象在中国约 70% 的砂质海岸线及几乎所有开阔的淤泥质岸线上均有发生，尤其是对于辽宁、河北、广西和海南沿海的砂质海岸及江苏沿海的粉砂淤泥质海岸，侵蚀现象更为严重[205]。海岸侵蚀不仅导致土地损失、海岸构筑物破坏、海滨浴场退化和海滩生态环境恶化，还增加了海岸防护的压力。此外，侵蚀下来的泥沙可能会被搬运到港湾，导致航道受损。海岸侵蚀还可能加速海洋侵蚀作用，对沿海的基础设施，如设施建筑、港口码头、海堤防护和海岸公路等构成威胁[206]。

海岸侵蚀的直接原因包括沿岸泥沙亏损和海岸动力的强化。自然因素如海洋动力作用的增强，特别是潮流和波浪，是造成海岸侵蚀的主要动力。全球变暖导致的海平面上升也是引起海岸侵蚀的重要因素，它使得岸滩剖面调整，进而导致海岸线的蚀退。人为因素在海岸侵蚀中也扮演着重要角色[207]。例如，地下资源的开采可能导致陆地下沉，黄河三角洲地区就是一个典型的例子。此外，河流来水来沙量的减少也是引起海岸侵蚀的人为因素之一。黄河泥沙量的减少对黄河三角洲海岸线的后退淤进有着显著的影响。

海岸线后退和海滩下蚀会破坏沿海的自然防护，增加自然灾害，如海岸风暴、海浪、洪水、风暴潮等的发生频率和强度。海岸侵蚀还会形成不断扩大的海洋侵蚀区域，加大海洋侵蚀周期，进一步加速海岸线的后退。此外，海岸侵蚀还会对海洋生物的栖息地造成破坏，影响海洋生物的多样性和生态系统的稳定性[208]。海岸侵蚀还可能对海洋食物链产生影响。海洋生物依赖海岸线附近的生态系统，海岸侵蚀导致的栖息地破坏会迫使海洋生物迁移，影响其生存和繁殖。长期而言，海岸侵蚀可能会导致海洋生物多样性下降，以及生态系统服务功能降低[209]。

此外，海岸侵蚀还可能对沿海地区的社会经济发展产生负面影响。海岸线附近的土地和海滩是重要的旅游资源，海岸侵蚀导致的环境退化会影响旅游业的发展。同时，海岸侵蚀还可能导致沿海地区居民的生活环境恶化，影响居民的生活质量。因此，理解和评估海岸侵蚀的影响，采取有效的防治措施，对于保护海洋生态环境和促进沿海地区的可持续发展具有重要意义。

3.连通性破坏对海洋生态系统的影响

海洋生态系统连通性涉及能量（如波浪）和物质（如沉积物、颗粒／溶解营养物）的交换，这会对生态系统的生产力及碳和营养物在沿海带植被生态系统中的捕获与储存过程产生影响[210]。海岸带植被生态系统主要栖息在沉积性景观中，并通过潮流接收和积累富含矿物质、碳和营养物的沉积物。这些生态系统通过生理过程，如初级生产，影响碳和氮的积累，例如，红树林和盐沼的净初级生产力高于海草床和大型海藻床，但埋藏和输出速率在全球范围内差异极大。连通性破坏对海洋生态环境具有显著的负面影响，尤其是在海岸带建设对滨海及近海生物生境造成的影响方面表现突出。这种影响导致近海生态系统生境破碎化和斑块化，严重削弱了物种的迁移、繁殖和分布能力[211]。

例如，海岸带植被生态系统中的有机沉积物可以是自生（来自生态系统内部由于碎屑物质的保留）或异生（通过来自连接生态系统的颗粒有机物输入）来源。通过减少波浪作用，这些生态系统在沉积物沉降方面非常高效，允许富含碳和氮的颗粒有机物（POM）积累[212]。红树林和盐沼经常向连接的海草床输出营养物，但一些红树林也经历着营养物的流入。生态系统属性，如植被覆盖面积，在调节海岸带植被生态系统的碳交换和储存能力，以及氮的去除或储存方面起着重要作用。最近的研究表明，具有高碳储量的红树林可能具有较低的碳封存速率，反之亦然[213]。这意味着除了碳储量外，评估景观水平上的过程，如POM交换和异生有机物沉积物的积累，也是至关重要的。大多数关于热带海洋景观连通性的研究集中在红树林和海草床之间的物质、能量和生物体的交换上。

生境破碎化和斑块化会减少物种间的基因流动，影响物种的遗传多样性和适应能力[214]。连通性变弱也会限制物种的迁移和分布，影响物种的繁殖和生存。此外，连通性破坏还会影响生态系统间的营养物和能量交换，影响生态系统的生产力和稳定性[215]。如果连通性被破坏，海草床可能无法获得足够的营养物，导致生产力下降，生态系统退化。同样，海草床对红树林和盐沼的营养物流入也很重要，连通性的破坏会影响这些生态系统的营养循环[216]。此外，连通性破坏还会影响海洋生态系统对环境变化的响应能力。具有高度连通性的生态系统能够更好地适应环境变化，如海平面上升和气候变化。连通性破坏会降低生态系统的恢复力，使其更容易受到环境压力的影响[217]。

综上所述，连通性破坏影响物种的迁移、繁殖和分布，限制生态系统间的营养物和能量交换，降低生态系统的生产力和稳定性，并削弱生态系统对环境变化的响应能力。因此，保护和恢复海洋生态系统的连通性对于维护海洋生物多样性和生态系统健康至关重要。

1.4.4.5 放射性污染对海洋生态系统的影响

放射性污染涉及天然和人工放射性核素，对海洋生物和生态系统具有广泛影响。天然放射性核素，如铀系、钍系和锕系及宇宙成因的核素等，在海洋中的含量相对稳定，通常被视为环境本底，对人类和海洋生态系统的影响较小[218]。然而，人工放射性核素的引入，主要是由于核能工业、核武器试验和核事故等人类活动，对海洋生态系统构成了显著威胁。

人工放射性核素在海洋中的含量水平和分布规律因来源和环境行为的不同而有很大差异，并且其含量随时间而变化。海洋生态系统，尤其是近岸海域，面临着不断增加的核污染潜在风险[219]。核泄漏事件会导致放射性核素进入海水，初始以溶解态或悬浮态存在。海洋生物通过摄食和食物链传递，成为放射性核素的携带者和传播者。海洋植物和藻类对放射性核素具有较强的浓集能力，例如，Cs 在藻类中的浓度可显著高于周围水体[220]。此外，放射性核素在食物链中的传递并不简单依赖生物在食物链中的位置，而是受多种因素影响，包括捕食量、被捕食者体内放射性核素的浓度、捕食后物质的吸收程度及核素在生物体内的存在形式。

研究表明，海洋鱼类积累人工放射性核素的主要途径是摄食，而非外部渗透，尤其在底栖鱼类中更为明显。放射性核素在高营养级鱼类中的"延迟积累"现象表明，人工放射性核素通过食物链逐渐富集至更高营养级[221]。此外，较小的鱼类个体因其较高的代谢率，可能对人工放射性核素展现出更强的富集作用。人工放射性核素在海洋鱼类体内的分布也因核素种类和鱼种的不同而异。例如，^{137}Cs 主要在海洋鱼类的肌肉和内脏器官中富集，而亲骨性的 ^{90}Sr 则主要富集于骨骼中。这些信息对于制定法规以保护公众免受辐射危害至关重要[222]。

人工放射性核素衰变产生的电离辐射对生物体可产生放射损伤，包括确定性效应和随机性效应[223]。确定性效应与剂量或剂量率有关，会影响生物的生存、生长和繁殖。急性辐射可导致高剂量率外部辐射，对生物产生显著的不可逆生物学损伤，而慢性辐射则可能导致复杂的随机性效应，如致病、生殖损伤和遗传损伤。慢性辐射对海洋鱼类的影响包括生理和代谢特性的恶化，会损害鱼体健康，导致血液成分变化、免疫功能下降和对寄生虫感染的抵抗力减弱。此外，辐射可导致鱼类的生殖能力下降，影响鱼卵的质量和活力，甚至导致鱼卵死亡。细胞遗传学效应，如微核率的上升和其他核异常，是反映活细胞放射损伤的敏感指标[224]。

综上所述，放射性污染对海洋生态系统的影响涉及从放射性核素的初始释放到其在食物链中的传递和累积，会对海洋生物的生理、代谢、繁殖和遗传等多个层面造成深远影响。人工放射性核素通过食物链逐级富集，可能会对高营养级生物产生更显著的累积效应，进而威胁海洋生态系统的稳定性和生物多样性。此外，放射性核素产生的电离辐射不仅会损害个体生物的健康，还可能导致群落结构的变化和生态功能的紊乱。这些危害最终会通过海洋资源间接影响人类社会。因此，加强放射性污染的监测和管理，制定科学法规与管理策略，是保障海洋生态系统健康和可持续发展，以及保护人类健康的必要措施。

参考文献

[1] 国家海洋局. 鼓励社会资本参与典型海洋生态系统保护修复 [J]. 中国环境监察，2024(7)：6.
[2] 求是网. 习近平总书记对海洋资源开发保护历来高度重视 [EB/OL]. (2024-01-09) [2024-10-23]. http://www.qstheory.cn/laigao/ycjx/2024-01/09/c_1130055934.htm.
[3] 新华网. 中国的海洋生态环境保护 [EB/OL]. (2024-07-11) [2024-10-23]. http://www.news.cn/politics/20240711/d82467debc6d4b75a1ea947a334ce4e0/c.html.
[4] 中华人民共和国国家发展和改革委员会. 发展海洋经济推进建设海洋强国的理论脉络与实践路径 [EB/OL]. (2024-03-07) [2024-10-23]. https://www.ndrc.gov.cn/wsdwhfz/202403/t20240307_1364687.html.
[5] 虞仁珂，阴冠平. 凝智聚力护航海洋强国战略行稳致远 [N]. 舟山日报，2024-10-08(3).
[6] 陈占阳，桂洪斌，杨连茂. 海洋强国背景下船海学科研究生实践课程教学的探索与实践 [J]. 黑龙江教育（高教研究与评估），2024(10)：95-97.
[7] 倪敏，许愿. 耕海图强，托举蓝色经济新空间 [N]. 新华日报，2024-10-10(2).
[8] 林文婧，蓝瑜萍，林榕昇，等. 加快建设全国海洋经济发展示范区 [N]. 福州日报，2024-10-18(2).
[9] 贺义雄，付亦心. 海洋产业高质量发展模式选择与路径设计——基于资源价值理论的分析 [J/OL].

海洋开发与管理，2025，42(1)：85-92.

[10] 杨舒. 我国海洋生态环境保护发生历史性、转折性、全局性变化 [EB/OL]. (2024-07-12) [2024-10-23]. https://www.gov.cn/lianbo/bumen/202407/content_6962649.htm.

[11] 王泽宇，唐秋香，张红艳，等. 海洋命运共同体视域下中国参与全球海洋污染治理的现实基础和路径选择 [J]. 辽宁师范大学学报（自然科学版），2024，47(3)：394-405.

[12] 邵光学. 海洋生态文明建设的历史进程、基本经验与深化路径 [J]. 水利经济，2024，42(5)：54-61.

[13] 徐剑桥. 海洋生态环境保护工作面临的机遇和挑战 [J]. 低碳世界，2022，12(5)：31-33.

[14] 周德，赵骁阳，徐之寒，等. 国土空间规划下中国沿海地区陆海统筹的路径优化 [J]. 经济地理，2023，43(10)：180-189.

[15] 中华人民共和国国务院新闻办公室. 中国的海洋生态环境保护 [N]. 人民日报，2024-07-12(11).

[16] 许璇，刘迎迎，黄帅，等. 基于陆海统筹的海洋环境污染生态修复技术研究 [J]. 水上安全，2024(16)：107-109.

[17] 中国绿发会. "生态修复"和"生态恢复"有啥区别？[EB/OL]. (2022-02-16) [2024-10-23]. https://m.thepaper.cn/baijiahao_16721725.

[18] 李倩，李天一. 读懂"五大关系"，用好生态保护修复"方法论" [N]. 中国自然资源报，2024-08-15(1).

[19] 李霞. 系统推进水生态保护与修复 [N]. 成都日报，2024-10-18(6).

[20] 程博. 傅伯杰："十四五"国土空间生态修复思路 [EB/OL]. (2021-02-11) [2024-10-23]. https://www.cas.cn/zjs/202102/t20210209_4777803.shtml.

[21] 吴书娟，来晶. 国土空间规划背景下湿地生态保护现状及生态修复模式研究 [J]. 环境科学与管理，2024，49(10)：164-168.

[22] 自然资源部办公厅. 自然资源部办公厅关于印发《海洋生态修复技术指南（试行）》的通知 [EB/OL]. (2021-07-01) [2024-10-23]. https://www.gov.cn/zhengce/zhengceku/2021-07/14/content_5624823.htm.

[23] 邬晓燕. 实施生态修复是建设美丽中国的重要途径（新知新觉）[EB/OL]. (2018-04-24) [2024-10-23]. http://env.people.cn/n1/2018/0424/c1010-29945082.html.

[24] 贾文静. 海洋碳汇经济价值核算及其空间溢出效应研究 [D]. 大连：大连海洋大学，2024.

[25] 冀雪慧. 海洋牧场蓝碳固碳定价研究 [D]. 大连：大连海洋大学，2024.

[26] 杨梓阳，李学刚，宋金明，等. 海洋生物固氮速率与影响因素的研究进展 [J]. 海洋科学，2022，46(8)：146-154.

[27] 王庆轩，崔正国，曲克明，等. 海洋浮游植物初级生产力及碳生物量的检测技术研究进展 [J]. 海洋科学，2023，47(8)：131-140.

[28] 李昶豫. 海洋氧循环对气候变化的响应 [D]. 兰州：兰州大学，2023.

[29] 周天军，张学洪，王绍武. 全球水循环的海洋分量研究 [J]. 气象学报，1999(3)：9-27.

[30] 张丽萍. 全球变暖背景下水循环变化对海洋环流及气候的影响 [D]. 青岛：中国海洋大学，2012.

[31] 王建华，朱永楠，李玲慧，等. 社会水循环系统水—能—碳纽带关系及低碳调控策略研究 [J]. 水利发展研究，2023，23(9)：56-65.

[32] 许琦敏. "海洋十年"寻求气候应对新路 [N]. 文汇报，2024-09-20(9).

[33] 陈怡. 海洋在气候变化过程中的决定性作用 [N]. 上海科技报，2024-09-11(6).

[34] 杨亮. 推进海洋生物多样性保护守护同一片蓝 [J]. 宁波通讯，2024(16):30-31.

[35] 赵婧，杨雅茹. 守护蓝色生态系统推动蓝色经济发展 [N]. 中国自然资源报，2024-09-10(5).

[36] 王振友. 海洋工程环境下水生生物资源的可持续开发与管理策略 [J]. 新农民，2024(6)：37-39.

[37] 李文昶，季宇彬. 影响海洋生物多样性因素的研究进展 [J]. 哈尔滨商业大学学报（自然科学版），

2013，29(1)：46-48+53.

[38] 海洋生物比陆地生物更易受到气候变暖影响 [J]. 世界环境，2019(3):7.

[39] 张科，郭晨旭，甘富纬. 海洋环境污染惩治的困境及对策 [J]. 现代化农业，2024(7)：85-87.

[40] 钱玥，乔观民，周艺，等. 基于"三生"空间的浙江省海岸带陆海生态测度与统筹 [J]. 浙江大学学报（理学版），2024，51(5)：611-622+635.

[41] 支香雪. 海洋命运共同体下公海保护区制度建设问题研究 [D]. 北京：中国人民公安大学，2024.

[42] 林昕，李艺，王磊，等. 中国深度参与全球海洋生物多样性保护的研究与展望 [J]. 科学通报，2024，69(12)：1598-1612.

[43] 潘博志，何宏昌，范冬林，等. 利用改进 MUSIC 方法进行洋流方位估计 [J]. 测绘通报，2024(6)：134-138.

[44] HAYS G C. Ocean currents and marine life[J]. Current Biology, 2017, 27(11): R470-R473.

[45] 左九龙. 黑潮向东海营养物质输送及其控制因素解析 [D]. 青岛：中国科学院大学（中国科学院海洋研究所），2018.

[46] 张文亮. 海洋生态系统健康水平评价方法体系研究及应用 [D]. 天津：天津大学，2021.

[47] 杨林林. 海洋生物正在向北迁移或潜到更深处 [J]. 渔业信息与战略，2021，36(2)：141-142.

[48] 魏西会. 天然水体中过氧化氢的测定方法及其海洋生物地球化学行为 [D]. 青岛：中国海洋大学，2007.

[49] 赵晓霞. 保护海洋保护我们的家园 [N]. 人民日报海外版，2023-11-06(11).

[50] 逯达. "双碳"目标下保护和发展蓝碳的司法路径 [J]. 上海节能，2024(9)：1401-1408.

[51] 张靖宇，曹龙. 海洋和陆地碳循环对二氧化碳正负排放响应的模拟研究 [J]. 气候变化研究进展，2024，20(4)：416-427.

[52] 刘丰豪，杜金龙，黄恩清，等. 中新世气候适宜期构造运动加速全球海洋碳循环（英文）[J]. Science Bulletin，2024，69(6)：823-832.

[53] 墨林. 戴民汉院士：海洋荒漠生物泵固碳机理及增汇潜力 [J]. 高科技与产业化，2020(9)：30-33.

[54] 路彦文. 基于生态系统碳循环实现碳中和的有效措施探究 [J]. 资源节约与环保，2024(9)：144-147.

[55] 冯帅，廖浚超.《中华人民共和国海洋环境保护法》中的蓝碳保护制度研究 [J]. 海洋开发与管理，2023，40(12)：28-36.

[56] 刘芳明，于国旭，姜迅，等. 海洋保护地社区：时代背景、概念内涵及应用案例 [J]. 国家公园（中英文），2024，2(3)：133-140.

[57] 谷德贤，马金珑. 维护海洋生态环境，高质量建设"蓝色粮仓"——天津市水产研究所开展天津市海洋牧场区人工鱼礁调查监测工作 [J]. 天津农林科技，2024(5)：2.

[58] 赵作元，陈小强，叶莉苹，等. 大食物观框架下农发行支持海洋经济发展研究 [J]. 农业发展与金融，2024(9)：27-30.

[59] 武琼，柳扬，刘孟晖. "蓝色粮仓"何以为继：海洋核污染下的粮食安全现状、挑战及对策 [J]. 农业经济问题，2024(9)：119-130.

[60] 王兆国. 海洋牧场增殖目标种与关键种协同变化规律研究 [D]. 大连：大连海洋大学，2023.

[61] 殷伟，于会娟，杨一单，等. 中国沿海地区陆海食物产能格局及耦合协调性演变 [J]. 经济地理，2022，42(5)：11-22.

[62] 殷伟，于会娟，仇荣山，等. 陆海统筹视域下的中国食物与营养安全 [J]. 资源科学，2022，44(4)：674-686.

[63] 杨石岭，陈祚伶，黄晓芳，等. 全球变暖对水循环的影响：回顾与展望 [J]. 第四纪研究，2024，44(5)：1079-1092.

[64] 周永远，刘明，张聪，等. 全球变暖对海洋生态系统的影响分析 [J]. 中国资源综合利用，2024，

42(3)：165-167.

[65] 张梦然. 全球表面升温或已超 1.5℃[N]. 科技日报，2024-02-06(4).

[66] 罗菁，郑小童. 全球变暖下南大洋吸热的季节变化特征 [J]. 中国海洋大学学报（自然科学版），2024，54(3)：9-19.

[67] 科技日报. 全球变暖导致海水中氧含量下降可能对渔业和海洋经济造成致命后果 [J]. 渔业致富指南，2020(2)：5.

[68] 新华网. 新研究发现气候变化正影响全球渔业生产力 [J]. 中国食品学报，2019，19(3)：249.

[69] 张玉源，刘宏旺，庄品. 气候变化对海洋渔业养殖的影响 [J]. 科技视界，2016(3)：302.

[70] 全球变暖导致海水中氧含量下降 [J]. 中国食品学报，2019，19(12)：186.

[71] 缪圣赐. 在日本仙台市召开"气候变化给鱼类、渔业带来影响"的国际专题研讨会 [J]. 现代渔业信息，2010，25(9)：33.

[72] 樊伟，程炎宏，沈新强. 全球环境变化与人类活动对渔业资源的影响 [J]. 中国水产科学，2001(4)：91-94.

[73] 邹平. 全球气候变暖对淡水渔业的可能影响 [J]. 淡水渔业，1991(6)：40-41.

[74] 周光正. 全球气候变暖对渔业将有影响 [J]. 海洋与海岸带开发，1992(3)：74-75.

[75] 晋楠. 全球变暖影响顶级海洋捕食者 [N]. 中国科学报，2023-09-11(2).

[76] 徐鑫，王田田，孙佰鸣，等. 碳汇渔业的研究进展 [J]. 水产养殖，2023，44(11)：77-80.

[77] 洪鹊儿，赖金朗，黎爱平，等. 生态资源变现 红树林镀上金色 [N]. 惠州日报，2024-10-21(8).

[78] 王友绍. 全球气候变化对红树林生态系统的影响、挑战与机遇 [J]. 热带海洋学报，2021，40(3)：1-14.

[79] 陈思明，邓钟，张红月，等. 气候变化对中国沿海红树林潜在分布格局的影响 [J]. 湿地科学与管理，2024，20(3)：32-37+44.

[80] 徐琛. 气候变化对中国红树林潜在分布及碳汇效益的影响 [D]. 哈尔滨：中国科学院大学（中国科学院东北地理与农业生态研究所），2024.

[81] 杨芳，王瑁，王文卿，等. 红树林碳汇开发技术与碳交易对策 [J]. 北京大学学报（自然科学版），2024，60(4)：723-731.

[82] 盘远方，潘良浩，邱思婷，等. 中国沿海红树林树高变异与环境适应机制 [J]. 植物生态学报，2024，48(4)：483-495.

[83] 刘斯垚，舒勇，罗为检. 红树林生态系统监测与评价研究进展综述 [J]. 中南林业调查规划，2024，43(1)：71-76.

[84] 方学河，陈威，胡成业，等. 稀有种和常见种对鳌江口红树林大型底栖动物群落多样性的贡献 [J]. 水产学报，2024，48(8)：139-150.

[85] 孔祥聚，王浩，李坚，等. 采用无人机量测与卫星遥感影像分析红树林生长分布规律 [J]. 福州大学学报（自然科学版），2021，49(6)：753-760.

[86] 游拓夫. 牡蛎礁—红树林消浪体系中波浪演化特性的试验研究 [D]. 福州：福州大学，2022.

[87] 王祝华. 多方协作打赢珊瑚"保护战" [J]. 科学大观园，2024(18)：64-69.

[88] 邱慈观，杨露露，周瑶. 以混合融资模式保护珊瑚礁 [J]. 可持续发展经济导刊，2024(7)：42-44.

[89] 何志伟. 南海珊瑚礁活珊瑚和竞争性藻类生长区时空分布特征的遥感反演及其所指示的生态状况研究 [D]. 南宁：广西大学，2024.

[90] 刘胜. 珊瑚礁生态系统研究的发展、挑战与希望 [J]. 热带海洋学报，2024，43(3)：1-2.

[91] 贾平凡. 全球珊瑚礁白化问题亟需关注 [N]. 人民日报海外版，2024-04-27(6).

[92] 第四次珊瑚白化已开始 [J]. 科学大观园，2024(10)：6.

[93] 韩彤欣. 夏季南海海洋热浪的多时间尺度变化及其对珊瑚白化影响的风险评估 [D]. 南京：南京信息工程大学，2024.

[94] 卢俊港. 全球变暖影响下的珊瑚白化事件的时空变化特征及其成因 [D]. 上海：华东师范大学，2023.

[95] 于国旭，张彦浩，赵祥，等. 海草床的固碳潜力及其生物量监测方法研究进展 [J]. 水产科学，2024，43(3)：499-508.

[96] 刘伟妍，韩秋影，唐玉琴，等. 营养盐富集和全球温度升高对海草的影响 [J]. 生态学杂志，2017，36(4)：1087-1096.

[97] 万东杰. 鳗草幼苗培育和定植关键环节适宜条件及方法探讨 [D]. 舟山：浙江海洋大学，2023.

[98] 杨冉. 温度、光照、盐度对喜盐草生长及生理生化特性的影响 [D]. 湛江：广东海洋大学，2015.

[99] 周毅，江志坚，邱广龙，等. 中国海草资源分布现状、退化原因与保护对策 [J]. 海洋与湖沼，2023，54(5)：1248-1257.

[100] 任玉正，刘松林，罗红雪，等. 海草床退化与修复对其沉积物有机碳储存的影响过程 [J]. 科学通报，2023，68(22)：2961-2972.

[101] 毛伟，赵杨赫，何博浩，等. 海草生态系统退化机制及修复对策综述 [J]. 中国沙漠，2022，42(1)：87-95.

[102] 许战洲，罗勇，朱艾嘉，等. 海草床生态系统的退化及其恢复 [J]. 生态学杂志，2009，28(12)：2613-2618.

[103] 范航清，郑杏雯. 海草光合作用研究进展 [J]. 广西科学，2007(2)：180-185+192.

[104] 何倩玲. 温带典型海草床温室气体 N_2O 释放特征及微生物机制研究 [D]. 烟台：烟台大学，2024.

[105] 许蔡梦骁. 多边环境协定协同规制海洋酸化的框架与路径[J]. 河海大学学报（哲学社会科学版），2023，25(4)：100-109.

[106] 吴文萱，丁伟. 模拟海洋酸化对钙基生物影响的实验室活动设计 [J]. 化学教与学，2022(15)：85-89.

[107] 郝菁华. 全球海洋生物多样性治理的机制复杂性研究 [D]. 济南：山东大学，2023.

[108] 祁第，陈立奇，蔡卫君，等. 北冰洋海洋酸化和碳循环的研究进展 [J]. 科学通报，2018，63(22)：2201-2213.

[109] 于娟，张正雨，田继远，等. 海洋酸化对碳、氮和硫循环的影响 [J]. 海洋湖沼通报，2018(3)：79-87.

[110] 郑楠，霍城，徐雪梅，等. 海洋酸化背景下海水 pH 值测定技术的发展和优化 [J]. 海洋开发与管理，2018，35(4)：24-29.

[111] 上官琦佩. 海水 pH 与碳酸根离子自动分析仪器的研制与应用 [D]. 厦门：厦门大学，2018.

[112] 李建军. 警惕海洋酸化愈演愈烈 [J]. 新远见，2011(7)：106-111.

[113] 陆长坤. 海洋环境中有机胺、二甲基硫及其前体物的浓度特征和影响因素分析 [D]. 天津：天津农学院，2021.

[114] 杨桂朋. 海洋温室气体研究进展 [J]. 海洋环境科学，2023，42(1)：1-3.

[115] 谢烨婷，张晓艳，邓招超，等. 海洋环境中卤代有机化合物的厌氧微生物还原脱卤研究进展 [J/OL]. 微生物学通报，1-17[2024-10-23].

[116] 辛晓雨. 海洋酸化下长牡蛎外套膜对钙质壳形成的调控及机制的初探 [D]. 大连：大连海洋大学，2023.

[117] 于国欣. 海洋酸化和盐度变化对夜光藻生长的影响及机理探讨 [D]. 大连：大连海洋大学，2024.

[118] 李迎澳，王莹，范孝俊，等. 海水酸化对贻贝外套膜蛋白质组的急性影响 [J]. 中国生物化学与分子生物学报，2023，39(4)：591-604.

[119] 黄荣莲，郑哲，张国范. 合浦珠母贝海洋酸化和温度胁迫下基因共表达网络分析 [J]. 基因组学

与应用生物学，2017，36(2)：536-549.

[120] 丁兆坤，刘伟茹，许友卿. 海洋酸化对海洋生物大分子影响的研究进展 [J]. 中国水产科学，2013，20(6)：1310-1318.

[121] 王旭. 海洋酸化背景下溴代吡咯腈对长牡蛎的毒性效应研究 [D]. 济南：山东大学，2023.

[122] 白佳玉，隋佳欣. 以构建海洋命运共同体为目标的海洋酸化国际法律规制研究 [J]. 环境保护，2019，47(22)：74-79.

[123] 荆珍. 海洋酸化问题的国际治理 [J]. 哈尔滨商业大学学报（社会科学版），2014(1)：108-115.

[124] 钟纯怿. 基于海洋激光雷达的次表层浮游植物散射层探测及渔业资源量估算方法研究 [D]. 上海：上海海洋大学，2024.

[125] Shi D, Hong H, Su X, et al. The physiological response of marine diatoms to ocean acidification: differential roles of seawater CO_2 and pH[J]. Journal of Phycology, 2019, 55(3): 521-533.

[126] Capó-Bauçà S, Iñiguez C and Galmés J. The diversity and coevolution of Rubisco and CO_2 concentrating mechanisms in marine macrophytes[J]. New Phytologist, 2024, 241(6): 2353-2365.

[127] 冯媛媛，王建才，蔡婷. 海洋酸化与升温对浮游植物种群的影响研究综述 [J]. 天津科技大学学报，2022，37(2)：61-70.

[128] 李童童，冯媛媛，王建才，等. 浮游植物种群对海洋酸化和光照强度变化的响应：以长江口南毗邻海域为例 [J]. 海洋科学进展，2023，41(4)：673-687.

[129] 翟惟东. 海洋酸化与水体净碳酸钙形成 / 溶解的关系——以黄海冷水团为例 [J]. 海洋科学进展，2023，41(4)：565-576.

[130] Suzuki S, Kawai T, Sakamaki T. Combination of trophic group habitat preferences determines coral reef fish assemblages[J]. Marine Ecology Progress Series, 2018, 586: 141-154.

[131] Walter L M, Burton E A. Dissolution of recent platform carbonate sediments in marine pore fluids[J]. American Journal of Science, 1990, 290(6): 601-643.

[132] IOZ 建筑异想. 生物圈 2 号：他们隔离两年，只为再造一个"新地球"[EB/OL]. (2020-03-06) [2024-10-24]. https://zhuanlan.zhihu.com/p/111440312.

[133] 陈雨梅，齐钊，尹连政，等. 不同珊瑚对酸化、苯并 [a] 芘单一和复合胁迫的生理响应 [J]. 生态毒理学报，2023，18(3)：456-464.

[134] 袁翔城，梁宇娴，宋严，等. CO_2 升高对风信子鹿角珊瑚（Acropora hyacinthus）钙化速率和基因表达的影响 [J]. 热带海洋学报，2024，43(3)：40-48.

[135] Marubini F, Atkinson M J. Effects of lowered pH and elevated nitrate on coral calcification[J]. Marine Ecology Progress Series, 1999, 188: 117-121.

[136] 齐钊. 海南近岸珊瑚微生物组种间空间变化特征及对环境胁迫的响应研究 [D]. 海口：海南大学，2023.

[137] 2022 年中国海平面公报（摘登）[N]. 中国自然资源报，2023-04-14(5).

[138] 许蔡梦骁. 海平面上升背景下海洋边界条约的稳定性分析——以情势变迁原则的适用为中心 [J]. 亚太安全与海洋研究，2024(5)：56-70+134.

[139] 刘霞. 全球平均海平面达到有卫星记录以来最高点 [N]. 科技日报，2024-08-23(4).

[140] 冷展睿. 海平面上升影响互花米草介导硫波动耐受镉胁迫的机制研究 [D]. 镇江：江苏大学，2023.

[141] 孟紫薇.《红树林抵御气候变化的能力》（节选）翻译实践报告 [D]. 海口：海南大学，2023.

[142] 张乔民，于红兵，陈欣树，等. 红树林生长带与潮汐水位关系的研究 [J]. 生态学报，1997(3)：258-265.

[143] 彭康. 红树林湿地咸淡水混合过程及生源要素循环研究 [D]. 北京：中国地质大学，2023.

[144] 张尧，孟宪伟，夏鹏，等. 不同时间尺度红树林演化的示踪方法及受控机制 [J]. 海洋地质与第

四纪地质，2024，44(3)：197-210.

[145] 梁姗姗，刘捷，苏尚柯，等. 海平面上升和土地利用驱动下红树林生境脆弱性研究 [J]. 中国环境科学，2023，43(1)：266-275.

[146] 莫竹承，范航清，何斌源. 海水盐度对两种红树植物胚轴萌发的影响 [J]. 植物生态学报，2001(2)：235-239.

[147] 伍米拉. 全球气候变化与生物入侵 [J]. 生物学通报，2012，47(1)：4-6.

[148] 沈操. 气候变暖对食物网生态系统动力学行为的影响研究 [D]. 扬州：扬州大学，2023.

[149] 邓自发，欧阳琰，谢晓玲，等. 全球变化主要过程对海滨生态系统生物入侵的影响 [J]. 生物多样性，2010，18(6)：605-614.

[150] 龚海波. 滨海湿地外来入侵植物不同空间尺度潜在分布的影响因素分析及其预测 [D]. 南京：南京师范大学，2019.

[151] 冯虹毓. 互花米草入侵扰动下滨海湿地表高程变化的研究 [D]. 厦门：厦门大学，2020.

[152] 李道季，蒋春华. 海洋中的塑料垃圾和微塑料：从污染到治理 [J]. 世界科学，2023(12)：33-35.

[153] 张梦然. 地球请您"塑战速决"：海洋中塑料与浮游生物比例达 1：2 [EB/OL]. (2018-06-06) [2024-10-24]. https://www.thepaper.cn/newsDetail_forward_2176166.

[154] 澎湃新闻. 海洋垃圾到底害死了多少海洋生物！[EB/OL]. (2019-07-25) [2024-10-24]. https://m.thepaper.cn/baijiahao_4018594.

[155] 姬庆松，孔祥程，王信凯，等. 环境微塑料与有机污染物的相互作用及联合毒性效应研究进展 [J]. 环境化学，2022，41(1)：70-82.

[156] 董晓，丁海兵，乔馨越，等. 聚苯乙烯微塑料对杜氏盐藻生长及低分子量有机酸释放的影响研究 [J]. 海洋环境科学，2024，43(2)：252-261.

[157] Liu H, Zhen Y, Zhang X, et al. Inhibitory effect of combined exposure to copper ions and polystyrene microplastics on the growth of skeletonema costatum[J]. Water, 2024, 16(16): 2270.

[158] Zhao S, Qian J, Wang P, et al. The effects of microplastics on growth and photosynthetic activity of chlorella pyrenoidosa: the role of types and sizes[J]. Water, Air, & Soil Pollution, 2023, 234(10): 628.

[159] 李佳，吴为，卫洲，等. 微塑料对双壳贝类毒性效应的研究进展 [J]. 环境保护前沿，2022，12(3)：543-553.

[160] 于娟，许瑞，魏逾杰，等. 微塑料对海洋桡足类摄食、排泄及生殖的影响 [J]. 中国海洋大学学报（自然科学版），2020，50(3)：73-80.

[161] Sun X, Wang X, Booth A M, et al. New insights into the impact of polystyrene micro/nanoplastics on the nutritional quality of marine jacopever (Sebastes schlegelii)[J]. Science of The Total Environment, 2023, 903: 166560.

[162] 刘强，徐旭丹，黄伟，等. 海洋微塑料污染的生态效应研究进展 [J]. 生态学报，2017，37(22)：7397-7409.

[163] 杜蕴超，任晶莹，滕佳，等. 升温与聚苯乙烯微塑料复合暴露对长牡蛎血细胞功能、免疫基因表达和能量代谢的影响 [J]. 渔业科学进展，2024，45(1)：161-171.

[164] Gardon T, Morvan L, Huvet A, et al. Microplastics induce dose-specific transcriptomic disruptions in energy metabolism and immunity of the pearl oyster Pinctada margaritifera[J]. Environmental Pollution, 2020, 266: 115180.

[165] Yuan Y, Sepúlveda M S, Bi B, et al. Acute polyethylene microplastic (PE-MPs) exposure activates the intestinal mucosal immune network pathway in adult zebrafish (Danio rerio)[J]. Chemosphere, 2023, 311: 137048.

[166] 朱铭. 南海珊瑚礁区塑料垃圾的种类、分布及其对造礁石珊瑚的生理影响 [D]. 海口：海南大学，2023.

[167] Pinsino A, Bergami E, Della Torre C, et al. Amino-modified polystyrene nanoparticles affect signalling pathways of the sea urchin (Paracentrotus lividus) embryos[J]. Nanotoxicology, 2017, 11(2): 201-209.

[168] 刘颖. 膨腹海马（Hippocampus abdominalis）对纳米微塑料污染的生理与分子响应特征研究 [D]. 天津：天津农学院，2023.

[169] Wei Q, Hu C-Y, Zhang R-R, et al. Comparative evaluation of high-density polyethylene and polystyrene microplastics pollutants: Uptake, elimination and effects in mussel[J]. Marine Environmental Research, 2021, 169: 105329.

[170] 杜蕴超. 环境因子影响下的聚苯乙烯微塑料对长牡蛎毒性效应研究 [D]. 烟台：中国科学院大学（中国科学院烟台海岸带研究所），2023.

[171] González-Doncel M, García-Mauriño J E, Beltrán E M, et al. Effects of life cycle exposure to polystyrene microplastics on medaka fish (Oryzias latipes)[J]. Environmental Pollution, 2022, 311: 120001.

[172] 滕瑶. 聚苯乙烯微塑料和多溴联苯醚对栉孔扇贝的联合毒性效应 [D]. 青岛：青岛大学，2018.

[173] 刘全斌，张明兴，丁光辉，等. 微塑料在日本虎斑猛水蚤（Tigriopus japonicus）体内的摄入、排出及对其摄食行为的影响 [J]. 生态毒理学报，2020，15(4)：184-191.

[174] 陈欣，谢秀琴，王孟，等. 南海近岸珊瑚礁海域表层水体中微塑料的分布特征 [J]. 环境化学，2023，42(3)：843-854.

[175] Corona E, Martin C, Marasco R, et al. Passive and Active Removal of Marine Microplastics by a Mushroom Coral (Danafungia scruposa)[J]. Frontiers in Marine Science, 2020, 7.

[176] 边伟杰. 海南岛南部近岸珊瑚礁生态系统微塑料/邻苯二甲酸酯类赋存特征及生态风险评估 [D]. 三亚：海南热带海洋学院，2023.

[177] 车文学. 微塑料对软珊瑚微型生物的影响 [D]. 三亚：海南热带海洋学院，2022.

[178] 冯丽敏. 海洋微塑料及其表面弧菌对炮仗花珊瑚毒性效应的研究 [D]. 湛江：广东海洋大学，2021.

[179] 陈祎. 珊瑚的塑料之"疫" [J]. 大自然探索，2021(2)：28-31.

[180] 澎湃新闻. 上海海洋大学船舶压载水检测试验室：为海洋生态环境保驾护航 [EB/OL]. (2018-03-16) [2024-10-24]. https://m.thepaper.cn/newsDetail_forward_2031500.

[181] 于在洋，陈云东，袁安泰，等. 船舶压载水处理技术研究现状与发展趋势分析 [J]. 珠江水运，2024(19)：126-129.

[182] 新华社. 警惕压载水携物种"漂洋过海"——远洋船舶压载水调查 [EB/OL]. (2023-06-08) [2024-10-24]. http://www.news.cn/politics/2023-06/08/c_1129678732.htm.

[183] 叶海新，刘亮，李金杰，等. 中国近岸海域船舶压载水浮游植物特征分析 [J]. 上海海洋大学学报，2018，27(3)：380-385.

[184] 吴惠仙，边佳胤，王飞飞，等. 中国大陆到港船舶压载水生物研究 [J]. 上海海洋大学学报，2018，27(3)：455-459.

[185] 谢艳辉，李家侨，斯泽恩，等. 船舶压载水的生物入侵分析 [J]. 海洋开发与管理，2022，39(2)：95-99.

[186] 张子龙，李深伟，张晓航，等. 上海口岸入出境船舶压载水的致病微生物携带情况调查 [J]. 上海海洋大学学报，2018，27(3)：425-430.

[187] 崔玉波. 如何理解石油污染 [EB/OL]. (2024-01-11) [2024-10-24]. https://www.cnpc.com.cn/syzs/lsht/202401/afc8c6277df64bedb28ff976c10ef401.shtml.

[188] 张敏霞，靳卫卫，安伟，等. 海洋船舶碰撞溢油环境影响评估技术与应用 [J/OL]. 海洋通报，1-10[2024-10-24].

[189] 张晖，母清林，韩锡锡，等. 溢油在海洋生态系统中的风化、生态学效应及环境风险评价 [J]. 海洋科学，2023，47(1)：99-107.

[190] 陈余海，林锡坤，杨北胜，等. 船舶油污染方式和预防措施 [J]. 中国水运（下半月），2017，17(11)：126-128.

[191] 韦冉，郑淑裕. 海洋噪声防治的法治解构与完善路径——以海洋命运共同体理念为指引 [J]. 山东警察学院学报，2022，34(2)：32-43.

[192] 张祥. 船舶航运噪声对周围环境的影响分析 [J]. 船舶物资与市场，2020(9)：95-96.

[193] 海事服务网. 噪声污染会不会催生航运业下一个"限硫令"？[EB/OL]. (2019-09-26) [2024-10-24]. https://www.cnss.com.cn/html/hyrd/20190926/331390.html.

[194] 沐妍. 环境及社群因素对动物交流声频率的影响：一项对群居鸟类声音交流的行为研究 [D]. 南宁：广西大学，2022.

[195] 袁雪. 无形的杀手——海洋噪声污染 [EB/OL]. (2022-11-21) [2024-10-24]. https://zhuanlan.zhihu.com/p/585457732.

[196] 张赵彬. 噪声对动物生理机能的干扰 [J]. 中外企业家，2019，(36)：222.

[197] 成都生物所揭示噪声可通过交叉感官干扰影响树蛙的配偶选择 [J]. 高科技与产业化，2022，28(8)：82.

[198] 王兴刚，王振华，黄超，等. 海堤生态化建设研究综述 [J]. 中国水运（下半月），2024，24(8)：52-54+62.

[199] Joe L. 科学家警告长久看来海堤会使水位上升更严重 [EB/OL]. (2022-04-27) [2024-10-24]. https://zhuanlan.zhihu.com/p/505909057.

[200] 李滨，水柏年，于洋，等. 沿浦湾红树林沉积物有机碳埋藏特征及来源解析 [J/OL]. 沉积学报，1-14[2024-10-24].

[201] 人工生态组件可提升香港等地的海堤生物多样性 [EB/OL]. (2022-11-21) [2024-10-24]. https://www.cityu.edu.hk/zh-cn/research/stories/2020/11/06/eco-engineered-tiles-enhance-marine-biodiversity-seawalls-hong-kong-and-beyond.

[202] 王昀. 以自然之力应对海平面上升，需建好真正的绿色海堤 [EB/OL]. (2024-06-24) [2024-10-24]. https://www.cityu.edu.hk/zh-cn/research/stories/2020/11/06/eco-engineered-tiles-enhance-marine-biodiversity-seawalls-hong-kong-and-beyond.

[203] 林伟龙，张健，石远灵，等. 我国实施生态海堤建设的思考和建议 [J]. 自然资源情报，2024(6)：1-6.

[204] 王彦希，屈建军，沈城，等. 雷州半岛灯楼角砂质海岸的侵蚀及防治 [J/OL]. 中国沙漠，2025(1)：1-10.

[205] 海岸侵蚀 [EB/OL]. (2020-05-01) [2024-10-24]. https://coast.hhu.edu.cn/2020/0512/c2585a203490/page.htm.

[206] 海洋灾害科普手册：海岸侵蚀 [EB/OL]. (2019-07-16) [2024-10-24]. https://coast.hhu.edu.cn/2020/0512/c2585a203490/page.htm.

[207] 钟超，石洪源，隋意，等. 我国海岸侵蚀的成因和防护措施研究 [J]. 海洋开发与管理，2021，38(6)：42-45.

[208] 吉学宽，林振良，闫有喜，等. 海岸侵蚀、防护与修复研究综述 [J]. 广西科学，2019，26(6)：604-613.

[209] 苏倩欣. 海南岛海岸侵蚀脆弱性评估研究 [D]. 湛江：广东海洋大学，2023.

[210] 卢嘉颖，曹玲，曾聪. 海洋保护区间生态连通性研究进展及思考 [J/OL]. 自然保护地，1-15[2024-10-24].

[211] 郭泽莲. 中国东部沿海生态用地连通性及生态安全格局构建 [D]. 北京：中国地质大学，2021.

[212] 张咏华，吴自军. 陆架边缘海沉积物有机碳矿化及其对海洋碳循环的影响 [J]. 地球科学进展，2019，34(2)：202-209.

[213] 朱汉斌. 海岸带蓝碳系统助力中国实现碳中和 [N]. 中国科学报，2023-09-06(3).

[214] 武晶，刘志民. 生境破碎化对生物多样性的影响研究综述 [J]. 生态学杂志，2014，33(7)：1946-1952.

[215] 张贺林. 生物多样性对生境破坏的响应机制研究 [D]. 南昌：江西师范大学，2024.

[216] 毛伟，赵杨赫，何博浩，等. 海草生态系统退化机制及修复对策综述 [J]. 中国沙漠，2022，42(1)：87-95.

[217] 杜建国，叶观琼，周秋麟，等. 近海海洋生态连通性研究进展 [J]. 生态学报，2015，35(21)：6923-6933.

[218] 刘杨. 生态环境部将持续加强海洋辐射环境监测 [N]. 中国证券报，2023-08-29(A08).

[219] 张翊邦，杜金秋，林武辉，等. 近海主要天然与人工放射性核素的吸附与迁移研究 [J/OL]. 原子能科学技术，1-13[2024-10-24].

[220] 林武辉，杜金秋，拓飞，等. 基于海洋放射性核素时空演化体系的海洋核安全评估技术 [J]. 核安全，2024，23(3)：37-44.

[221] 董宇辰，秦松，陈柯旭，等. 人工放射性核素在海洋鱼类中的富集、分布及放射损伤研究进展 [J]. 大连海洋大学学报，2022，37(6)：1066-1075.

[222] 纪建达，于涛. ^{137}Cs 在我国滨海核电周边海洋生物的富集及生态风险研究 [J]. 生态毒理学报，2019，14(1)：67-74.

[223] 张福乐，王锦龙，黄德坤，等. 福岛核污染水中的人工放射性核素及其在海洋环境中的迁移转化行为 [J]. 地球科学进展，2024，39(1)：23-33.

[224] 聂志扬. 核辐射对鱼的影响是什么 [EB/OL]. (2023-09-01) [2024-10-24]. https://m.baidu.com/bh/m/detail/ar_1915381323002320968.

第 2 章

海洋生态保护案例

2.1 红树林资源保护案例

2.1.1 红树林死亡的诉讼主体之争

内容提要：红树林为动物提供了重要食物和栖息地，更具防潮防浪、固岸护岸的功能，对近海地区的生产生活具有重要意义。2017 年 8 月，茂名市中级人民法院就环保组织重庆两江志愿者服务发展中心（下称：重庆两江）、广东省环境保护基金会起诉广东三家镍企非法倾倒、堆填废渣致死红树林一案做出民事裁定，重庆两江和广东省环境保护基金会不具作为本案公益诉讼主体资格，驳回其起诉，并裁定本案案件公告费 30 000 元由原告重庆两江自行承担。严格的环境公益诉讼主体资格限制，社会组织在环境公益诉讼中存在的经济困难等问题均不利于环境公益诉讼的良性开展，也不利于环境保护与治理。

关键词：红树林；社会组织；环保诉讼；主体资格

2.1.1.1 引言

海洋生态系统是指位于海洋中的各种生物和非生物要素相互作用形成的复杂系统，包括海洋中的水、生物、植被、海底地形等各种组成部分，以及它们之间的相互关系。红树林生态系统是其中一个非常重要的生态类型。红树林生态系统存在于海水与陆地交界处的潮间带，由一种特殊的植物群落组成，主要是红树植物，常见的红树植物包括红树、白骨壤、红树榕等。红树植物能够耐受盐分，根系能够在泥质土壤中生长，形成了独特的海岸景观。红树林生态系统在海洋生态系统中发挥着重要作用。它们通过根系固定土壤，能够防止海岸侵蚀，保护沿海地区的土地不受侵蚀，同时为沿海生态系统提供了保护屏障，能够过滤河流和陆地上的污染物质，减少进入海洋的有害物质数量。且红树林能够吸收大量的营养盐和有机物质，净化沿海水域的水质，为海洋生物提供更清洁的生存环境。它们还为许多海洋生物提供了重要的栖息地，促进了海洋生物之间的相互依存和平衡，维护了海洋生态系统的稳定和生物多样性。因此，对红树林的保护和管理至关重要，有助于维护海洋生态平衡和可持续发展。

流入的污染物质会直接影响红树植物的生长和存活，破坏它们的根系结构和叶表面，导致大量红树植物死亡，从而削弱红树林作为生物栖息地的功能，影响植物和动物的生存。同时随着污染物质进入周围水域，当地水质受到严重污染，影响了水中生物的生存和繁衍，可能对沿海渔业造成损害，从而对人类健康构成威胁。与此同时，红树林生态系统的生物多样性会受到影响，可能导致物种数量减少、生物多样性降低，甚至引发物种灭绝。红树林生态系统的重要功能，如固定海岸线、净化水质、维持生态平衡等也会受到严重影响，可能导致土壤侵蚀、海岸线退缩等问题。广东世纪青山镍业有限公司等三家被起诉的镍企非法倾倒、堆填废渣的行为严重破坏了红树林生态系统，使得红树林周边的土壤、水体受到严重污染，致使大量红树植物死亡，破坏了红树林作为生物栖息地的功能，严重损害了沿海生态系统的健康，对当地的生态环境造成了严重的不良影响，加剧了当地生态系统的不稳定性和可持续发展的困境。

2.1.1.2 案例背景介绍

环境民事公益诉讼是指由符合条件的社会组织或者有关公民依法向人民法院提起的，旨在保护环境资源、生态环境和社会公共利益的一种民事诉讼形式。其主要目的在于通过司法手段解决环境污染、生态破坏等环境问题，维护公众的环境权益和社会公共利益。这种诉讼形式通常由社会组织代表广大公众的利益进行起诉，以达到惩治环境违法行为、修复环境损害、促进环境保护的目的。而社会环保组织则是由一群关心环境保护、积极参与环保活动的志愿者或专业人士组成的非营利性组织，如本案例中对三家镍企提出诉讼的重庆两江和广东省环境保护基金会。它们通常致力于推动环境保护政策的制定与执行，组织开展环境宣传教育、监督环境行为、参与环境保护项目等活动，以实现环境保护和可持续发展的目标。这些组织在环境民事公益诉讼中扮演着重要角色，代表了公众的环境权益，能够促进环境问题的解决和环境法律制度的完善。

《中华人民共和国环境保护法》和《中华人民共和国海洋环境保护法》是中国法律体系中环境保护领域的两部重要法律。《中华人民共和国环境保护法》是一部综合性的环境法律，适用于所有自然资源和环境保护领域，旨在保护和改善环境质量，预防和控制环境污染，保护生态系统和人类健康。它规定了环境保护的基本原则、环境保护的组织和管理体制、环境监测与评估、环境保护的经济政策等内容，是中国环境保护的基本法律。而《中华人民共和国海洋环境保护法》则是针对海洋环境这一特殊资源的特别法律，与《中华人民共和国环境保护法》相比，它专门规定了海洋环境的保护、管理和利用，包括海洋污染防治、海洋生态保护、海洋资源开发利用等方面的内容。《中华人民共和国海洋环境保护法》在保护海洋生态系统、维护海洋生物多样性和促进海洋可持续发展方面具有重要意义。这两部法律在适用范围和对象上有根本区别。《中华人民共和国环境保护法》适用于所有自然资源和环境保护领域，而《中华人民共和国海洋环境保护法》则专门针对海洋环境进行规范。根据法律规定，社会组织在环境公益诉讼中需要具备一定的资格条件才能提起诉讼，《中华人民共和国环境保护法》和《中华人民共和国海洋环境保护法》对于社会组织提起环境公益诉讼的资格条件有着不同的要求。通常情况下，《中华人民共和国海洋环境保护法》对于提起环境公益诉讼的社会组织的资格要求更为严格，因为海洋环境具有特殊性，只有更专业、更有实力的组织才能有效保护海洋生态环境。

2.1.1.3 案例过程概述

茂名市红树林自然保护区不仅是重要的生态保护区，也是"广东省十佳观鸟胜地"之一。这里吸引了近 200 种鸟类栖息，包括鹭鸟、鸥类、鸻鹬类等。此外，水东湾海洋公园依托红树林科普教育栈道而建，成为市民观鸟、休闲、散步和科普教育的重要场所。茂名市电白区水东湾的红树林经过十几年的恢复发展和加强保护，已经形成了独特的"海上森林"景观。这里曾经因为过量砍伐和不合理的围垦导致红树林面积锐减，但茂名市人民政府自1999 年批准建立电白红树林市级自然保护区以来，通过引种拉关木和海桑等优良品种，成功在沿岸滩涂进行生态修复，恢复种植红树林面积达 600 多公顷。

自 2010 年起，广东世纪青山镍业有限公司、广东广青金属科技有限公司、阳江翌川金属科技有限公司三家镍企在未依法通过环境影响评价审批之前，擅自开工建设并投入生产。

重庆两江和广东省环境保护基金会发现，上述公司在生产过程中，未采取任何有效的环境保护措施，大量的工业固体废渣被非法堆填、倾倒在厂区周边、临海岸线边地滩涂、湿地及红树林分布区内。这些违法行为导致红树林被覆压、污染而死亡，严重影响了当地的生态环境。特别是三鸭涌入海口西侧的红树林受到了极大的破坏，上百亩红树林被毁损。这些非法倾倒的废渣不仅导致了红树林的死亡，还造成了海岸滩涂、湿地及近海海域的严重污染。这些污染物对当地生态环境构成了长期、持久的重大威胁，给周边的自然生态系统和人类社会带来了严重的影响和危害。

2017 年，重庆两江和广东省环境保护基金会将广东省三家镍企非法倾倒、堆填废渣致死红树林的事件起诉至广东省茂名市中级人民法院，指控这三家企业的违法行为对海洋环境造成了十分严重的破坏，要求其立即停止违法行为，清除非法倾倒地的污染物，修复生态环境，并赔偿相应的损失。然而，茂名市中级人民法院裁定驳回了原告的起诉，认为此案系海洋环境民事公益诉讼，而环保组织并不具备作为此案诉讼主体的资格，根据《中华人民共和国环境保护法》和《中华人民共和国海洋环境保护法》的规定，针对海洋生态的环境公益诉讼主体应该是具有海洋环境监督管理权的部门，而不是其他社会组织。法院认为，重庆两江和广东省环境保护基金会两家社会组织并不符合此项资格。此外，法院还指出，《中华人民共和国环境保护法》作为环境保护的综合性法律，适用所有的自然资源和环境保护领域，是一般性规定，而《中华人民共和国海洋环境保护法》是针对海洋生态这一特殊资源的特别规定。依"特别法优于普通法""特别规定优于一般规定"的原则，本案主体适用的法律应为《中华人民共和国海洋环境保护法》。依最高人民法院指导意见，海洋环境监管部门依法针对破坏海洋生态责任者提起的民事诉讼属于环境民事公益诉讼，且有别于社会组织提起的环境民事公益诉讼。

随后，广东省生态环境厅及阳江高新技术产业开发区管理委员会对三被告下达《行政处罚决定书》，认定三被告具有"未批先建，违法堆填、倾倒"的环境违法行为。

2.1.1.4　案例分析与启示

本案例的核心问题在于企业环保意识的缺失、环境监管机制的不健全及法律保障的不足。三家镍企在未进行环境影响评价的情况下擅自开工并投产，生产过程中未采取任何环保措施，非法将大量工业废渣倾倒在海岸线、红树林等生态敏感区。首要原因在于企业缺乏环保意识，将经济利益置于生态风险之上，错误处理工业废物，导致海洋生态遭受严重破坏和生态系统崩溃。同时，环境监管不力，监管部门未能及时制止违法行为，导致企业资源滥用和生态破坏。此外，法律体系尚不完善，尽管《中华人民共和国环境保护法》和《中华人民共和国海洋环境保护法》强调了环保的重要性，但在环境公益诉讼主体的规定上存在不明确之处，导致法律适用的混淆。在本案例中，法院依据特别法优于普通法的原则，认定《中华人民共和国海洋环境保护法》适用，排除了社会组织的原告资格，引发了公众对法律体系完善性的质疑。环保组织在公益诉讼中的立场和权利受限，法院的认定使环保组织难以有效行使环保权利。因此，要解决这些问题，需加强环境监管，完善法律法规，提升企业环保意识，保障社会组织的参与权，推动公益诉讼机制的完善，确保环保事业和生态可持续发展。

驳回环保公益诉讼的裁定引发了公众对环境民事公益诉讼制度和社会组织在环保中地位的深入思考。环保组织在起诉破坏海洋生态的责任方时面临多重困境，法律地位不明确，资金困难，败诉风险巨大。环保诉讼涉及大量调查、证据收集、法律代理等费用，而环保组织资金有限，难以满足这些需求。败诉可能带来高额诉讼费用和公众信任度下降，影响未来活动和资金来源。环保组织的作用日益重要，它们通过舆论引导、法律诉讼等方式为环保事业做出贡献。其参与不仅能监督企业和政府的环境行为，还能引导公众参与环保，推动社会关注环保。因此，有关部门需认识到环保组织的重要性，为其提供更多的支持和保护，推动环保事业发展，实现生态文明建设目标。

此案件的结果引发了公众对法律体系中环保法规的关注。《中华人民共和国环境保护法》和《中华人民共和国海洋环境保护法》虽然都旨在保护环境，但在具体适用上存在差异。《中华人民共和国海洋环境保护法》对海洋环境的保护有更专门的规定，而《中华人民共和国环境保护法》则更为综合。然而，两部法律对社会组织参与环境公益诉讼的资格限制在一定程度上阻碍了环保组织的合法权益。因此，有关部门可能需要进一步完善和修订法律，以更好地保护环境并保障社会组织在环境保护中的合法权益。

该事件的结果对各方均产生了深远影响。对于环境保护组织和相关社会团体，裁定驳回起诉意味着它们的诉讼权利受到限制，面临更大的法律挑战和困境。这将削弱它们在环境保护领域的影响力和积极性，降低其声誉和支持度，进而使更多类似案件因诉讼主体的限制而无法得到有效解决，加剧环境破坏。对于企业而言，虽然裁定驳回起诉暂时解除了法律压力，但也提醒企业需更加谨慎地遵守环保法律，以避免未来出现类似的诉讼事件而影响企业形象和业务发展。尽管裁定对企业有利，但被指控违法的企业形象和信誉仍可能受到一定损害，影响其在社会和市场上的地位。

对于政府而言，裁定驳回起诉意味着司法机关对环境公益诉讼主体的认定标准更加严格，强调法律的适用和规范。这一结果可能引发社会对环境法律体系的质疑，并对政府的环保政策和监管措施提出更高要求，促使政府加大环保执法力度，强化环境保护法律制度的建设和实施效果。总的来说，该事件的结果对环境保护、企业和政府都具有重要的警示意义。它呼吁各方共同关注环保问题，加强环保意识，积极采取措施保护环境，促进经济社会的可持续发展。同时也提醒各方尊重法律，加强法治意识，维护司法公正，以确保环保法律的有效实施和执行，实现社会的和谐稳定与可持续发展。

2.1.1.5　结论

本案例是一次备受关注的环境公益诉讼。在这起案例中，《中华人民共和国海洋环境保护法》的适用成为争议的焦点，进一步凸显了特别法和普通法的关系，以及特别规定与一般规定之间的权衡。该事件凸显了社会组织在环境保护中的重要角色。重庆两江和广东省环境保护基金会作为社会组织，积极参与了此次环境保护诉讼活动，代表公众利益维护生态环境。然而，社会组织在环境公益诉讼中面临着是否具有诉讼主体资格的争议，资金困难和巨大的败诉风险等重重困难。此案也提醒政府应当加强海洋环境监测和管理，加强海洋环境法律法规的制定和执行，积极开展海洋环境保护宣传教育，增强公众环保意识，共同保护好我们的海洋家园。

2.1.1.6 思考题

（1）本案例中，《中华人民共和国海洋环境保护法》与《中华人民共和国环境保护法》的适用引发了争议。如何理解特别法与普通法之间的关系，以及它们在环境公益诉讼中的适用性？

（2）重庆两江和广东省环境保护基金会在本案例中扮演了什么角色？社会组织在环境保护中通常面临哪些挑战？

（3）本案例中的红树林遭受了严重破坏。在类似情况下，应如何评估环境损害的程度，以及如何制定有效的修复措施？

（4）本案例揭示了环境监管和执法中存在的问题。如何加强环境监管和执法，以防止类似事件的发生？

（5）在推动地方经济发展的同时，如何确保环境保护不被忽视？本案例对实现可持续发展提供了哪些教训？

2.1.1.7 案例使用说明

（1）案例摘要

2017 年 8 月，重庆两江和广东省环境保护基金会曝光了一起环境污染事件：广东三家镍企被指控非法倾倒、堆填废渣，导致红树林生态遭受毁灭性破坏。然而，当社会组织试图以法律手段维护环境公益时，茂名市中级人民法院却以两个社会组织不具有作为本案公益诉讼主体资格的理由驳回了诉讼请求。该事件引发了公众的广泛关注和对环境保护及相关法律法规的多方面思考。严格的环境公益诉讼资格限制，社会组织在环境公益诉讼中存在的经济困难等问题均不利于环境公益诉讼的良性开展和环境保护与治理，这为后续的环境保护管理工作提出了新的挑战和要求。

（2）课前准备

学生通过查找报道及相关文献资料，较为清晰、准确地了解海洋生态环境保护的基本知识，《中华人民共和国环境保护法》《中华人民共和国海洋环境保护法》等与环境保护相关的法律法规，以及这些法律在实践中的适用情况，环境公益诉讼的定义、特点、目的及其在保护环境方面的作用等内容，为课堂学习和深入讨论做好充分的知识准备、情境准备和心理准备。

（3）教学目标

本案例分析可以加深学生对环境保护的认识和理解，激发他们对环境保护的责任感和行动意识，使学生认识到环境公益诉讼的重要性，理解法律在环境保护中的作用和意义，以及法律法规对环境污染和生态破坏的规制与保护。通过学习与讨论，学生能够全面理解案例中涉及的法律、环境保护、社会责任等方面的问题，提升他们的综合素质和实践能力。

（4）分析的思路与要点

本案例的思路与要点主要包括以下几个方面：案件的背景；分析相关的法律法规，重点探讨《中华人民共和国环境保护法》和《中华人民共和国海洋环境保护法》对海洋环境民事公益诉讼适格原告主体的规定；探讨社会组织作为原告主体所面临的困境与挑战，包括资金困难、法律地位不明确及巨大的败诉风险；评价裁决结果对各方的影响，提出对环境保护、法律实践和社会责任等方面的反思与启示。通过对这些要点的分析，学生可以全面理解和评价该事件，并从中获取对环境保护法律体系及其实践的深刻认识。

（5）课堂安排建议

根据具体课时安排，可以多个课时开展。课前先安排学生阅读相关资料，让学生自主了解重庆两江的相关背景。

课堂（45 分钟）安排：

教师讲授　　　　　（15 分钟）

学生讨论　　　　　（10 分钟）

学生报告和分享　　（15 分钟）

教师总结　　　　　（5 分钟）

补充阅读

[1] 刘慧，苏纪兰．基于生态系统的海洋管理理论与实践 [J]．地球科学进展，2014，29(2)：275-284.

[2] 甘加俊．红树林湿地生态系统价值及保护探讨 [J]．绿色科技，2019(12)：46-47.

[3] 安鑫龙，顾继光，黄凌风，等．"海洋生态系统工程师"及其生态作用 [J]．应用生态学报，2022，33(11)：3159-3168.

[4] 宋晖，汤坤贤，林河山，等．红树林、海草床和珊瑚礁三大典型海洋生态系统功能关联性研究及展望 [J]．海洋开发与管理，2014，31(10)：88-92.

[5] 丘耀文，余克服．海南红树林湿地沉积物中重金属的累积 [J]．热带海洋学报，2011，30(2)：102-108.

[6] 张晓宇．环境民事公益诉讼举证责任实证分析 [D]．济南：山东师范大学，2024.

[7] 张丙倩．社会组织提起的环境公益诉讼制度的完善研究 [D]．青岛：青岛科技大学，2023.

[8] 孙洪坤，俞翰沁．社会组织提起环境公益诉讼资格认定偏差的分析——以"腾格里沙漠案"绿发会遭遇起诉尴尬为例 [J]．环境保护，2017，45(Z1)：73-76.

[9] 谢莉宁．社会组织环境民事公益诉讼涉行政审查的困境检视与完善思路 [J]．铜陵职业技术学院学报，2023，22(4)：57-63.

[10] 张晓萍，郑鹏．海洋环境民事公益诉讼适格原告的确定 [J]．海南大学学报（人文社会科学版），2021，39(1)：122-128.

2.1.2　北海检察机关助力红树林保护与修复案例

内容提要： 滨海地区是生物多样性丰富、经济发达、陆海统筹的重要区域，是迁飞鸟的重要迁徙通道，如今却面临着气候变化等挑战，亟须各方加强合作，共同推动滨海保护修复和可持续发展。北海市检察机关深入贯彻落实习近平生态文明思想，坚持履行"公共利益代表"的职责使命，以"一岛一滩两带"特色监督为抓手，构建巡、查、管、护体系，守护"最美红树林"，为品质北海、魅力北海厚植绿色景象。

关键词： 红树林；生态环境损害；公益诉讼；生态修复；国家治理；检察监督

2.1.2.1　引言

沿海湿地对中国乃至全球意义重大，它们不仅为当地人民提供了可持续的生计，还创造了造福全中国乃至全世界的宝贵财富，包括鱼类苗圃、碳固存、洪水和风暴潮防护等。红树林生长于南方沿海滩涂，是众多海洋生物、昆虫、植物和鸟类的"乐园"，并且作为典型性、代表性的湿地生态系统，享有"海洋卫士""海洋绿肺"等美誉，在抵御风浪、保护海岸、调节气候、维护生物多样性等方面发挥着巨大作用。红树林被称为防风固堤的海岸卫士，其消浪、消涌功能既可建立一道天然绿色屏障，又可节省海堤建设投资。红树植物有特殊的根系、葱郁的树冠，能减弱水流的流速，削弱波浪的能量，构成了护岸的防护林，并形成了利于细颗粒泥沙沉积的堆积环境，以及特殊的红树林海岸堆积地貌，并且能够促进生物多样性。此外，红树林处于重要的潮间带，它的存在也促进了近岸海洋水产业的发展，为沿海居民提供了福利；红树林同时还是科研、教育、生态旅游的基地；利用独特的红树林景观点缀美化沿岸滩涂，必将给当地的旅游业注入新的活力。

2020 年 4 月，北海市检察院在调查中发现，广西山口红树林国家级自然保护区内没有设置核心区、缓冲区和实验区边界界标；保护区内存在较为普遍的开垦现象，周边村民开荒种植农作物，红树林生长海域也存在围海养殖情况。由于缺乏日常维护和管理，保护区的生态环境处于持续受损状态。该院及时向相关行政部门发出检察建议，督促其全面履行红树林保护和管理的属地责任，组织清理红树林、海堤沿岸的垃圾及互花米草，加强对病虫害的防治，持续健全红树林巡、查、管、护长效机制，为红树林的生长营造良好的生态环境。

2.1.2.2　案例背景介绍

广西北海绵延的海岸线上分布着我国大陆海岸结构最完整、群落最典型的红树林生态系统，面积达 4210.99 公顷，在市辖一县三区沿海滩涂均有分布。其中，合浦县 3739.71 公顷，海城区 35.53 公顷，银海区 377.56 公顷，铁山港区 58.19 公顷。2017 年 4 月，习近平总书记视察北海金海湾红树林生态保护区时指出，"保护珍稀植物是保护生态环境的重要内容，一定要尊重科学、落实责任，把红树林保护好"。此外，广西山口红树林国家级自然保护区位于合浦县东南部的沙田半岛东西两侧，海域和陆域总面积为 80 千米^2，是国务院 1990 年批准建立的国家级自然保护区。合浦县拥有丰富的红树林资源，是广西红树林面积最大的县，保护好红树林资源对于建设生态合浦具有重要意义。

2019 年以来，北海检察机关以公益诉讼助推海洋环境保护，在涠洲岛、银滩、湿地公园等地建立公益诉讼检察监督联系点 9 处，并打造了"一岛一滩两带"（海岛、海滩、蓝色海岸带、绿色生态带）生态环境监督模式，以保护红树林为重点工作，推动海洋检察公益诉讼实践高质高效发展。检察机关以个案监督为抓手，通过与行政机关的磋商，或发出诉前检察建议，推动整治对红树林造成损害的污水直排、海漂垃圾、外来生物入侵等问题。

2.1.2.3　案例过程概述

检察机关在履行公益诉讼职责中发现，北海市合浦县党江镇的红树林生长区域存在养殖场施工初期废水直排、红树林地和海堤沿岸垃圾污染、放牧等损害红树林生存环境的情形，通过无人航拍机先后 4 次开展现场勘验检查，并向相关部门、村民、养殖场主等核实相关情况。经过扎实的调查取证工作，检察机关发出诉前检察建议。检察建议发出后，经相关职能部门共同努力，党江镇政府组织了 2100 多人次开展清理红树林生活、海漂垃圾行动，清理围网 1 万多米、木桩 2 万多根、红树林范围海域及南流江两岸海域垃圾约 50 吨，及时整改了一养殖场在施工初期将废水排放进红树林保护区的问题，消除了海域环境污染源，避免了海域环境再遭受人为污染，并组织进村入户加大宣传力度，对群众在红树林保护区的放牧行为进行合理引导。

此外，针对红树林生长海域存在海漂垃圾、外来物种入侵等问题，北海检察机关助推落实各类资金 7600 万元用于红树林生态修复，推动营造红树林面积 1709.2 亩[①]、修复红树林面积 2358.3 亩，提供鸟类栖息和生态自然修复面积约 820 亩；推动清理红树林生长区内海洋垃圾 36 吨、危害红树林生态环境外来物种互花米草 4000 亩，治理病虫害 460 亩。如今，走进自然保护区的红树林湿地，红色的招潮蟹从一个个圆形的巢穴钻进钻出，弹涂鱼等海洋生物随处可见，多种鸟类栖息觅食，生态家园充满生机与魅力。

为切实保护好红树林，北海市检察院联合行政机关完善红树林巡、查、管、护长效机制，加大日常巡护工作力度；推动行政机关进一步落实《北海市红树林巡护检查制度》和《北海市破坏红树林资源行为举报制度》；联合市自然资源局等 4 个行政单位建立《北海市红树林资源生态环境保护通报预警机制》，使红树林保护问题搭上"直通车"直达检察机关。目前，合浦县（红树林面积占全市红树林面积约 90%）在 9 个沿海乡镇红树林保护站落实红树林巡、查、管、护体系，推动 308 千米海岸沿线红树林保护全覆盖。随后，北海市检察院与广西山口红树林生态国家自然保护区管理中心签订《关于建立红树林生态保护公益诉讼协作机制的意见》，联合成立保护区公益诉讼检察实践基地，更加系统全面地开展红树林保护。

2.1.2.4 案件分析与启示

环境工程不仅可以解决环境污染、资源利用等环境问题，还会带来可观的社会效益和一定的经济效益。环境工程活动中的伦理问题与其他工程中的问题类似，同样会面临公共安全、生产安全、社会公正、环境与生态安全问题，社会利益公正对待问题，工程管理制度的道义性及工程师的职业精神与科学态度问题。其中，最大的环境工程伦理问题就是环境保护与经济发展的统一和对立问题。经济活动所造成的负面效应直接源于环境的经济价值没有被计算到经济成本中，以及由此产生的环境经济观指导着人类的经济活动。

北海滨海国家湿地公园是北海鸟类等各种生物的重要栖息地，也是红树林等各种珍稀植物的重要生长点。北海市检察院通过加强与相关行政部门的合作，以"我管"促"都管"，推动解决了红树林遭破坏、被侵占等问题，实现了双赢多赢共赢的监督效果。

绿水青山就是金山银山。北海市检察机关坚持生态优先、绿色发展，积极推进诉源治理、综合治理，为建设国家滨海旅游度假名城提供法治保障。绿水青山也为百姓带来了"金山银山"，将红树林、滩涂、海滩都保护起来以后，生态环境越来越好，游客越来越多，很多居民通过生态旅游，如开民宿、带游客体验赶海等方式提高了收入，大家的生活越来越好，也更能体会到保护环境的重要性。优化营商环境，厚植发展沃土，为推动向海经济平稳健康发展，北海市检察机关加强与多部门的联系、协作，制定实施多项社会治理机制，积极建设更优的法治化营商环境和"亲""清"新型检商关系。2023 年 2 月，北海市检察院印发《北海市检察机关发挥检察职能助推涉海主体合规发展工作方案》，充分发挥检察职能在海洋治理领域的作用，围绕 3 个方面 16 个重点模块精心制定检察服务措施，助推向海经济规范发展。向海发展，法治护航，北海市检察机关依托"四大检察"融合履职机制优势，破除海洋治理难题，以检察工作现代化服务保障向海经济高质量发展。

---

① 1 亩 ≈ 666.7 米^2。

近年来，北部湾海域的海洋生物多样性保护成果丰硕，"网红"布氏鲸"打卡"涠洲岛成为常态；中华鲎等保护动物在保护区内悠然繁衍，弹涂鱼、招潮蟹等"萌宠"遍布红树林，海洋一片生机盎然。北海市检察机关践行"绿水青山就是金山银山"的理念，统筹兼顾保护、利用和发展的关系，发挥公益诉讼检察职能重点推动红树林保护工作，以红树林保护为切入点深入推进北部湾生态环境治理，有效促进了北海生态环境、经济社会可持续发展。

2.1.2.5　结论

在履行公益诉讼职责中，检察机关发现北海市合浦县党江镇红树林区域遭受严重污染和破坏，包括养殖场废水直排、垃圾污染和放牧等。通过现场勘验和调查，检察机关发出诉前检察建议，促使党江镇政府组织大规模清理行动，有效整改了污染问题，并加强了宣传教育。此外，检察机关推动投入 7600 万元资金，用于红树林生态修复，清理海洋垃圾和外来物种，显著提升了红树林生态状况。为长期保护红树林，北海市检察院与行政机关建立了长效巡护机制，确保 308 千米海岸沿线红树林受到全面保护，并与广西山口红树林国家级自然保护区管理中心签订合作协议，共同推动红树林保护工作。本案例表明，检察机关通过履行公益诉讼职责，不仅在法律层面上保障了海洋环境的健康，而且在实际操作中推动了环境修复、提升了公众意识、建立了长效保护机制，展现了其在海洋环境保护中不可或缺的作用。

2.1.2.6　思考题

（1）检察机关如何通过法律监督确保海洋环境保护法规得到有效执行？

（2）检察机关如何推动资金投入以支持红树林的生态修复？这些资金的使用对海洋生态系统有何长远影响？

（3）检察机关在提升公众环保意识方面采取了哪些措施？这些措施如何帮助减少红树林遭受人为破坏？

（4）检察机关与行政机关如何合作建立红树林的长效保护机制？这种合作为何对海洋环境保护至关重要？

（5）检察机关在与不同行政单位合作时面临哪些挑战？如何克服这些挑战以实现更有效的海洋环境保护？

2.1.2.7　案例使用说明

（1）案例摘要

在执行公益诉讼任务时，检察机关揭露了北海市合浦县党江镇红树林区域的生态危机，包括废水排放、垃圾堆积和过度放牧。他们迅速行动，发出检察建议，推动当地政府启动了大规模的清理工作，有效解决了污染问题，同时加大了环保宣传力度。这个案例清晰地说明检察机关在海洋环境保护中既是法律的守护者，也是实际操作中的积极推动者，它们不仅确保了法律的执行，还促进了环境的修复和公众意识的提升。

（2）课前准备

学生通过查找广西北海公益诉讼检察助推红树林保护的新闻报道及相关文献资料，较为清晰、准确地了解红树林生态作用、红树林被破坏的影响、红树林保护修复的法律法规，为课堂学习和深入讨论做好充分的知识准备、情境准备和心理准备。

（3）教学目标

通过案例分析，学生可以对湿地保护的科学性与综合性有更为清晰的认识，并在此基础上，对工程实践中的伦理问题进行辨识、思考，了解工程师应具备的科学精神、应遵循的科学伦理规范和法律规范。

（4）分析的思路与要点

本案例通过梳理北海市检察机关公益诉讼检察助推红树林保护的系列工作，选取北海市合浦县党江镇红树林保护区为典型范例，从社会伦理、生态伦理、工程伦理三个角度进行工程实践的原因分析，案例试图从职能部门发挥监督职能、参与生态保护的角度谈社会治理，有助于学生打开新的学习思路。

（5）课堂安排建议

根据具体课时安排，可以多个课时开展。课前先安排学生阅读相关资料，让学生自主了解红树林保护的相关历史背景。

课堂（45分钟）安排：

教师讲授 　　　　　（15分钟）

学生讨论 　　　　　（10分钟）

学生报告和分享 　　（15分钟）

教师总结 　　　　　（5分钟）

补充阅读

[1] 段舜山，徐景亮. 红树林湿地在海岸生态系统维护中的功能 [J]. 生态科学，2004(4)：351-355.

[2] 范航清，莫竹承. 广西红树林恢复历史、成效及经验教训 [J]. 广西科学，2018，25(4)：363-371+387.

[3] 李春干. 广西红树林的数量分布 [J]. 北京林业大学学报，2004(1)：47-52.

[4] 李丽凤，刘文爱，蔡双娇，等. 广西北海滨海国家湿地公园生态海堤建设模式研究 [J]. 湿地科学，2019，17(3)：277-285.

[5] 梁文，黎广钊. 北海市滨海旅游地质资源及其保护 [J]. 广西科学院学报，2003(1)：44-48.

[6] 彭瑶. 公益诉讼检察助推红树林保护 绿水青山为村民带来"金山银山" [EB/OL]. (2023-04-27) [2023-11-16]. https://www.spp.gov.cn/spp/zdgz/202304/t20230427_612686.shtml.

[7] 王杰臣. 广西北海：公益诉讼检察为生态文明建设再助力 [EB/OL]. (2023-04-27) [2023-11-16]. http://www.beihai.jcy.gov.cn/contents/13/2635.html.

[8] 吴黎黎，李树华. 广西滨海湿地生态系统的恢复与保护措施 [J]. 广西科学院学报，2010，26(1)：62-66.

[9] 张乔民. 我国热带生物海岸的现状及生态系统的修复与重建 [J]. 海洋与湖沼，2001(4)：454-464.

[10] 赵彩云，柳晓燕，白加德，等. 广西北海西村港互花米草对红树林湿地大型底栖动物群落的影响 [J]. 生物多样性，2014，22(5)：630-639.

[11] 周晨昊，毛覃愉，徐晓，等. 中国海岸带蓝碳生态系统碳汇潜力的初步分析 [J]. 中国科学：生命科学，2016，46(4)：475-486.

2.1.3　北部湾红树死亡公益诉讼案例

内容提要：广西北部湾国际港务集团违规施工导致红树林受损的事件引起了广泛关注。中央生态环境保护督察组的通报显示，该集团在建设过程中存在严重的违规行为，严重破坏了红树林生态系统，对当地环境造成了重大威胁。环保组织昆明环保科普协会（绿色昆明）已对此提起民事公益诉讼，要求被告赔偿环境修复费用并支付惩罚性赔偿金。然而，法院裁定绿色昆明不具备提起诉讼的资格，这一判决引发了社会各界对环境公益诉讼权利的热烈讨论。这一案例突显了在环境保护方面，企业的生态意识和法律责任的重要性，同时也反映出公益诉讼在维护公共利益方面的挑战与机遇。

关键词：红树林；生态环境损害；公益诉讼；生态修复；检察监督

2.1.3.1　引言

红树林构成了陆地与海洋生态系统之间的关键过渡带，它们在净化海水、防风消浪、维护生物多样性及固碳储碳等方面发挥着至关重要的作用。广西北海的海岸线上生长着中国大陆最为完整和典型的红树林生态系统。20 世纪 50 年代，中国的红树林面积约为 5 万公顷，到 2001 年减少至 2.2 万公顷，而到了 2019 年，面积恢复至 2.89 万公顷。为了进一步加强红树林的保护和修复工作，自然资源部与国家林业和草原局于 2020 年 8 月联合发布了《红树林保护修复专项行动计划（2020—2025 年）》。

海岸带的工程建设对红树林的影响是多方面的，涉及栖息地破坏、水质污染、沉积环境改变、生态系统服务功能下降、生物多样性减少及应对气候变化能力降低等问题。例如，围填海和码头建设等活动直接侵占了红树林的自然生长空间，限制了其自然发展。这些活动不仅导致红树林面积减少，还影响了生态系统的完整性和生物多样性。工程建设带来的工业和生活污水排放增加了近岸海域的污染负荷，导致水质恶化和富营养化，对红树林的生长和健康构成了威胁。此外，海岸带工程可能改变沉积物的自然动态，影响红树林种子的萌发和幼苗的生长，进而影响其自然更新能力。因此，海岸带工程建设必须充分考虑生态保护，采取科学合理的规划和管理措施，以减轻对红树林生态系统的负面影响。

2.1.3.2　案例背景介绍

广西北部湾国际港务集团作为广西壮族自治区政府直属的大型国有独资企业，自 2007 年 2 月成立以来，整合了防城港、钦州、北海三个沿海港口的资源，成为沿海港口整合的先行者。然而，该集团在北海铁山港东港区的建设规划中，因违规施工使红树林生态系统受到了严重影响。

2016 年，中央生态环境保护督察组指出了东港区的建设规划问题，并要求加强施工监督管理，以减轻对红树林生态湿地的影响。海洋环评报告亦明确了施工前必须采取的环保措施，如设置围堰和沉淀坑，合理选择溢流口位置，严格控制泥浆浓度，并在溢流口外设置防污帘，以降低悬浮物浓度。然而，2017 年 6 月，该港区涉海部分在围堰未合龙的情况下强行施工，最终导致红树林死亡。

2021 年 4 月，中央第七生态环保督察组在对广西进行第二轮督察时，再次发现北部湾港务集团下属的广西铁山东岸码头有限公司存在违规施工行为，因缺乏环保意识，忽视了施工对周边红树林的影响，导致红树大量死亡。督察组通报指出，北部湾港务集团对红树林保护的重要性认识不足，未能深刻汲取以往问题的教训，未能从根本上转变发展理念，重视建设而轻视保护。尽管《广西壮族自治区红树林资源保护条例》已于 2018 年 12 月 1 日施行，但破坏问题仍未得到有效遏制。

2019 年 12 月至 2020 年 4 月，尽管合浦县自然资源部门 5 次下达停止违法行为的通知，但该公司仍未停工，直到 2020 年 5 月 5 日，被北海市自然资源部门约谈后才最终停工。经司法鉴定，截至此时，北海铁山港榄根区域红树林受损面积达 257.67 亩，其中严重退化 155.07 亩，死亡 102.6 亩，死亡株数达 37 988 株，区域生态系统受损严重。

中央环保督察组指出，广西铁山东岸码头有限公司对施工区域周边红树林的死亡未采取任何措施，也未向相关部门报告，导致红树林受损情况持续多年。北海市自然资源局委托自然资源部第四海洋研究所编制的报告显示，红树林受损的主要原因是东港码头建设阻碍了潮汐通道，减弱了水动力，加速了悬浮物沉降。直接原因是施工时溢流口设置不当，导致悬浮物大量进入红树林区域，造成滩面迅速扩大。悬浮物中的高岭土堆积和黏附影响了红树林的呼吸和光合作用，导致树木死亡。根据赔偿协议，截至 2020 年 9 月 15 日，该事件导致的生态环境损害量化金额为 2051.13 万元，包括生态修复试验费用 491.19 万元、生态修复工程费用 1380.14 万元，以及编制修复方案费用 179.8 万元。

北海市自然资源局与广西铁山东岸码头有限公司达成协议，该公司承认对红树林大面积死亡负有责任，并自愿承担受损红树林的生态环境损害修复费用 2051.13 万元。如果合浦县榄根村红树林继续出现新的退化或更严重的死亡情况，并且调查认定是由该公司造成的，那么双方将再次协商新的生态环境损害修复费用。

2.1.3.3 案例过程概述

2021 年 11 月 9 日，绿色昆明向法院提起了针对广西铁山东岸码头有限公司的民事公益诉讼。诉讼请求包括要求被告赔偿因工程建设导致的生态功能损失，具体数额待评估后确定，并请求判决被告支付 2000 万元的惩罚性赔偿金。北海市中级人民法院于同年 11 月 25 日受理了此案。一审民事裁定书指出，由于侵权行为涉及海洋自然资源与生态环境损害，且涉案红树林位于铁山港东岸海湾的滨海湿地，部分作业地点涉及海域，因此应适用《中华人民共和国海洋环境保护法》及相关司法解释，属于海事法院专门管辖范围。北海市中级人民法院遂于 2022 年 5 月 24 日裁定本案移送北海海事法院处理。

2022 年 10 月 31 日，北海海事法院考虑到该生态环境侵权纠纷已在北海中院两次立案，其中第一起案件已审结，而第二起案件被移送至海事法院，认为这不利于统一裁判尺度，因此向广西壮族自治区高级人民法院报请指定管辖。广西壮族自治区高级人民法院认为，本案的民事公益诉讼是在生态环境损害赔偿诉讼结束后提出的，涉及同一损害生态环境行为，且原告主张的诉讼请求与已司法确认的生态环境损害赔偿协议内容紧密相关。因此，广西壮族自治区高级人民法院认为由北海市中级人民法院审理本案更有利于两案的衔接，避免针对同一生态环境损害事件的关联诉讼出现事实认定和裁判意见上的冲突。

2022 年 12 月 12 日，广西壮族自治区高级人民法院认依法裁定，由北海市中级人民法院审理本案。北海市中级人民法院于 2023 年 6 月 27 日公开开庭审理此案。经审理，北海市中级人民法院认为，本案属于海洋环境民事公益诉讼，而原告绿色昆明不具备提起此类诉讼的主体资格。北海市中级人民法院进一步解释，根据"特别法优于普通法"和"特别规定优于一般规定"的法律适用原则，对于破坏海洋自然资源与生态环境的行为，提起公益诉讼的主体应限定为行使海洋环境监督管理权的部门。《中华人民共和国海洋环境保护法》第八十九条第二款规定，由行使海洋环境监督管理权的部门代表国家对责任者提出损害赔偿要求。最高法、最高检的相关司法解释也明确了这一点。

然而，绿色昆明及其代理人主张，涉案的红树林属于湿地红树林，应适用《中华人民共和国湿地保护法》。他们认为，自然资源管理部门是涉案湿地红树林的保护主体，且北海市自然资源局已与被告达成赔偿协议，并得到北海市中级人民法院的司法确认。广西壮族自治区高级人民法院裁定由北海市中级人民法院审理本案，原告方认为这表明本案应适用《湿地保护法》，原告依法具有提起环境公益民事诉讼的主体资格。北海市中级人民法院对此表示，广西壮族自治区高级人民法院的裁定并不意味着对本案适用的法律和诉讼主体资格做出认定。涉案红树林位于陆地与海洋的过渡带，既属于海洋自然资源，也属于湿地自然资源，因此《中华人民共和国海洋环境保护法》和《中华人民共和国湿地保护法》都可适用。但由于《中华人民共和国湿地保护法》未涉及诉讼主体资格的规定，而《中华人民共和国海洋环境保护法》中有明确规定，本案应适用《中华人民共和国海洋环境保护法》的相关规定，认定原告不具有诉讼主体资格。2023 年 9 月 27 日，北海市中级人民法院一审裁定驳回了绿色昆明的起诉。

2023 年 10 月 17 日，原告绿色昆明依法提出上诉。其代理律师认为，依据《关于审理生态环境损害赔偿案件的若干规定（试行）》第十八条，如果生态环境损害赔偿诉讼案件的裁判生效后，有证据证明存在之前审理未发现的损害，并且有权提起民事公益诉讼的机关或社会组织提起诉讼，人民法院应当受理。因此，他们主张北海市中级人民法院应继续审理本案并依法做出裁判，并指出，此前对被告环境违法行为的行政执法并非由《中华人民共和国海洋环境保护法》规定的海洋局、海事局或渔政局实施，而是由自然资源行政主管部门执行，这表明本案所涉诉讼事宜并不属于《中华人民共和国海洋环境保护法》的适用范围。

上诉状中提到，原告主张本案是在北海市自然资源局提起生态环境损害赔偿诉讼后，环保组织提起的补充环境民事公益诉讼。由于涉案建设项目和被破坏的红树林均位于"滩涂"这一土地类型上，原告认为自己当然具有提起环境民事公益诉讼的资格。中央环保督察和生态环境部的通报已明确指出，被告破坏的是"红树林湿地生态系统"，而非"海洋自然资源与生态系统"。因此，一审法院依据《中华人民共和国海洋环境保护法》及其司法解释驳回起诉存在法律适用错误，应遵循《关于审理生态环境损害赔偿案件的若干规定（试行）》继续审理本案。对此，广西铁山东岸码头有限公司答辩称，红树林只能在海洋环境中生存，不能在陆地或淡水环境中自然生长，因此本案属于海洋自然资源与生态环境的特别民事公益诉讼，原告不具备提起本案诉讼的主体资格。

广西铁山东岸码头有限公司在答辩中指出，原告绿色昆明的上诉理由不能成立，原告在其诉状中指控该公司故意破坏生态环境的行为：一是在施工过程中直接砍伐了 168 株红树，二是在接到政府相关部门的停工命令时，以红树林死亡原因不明为由拒绝停工，然而，原告提供的证据无法证明公司违法砍伐了红树林，公司砍伐的红树林均已获得林业主管部门的批准，并持有其颁发的《林业采伐许可证》。此外，公司还主张，即使存在接到停工命令而未停工的情况，由于公司并非围填海工程和码头建设工程施工的实施者（非施工单位，而是建设单位），此行为也与公司无关。因此，公司请求二审法院依法驳回上诉，维持一审裁定。

2.1.3.4　案件分析与启示

广西北部湾国际港务集团在北海铁山港东港的建设项目中，由于环保意识不足，导致红树林生态系统遭受严重破坏，受损面积达到 257.6 亩，死亡株数高达 37 988 株。该集团的施工活动未严格按照批准的方案进行，缺乏有效的保护措施，导致了红树林的死亡和退化。此外，北部湾港防城港码头有限公司也存在污染环境问题，如硫磺堆场区域污水横流、煤炭露天堆放，以及防风抑尘设施和管理不到位等，违反了生产安全规定。

2016 年的第一轮中央生态环境保护督察已经指出了港务集团下属企业存在的环境违法问题。然而，到了 2021 年 4 月，中央第七生态环境保护督察组在对广西进行第二轮督察时发现，港务集团作为大型国有企业，对整改要求置若罔闻，生态环境意识淡薄，引发了严重的生态后果。除官方的介入外，民间环保组织也积极参与到红树林的保护中。2021 年 11 月，绿色昆明将广西铁山东岸码头有限公司告上法庭，要求其赔偿因工程建设导致的生态功能损失。政府部门与社会组织都在北部湾红树林保护中发挥了积极作用。

该案例突显了政府在环境监管中的职责和重要性。政府需加强环保执法，确保企业履行其主体责任。这包括增强日常监管，采用现代化和信息化的监控手段，建立监控中心，执行值班制度，并建立快速响应机制。同时，政府应构建以排污许可制度为核心的监管体系，实现全流程、全方位的执法监管，解决违法成本过低、守法成本过高的问题，对环境违法行为保持零容忍态度。企业应主动承担环境治理责任，将减少污染排放视为法律、社会责任及生存的必要条件。作为污染物排放的主体，企业在环境治理中扮演着关键角色，应积极履行保护环境的社会责任。此案例提醒企业必须加强内部环境管理，确保合规经营，以避免因环境污染而引发的法律诉讼和经济损失。

公众参与环境治理是推动生态文明建设的关键力量。该案例显示，环保组织和公众可以通过公益诉讼等途径积极参与环境保护，监督和约束企业的环境行为。公众参与不仅能提供执法线索，还能对环境执法部门形成压力，影响地方政府的环境执法决策。环境公益诉讼通常涉及专业性强的知识，需要环境科学和法律等领域的专业支持。此案例强调了专业人员，如环境科学家和法律专家的早期介入，可以提供专业技术和法律援助，协助法院准确认定事实和适用法律，确保案件处理的科学性和公正性。最高人民法院亦提出，可以考虑建立环境公益诉讼案件审判专家库或引入技术辅助人员协助法官审理案件。

2.1.3.5　结论

环保组织绿色昆明于 2021 年 11 月 9 日对广西铁山东岸码头有限公司提起民事公益诉讼，要求赔偿生态功能损失及惩罚性赔偿 2000 万元。北海市中级人民法院受理后，以案件涉及海洋自然资源与生态环境损害为由，移送北海海事法院。后者认为案件应由北海市中级人民法院审理，以统一裁判尺度。广西壮族自治区高级人民法院裁定由北海市中级人民法院审理，该院最终以原告不具有公益诉讼主体资格为由驳回起诉。原告上诉，主张应适用《中华人民共和国湿地保护法》并承认其诉讼资格。被告则辩称原告无诉讼资格，且自身行为合法。本案涉及法律适用争议、原告资格认定，以及环境保护与法律实施的复杂性。案件反映了环境监管中政府、企业和公众的角色，强调了环境治理中的法律责任和公众参与的重要性，对生态文明建设具有启示意义。

2.1.3.6　思考题

（1）环保组织绿色昆明在本案例中扮演了什么角色？它在提起诉讼时面临了哪些挑战？

（2）本案例涉及《中华人民共和国海洋环境保护法》和《中华人民共和国湿地保护法》两部法律，为什么会出现法律适用的争议？这对案件的判决有何影响？

（3）公众和环保组织在环境保护中的参与途径有哪些？他们在参与时可能遇到的限制和挑战是什么？

（4）在本案例中，如何评估环境损害的程度？这种评估在法律诉讼中扮演什么角色？

（5）本案例中提出的惩罚性赔偿金 2000 万元的依据是什么？在环境案件中，惩罚性赔偿的目的和合理性如何？

2.1.3.7　案例使用说明

（1）案例摘要

广西北部湾国际港务集团在北海铁山港东港的建设项目中，由于环保意识不足，导致红树林生态系统受到严重破坏，受损面积达到 257.6 亩，死亡株数高达 37 988 株。中央生态环境保护督察组对此进行了通报，指出该集团在建设过程中的违规施工行为给当地环境带来了巨大威胁。面对红树林受损的情况，环保组织绿色昆明提起了民事公益诉讼，要求广西铁山东岸码头有限公司赔偿环境修复费用及惩罚性赔偿金 2000 万元。然而，法院认为绿色昆明不具备提起本案诉讼的资格，从而引发了对环境公益诉讼权利的社会讨论。

（2）课前准备

学生通过查找红树林死亡引发千万元公益诉讼的新闻报道及相关文献资料，较为清晰、准确地了解红树林的生态价值，为课堂学习和深入讨论做好充分的知识准备、情境准备和心理准备。

（3）教学目标

通过案例分析，学生可以对红树林保护的科学性与综合性有更为清晰的认识，并在此基础上，对工程实践中的伦理问题进行辨识、思考，了解工程师应具备的科学精神、应遵循的科学伦理规范和法律规范。

（4）分析的思路与要点

本案例通过梳理北部湾红树死亡公益诉讼案件的进展，选取代表性社会组织与庭审争议焦点，从社会伦理、生态伦理、工程伦理三个角度进行工程实践的原因分析，案例试图从社会组织发挥监督职能，参与生态保护的角度谈社会治理，有助于学生打开新的学习思路。

（5）课堂安排建议

根据具体课时安排，可以多个课时开展。课前先安排学生阅读相关资料，让学生自主了解红树林对海岸带的重要作用。

课堂（45 分钟）安排：

教师讲授	（15 分钟）
学生讨论	（10 分钟）
学生报告和分享	（15 分钟）
教师总结	（5 分钟）

补充阅读

[1] 澎湃新闻. 北部湾 3 万多株红树死亡引千万公益诉讼，管辖权确定后诉讼主体资格争议又起 [EB/OL]. (2023-12-02) [2023-12-11]. https://new.qq.com/rain/a/20231202A04PC500.

[2] 段舜山, 徐景亮. 红树林湿地在海岸生态系统维护中的功能 [J]. 生态科学, 2004(4): 351-355.

[3] 范航清, 莫竹承. 广西红树林恢复历史、成效及经验教训 [J]. 广西科学, 2018, 25(4): 363-371+387.

[4] 李春干. 广西红树林的数量分布 [J]. 北京林业大学学报, 2004(1): 47-52.

[5] 李丽凤，刘文爱，蔡双娇，等. 广西北海滨海国家湿地公园生态海堤建设模式研究 [J]. 湿地科学，2019，17(3)：277-285.

[6] 梁文，黎广钊. 北海市滨海旅游地质资源及其保护 [J]. 广西科学院学报，2003(1)：44-48.

[7] 王杰臣. 广西北海：公益诉讼检察为生态文明建设再助力 [EB/OL]. (2023-04-27) [2023-11-16]. http://www.beihai.jcy.gov.cn/contents/13/2635.html.

[8] 吴黎黎，李树华. 广西滨海湿地生态系统的恢复与保护措施 [J]. 广西科学院学报，2010，26(1)：62-66.

[9] 张乔民. 我国热带生物海岸的现状及生态系统的修复与重建 [J]. 海洋与湖沼，2001(4)：454-464.

[10] 赵彩云，柳晓燕，白加德，等. 广西北海西村港互花米草对红树林湿地大型底栖动物群落的影响 [J]. 生物多样性，2014，22(5)：630-639.

[11] 周晨昊，毛覃愉，徐晓，等. 中国海岸带蓝碳生态系统碳汇潜力的初步分析 [J]. 中国科学：生命科学，2016，46(4)：475-486.

2.2　渔业资源保护案例

2.2.1　蓝色海洋基金会诉过度捕捞案例

内容提要：海洋从古至今都是人类至关重要的物质来源与航运通道，海洋渔业可持续发展是保障粮食安全的重要途径，同时其对海洋生态保护和海洋生物多样性保护都十分关键。蓝色海洋基金会（Blue Marine Foundation）对英国政府决定将超过 50% 的英国鱼类捕捞机会设定在超出科学建议水平上提起了法律诉讼。根据脱欧后的渔业法，政府此举被认为是非法的，因为该法规定了渔业管理必须基于最佳科学建议，并且决定必须透明。蓝色海洋基金会指出，这种过度捕捞行为不仅会损害海洋生态系统和渔民未来的生计，而且是对英国国家资源的不负责任使用。同时，渔业就业人数一直在下降，而配额分配超过科学建议的情况导致部分鱼类种群急剧减少，渔民的谋生机会进一步减少。这一事件引起了公众对渔业管理透明度和可持续性的关注；以及对政府分配资源的责任和合理性的质疑。

关键词：海洋渔业；可持续发展；捕捞配额；科学建议

2.2.1.1　引言

海洋是地球上关键的资源和生态系统组成部分，但最近的一系列事件暴露了海洋资源管理所面临的挑战。蓝色海洋基金会对英国政府发起的法律诉讼凸显了海洋渔业管理的复杂性和争议。英国政府决定将超过 50% 的鱼类捕捞配额设定在科学建议水平之上，这一决策引发了公众对资源可持续利用的讨论，同时也对渔业管理的透明度和公平性提出了质疑。这一决策背后对海洋资源的不合理利用和对渔业可持续性构成的威胁，可能导致鱼类资源枯竭和海洋生态系统失衡。作为全球海洋渔业重要国家，英国的决策对全球海洋生态系统的健康和稳定将会产生直接影响。蓝色海洋基金会的诉讼旨在保护海洋生态健康，呼吁政府重新考虑其渔业管理政策，确保资源的合理利用和可持续性。

英国政府这一决定激发了公众对渔业管理、资源的可持续利用和政府决策的深入思考。人们开始质疑政府决策是否基于科学建议，以及是否真正考虑了未来世代的利益。公众对渔民生计和社区影响的关注也在增加。过度捕捞不仅威胁渔民的生计，还可能导致渔业社区的经济和社会动荡。面对这些挑战，蓝色海洋基金会的法律诉讼为海洋保护提供了关键支持，揭示了海洋资源管理中的问题，并促使政府重新审视其渔业政策。公众对渔业管理的关注也促使政府更加重视海洋资源的保护和管理，采取更科学合理的政策，以确保海洋生态系统的可持续性，并保障渔民的生计和社区的稳定。

2.2.1.2　案例背景介绍

渔业管理政策对于海洋资源的可持续利用起着关键作用，其制定和执行直接涉及海洋资源的长期保护和合理开发。这些政策由政府、渔业管理机构和科研机构共同基于科学评估和研究而制定，目的是平衡渔业发展与资源保护的关系。在制定相关政策时，相关部门需要综合考虑捕捞配额、渔民权益和渔业的可持续性。

过度捕捞是指捕捞速度超过鱼类种群的自然恢复速度，导致资源过度利用和生态破坏，通常发生在缺乏严格管理的渔业中，渔民忽视资源再生能力，导致鱼类种群减少，甚至面临灭绝风险。过度捕捞的后果严重，包括渔业资源枯竭、影响渔民经济利益和社会稳定，以及破坏海洋生态平衡，影响其他生物的生存和繁殖，甚至导致生物多样性减少和生态系统崩溃。为避免过度捕捞的严重后果，必须采取有效的管理和保护措施，包括建立科学合理的捕捞配额制度、执行渔业管理计划、设立渔业保护区等，确保渔业资源的合理利用和海洋生态系统的健康。只有这样，才能实现渔业的可持续发展，保护海洋环境，确保渔业资源能够长期为人类所利用。

捕捞配额是基于科学评估确定的，用以规定允许捕捞的特定鱼类数量或质量，旨在限制渔业活动，保障渔业资源的可持续性。这些配额由政府或渔业管理机构依据最新的科研和监测数据设定，并根据渔业种类和地区差异进行调整。配额的设定防止了渔业资源的过度开采，保护了资源健康和生态系统平衡。捕捞配额的设定基于科学评估，以控制捕捞活动，防止资源的过度开发。同时，政策还需保障渔民的合法权益，确保他们能从渔业中获得合理的经济收益。可持续性是渔业管理政策的核心，要求渔业活动不对资源和生态环境造成损害，以保障对资源的长期利用和生态系统的稳定。为此，政策制定者可能会采取多种措施，包括建立渔业保护区、实施配额管理、推广技术革新等，以促进渔业的可持续发展。这一过程需要政府、渔业管理机构、科研机构和渔民之间紧密合作，以确保政策的科学性、公平性和可持续性，实现海洋资源的有效保护和合理利用。

科学建议在渔业决策中扮演着重要角色，它根据对渔业资源和生态系统的科学评估提出建议，为政府制定渔业政策和管理措施提供参考。政府应积极采纳科学家的建议，依据最新的科研结果和数据，制定符合实际情况和可持续发展要求的渔业政策，包括确定捕捞配额、设立保护区域、制订渔业管理计划等。通过充分利用科学建议，政府能更有效地管理和保护渔业资源，确保渔业活动的可持续性，减少对海洋生态系统的影响，实现渔业与生态环境的和谐共存。

蓝色海洋基金会是一家致力于海洋保护和海洋资源可持续利用的慈善组织。其使命是恢复和保护全球海洋生态系统，以确保未来世代能够继续依赖海洋资源。蓝色海洋基金会致力于推动政策变革和立法措施，以改善海洋管理和保护的法律框架，通过与政府、企业和其他利益相关者合作，促进制定与实施更加健康和可持续的海洋政策，包括建立海洋保护区、管理捕捞配额和限制污染排放等。同时，蓝色海洋基金会积极开展科学研究和监测工作，以了解海洋生态系统的状况和威胁，为制定有效的保护和管理策略提供科学依据，并通过与学术机构和科研团队合作，开展海洋生物多样性调查、水质监测和生态系统评估等工作，为保护海洋生态系统提供关键数据和信息。蓝色海洋基金会还积极开展公众教育和意识提升活动，以增强人们对海洋保护的认识和重视，通过举办讲座、展览、社区活动等形式，向公众普及海洋保护知识，鼓励人们采取行动保护海洋环境，推动海洋可持续利用的理念。总的来说，蓝色海洋基金会通过政策倡导、科学研究和公众教育等多种途径，致力于保护和可持续利用海洋资源，促进海洋生态系统的健康和可持续发展。

2.2.1.3　案例过程概述

英国脱欧后，渔业成为备受关注的焦点之一。脱欧使英国重新获得了对本国渔业资源的管理权，而政府不恰当的渔业管理政策引发了一系列的变化和争议。政府将超过 50% 英国鱼类的捕捞机会设定在超出科学建议的水平，这种做法违背了渔业管理的基本原则，忽视了科学建议对资源保护和可持续利用的重要性。政府的决策不仅可能导致鱼类资源的进一步枯竭，也可能对海洋生态系统造成严重的破坏，威胁其他生物的生存繁衍。政府在设定鱼类捕捞机会等决定中存在严重的透明度不足问题，过度保密已成为公众关注的焦点。

其中鲭鱼配额问题是最引人关注的例子之一。政府在超出科学建议水平的情况下同意了挪威向英国提供 2.4 万吨的鲭鱼配额，作为挪威在英国海域捕捞的交换条件。这些配额价值高达 2400 万英镑，尽管该鱼种已经面临过度捕捞的问题，但政府分配这些配额的原因却是保密的。这种缺乏透明度的做法不仅让公众感到困惑和不满，也增加了他们对政府决策的质疑和不信任。政府应该开放和透明地向公众披露决策过程和依据，让民众了解政府的决策逻辑和考虑因素，增强决策的合法性和可信度。

政府对于鲭鱼配额的决策引发了严重争议。尽管沿海国家已就科学限制达成共识，但却未能就如何分享捕捞量达成一致。这导致了包括挪威在内的一些国家，采取了"自我公布"数据的方式，结果是最终的总捕获量大大超出了科学建议，2023 年的捕获量比可持续水平多出 40 万吨。这种过度的捕捞配额主要分配给了英国捕鱼业最富裕的地区。许多受益公司刚刚卷入一场官司，试图保护其 40%~60% 的"超正常"利润，这些利润来自苏格兰政府旨在确保更广泛的沿海社区获得经济利益的措施。这些公司为私人股东赚取了丰厚的利润，例如，一家渔业公司在 2022 年的营业额为 4000 万英镑，向其 9 名董事支付了 1600 万英镑的股息。其他公司也在赚取类似规模的利润。此外，有关奢侈的"鲭鱼派对"的传言也层出不穷，据称，受邀者乘坐直升机被送往大型乡间别墅，参加正式宴会。这种明显的不公平分配引发了公众对渔业资源管理的质疑，对利益相关者的行为也表达了担忧。公众呼吁建立更加公正和透明的资源分配机制，以确保渔业的可持续发展和公平性。这一事件突显了政府在渔业决策中的不透明性和不负责任，促使社会各界对资源管理和利益分配的公正性进行更深入的思考和讨论。

英国政府的评估显示，2024 年的捕捞配额中，只有不到 50%（46%）的捕捞配额符合国际科学建议。这些捕捞限制是通过与欧盟和挪威等国家的谈判确定的，并由政府环境、渔业和水产养殖科学中心进行评估。这显示了政府在捕捞政策制定中对科学建议的不充分重视，也突显了渔业可持续性面临的关键挑战。根据英国脱欧后的渔业法，渔业管理必须以最佳科学建议为基础，并且决策过程必须是透明的。然而，政府的决定显然没有符合这些标准，因此蓝色海洋基金会提出了合理的质疑，并采取了法律行动。

蓝色海洋基金会认为，政府的决定不仅违反了法律义务，还可能对海洋生态系统和渔业生态造成长期不可逆转的伤害。在他们看来，过度捕捞不仅会导致鱼类资源的枯竭，还会影响整个生态系统的平衡，从而影响渔民的生计和社会的稳定。为了促使政府认识到错误，并重新审视其捕捞政策，蓝色海洋基金会向环境、食品和农村事务大臣发出了行动前议定书信，要求政府承认其违反了保护鱼类的法律义务，并对决定的透明度不足负起责任。然而，政府未能就基金会提出的许多问题给出令人满意的答复，因此蓝色海洋基金会决定提起诉讼，以迫使政府重新考虑其捕捞政策，并确保其符合科学建议和透明度原则。

2.2.1.4 案件分析与启示

本案例给各方带来了广泛而深远的影响。对于海洋生态系统和鱼类资源来说，政府决策的不科学导致鱼类种群的急剧减少和生态系统面临崩溃风险。过度捕捞不仅威胁着海洋生物的生存，还可能对整个生态系统产生长期的负面影响，导致生态平衡遭到破坏和生物多样性丧失，这将对海洋环境的健康和人类社会的可持续发展造成严重威胁。对于公众来说，政府决策的不透明性和缺乏公开性引发了公众对政府管理渔业资源的质疑和不满。公众对渔业管理的透明度和可持续性提出了更高的期望，呼吁政府更加负责地管理渔业资源，确保其长期的可持续性和公平性。对于渔业社区和渔民来说，政府决策的不当导致了捕捞配额的过度分配，加剧了渔业资源的衰竭和渔民生计面临的威胁。许多渔民面临着经济困境和生存压力，而渔业就业人数的持续下降也使渔业社区的发展受到了严重阻碍。与此同时，部分渔业企业却获得了短期回报，导致渔民之间的利益分配不均，加剧了渔民社区的不满和担忧。

本案例强调了科学建议在渔业决策中的重要性。过度捕捞和资源分配不当可能会对海洋生态系统造成严重损害，影响生态平衡和鱼类种群的健康。海洋环境从业者应该重视科学研究成果，遵循科学建议，合理利用渔业资源，保护海洋生态环境。海洋环境从业者应该积极倡导渔业管理的透明化，促进政府与渔民社区和公众之间的沟通与合作，确保决策的公正性和合理性。该事件提醒海洋环境从业者要关注长远发展和可持续性。过度追求短期经济回报可能会导致资源的过度开发和环境破坏，损害渔业社区的长期利益和海洋生态系统的健康。海洋环境从业者应该注重渔业资源的长期可持续利用，采取措施保护海洋环境，确保渔业的长期繁荣和可持续发展。

2.2.1.5　结论

英国脱欧后，渔业资源管理权的回归引发了政策变革与争议。政府设定的鱼类捕捞配额超出科学建议，忽视了资源的可持续利用，可能导致资源枯竭与生态破坏。决策过程的不透明性，如鲭鱼配额的分配，加剧了公众对政府决策的不信任。挪威与英国的鲭鱼配额交换协议涉及巨额经济利益，却缺乏透明度，引发了公众对公平性的质疑。这种做法不仅威胁鱼类资源，也损害了海洋生态系统，影响了渔民的生计。英国政府的捕捞配额评估显示，多数决策未遵循科学建议，蓝色海洋基金会因此采取法律行动，要求政府遵守科学建议和透明度原则。这一案例突显了科学建议在渔业决策中的重要性，以及透明化管理对确保渔业资源长期可持续性与公平性的必要作用。海洋环境从业者应倡导基于科学的决策，促进政府、渔民社区和公众的沟通合作，以实现对渔业资源的合理利用和对海洋生态的保护。

2.2.1.6　思考题

（1）政府在渔业决策中的透明度不足如何影响公众对政府的信任？这种信任缺失对渔业管理和海洋保护有何长远影响？

（2）挪威与英国的鲭鱼配额交换协议中涉及的经济利益如何与海洋生态平衡相冲突？这种冲突对渔业可持续性有何影响？

（3）蓝色海洋基金会采取法律行动的原因是什么？这种行动对推动政府政策变革和提高决策透明度有何作用？

（4）渔业企业追求短期经济回报与渔业资源的长期可持续性之间存在哪些冲突？如何平衡这两者之间的关系？

（5）英国与挪威等国家的渔业谈判如何影响捕捞配额的设定？国际合作在解决跨国渔业资源管理问题中扮演什么角色？

2.2.1.7　案例使用说明

（1）案例摘要

英国脱欧后设定的捕捞配额超出了科学建议，违背了可持续利用原则，可能导致鱼类资源枯竭和海洋生态系统破坏。决策过程的不透明性，尤其是鲭鱼配额的分配，加剧了公众对政府决策的不信任。蓝色海洋基金会要求政府遵守科学建议和透明度原则。这一案例突显了科学建议在渔业决策中的重要性，以及透明化管理对确保渔业资源长期可持续性与公平性的必要作用。海洋环境从业者应该注重渔业资源的长期可持续利用，采取措施保护海洋环境，确保渔业的长期繁荣和可持续发展。

（2）课前准备

学生通过查找报道及相关文献资料，较为清晰、准确地了解海洋生态环境保护的基本概念和重要性，包括海洋生物多样性、渔业可持续性等相关知识。熟悉渔业管理政策的基本概念，包括捕捞配额制度、科学建议在决策中的作用等相关知识。为课堂学习和深入讨论做好充分的知识准备、情境准备和心理准备。

（3）教学目标

本案例分析可以加深学生对海洋生态环境保护的重要性的认识和理解，使学生了解渔业管理政策的核心概念，包括捕捞配额制度、科学建议的作用、资源分配的原则等；使学生掌握非政府组织（如蓝色海洋基金会）在海洋保护和可持续利用方面的作用，以及他们如何通过法律诉讼等手段维护海洋生态环境；学生通过学习与讨论增强对环境保护的认识和责任感，激发他们积极参与环境保护和可持续发展的行动。

（4）分析的思路与要点

分析本事件的思路与要点主要有以下几个方面。首先重点分析政府在渔业管理中的决策，包括捕捞配额的设定、是否遵循科学建议、决策的透明度和公正性等方面。分析政府决策对渔业和海洋生态环境的影响，包括过度捕捞对鱼类资源的影响、渔民生计的改变及海洋生态系统的破坏等。此外还需要分析公众对政府决策的反应及事件对社会的影响，以全面了解该事件的背景、原因和影响。

（5）课堂安排建议

根据具体课时安排，可以多个课时开展。课前先安排学生阅读相关资料，让学生自主了解蓝色海洋基金会的相关历史。

课堂（45 分钟）安排：

教师讲授	（15 分钟）
学生讨论	（10 分钟）
学生报告和分享	（15 分钟）
教师总结	（5 分钟）

补充阅读

[1] 刘慧，苏纪兰. 基于生态系统的海洋管理理论与实践 [J]. 地球科学进展，2014，29(2)：275-284.

[2] 马春生，潘红，周洪英，等. 海洋资源管理现状及其可持续发展 [J]. 科技资讯，2010(1)：232-234.

[3] 周志强. 海洋经济可持续发展与海洋环境保护 [J]. 农业经济，2010(5)：45-46.

[4] 杨国强. 浅论海洋经济可持续发展与海洋环境保护 [J]. 现代商业，2020(9)：121-122.

[5] 黄硕琳，唐议. 渔业管理理论与中国实践的回顾与展望 [J]. 水产学报，2019, 43(1)：211-231.

[6] 郑怀东，刘学光. 欧盟海洋渔业管理政策面临的挑战、走向及对我国的启示 [J]. 中国水产，2012(1)：48-50.

[7] 张毅，于会国. 渔业管理中捕捞配额制度比较研究及启示 [J]. 中国渔业经济，2007(3)：7-10.

2.2.2 中山海洋非法倾倒案例

内容提要： 中山市海洋和渔业局诉彭某某、冯某某等一案是围绕中山市沿海非法倾倒危险废物，造成重大环境损害的案件展开的。被告被认定在污染事件中负有刑事和民事责任，被告之间承认共同侵权。法律诉讼强调了刑事和民事责任的交叉，强调了公益诉讼、环境治理和道德考虑在应对环境挑战中的重要性。该案是 2017 年《中华人民共和国民事诉讼法》修改施行后，全国首例检方支持提起诉讼的污染海洋环境责任纠纷民事公益诉讼案件。该案例强调需要采取积极措施，防止环境损害，追究污染者的责任，并促进可持续发展实践。

关键词： 环境民事公益诉讼；共同侵权；先刑后民

2.2.2.1 引言

中山市沿海海洋生态系统位于中国南部沿海，濒临南海，具有丰富的生物多样性和重要的生态意义。横门东出海航道是中山市重要的海上通道，连接了中山港至淇澳岛东侧出伶仃洋，全长约 46 千米。该航道是珠江水系的主要出海口之一，对于中山市及周边地区的经济发展和海上运输具有重要意义。航道的维护疏浚项目旨在确保航道的通航条件，以适应不同吨位船舶的通行需求。该沿海地区是一个重要的河口生态系统，特点是海洋生物种类繁多，包括鱼类、甲壳类和各种植物物种，在支持当地渔业、维持生计和维护生态平衡方面发挥着至关重要的作用。此外，横门东出海航道也是深中通道项目的关键部分，深中通道是连接深圳市和中山市的重大交通基础设施工程。

然而，横门东出海航道也曾面临环境问题。2016 年，该航道发生一起严重的环境污染事件，有船舶在此倾倒了含有毒有害物质的废弃垃圾，对海洋环境造成了严重污染。随后，相关责任人被追究法律责任，并被要求赔偿环境修复费用。中山市海洋与渔业局遵循对环境正义和公益事业的承诺，走上了法律倡导和公益诉讼之路，要求肇事者对其行为负责，并要求其赔偿对海洋生态系统造成的损害。随后的法律程序揭示了刑事判决、民事责任及环境退化对沿海社区和工业产生的更广泛的社会经济影响之间错综复杂的相互作用。随着案件的展开，它引起了环保人士、法律学者和公众的广泛关注，引发了关于法律机制有效性、公众意识在环境治理中的作用及沿海地区可持续发展实践必要性的讨论。在日益增长的环境压力和全球对环境可持续性呼吁的背景下，这个案例深刻地提醒我们，在快速变化的世界中，迫切需要保护自然资源，维护环境权利，促进合作，以应对环境挑战。

2.2.2.2 案例背景介绍

海洋生态红线是依法在重要海洋生态功能区、海洋生态敏感区和海洋生态脆弱区等区域划定的边界线及管理指标控制线，是海洋生态安全的底线。海洋生态红线可以帮助维护生态安全，确保重要海洋生态系统和生物多样性得到保护，防止生态功能退化。海洋生态红线也可以促进可持续发展，通过划定红线区域，合理规划海洋资源开发活动，促进经济社会发展与海洋生态环境保护相互协调。海洋生态红线区域往往具有重要的生态服务功能，如海岸防护、碳汇、生物多样性维持等，对维护区域生态平衡和提供生态产品具有重要意义。此外，海洋生态红线可以帮助规范开发活动，对红线区域内的开发活动进行严格控制，减少对海洋生态环境的破坏，保障海洋资源的可持续利用。

海洋生态红线是生态环境保护的重要工具，但在实施过程中需要解决一系列理论和操作层面的问题，以确保其具有有效性和可持续性。目前，我国共划定海洋生态保护红线大约15 万千米^2，绝大多数的红树林、珊瑚礁、海草床等典型海洋生态系统都已经纳入红线区内，在海上形成了重要的蓝色生态屏障。在实施过程中，海洋生态红线面临着一系列现实问题。例如，理论基础和方法体系尚不够完善，生态红线的理论基础、分类体系、监测与评价指标、划定技术方法等理论方法体系还处于探索研究阶段。由于不同地区的海洋生态系统具有高度复杂性，加之不同尺度上的差异性，导致普适性评价方法的制定面临挑战。此外，海洋生态系统具有显著的流动性和连通性特征，红线划定过程中需考虑水平流动和动态变化的问题，这在当前工作中往往被忽视。

2.2.2.3　案例过程概述

2016 年 8 月，广东省中山市海洋与渔业局的工作人员在辖区海域巡查时发现，有船舶在中山市民众镇横门东出海航道 12 号灯标堤围处倾倒废弃垃圾，涉嫌犯罪。中山市公安机关接到报警后，立即派员到场进行调查，并传讯了船上的相关人员。经侦查查明，在 2016 年七八月，彭某某、冯某某、何某某、何某某、袁某某 5 人为谋取非法利益，以加高加固堤围为借口，从东莞市中堂镇码头将造纸厂的垃圾（包括废胶纸等）通过船舶运往 12 号灯标堤围处倾倒。该堤围东边是海域，南边是横门水道，西边是民众镇裕安围，北边是河道。根据广东省人民政府 2017 年 9 月发布的《广东省海洋生态红线》，本案倾倒垃圾的堤围及其周边海域属于重要河口生态系统，禁止排放、倾倒污染物和废弃物。

受中山市生态环境局环境监察分局委托，广州中科检测技术服务有限公司对五被告倾倒的上述垃圾进行检测，该司在检测后出具了《废物属性鉴别报告》。该鉴别报告认定所检"横门东出海航道 12 号灯标堤围倾倒未知物"为含有害有毒物质的混合废弃物。2016 年11 月，中山市环境保护局委托环境保护部华南环境科学研究所（以下简称环科所）就五被告倾倒的垃圾对周边海域的环境污染损害情况进行评估鉴定，该所出具了《环境损害鉴定评估报告》。该评估报告载明：垃圾中含有一定的有毒有害物质和大量的病原微生物，垃圾倾倒对土壤和周边的地表水造成了严重污染，也会使鱼类易于得病和死亡，给渔业造成重大损失，人体若食用此类受污染的水产品，也会给人体健康带来巨大风险。另外，垃圾受雨水淋溶会产生垃圾渗滤液，渗滤液中含有大量的有机污染物、重金属等污染物，将对海水造成严重污染，导致海洋生态系统失衡。

2018 年 4 月 16 日，中山市海洋与渔业局向广州海事法院提出民事诉讼请求，请求法院判令彭某某等 4 人连带赔偿生态恢复费用 300 万余元，以及因环境污染产生的各项经济损失 300 万余元及评估检测等费用。另一被告袁某某在总赔偿额 24.29% 的范围内承担连带赔偿责任。案件刑事裁定认定彭某某、冯某某、何某某、何某某违反国家规定，结伙倾倒、处置有毒有害物质，污染环境，刑事裁判已发生法律效力。彭某某对生效刑事裁判认定的上述事实没有异议。冯某某辩称其仅提供租赁场地，何某某、何某某辩称其仅提供钩机，均否认实施了本案污染环境行为，辩称其未与彭某某结伙倾倒、处置有毒有害物质。三被告的上述抗辩意见已在刑事案件中提出过，并经过中山市两级人民法院审理，1293 号刑事判决和306 号刑事裁定中对此均已做出分析和认定，对上述意见均不予采纳。由于三被告在本案中未能提交新的相反证据推翻生效刑事裁判确认的事实，故应认定彭某某、冯某某、何某某、何某某存在结伙倾倒本案垃圾的事实。袁某某明知船上装载的货物为废胶纸，且在当地渔政执法人员告知不能将废胶纸卸载并倾倒至堤围的情况下，仍应彭某某的要求，配合其他被告将半船废胶纸倾倒至堤围，足以认定其与彭某某等被告之间存在共同的意思联络并实施了共同侵权行为。

共同侵权包括共同故意侵权和共同过失侵权，其成立标准比共同犯罪低，"举重以明轻"，在彭某某、冯某某、何某某、何某某已成立共同犯罪的情形下，根据《最高人民法院关于适用〈中华人民共和国民事诉讼法〉的解释》第九十三条的规定，可认定四被告构成共同侵权。虽然袁某某未被生效刑事裁判认定为污染环境罪的共犯，但原告提供的证据证明其曾运输一船垃圾到堤围处并倾倒了半船垃圾，实际参与实施了倾倒垃圾的行为，故袁某某也是本案环境损害的共同侵权人。至于何某某、何某某辩称本案还存在五被告以外的共同侵权人，根据本案现有证据并不能确定五被告以外明确的侵权行为人，况且，即使本案存在其他共同侵权行为人，根据《中华人民共和国侵权责任法》第十三条规定，原告有权在本案中请求五被告承担全部侵权责任。根据《中华人民共和国侵权责任法》第八条和第六十五条规定，认定五被告构成共同侵权，对本案环境损害承担连带赔偿责任。

五被告对环科所做出的《环境损害鉴定评估报告》提出异议，但未能提供充分的相反证据，对该报告的基本结论予以采信。但由于该报告在认定生态修复费用的可处置垃圾收集转运费用和垃圾处理费用两个项目时将"恒辉 20"轮上尚未卸载的 200 米^{3}垃圾计算在内，而该部分垃圾已由袁某某自行处理，故在认定损失时应将该部分费用从生态修复费用总金额中扣减。对袁某某参与倾倒的废胶纸数量，生效刑事裁判与公安机关出具的说明、袁某某的陈述、"恒辉 20"轮船员的陈述各不相同。考虑到上述证据均是刑事案件的证据，中山市两级人民法院在综合分析上述证据后，认定"恒辉 20"轮运输废胶纸约 400 米^{3}至堤围，倾倒了约 200 米^{3}废胶纸，在没有新的证据推翻生效刑事裁判确认事实的情况下，本案认定从"恒辉 20"轮卸下的废胶纸为 200 米^3，即袁某某参与倾倒的废胶纸为 200 米^3，对原告主张的 250 米^{3}废胶纸不予支持。

本案例中，彭某某等被告实施污染环境行为在一定期间持续发生，被告袁某某仅参与一次倾倒行为，在认定其构成共同侵权的同时，根据公平原则的精神，将袁某某承担连带赔偿责任的金额限定在其参与实施的环境损害范围内。据此，法院生效判决最终认定彭某某等五被告成立共同侵权，承担连带赔偿责任，并将袁某某承担赔偿责任的部分限定在其参与倾倒的 200 米^{3}垃圾所对应的损害范围内，按相应比例计算出生态修复费用、经济损失等各项损失的对应金额。

民事案件首先以刑事审判结果为基础进行审理；其次从共同侵权的角度，法院认定包括袁某某在内的所有被告参与了共同故意侵权或共同过失侵权的共同侵权行为，所以判决各被告承担连带赔偿责任；最后是从证据与计算出发，法院考虑了各种证据，包括环境损害鉴定和评估报告，以确定损害程度，并根据废物数量和个人参与程度的差异进行了调整。

广州海事法院于 2018 年 6 月 13 日做出（2017）粤 72 民初 541 号民事判决：①被告彭某某、冯某某、何某某、何某某连带赔偿生态修复费用 3 725 589.78 元，被告袁某某在 353 297.68 元范围内承担连带赔偿责任，以上款项上缴国库，用于修复被损害的生态环境；②被告彭某某、冯某某、何某某、何某某连带赔偿因环境污染产生的各项经济损失 3 531 748.50 元，被告袁某某在 334 915.71 元范围内承担连带赔偿责任，以上款项上缴国库，用于修复被损害的生态环境；③被告彭某某、冯某某、何某某、何某某连带赔偿鉴定评估费 35 万元、检测费 192 800 元、律师代理费 2 万元，被告袁某某在 53 370.32 元范围内承担连带赔偿责任，以上款项上缴国库；④驳回原告中山市海洋与渔业局的其他诉讼请求。袁某某不服一审判决，提起上诉，但未在规定期限内预交二审案件受理费。广东省高级人民法院于 2018 年 10 月 28 日做出（2018）粤民终 2065 号民事裁定：本案按自动撤回上诉处理。被告承担连带赔偿责任，赔偿包括生态修复费用和经济损失在内的各项损失共计 782 万元。上述款项已上缴国库，用于环境修复。

2.2.2.4　案件分析与启示

在横门东出港航道 12 号轻标附近海域倾倒废弃物及有害物质，造成了广泛的环境破坏。环境影响评估主要包括三方面。一是生态破坏，污染物进入海洋生态系统，破坏了生态平衡和生物多样性。有害物质会危害海洋生物，包括鱼类、贝类和浮游生物，影响食物链和生态系统动态。二是水质退化，污染物的存在，如重金属、有机化合物和病原体，会导致水质退化。污染物水平升高会损害水的清晰度、含氧量和营养循环，对水生生物和生态系统健康构成风险。三是生境退化，废物的倾倒对海洋生境造成了物理破坏，包括海底沉积、生境破坏和基材组成的改变。这些变化会对海洋物种栖息地的可用性产生负面影响，并损害其繁殖、摄食和迁徙模式。四是生态系统功能受损，污染事件损害了海洋生态系统的生态功能，包括养分循环、废物分解和污染物过滤。对生态系统功能的破坏会对生态系统服务产生连锁效应，如海岸线保护、碳封存和游乐活动。

污染事件的长期后果是深远的，持久性污染物可在环境中积累，导致慢性生态破坏，并对海洋生物多样性和生态系统恢复力产生长期影响。海洋环境中存在的污染物可能通过食物链中的生物积累和生物放大作用对人类健康构成风险。食用受污染的海鲜或接触受污染的水会对人类健康造成不利影响，包括神经系统疾病、生殖系统问题和癌症等。污染事件造成的环境破坏会导致重大经济损失，包括渔业、水产养殖、旅游业和沿海发展受到损失。生态系统服务的减少和声誉的损害可能会进一步加剧当地社区和利益相关者的经济损失。污染事件可能引发法律和监管反应，包括对责任方的罚款、处罚和补救要求。相关部门应该加强法规的执行和遵守措施，以防止破坏环境行为的发生并保护海洋生态系统。

在程序方面，案件以民事与刑事交叉的方式进行，在民事审判之前进行刑事诉讼。这种程序性安排使法院在确定民事诉讼中的责任和损害赔偿时，能够充分考虑刑事案件的调查结果和判决。并且，原告在确定被告的环境损害责任时负有举证责任。这包括提供被告参与非法倾倒活动的证据、所造成的环境损害程度认定，以及原告所遭受损害的量化。同时，法院还会考虑双方提供证据的可采性，包括环境评估报告、专家证词、证人陈述和刑事诉讼的正式文件。在刑事案件中被承认的证据在民事诉讼中可能具有重要意义。

在法庭裁决上，法院要求所有被告承担连带责任，赔偿原告因污染事件造成的生态修复费用、经济损失和其他损害。这一裁决强调了对环境损害承担集体责任的法律原则。同时，法院维持刑事案件的认定和判决（第 1293 号判决书和第 306 号判决书），认定被告的行为构成环境犯罪，并确定其对原告所主张的民事诉讼的责任。另外，法院在做出判决时适用相关的法律原则，包括连带责任、既判力、预先裁定等。通过与既定的法律判例和理论保持一致，法院确保了其裁决具有一致性和公正性。

在公益诉讼方面，原告中山市海洋与渔业局代表受污染事件影响更广泛的社区和生态系统提起民事公益诉讼。公益诉讼是一种机制，代表社会的集体利益，保护环境，并要求污染者对其行为负责。PIL 使法律专业人士能够通过战略性诉讼和法律干预来倡导环境保护与养护。通过对被告提起民事诉讼，原告寻求执行环境法律，阻止未来的环境违法行为，并促进对监管标准的遵守。PIL 授权当地社区、环保组织和其他利益相关者参与法律诉讼，并制定影响环境政策和管理的决策。该案件调动了公众对环境正义的支持，并赋予公民要求污染者和监管机构承担责任的权力。

在环保宣传方面，污染事件引起了媒体的关注，引发了公众对环境问题的讨论，提高了人们对污染的生态后果和保护海洋生态系统重要性的认识。媒体的报道放大了环保人士的声音，并告知公众需要采取环境保护措施。该案例为教育推广和环境教育活动提供了机会，旨在提高公众对环境权利、责任和保护实践的认识。环保组织、教育机构和政府机构开展相关活动，向公众宣传可持续资源管理和预防污染的重要性。环境宣传促进社区参与和基层行动，动员个人和团体采取行动支持环境事业。以社区为基础的倡议，如海滩清理、环境研讨会和宣传运动，使公民能够为环境管理工作做出贡献，并使污染者对环境损害负责。另外，环境宣传还有助于积累污染事件造成环境危害的证据。媒体报道、科学研究和公众证词为污染的生态破坏和社会影响提供了令人信服的证据，加强了原告在法庭上的主张。公众监督和倡导努力对监管当局和司法机构施加压力，可以使其优先考虑法律问责并执行《环境法》，案件在公共领域的可见性增加了被告的利害关系，并激励他们遵守法规和开展负责任的企业行为。环境宣传使公众支持旨在补救环境损害和恢复生态系统健康的法律补救措施和补偿措施。公众宣传活动筹集资金，动员志愿者，并鼓励支持原告的法律努力，以确保赔偿因污染事件而造成的生态恢复成本和经济损失。

2.2.2.5 结论

本案例涉及 2016 年广东省中山市海域内非法倾倒有害废弃物事件，导致重要河口生态系统受损。案件揭示了环境污染的严重后果，包括生态破坏、水质退化、生境退化和生态系统功能受损。污染物对海洋生物多样性构成威胁，并通过食物链影响人类健康。此外，事件使当地渔业和旅游业受到经济损失，凸显环境损害的深远影响。在法律程序方面，案件通过刑事和民事诉讼确立了责任方的连带责任。法院依据刑事判决结果，要求被告赔偿生态修复费用和经济损失，体现了环境法律中连带责任原则的应用。民事诉讼中，原告承担了举证责任，提供了环境损害评估报告和专家证词，以量化损害程度。法院裁决强调了环境损害的集体责任，维持了刑事案件的认定，确保了裁决的一致性和公正性。公益诉讼的提起代表了受影响社区和生态系统的利益，强化了环境保护的法律手段，促进了对监管标准的遵守。环境宣传在此案中发挥了重要作用，提高了公众对海洋生态系统保护重要性的认识，同时动员社区参与环境管理，支持法律补救措施。媒体报道和公众监督为污染事件提供了证据支持，增强了法律诉讼的力度。

2.2.2.6　思考题

（1）被告在刑事和民事诉讼中都被要求承担责任。在环境案件中，刑事责任和民事责任有何不同？为什么两者都重要？

（2）法院判决被告支付生态修复费用。如何评价生态修复的成本效益？环境损害的经济赔偿是否足够恢复受损的生态系统？

（3）环境损害评估报告在本案中起到了关键作用。环境评估在环境诉讼中扮演什么角色？它们如何帮助法庭做出判决？

（4）此案通过媒体和公众宣传提高了环保意识。环境教育在促进环境保护方面可以发挥哪些作用？如何设计有效的环境教育活动？

（5）从案件诉讼和处理时间来看，环境类案件的诉讼时间都普遍较长，是什么因素限制了类似案件的高效处理？

2.2.2.7　案例使用说明

（1）案例摘要

2016 年，广东省中山市发生了一起严重的海洋环境污染事件，揭示了环境保护与非法利益之间的冲突。该案件涉及一系列非法倾倒有害废弃物的行为，对横门东出海航道的海洋生态系统造成了显著破坏。涉案人员以加固堤围为名，实则进行有害垃圾倾倒，其行为违反了《广东省海洋生态红线》中对重要河口生态系统保护的规定。环境损害评估报告指出，倾倒的垃圾含有有毒有害物质，对海洋生物、水质和生态系统功能造成了严重损害。中山市海洋与渔业局随后提起民事诉讼，要求责任方赔偿生态恢复和经济损失，法院最终判决被告承担连带赔偿责任。此案不仅展示了环境污染的严重后果，也反映了环境法律在追求环境正义和生态修复中的重要性。

（2）课前准备

学生通过查找相关新闻报道及相关文献资料，较为清晰、准确地了解海洋倾倒事件的细节，为课堂学习和深入讨论做好充分的知识准备、情境准备和心理准备。

（3）教学目标

通过案例分析，学生可以对海洋倾倒活动发展有更为清晰的认识，并在此基础上，对实践中的伦理问题进行辨识、思考，了解工程师应具备的科学精神、应遵循的科学伦理规范和法律规范。

（4）分析的思路与要点

本案例通过梳理案件各方权益纠纷中的关键节点和主要事件，选取代表性组织部门与社会争议焦点，从社会伦理、生态伦理、工程伦理三个角度进行工程实践的原因分析，从公众参与发挥监督职能，参与生态保护的角度谈社会治理，有助于学生打开学习思路。

（5）课堂安排建议

根据具体课时安排，可以多个课时开展。课前先安排学生阅读相关资料，让学生自主了解海洋生态红线和海洋倾倒的相关历史背景。

课堂（45 分钟）安排：

教师讲授　　　　　　（15 分钟）

学生讨论　　　　　　（10 分钟）

学生报告和分享 　　（15 分钟）
教师总结 　　　　　（5 分钟）

补充阅读

[1] 何伟楠. 触目惊心！倾倒千吨垃圾污染中山海域，5 人被索赔 780 万 [EB/OL]. (2018-04-18) [2024-10-26]. https://static.nfapp.southcn.com/content/201804/18/c1109171.html.

[2] 人民日报. 5 人倾倒垃圾污染海洋被索赔 780 多万元 [EB/OL]. (2018-04-19) [2024-10-26]. https://baijiahao.baidu.com/s?id=1598140446839180179.

[3] 查九星. 重拳出手！中山专项整治海漂垃圾以及海上违法倾倒垃圾 [EB/OL]. (2016-10-18) [2024-10-26]. https://static.nfapp.southcn.com/content/201610/18/c149902.html.

[4] 中国海洋发展研究中心. 最高检首次发布海洋环境污染类典型案例 [EB/OL]. (2020-11-10) [2024-10-26]. https://aoc.ouc.edu.cn/_t719/2020/1110/c13996a305948/page.htm.

[5] 人民网. 全国首例检方起诉海洋生态公益诉讼案胜诉，法院判决四被告赔偿 782 万元用于生态环境修复 [EB/OL]. (2018-06-29) [2024-10-26]. http://legal.people.com.cn/n1/2018/0629/c42510-30095370.html.

[6] 陈司悦. 偷倒垃圾污染海域 5 人被索赔 780 多万元 [EB/OL]. (2018-04-20) [2024-10-26]. https://www.sohu.com/a/228890149_222493.

[7] 钟寰坚. 严惩不贷！6 起打击危险废物环境违法典型案例公布 [J]. 中国环境监察，2024(8)：58-64.

[8] 张辉，胡振，石瑞强，等. 新修订《中华人民共和国海洋环境保护法》视角下的海洋倾废管理研究 [J]. 环境保护，2024，52(Z2)：59-62.

[9] 裴兆斌，牛鹤丹. 海洋倾废行为的立法规制研究 [J]. 内蒙古民族大学学报（哲学社会科学版），2024，50(3)：98-105.

[10] 胡帮达. 向海洋倾倒放射性物质的国际法规制：《伦敦公约》的嬗变、局限及其突破 [J]. 国际法研究，2024(5)：16-28.

2.3　大堡礁连通性保护案例

内容提要：大堡礁的连通性保护对地球和人类具有深远意义，它有助于维持海洋生态系统的稳定并减缓全球气候变暖。此外，它保护了生物多样性和潜在的生物资源，为医药等科学研究提供了基础。同时，大堡礁是重要的旅游胜地，对其实施保护，有利于促进当地经济发展。大堡礁的连通性保护对于维护生物多样性、促进关键物种的迁徙和基因流动、增强生态系统的恢复力和适应气候变化的能力至关重要，事关当地生态系统的健康和全球气候的稳定。

关键词：大堡礁；连通性；气候变暖；生态系统

2.3.1　引言

珊瑚礁在固碳过程中扮演着重要角色，虽然其只占海洋面积的一小部分，却对全球碳循环有着显著影响。珊瑚礁的生物多样性和活动有助于将大量碳固定在其组织和周围海底沉积物中。如牡蛎、扇贝、蛤蜊、海螺和鲍鱼等海洋贝类生物，可以在其生长成壳过程中与海水里的化学元素发生一系列反应而实现固碳。有研究称，贝类的贝壳质量约占其总质量的60%，海洋中每产生 1 吨贝类，仅贝壳就可固定二氧化碳当量 0.25 吨。对于我国而言，相关贝类养殖总产量已达每年 1200 万吨左右，占整个海水养殖产量的 70% 以上，而珊瑚礁是许多海洋生物的栖息地和食物来源，其会通过影响生物间的迁徙和交流，进而影响生物的繁衍和功能。这种珊瑚礁之间及珊瑚礁与其他海洋生态系统之间联系和互动程度的现象被称为珊瑚礁连通性，涵盖生物、水文和地理等多个方面，对于维持珊瑚礁生态系统的健康、生物多样性和生态功能至关重要。

大堡礁是世界上最大的珊瑚礁系统之一，纵贯澳大利亚东北昆士兰州外的珊瑚海，北从托雷斯海峡，绵延伸展共有 2600 千米左右，约有 900 个大小岛屿及 2900 个独立礁石。大堡礁的礁盘系统之所以能现于世间，归功于一种通常只有米粒般大小的生物——珊瑚虫。它们是礁石的基本建设单位，通过其微小的身体内豢养共生藻类以获得养分，过群体生活，靠着体内藻类光合作用提供的能量，每个珊瑚虫分泌石灰质（碳酸钙）形成自己的"房子"。这些小房子一个叠一个地形成，珊瑚群体就会像城市一样扩张，其他海洋生物很快依附上来繁衍生息，把一簇簇珊瑚"黏合"为整体。可以说，微小的珊瑚虫能够创造改天换地的奇迹，由于它们的存在，澳大利亚的大堡礁才得以形成。

有报道称，在过去 20 年中，大堡礁的珊瑚幼虫数量下降了约 89%，倘若这种现象得不到实质性缓解，整个珊瑚礁系统将崩溃。此外，大堡礁在 2016 年和 2017 年连续两次发生海洋热浪造成的珊瑚白化灾害，这导致了该地区藻类覆盖率大幅增加，鱼类和无脊椎动物的空间分布格局也随之改变。气候变化、过度捕捞、污染和人类活动等因素都会对大堡礁的连通性产生影响，这会导致珊瑚礁系统遭受损坏，严重时甚至会危及部分生物的生存。

2.3.2　案例背景介绍

大堡礁生态系统保护的现状面临着严峻挑战。气候变化导致的海水温度上升是对该珊瑚礁系统最大的威胁,并引发了多次大规模的珊瑚白化事件。2016 年和 2017 年的珊瑚白化事件对大堡礁造成了特别严重的破坏,影响了至少 85% 的珊瑚礁。澳大利亚政府已经认识到了这一问题,并在《大堡礁 2050 长期可持续计划》中提出了一系列保护措施,包括改善水质、减少污染、保护生物多样性和提高生态系统的复原力。然而,保护进展并不乐观。联合国教育、科学及文化组织(联合国教科文组织)在 2021 年建议将大堡礁列入《濒危世界遗产名录》,因为尽管澳大利亚政府采取了一些措施,但大堡礁的生态前景依然黯淡。澳大利亚政府对联合国的建议表示反对,并承诺将采取更紧急的保护措施,包括在大堡礁世界遗产地建立禁渔区、全面禁止刺网捕鱼、改善水质、减少污染物排放,并制定更加雄心勃勃的二氧化碳减排目标。此外,大堡礁的保护还有民间力量的参与。例如,澳大利亚原住民护礁员和"大堡礁公民组织"等都在通过监测珊瑚礁状况、普及保护知识、收集数据等方式,为保护大堡礁贡献力量。总的来说,大堡礁的保护工作虽然取得了一些进展,但面临的挑战依然巨大,需要更全面、更有力的国际和国内行动来保护这一世界自然遗产。

生态系统连通性保护的重要性不容忽视。连通性保护是指维持或恢复生态系统之间、物种栖息地之间的自然连接,这对于保护生物多样性、促进物种的迁徙和基因流动、维持生态过程的连续性至关重要。在气候变化和生境破碎化的背景下,连通性可以促进物种转移并改变其分布范围,增强物种的气候适应力。此外,生态连通性保护有助于构建更加健壮和有弹性的生态系统,从而更好地应对气候变化和栖息地破碎化等威胁。世界自然保护联盟(IUCN)发布的全球首个连通性保护指南强调了生态连通性在保护生物多样性、增强生态系统对气候变化适应力方面的关键作用,并提供了实现生态连通性保护的策略和方法。这些指南为全球范围内的生态保护工作提供了重要的参考和指导,强调了在不同尺度上实施连通性保护的必要性。

大堡礁的连通性保护对地球和人类而言是非常重要的。首先,作为世界上最大的珊瑚礁系统之一,大堡礁的保护有助于维持海洋生态系统的稳定和健康,促进珊瑚礁生物群落的迁徙和基因交流,维持生态平衡。其次,大堡礁的稳定对全球气候调节至关重要,有助于吸收二氧化碳,减少温室气体排放,减缓气候变化的影响。此外,大堡礁是澳大利亚重要的旅游目的地,对其进行保护能够维护旅游业的可持续发展,提供就业机会,促进经济增长,有利于当地社会发展。同时,保护大堡礁的连通性还有助于保护沿海社区免受海洋侵蚀和自然灾害的影响,保护沿岸居民和基础设施的安全。最后,大堡礁作为生物多样性热点地区,其连通性保护有助于保护珍稀物种和生物资源,可能促使医药、生物科技和科学研究取得重大进步。因此,大堡礁的连通性保护对地球生态系统的稳定和气候调节至关重要,同时也直接关系到人类社会的经济、安全和健康。

2.3.3　案例过程概述

每年的 11 月至 12 月,南半球大堡礁的海水逐渐变暖,珊瑚会选择在月圆之夜前后集体产卵,释放出数万亿个精子和卵子,一旦这些精子和卵子结合成受精卵,发育成珊瑚幼虫,并在海水中安置下来,就逐渐开始盖房子的过程,慢慢地形成了新的珊瑚礁。基于此,澳大利亚珊瑚"人工播种"项目在 2016 年 11 月被首次实施,相关珊瑚产的卵被人工捕获并转移到大型的储罐中,在那里,它们完成受精并发育成幼小的珊瑚虫,随后幼虫被送回礁石上,利用帐篷进行覆盖,增加了幼虫依附在礁石上的概率,也增加了礁石存活的面积和概率,有助于维护生物多样性的稳定。

通过人工播种项目和其他保护措施，珊瑚礁得到了增加和维护，存活概率和面积得到了提高。大堡礁生态系统的稳定和多样性得到了保护，为海洋生物提供了重要的栖息地和食物来源。澳大利亚政府和相关机构通过环境管理费用征收等政策筹集资金，支持大堡礁的保护和管理，促进了可持续发展。尽管人工播种项目有助于珊瑚虫的存活，但大堡礁仍面临环境压力，威胁着珊瑚虫的生存环境。大堡礁的损失不仅影响了生态系统和环境，也可能损害当地居民和澳大利亚的旅游业，造成经济损失。社会失去一个重要的自然遗产和生态旅游景点，对教育、文化和生活方式等方面均会产生影响。

基于上述内容，澳大利亚相关机构实施了幼虫连通性保护策略，旨在维护珊瑚礁中不同地区之间幼虫的自然流动，以确保珊瑚种群的健康和多样性。首先，了解珊瑚幼虫的传播模式至关重要。珊瑚是由微小的生物组成的生物群落，它们通过繁殖产生幼虫，这些幼虫在海洋中漂浮，并最终在适合的地方扎根成长。然而，由于水流、潮汐和其他环境因素的影响，珊瑚幼虫的传播距离受到限制。因此，如果不同地区之间的幼虫流动被阻断，就会导致局部珊瑚种群的衰退和基因交流的减少。

其次，幼虫连通性保护的措施包括建立保护区、减少污染、管理渔业及促进生态旅游等。这些措施有助于保护珊瑚礁生态系统的完整性，并提供更多机会，让幼虫从一个地区传播到另一个地区。例如，建立保护区可以减少人类干扰，提高珊瑚的生存率；减少污染可以改善水质，提供更适宜的生长环境；管理渔业可以减少捕捞对珊瑚礁的破坏；而生态旅游可以为当地带来收入，提高人们对珊瑚保护的重视。

物种个体迁移的连通性对珊瑚礁的影响是一个复杂而重要的议题。珊瑚礁生态系统依赖各种生物之间的相互作用和连通性，而个体迁移是维持这种连通性的关键因素之一。个体迁移对珊瑚礁的影响体现在多个方面。一方面，个体迁移促进了珊瑚礁中的基因流动和遗传多样性。许多海洋生物，如鱼类、贝类和海龟等，都依赖迁徙来完成繁殖、觅食和栖息地选择等生活活动。它们的迁徙行为可以跨越不同的珊瑚礁区域，促进基因和种群之间的信息交流和混合，从而增加了珊瑚礁生物的遗传多样性，提高了种群的适应性和生存能力。另一方面，个体迁移也对珊瑚礁生态系统的稳定性和功能起着重要作用。许多海洋生物都扮演着关键角色，如控制海藻生长的海星、维持珊瑚健康的清道夫鱼等。它们的迁徙行为可以将营养物质和能量在不同区域之间传递，促进生态系统中的物质循环和能量流动。此外，一些迁徙性物种还在不同区域之间承担着种子传播、病害传播和捕食控制等重要功能，维持了珊瑚礁生态系统的稳定和健康。

然而，随着人类活动的不断扩张和加剧，个体迁移的连通性受到了严重威胁。过度捕捞、污染、生态栖息地破坏、气候变化等因素都会影响海洋生物的迁徙行为，导致珊瑚礁生态系统中的连通性受到破坏。例如，过度捕捞可能会导致迁徙性鱼类种群的减少和迁徙路径被阻断，影响珊瑚礁生态系统中的能量流动和物质循环。污染和生态栖息地破坏也会使迁徙性物种无法找到适合的栖息地和觅食地点，进而影响它们的生存和繁衍。

为了保护个体迁移的连通性，澳大利亚采取了一系列综合性的保护措施。首先，建立和扩大海洋保护区是保护个体迁移的有效途径。保护区可以提供安全的栖息地和觅食地点，减少人类干扰，为海洋生物的迁徙提供必要的保护。其次，加强渔业管理和保护是至关重要的。限制捕捞量和使用环保渔具可以减少对迁徙性物种种群的影响，保护它们的生存和繁衍。此外，减少污染和生态栖息地破坏，恢复受损的珊瑚礁和海洋生态系统，也是保护个体迁移连通性的重要举措。

除了以上措施外，开展科学研究和监测工作也是保护个体迁移连通性的重要手段。通过了解海洋生物的迁徙行为和迁徙路径，评估人类活动对它们的影响，及时调整保护措施，可以更有效地保护个体迁移的连通性，维护珊瑚礁生态系统的健康和稳定。综上所述，个体迁移的连通性对珊瑚礁生态系统的影响至关重要。保护这种连通性不仅有助于维护珊瑚礁生物的遗传多样性和生态系统功能，通过综合性的保护措施和科学管理，还可能有助于实现珊瑚礁个体迁移连通性的有效保护，当然，关于个体迁移过程中物种数量和种类的控制，还需要进一步研究。

成虫是珊瑚礁生态系统中的重要组成部分，它们包括各种软体动物、甲壳动物和鱼类等。这些生物在珊瑚礁中扮演着各种不同的角色，包括食物链的不同层次、底栖生物的摄食者及生态系统的重要调节者。因此，成虫的行为对珊瑚礁的稳定性和功能具有重要影响。

成虫在珊瑚礁中的觅食行为不仅影响着它们自身的生存状况，还会直接影响整个珊瑚礁生态系统的连通性。在珊瑚礁中，成虫通过捕食其他生物来获取能量和营养物质，从而维持其生存和生长。然而，成虫的觅食行为可能导致珊瑚礁中的生态平衡发生变化，进而影响其他生物的分布和数量。例如，某些成虫可能会成为某种珊瑚的天敌，如果它们的数量过多，就可能导致该珊瑚种群的减少甚至灭绝。这将直接影响到珊瑚礁中其他生物的生存和繁衍，从而降低珊瑚礁生态系统的连通性。

此外，成虫在珊瑚礁中的繁殖行为也对生态系统的连通性产生影响。珊瑚礁中的繁殖过程通常涉及成虫的迁移和产卵，这些行为使得珊瑚礁中的生物之间建立起了密切的联系。然而，如果成虫的繁殖行为受到外界环境的干扰，如气候变化或人类活动，就可能导致繁殖成功率降低，进而影响珊瑚礁生态系统的连通性。例如，某些成虫可能需要特定的温度和水质条件才能成功繁殖，如果这些条件发生变化，就可能导致它们无法完成繁殖过程，从而影响珊瑚礁生态系统的稳定性和连通性。总体而言，珊瑚礁中成虫的觅食和繁殖行为对生态系统的连通性具有重要影响。了解这些影响有助于我们更好地保护和管理珊瑚礁生态系统，从而实现人类与自然的和谐共生。

2.3.4　案件分析与启示

大堡礁的生态连通性保护经验对全球海洋生态系统保护具有重要的启示意义和作用。首先，大堡礁的保护工作强调了紧急保护措施的重要性，如澳大利亚根据联合国教科文组织的要求采取的行动，体现了国际合作在海洋生态系统保护中的关键作用。其次，大堡礁的保护经验突出了科学监测和长效监管的必要性。例如，通过数字孪生技术进行管理和恢复，以及采用国际标准或国际通用方法开展珊瑚礁监测工作，这些科技创新提升了保护效率。生态连通性保护的重要性也在大堡礁的保护中得到了体现。珊瑚礁的连通性保护不仅涉及单个珊瑚礁的保护，还包括保护连接它们的海底走廊，这对于珊瑚和鱼类幼虫的迁移至关重要。

科学研究在大堡礁珊瑚礁的连通性保护中扮演着至关重要的角色。通过科学研究，专家能够深入理解珊瑚礁生态系统的复杂性和脆弱性，以及它们对气候变化和其他环境压力的敏感性。连通性保护的科学研究进展表明，珊瑚礁的物理连通性对于珊瑚幼虫的扩散至关重要。利用粒子跟踪模拟器，如 OceanParcels，科学家能够模拟珊瑚幼虫的扩散和沉降，这对于理解珊瑚礁之间的连接模式和幼虫补充的来源至关重要。这种连通性有助于珊瑚白化和热带气旋等干扰后种群的恢复。

科学研究还提供了关于珊瑚礁生态系统的碳循环和营养循环的重要见解。例如，中国科学院南海海洋研究所提出的"珊瑚礁生态泵"概念，强调了珊瑚礁生态系统在聚集吸收外部营养、保持并循环利用内部营养、高效输出有机碳方面的生态功能。这一概念为认识珊瑚礁生态系统功能及其维持机制提供了新的理论框架。此外，科学研究还帮助识别了珊瑚礁保护的优先地点。通过模拟气候变化影响，研究人员能够确定哪些珊瑚礁更有可能抵御气候变化的影响，从而为保护工作的优先次序提供科学依据。这种基于科学的方法有助于优化资源分配，确保保护措施能够针对最有可能存活的珊瑚礁。

在大堡礁的保护中，科学研究还涉及社区参与和教育。通过教育和科普活动提高公众对大堡礁保护的意识，同时鼓励社区参与保护行动，如"大堡礁公民组织"发起的"大堡礁普查"项目，收集大堡礁现状信息供研究人员分析。在法律和政策支持方面，大堡礁的保护经验也提供了重要的借鉴。例如，澳大利亚制定了《大堡礁 2050 长期可持续计划》，类似的法律、法规、规章及规划中都将造礁石珊瑚和珊瑚礁保护列为重要内容。此外，大堡礁的保护经验还强调了资金投入的重要性。澳大利亚政府和昆士兰州政府为大堡礁的保护提供了充足的资金支持，以确保保护措施的有效实施。

2.3.5 结论

大堡礁作为全球最大的珊瑚礁系统之一，其保护工作对于维持海洋生态系统的健康、生物多样性和生态功能至关重要。大堡礁连通性的概念涵盖了生物、水文和地理等多个方面，对于保护生物多样性和促进物种的迁徙和基因流动具有重要意义。本案例强调了科学研究在海洋生态系统保护中的重要性，以及实施紧急保护措施、科学监测、生态连通性保护、公众参与和国际合作的必要性。这些经验对于全球海洋生态系统保护具有重要的启示意义和作用，指出了保护珊瑚礁所需的综合性和跨学科性，以及全球各方共同努力的重要性。

2.3.6 思考题

（1）如何理解大堡礁的连通性？它包括哪些关键要素？

（2）大堡礁连通性保护旨在实现哪些生态目标？在实现这些目标的过程中面临哪些主要挑战？

（3）气候变化如何威胁大堡礁的连通性？全球变暖对珊瑚礁生态系统有何长远影响？

（4）科学监测在大堡礁保护中扮演什么角色？它如何帮助我们更好地理解珊瑚礁的健康状况？

（5）大堡礁保护中可能存在哪些利益冲突？如何平衡经济发展、社区利益和生态保护的需求？

2.3.7 案例使用说明

（1）案例摘要

大堡礁不仅支持着丰富的海洋生物，还通过其连通性在生物、水文和地理层面上发挥着关键作用，促进了物种的迁徙和基因流动，从而维护了生物多样性。本案例突出了科学研究在珊瑚礁保护中的核心地位，以及采取紧急措施、科学监测、生态连通性保护、公众参与和国际合作的必要性。这些经验不仅为全球海洋生态系统的保护提供了宝贵的启示，也强调了综合性和跨学科保护策略的重要性，以及全球合作在保护珊瑚礁中的关键作用。

（2）课前准备

学生在课前了解大堡礁的具体情况，并了解连通性的概念，重点梳理大堡礁连通性保护的重要性及措施，探讨大堡礁连通性保护对生态环境的意义，厘清个人在相关环境保护过程中应当处于什么样的角色，发挥具体何种作用。

（3）教学目标

通过本课程，学生将初步了解大堡礁连通性保护的背景与意义，探讨其在生态保护和可持续发展中的重要性，了解连通性对于维持大堡礁生态系统功能的重要性，理解并评估不同利益相关者的立场，提出可行的保护方案，并思考他们自身在珊瑚礁保护中的角色和责任。

（4）分析的思路和要点

为了深入探讨大堡礁连通性的保护和管理，本案例计划从珊瑚虫对大堡礁生态系统的重要性、保护大堡礁连通性的措施及效果、科研技术和管理手段在大堡礁保护中的应用等方面实施分析，从珊瑚虫的重要性、保护措施的效果到利益相关者的角色和责任等方面展开思考。

（5）课堂安排建议

根据具体课时安排，可以多个课时开展。课前先安排学生阅读相关资料，让学生自主了解大堡礁相关的内容，重点关注其概念及可能引起的危害，以及目前的处置措施。

课堂（45分钟）安排：

教师讲授　　　　　（15分钟）

学生讨论　　　　　（10分钟）

学生报告和分享　　（15分钟）

教师总结　　　　　（5分钟）

补充阅读

[1] 联合国. 大堡礁：澳大利亚将根据教科文组织的要求采取紧急保护措施 [EB/OL]. (2023-06-11) [2024-10-26]. https://news.un.org/zh/story/2023/06/1118617.

[2] 界面. 澳大利亚承诺采取联合国建议的保护大堡礁紧急措施，包括建立禁渔区、实现水质改善目标 [EB/OL]. (2023-06-09) [2024-10-26]. https://www.jiemian.com/article/9550169.html.

[3] 地球知识局. 大堡礁，正在消失 [EB/OL]. (2020-04-21) [2024-10-26]. https://zhuanlan.zhihu.com/p/134006625.

[4] 新华社. 联合国：保护大堡礁 澳大利亚得再加把劲 [EB/OL]. (2017-06-05) [2024-10-26]. http://www.xinhuanet.com/world/2017-06/05/c_129624611.htm.

[5] 张晴丹. 扑杀掠食性海星保护大堡礁珊瑚 [N]. 中国科学报, 2024-05-15(2).

[6] 丁博文. 大堡礁再次遭受严重的珊瑚白化 [J]. 英语画刊（高中版）, 2022(11): 7.

[7] 亦文. 世界最大的珊瑚礁群：大堡礁 [J]. 阅读, 2021(89): 52-55.

[8] 谷战峰. 大堡礁经历最严重的珊瑚漂白 [J]. 疯狂英语（新策略）, 2020(10): 46-47+63.

[9] 张梦媛, 赵宇峰, 刘文彬, 等. 陆地和海洋两大碳汇主力军 [J]. 石油知识, 2022(4): 46-47.

[10] 张涵. 气候变化对生态系统与农业生产的影响研究 [J]. 农业灾害研究, 2023, 13(11): 201-203.

[11] 马静，余克服. 大规模白化对珊瑚礁生态系统的影响研究进展 [J]. 生态学杂志，2023，42(9)：2227-2240.

[12] 孟宏虎，宋以刚. 东南亚生物地理格局：回溯与思考 [J]. 生态多样性，2023，31(12)：1-21.

[13] 黄玥. 全球海洋生态环境治理法律问题研究 [D]. 大连：大连海事大学，2023.

[14] 任鹏举. 国际海底区域水下文化遗产保护法律问题研究 [D]. 大连：大连海事大学，2023.

[15] 俞小鹏. 南海北部造礁珊瑚对高温胁迫的响应及适应性研究 [D]. 南宁：广西大学，2022.

2.4 鸟类迁徙路线保护案例

2.4.1 西非到瓦登海迁徙路线保护案例

内容提要： 东大西洋飞行道作为海鸟迁徙的重要航线，连接了北极繁殖地和大西洋东岸的栖息地及越冬地，成为许多水鸟完成迁徙旅程的必经之地。瓦登海和阿尔金岩石礁国家公园作为这一迁徙路线上的关键途中站，承载着海鸟栖息、觅食和繁殖的重要功能。然而，气候变化和人类活动的影响威胁着这些地区的生态连通性和海鸟的生存状况。为了保护这些迁徙物种及其栖息地，德国、荷兰、丹麦等国家已经采取了一系列措施，并通过跨界合作机制取得了显著成效。本案例旨在探讨瓦登海和阿尔金岩石礁国家公园的保护措施，以及其对海鸟迁徙保护的意义和影响。

关键词： 迁徙路线；海鸟；栖息地；国际合作

2.4.1.1 引言

东大西洋飞行道是北美洲东部至南美洲北部的一条重要鸟类迁徙通道，涵盖了大西洋沿岸的多个国家和地区。每年约 2400 万只水鸟通过东大西洋飞行道实现了迁徙。海鸟依赖这些地点进行筑巢、觅食和越冬。由于路途遥远，中途需要栖息地以完成整个迁徙过程。保护东大西洋飞行道具有重要的意义。在生物多样性保护方面，东大西洋飞行道是数百种候鸟的迁徙路线，包括雁类、鸭类、鹬类、鹤类等，以及许多其他种类鸟类。这条迁徙通道对于这些鸟类的繁殖、过冬和迁徙至关重要。

东大西洋飞行道沿线的湿地、沼泽、河口和海洋生态系统是许多鸟类的重要栖息地，也对当地的生态平衡起着至关重要的作用。保护飞行道可以维护这些生态系统的健康，促进水资源管理、水质改善和生态系统恢复。经济价值方面，鸟类迁徙吸引了大量的观鸟者和生态旅游者，为当地经济带来了可观的收益。候鸟在迁徙过程中扮演着种子传播者、食物链中的重要一环，保护它们的迁徙路线有助于维持各地生态系统的健康。候鸟飞行道也连接了不同地区的栖息地，维持了生态系统的平衡和稳定。然而，候鸟迁徙途中的栖息地受到城市化、农业扩张、工业发展等人类活动的威胁，使得候鸟在迁徙过程中无法找到足够的食物和安全的栖息地。如果候鸟飞行道上的栖息地丧失或受到破坏，将导致生态系统中其他物种的数量和多样性减少，甚至可能引发物种灭绝。

2.4.1.2 相关背景介绍

瓦登海是位于北海沿岸的一片广阔的潮间带沙滩和泥滩系统，横跨丹麦、德国和荷兰三国。每年，数百万只候鸟在此停留，还有海豹、灰海豹和港湾河豚等海洋哺乳动物。作为世界上最大的栖息地系统之一，瓦登海包括潮汐河道、沙滩浅滩、海草草甸、贻贝床、沙洲、泥滩、盐沼、河口、海滩和沙丘，沿三国海岸线延伸 500 千米。2010 年，该地区被联合国教科文组织列为世界遗产。根据《拉姆萨尔公约》的数据，至少有 41 种迁徙水鸟的 52 个种群依赖瓦登海作为东大西洋飞行路线的中途栖息地或越冬地。每年，1000 万~1200 万只鸟会飞越瓦登海。

　　阿尔金岩石礁国家公园位于毛里塔尼亚的大西洋沿岸，是海洋和陆地生态系统的过渡区。该公园每年冬季吸引超过 200 万只水鸟，包括来自西伯利亚或格陵兰等地的候鸟。公园内的海草床是重要的碳汇，有助于缓解气候变化。为保护这些资源，公园采取了包括环境影响评估、长期保护命令、研究和管理措施、技术调整等在内的保护措施，并与当地社区合作，确保传统渔业的可持续性，防止非法捕捞和油气开采等活动对生态系统造成破坏。

　　这两个地区都面临着气候变化、海平面上升、过度捕捞和资源开采等人为和自然的威胁。例如，以贻贝为食的底栖生物种群数量普遍下降，而依赖盐沼和农田的草食动物种群数量普遍增加。迁徙物种的生存状态与迁徙路线的栖息地条件密切相关，因此对迁徙路线的保护至关重要。2014 年，瓦登海和阿尔金岩石礁国家公园这两个世界遗产地签署了谅解备忘录，以交流保护技术，并在鸟类计数和监测方面开展合作。签署方包括德国、毛里塔尼亚和荷兰（代表联合国教科文组织）。协议约定，除了通过保护技术为迁徙野生动物带来好处外，还应为寻求财政支持和长期人员管理培训提供资源。自协议生效以来，双边相互的访问使管理者和科学家能够制订联合行动计划，并使用类似的指标评估鸟类种群动态。因此，保护工作不仅需要在本地进行，还需要国际合作和全球性的努力。通过科学研究、环境教育、可持续旅游和社区参与，这些地区的保护工作正在不断加强，以确保候鸟的安全迁徙和生态系统的健康。

2.4.1.3　案例概述

　　东大西洋飞行道覆盖了众多国家与地区，其保护工作需依赖国际合作与协调。各国通过共享信息、资源和最佳实践，共同制订保护策略、管理措施及监测计划，以推动区域内生态系统的可持续发展。该飞行道对于保护生物多样性、促进生态系统健康、支持经济发展、应对气候变化及加强国际合作具有重要意义。通过建立生物多样性保护区、监测海鸟种群和迁徙路线、制订渔业管理计划、开展教育宣传和跨国合作，有望实现生态系统的健康运行，增强生态系统的韧性，促进当地的经济发展。

　　生物多样性保护区的设立对海鸟迁徙具有深远影响。保护区旨在保护特定区域的生物多样性和生态系统完整性，为野生动植物提供安全的栖息地，保障其生存和繁殖。对于海鸟迁徙，保护区可提供安全的栖息地和重要的休息点。海鸟在迁徙过程中需中途休息和补充能量，保护区的设立确保了这些区域不受开发和破坏，成为海鸟的重要休息地。此外，保护区有助于减少人类活动对海鸟迁徙的干扰，限制城市化、渔业和油污染等威胁。保护区的存在还有助于维护海鸟迁徙所涉及的生态系统完整性，包括海岸、湿地和海洋等。这些生态系统相互依赖，构成海鸟迁徙的完整生态链。保护区的设立有助于保持这些生态系统的健康与稳定，保障海鸟迁徙的正常生态过程。同时，保护区为科研机构和保护组织提供了研究和监测海鸟迁徙的平台，通过数据收集和行为研究，为制定保护策略和管理措施提供支持。然而，生物多样性保护区的建立也可能对当地社区产生影响，如限制渔民、沿海居民和旅游从业者的活动。保护区的管理和监管需要大量资源和人力，可能面临资金和管理挑战。

　　监测海鸟的种群数量、分布、迁徙路径和生态行为对于深入了解其生态需求、威胁因素及保护需求至关重要。然而，监测活动也可能对海鸟种群造成影响，因此需要谨慎评估和管理。监测海鸟种群和迁徙路线有助于掌握种群的健康状况和生态学特征。通过持续监测，可以追踪种群数量变化、结构和繁殖成功率等关键指标，为制定有效的保护策略和管理措施提供数据支持。此外，监测活动有助于识别和评估海鸟面临的威胁和风险。监测数据能够揭示生态环境变化、栖息地破坏、捕食压力和人类干扰等因素对海鸟的影响，使科学家和保护人员能够及时采取保护措施，减少种群损失。监测数据还能反映保护措施，如保护区设立、渔业管理和栖息地恢复对海鸟种群数量和生态系统的影响，评估保护措施的效果，指导未来的管理和保护工作。

尽管如此，监测活动可能还是会对海鸟种群产生一定影响，需要谨慎评估和管理。监测活动可能会干扰海鸟，如设置监测设备或人员进入繁殖地可能引起惊扰，影响其正常生活和繁殖行为。因此，监测活动应选择合适的时间和地点，以减少干扰。同时，监测活动可能会影响海鸟的迁徙行为和路线选择，这是一个受多种因素影响的复杂过程。因此，监测活动应尽量减少对海鸟迁徙行为的干扰，避免影响其正常迁徙活动。

2014年，为加强对瓦登海区域的保护，德国对下萨克森瓦登国家公园进行了扩展，丹麦的瓦登海自然和野生动物保护区也被纳入世界遗产地。这标志着瓦登海世界遗产地正式成为涵盖德国、荷兰、丹麦三国的自然遗产。多年来，通过建立三边合作机制和实施一系列保护措施，如制定保护政策、编制相关规划、定期发布质量状况报告，以及持续开展监测与评估项目，三国共同维护了瓦登海生态系统和景观的自然演变及其可持续性。瓦登海的三边合作模式在保护和管理方面取得的成就得到了国际认可，成为跨界世界遗产保护管理的典范。

《实施〈世界遗产公约〉操作指南》将跨界遗产申报列为优先类型，体现了对跨界合作保护的国际倡导。瓦登海和阿尔金岩石礁国家公园为保护海鸟迁徙采取了多项措施，包括设立生物多样性保护区和特别保护区，限制人类活动干扰，提供安全的繁殖和越冬场所，监测海鸟种群和迁徙路线，以及制订渔业管理计划，减少对海鸟的负面影响。教育和宣传活动提高了公众对海鸟迁徙保护的认识和支持。国际合作促进了全面和有效的保护计划的制订和实施。

这些措施共同推进了海鸟迁徙保护工作，在许多地区生物栖息地减少的背景下，保护区付出的努力确保了海鸟在迁徙过程中的生存和繁衍，维持了生物多样性的稳定。

2.4.1.4 案例分析

人类活动对海鸟迁徙带来的挑战日益增多，环境保护领域的跨国合作因此变得至关重要。在全球化背景下，跨国合作不仅促进了资源和信息的共享，还有效应对了海鸟迁徙的跨境问题，保护了这些物种及其栖息地。

跨国合作首先增强了对海鸟迁徙的科学研究与监测。海鸟迁徙涉及多国及多样的生态环境，通过跨国合作，各国能够共享数据与技术，进行更全面的调查与监测，了解海鸟的具体迁徙路径、地点和数量，为制定跨国保护策略提供科学支持。其次，跨国合作有助于共同应对海鸟迁徙所受的威胁，如环境污染、栖息地丧失和气候变化等，这些问题往往跨越国界。通过合作，各国可以共同制定政策和行动计划，进行生态修复和栖息地保护，共同应对全球性挑战，减少对海鸟迁徙的威胁。

此外，跨国合作促进了生态联通和保护区网络的建设。各国可以在保护海鸟迁徙的过程中加强边界管理与合作，建立跨国自然保护区和生态走廊，保护海鸟的整个生命周期和迁徙路线，确保它们的迁徙和繁衍安全。同时，跨国合作还推动了环境法律和国际公约的完善与执行，各国可以共同制定和修订法律与公约，加强对海鸟迁徙活动的监管，惩处违法行为，维护海鸟迁徙的合法权益。

教育和宣传对于提升公众对海鸟迁徙的认识、增强环保意识、促进社会合作及培养青少年的环境责任感具有重要作用。这些措施不仅提高了公众对海鸟迁徙习性和生态需求的理解，还激发了社会对环境保护的关注，并鼓励采取行动减少对海鸟迁徙的负面影响。通过组织讲座、展览和研讨会等活动，向公众普及海鸟迁徙的知识，可以加深人们对海鸟生活方式的认识，提升保护意识和责任感。同时，通过教育和宣传，公众可以了解海鸟迁徙所面临的威胁，如栖息地丧失、污染和气候变化，以及这些威胁对生态系统和人类社会的潜在影响，从而激发公众的环保行动力。

此外，教育和宣传活动促进了不同领域间的合作，包括政府部门、科研机构、非政府组织、企业和公众，共同为海鸟迁徙保护制定和执行有效措施。对于青少年，课堂教育、户外活动和志愿服务等形式的海鸟保护主题活动可以培养他们的环保意识和科学素养，为他们的未来环保行动奠定基础，为海鸟保护事业注入持续的活力和创新力量。因此，充分利用教育和宣传资源，积极开展海鸟保护的宣传教育活动，对海鸟迁徙的长期健康至关重要。

2.4.1.5　结论

保护东大西洋飞行道对于海鸟迁徙具有至关重要的作用。在此过程中，建立生物多样性保护区、监测海鸟种群和迁徙路线、制订渔业管理计划、开展教育和宣传活动及进行跨国合作均发挥着不可或缺的作用。生物多样性保护区的建立为海鸟提供了安全的栖息地和关键的停歇场所，有效降低了人类活动对海鸟及其栖息地的干扰和破坏。这些保护区还为海鸟迁徙研究和监测提供了关键平台，有助于科学制定保护策略和管理措施。通过案例学习，我们认识到保护海鸟迁徙需要全社会的共同努力和跨国合作。只有采取综合措施，包括建立保护区、监测迁徙、管理渔业、开展教育宣传和跨国合作，才能有效保护这些珍贵的生物资源，维护生态平衡，促进可持续发展。这些措施的实施不仅有助于保护海鸟迁徙，也为实现全球生物多样性保护目标做出了贡献。

2.4.1.6　思考题

（1）在跨国协作中，你认为各国应该如何共同应对海鸟迁徙所面临的挑战？如何平衡各国利益和环境保护之间的关系？

（2）对于渔业管理计划的制订，如何确保在保护海鸟迁徙的同时，也能满足渔民的生计需求？你认为哪些措施可以促进渔业的可持续发展？

（3）教育和宣传活动在提高公众对海鸟迁徙的认识和理解方面扮演着重要角色。你认为哪些方式和途径可以有效吸引公众参与海鸟保护，从而推动环境保护行动？

（4）在设立生物多样性保护区时，如何平衡保护区的建设和管理与当地社区的生计和发展之间的关系？你认为哪些方法可以帮助解决这种平衡？

（5）海鸟种群和迁徙路线的监测对海鸟保护至关重要，但监测活动本身也可能对海鸟产生干扰。你认为如何在监测活动中最大限度地减少对海鸟的干扰？

2.4.1.7　案例使用说明

（1）案例摘要

本案例介绍了瓦登海和阿尔金岩石礁国家公园为保护海鸟迁徙采取的多种具体措施，包括制定保护政策、实施规划、发布质量报告和开展监测项目等。在此基础上，针对海鸟迁徙保护，瓦登海和阿尔金岩石礁国家公园采取了一系列措施，如设立保护区、监测海鸟种群、管理渔业活动及开展教育宣传等。这些措施的共同作用有效促进了海鸟迁徙保护工作，维护了全球栖息生物数量和种类的稳定。这一成功经验不仅得到了国际认可，还在全球范围内成为跨界世界遗产保护管理的典范。

（2）课前准备

学生在课前了解东大西洋飞行道及其他候鸟迁徙的概况，重点分析讨论瓦登海和阿尔金岩石礁国家公园这两个栖息地的一系列保护措施对海鸟迁徙的影响，进一步探讨一系列保护措施对生物多样性和生态系统的影响。

（3）教学目标

通过本课程，学生能够理解跨越国界的合作对于大面积保护地的管理和保护是至关重要的，并能够分析合作机制对海鸟迁徙路线的保护作用。学生能够了解保护海鸟迁徙的具体措施，包括设立保护区、监测和研究海鸟种群、制订渔业管理计划等，以及这些措施对海鸟和栖息地的重要性。在课程中，学生能够意识到通过开展教育和宣传活动，向公众介绍保护工作的重要性和海鸟迁徙的必要性，以促进公众对保护措施的支持和遵守。总体而言，通过相关教学内容和分析讨论交流，可以帮助学生全面理解海鸟迁徙路线中存在的诸多问题及其应对措施，这有助于培养他们对环境保护和生物多样性保护的责任感和意识。

（4）分析的思路与要点

本案例通过梳理东大西洋飞行道的鸟类保护措施和手段，选取代表性的管理和保护措施，总结性地指出措施得到的保护效果。案例试图发散学生对鸟类保护过程设计的生物多样性保护区、监测海鸟种群和迁徙路线、制订渔业管理计划、开展教育和宣传活动及跨国合作等措施的理解，帮助学生扩展视野，打开学习思路。

（5）课堂安排建议

根据具体课时安排，可以多个课时开展。课前先安排学生阅读相关资料，让学生自主了解历史上有关保护海鸟迁徙的相关案例，并分析其中的重要性。

课堂（45 分钟）安排：

教师讲授　　　　　　（15 分钟）

学生讨论　　　　　　（10 分钟）

学生报告和分享　　　（15 分钟）

教师总结　　　　　　（5 分钟）

补充阅读

[1] Crotty S M, Pinton D, Canestrelli A, et al. Faunal engineering stimulates landscape-scale accretion in southeastern US salt marshes[J]. Nature communications, 2023(881): 1-15.

[2] 温婷，石春晖，赵星烁，等. 陆瓦登海经验对我国跨界世界自然遗产地保护管理的启示 [J]. 遗产与保护研究，2019, 4(5)：1-5.

[3] 熊亮，瑞克·德·菲索. 荷兰马肯湖—瓦登海项目：探索自然的建造 [J]. 景观设计学，2018(3)：58-75.

[4] 陆小璇. 跨国世界自然遗产保护现状评述 [J]. 自然资源学报，2014(11)：1978-1990.

[5] Slob A F L, Geerdink T R A, Rockmann C. Governance of the Wadden Sea[J]. Marine Policy, 2016(71): 325-333.

[6] 蓝虹，黄央央，郑崇荣，等. 2009—2012 年泉州湾大型底栖生物多样性研究 [J]. 海洋开发与管理，2018(5)：87-92.

[7] 李荣冠. 福建海岸带与台湾海峡西部海域大型底栖生物 [M]. 北京：海洋出版社，2010.

[8] 李冠国. 多样性指数的应用 [J]. 海洋科学，1981(2)：4-8.

2.4.2　黄河河口生态修复与鸟类保护案例

内容提要：黄河三角洲地处我国暖温带，拥有最为完整的湿地生态系统。经过长期系统的生态治理和修复，黄河三角洲国家级自然保护区在生态修复与鸟类保护方面取得了丰硕成果。保护区利用黄河调水调沙工程恢复了 36 万亩湿地。同时实施了东方白鹳繁殖引导和黑嘴鸥繁殖地改善工程。通过搭建围栏、开挖养护沟渠等举措，对核心区和重点生态保护区域实行封闭式管理。在黄河两岸流域种植冬小麦，建立鸟类补给站，为过冬候鸟提供食物来源，从而稳定了越冬鸟类的种群数量。

关键词：黄河三角洲湿地；生态修复；鸟类保护；湿地修复；协同治理

2.4.2.1　案例引言

黄河三角洲地处我国东部沿海，地理位置得天独厚，是"东亚—澳大利西亚"和"环西太平洋"两条重要候鸟迁徙路线的重要中转站、越冬地和繁殖基地，生物多样性极为丰富。这里聚集了包括东方白鹳、黑嘴鸥、丹顶鹤、卷羽鹈鹕在内的 20 多种珍稀濒危鸟类，被誉为"鸟类国际航站楼"。保护和合理利用这一宝贵的生态资源，对维系区域乃至全球生物多样性具有重要意义。然而，黄河三角洲成陆时间短，土壤发育年轻，且受人类活动影响显著，生态脆弱，水资源紧缺，迫切需要采取相关环境修复措施，促进河流生态系统健康，提高生物多样性。当前黄河三角洲湿地生态环境保护与修复存在的主要问题是淡水资源严重短缺和外来物种入侵。经过近些年的生态保护和修复工程，修复成果可见，生态环境有所改善。

为切实加强对黄河三角洲地区的保护，中央相继出台了一系列政策措施。2004 年，黄河三角洲国家级自然保护区被国土资源部（2018 年撤销，组建中华人民共和国自然资源部）确定为国家地质公园，2006 年被国家林业局确定为国家级示范自然保护区，2008 年被评为国家 AAAA 级旅游景区，2013 年被国家林业局、教育部、共青团中央授予"国家生态文明教育基地"称号，同年被国际湿地公约组织列入国际重要湿地名录。此外，2010 年 11 月，中国野生动物保护协会授予东营市"中国东方白鹳之乡"荣誉称号。目前，自然保护区已经完成黄河口国家公园的创建工作。政策的出台和实施为该地区的生态保护和旅游发展注入了新的动力。

2.4.2.2　案例背景介绍

黄河三角洲自 1855 年黄河改道后逐渐形成，《黄河河口管理办法》规定，该区域以山东东营市垦利区宁海镇为顶点，北起徒骇河口，南至支脉沟口，包括扇形区域及容沙区。目前，该区域陆地面积约为 5450 千米^2，主要由东营市管辖，部分区域隶属滨州市。

该地区湿地资源丰富，其中近海及沿海湿地占 60.55%，人工湿地占 25.41%，沼泽湿地占 9.59%，河流湿地占 4.43%，湖泊湿地占 0.02%。黄河三角洲国家级自然保护区内生物多样性丰富，记录有 1600 余种野生动物，近 400 种鸟类，约占全国鸟类种数的 21%，包括 12 种国家一级保护鸟类和 51 种国家二级保护鸟类。

保护和修复湿地生态环境的关键在于淡水资源。由于东营市的蒸发量超过降水量，因此其湿地淡水资源主要依赖黄河补给。然而，随着黄河流域工农业及生活用水需求的增加，加之极端干旱气候频发，黄河入境水量减少，导致部分湿地及鸟类栖息地退化。目前，东营市超过 1/3 的湿地面临萎缩退化的威胁，淡水湿地和鸟类栖息地面积逐渐减小，湿地质量下降，依赖湿地尤其是淡水湿地生存的生物种类和数量不断减少。此外，黄河三角洲的外来物种，如互花米草，对当地生态造成了较大影响，其在东营市的生长面积已达 3000 余公顷，严重威胁了滩涂、潮间带的生物多样性和鸟类栖息地质量。《黄河保护法》《湿地保护法》等法律法规，以及《全国湿地保护规划（2022—2030 年）》《黄河流域生态保护和高质量发展规划纲要》等规划文件，均明确要求政府承担湿地生态环境修复的主体责任。

2.4.2.3 案例过程介绍

近年来，东营市采取了"线、带、面"的综合修复策略，致力于促进黄河流域的生态健康和生物多样性，探索黄河口湿地的修复模式，保护黄河三角洲的"河—陆—滩—海"生态系统。为了恢复湿地的水文环境，自然保护区首先解决水资源问题，通过疏通水系，实现了水循环的畅通。东营市放弃了以往单一关注陆地或海洋的方法，将水文连通作为核心，重建了黄河与湿地、海洋之间的联系，通过生态补水、疏浚水道等措施，修复和激活了湿地的水生态环境。为此，东营市新建和改造了 6 处引黄闸口，将引提水能力从不足 40 米^3/秒提升至 131 米^3/秒。同时，东营市实施了水系疏浚工程，疏通了 241 千米的水道，缩短了 20 余万亩主要湿地的补水时间，还修建和恢复了 41.6 千米的生态堤坝，增强了蓄水能力。近 3 年来，保护区的生态补水量超过 5.1 亿米^3，确保了湿地生态状况的稳定。原本的干燥盐碱地和裸地现已转变为水草丰茂、物种丰富的大型湿地区域。在重塑水循环系统的基础上，东营市采取了"治理"与"恢复"相结合的新路径，以控制外来物种互花米草为重点，同时通过疏浚潮沟提升水文环境的连通性，恢复了本土盐地碱蓬、海草床等原生植被，推动了海岸带湿地原生态系统的恢复。

东营市还改善了湿地的微观生态环境。自然保护区开展了生物多样性保护行动，探索了以自然修复为主导的湿地物种微生态系统修复模式，包括野生动植物保护、外来物种治理、底栖生物恢复等。在河流沼泽湿地区域，保护区科学引入黄河水源，模拟自然漫溢过程，营造了大面积的缓坡和深水区域，建设了鸟类繁殖岛屿和鱼类栖息地；结合下游的需水情况，考虑鱼鸟生物关系，设置了快速导水通道，形成了"河流水系循环畅通、原生湿地补充水源、鱼虾生物持续繁衍、野生鸟类筑巢觅食"的生物多样性湿地景观。在盐沼湿地区，以恢复先锋植被盐地碱蓬为目标，基于其生物学特征、群落生态和土壤条件，在保持原有水系和地形地貌的基础上，通过水系连通补充淡水，疏浚潮沟恢复湿地与海洋的交换；通过微生境改造营造微地形，减少种子流失，截留天然盐地碱蓬种子库，借助自然繁衍补充盐沼湿地种子库，提高近海滩涂本土植物竞争力，为鸟类提供食物来源和栖息地。

为确保候鸟在保护区的安全，管理方设立了检查站点，对所有进入保护区的车辆和人员进行严格登记和检查，以全面监控和控制人员流动，同时，加大巡查力度，严禁任何人进入重点物种保护区域，特别是对于鸟类集中分布区设立了 12 条巡护路线，并在鸟类迁徙、繁殖和越冬期间增加了巡护频率，巡护覆盖面积达到保护区面积的 78%。此外，管理方还成立了鸟类救护科普中心，对受伤的幼鸟和成鸟进行科学救护，以促进其康复并放归自然。

保护区利用人工智能技术，实现了鸟类监测和识别的智能化，基于已建立的监控系统，开发了鸟类智能识别系统，该系统能够自动识别鸟类的基本信息和关键种类的繁殖行为。自1996 年起，该区域就开始进行黄（渤）海滨海湿地鸟类同步调查，记录了 82 种近 20 万只水鸟的动态，为候鸟栖息地评估提供了理论基础。每年 5—6 月，保护区还会对东方白鹳、黑嘴鸥等旗舰物种的幼鸟进行环志，并成功为 73 只东方白鹳佩戴了卫星跟踪器、彩环和金属环，通过"互联网 +"全球定位系统实时掌握野生鸟类的繁殖和迁徙动态。这种"生物学保护 + 边缘 AI+ 云"的解决方案，提高了保护区的管理决策效率，并为科研监测保护工作提供了创新思路和方法。

黄河三角洲国家级自然保护区还实施了一系列生态保护工程，包括生态堤坝、水系连通、鸟类繁殖岛、植物生态岛、鱼类栖息地等，疏通了 76 千米的潮沟，恢复了 5 万余亩的盐地碱蓬，修复了 1500 亩海草床。这些努力使得原本荒芜的裸地和盐碱地转变为水草丰美、物种多样的大型湿地，重现了水鸟嬉戏、生机盎然的自然景象。2022—2023 年，保护区内观测到东方白鹳新育 152 巢、470 只幼鸟，越冬丹顶鹤 315 只、白鹤 913 只，黑嘴鸥繁殖种群达 9712 只，东方白鹳、黑嘴鸥、白鹤等旗舰种的数量稳步增加。

经过长期的系统生态治理和修复，曾经的"绿色荒漠"已恢复生机，生物多样性得到了有效保护，生态平衡得以恢复，这彰显了生态保护工作的重要性和显著成效。

2.4.2.4　案件分析与启示

黄河三角洲地区凭借其得天独厚的自然条件，成为候鸟理想的栖息地，也是"东亚—澳大利西亚"和"环西太平洋"两大鸟类迁徙路线的关键中转站、越冬地和繁殖基地，因此被誉为"鸟类国际机场"。这片肥沃的滩涂吸引了东方白鹳、黑嘴鸥、丹顶鹤、卷羽鹈鹕等20 多种珍稀鸟类前来繁衍生息。黄河三角洲国家级自然保护区内拥有我国暖温带地区最完整、广阔和年轻的湿地生态系统，为东亚—澳大利西亚及环西太平洋地区的鸟类提供了理想的栖息地和繁殖场所。

全球约有 1000 多种鸟类进行迁徙，每年春秋季节约有 100 亿只鸟类进行长距离迁徙，北半球的候鸟种类数量多于南半球。在世界 9 条主要的鸟类迁飞通道中，黄河三角洲区域跨越了其中的 2 条。保护区内已记录到 373 种鸟类，其中包括 26 种国家一级重点保护鸟类和65 种国家二级保护鸟类，有 38 种鸟类的种群数量超过全球总量的 1%，因此被誉为"鸟类的国际中转站"。作为湿地生态系统中的关键物种，尤其是水鸟，它们是湿地食物链中的重要消费者，对环境变化非常敏感，是评估该区域生态环境状况的重要指标。

自 1992 年成立以来，黄河三角洲国家级自然保护区进行了两次功能分区的优化调整，以增强生态建设并严格保护生物多样性。自 2020 年以来，保护区积极推动自然保护地的整合优化工作，将黄河入海口的湿地和水域生态系统作为主要保护目标，同时将候鸟栖息地和水生生物的洄游通道纳入保护范围。通过整合 8 处分散的自然保护地，保护区积极推进黄河口国家公园的创建，以全面和系统的方式保护这片河流之洲。

为了给自然留出空间，保护区实施了围堰蓄水工程，创建了与陆海相通的湿地水域。在 2002—2007 年进行的大汶流湿地恢复工程中，保护区利用雨季引入黄河水滋养湿地，并在繁殖季引入海水以营造微咸水环境，通过改变水文条件为湿地提供生态用水。监测数据表明，总氮和总磷的去除率保持在 40% 以上；20 厘米、40 厘米、70 厘米及深层土壤的总盐量分别比恢复前降低了 54.1%、46.4%、12.7% 和 3.7%，同时土壤含水量显著提高，尤其是表层土壤含水量增加了 18.25%。保护区还营造了微地形，建设了游禽深水取食区、涉禽浅水觅食地、鸟类夜栖休息区，以及芦苇水面相间的生态廊道，以卷羽鹈鹕和黑嘴鸥为伞护种，使这两种鸟类的种类和数量大幅增加。卷羽鹈鹕在此稳定中转，保护区因此成为东亚种群最大的迁徙停歇地；黑嘴鸥的栖息数量超过万只，保护区因此被誉为"中国黑嘴鸥之乡"。

保护区还尝试建立适应淡盐水混合环境的朱鹮种群，逐步探索其对滨海湿地的利用能力，减少朱鹮对稻田的依赖，为其分布空间的扩展和东部迁徙种群的恢复奠定了基础。国家一级重点保护野生动物、世界濒危鸟类东方白鹳也在保护区内繁衍生息。全球范围内的东方白鹳种群约有3000只，主要在我国东北和俄罗斯远东地区繁殖，在长江中下游地区越冬。保护区在开阔浅水沼泽区搭建了133个人工巢，为东方白鹳提供了理想的繁殖和觅食场所，野外繁殖种群逐年恢复。2005年，东方白鹳首次在该区域成功进行野外自然繁殖，至今已累计繁育雏鸟3198只，黄河三角洲因此成为全球东方白鹳最大的繁殖地，被誉为"中国东方白鹳之乡"。

2.4.2.5 结论

黄河三角洲湿地曾遭遇严重的淡水资源匮乏和外来物种互花米草广泛入侵等问题。为应对这些挑战，东营市实施了"线、带、面"的综合修复策略。该策略通过恢复湿地的水文连通性，有效提升了引水和蓄水能力，控制了互花米草的扩散，同时促进了本土盐地碱蓬、海草床等原生植被的恢复，推进了海岸带湿地原生态系统的复原。此外，东营市通过整合和优化自然保护地、构建生态廊道、强化科技监测等措施，为众多珍稀鸟类提供了安全的栖息和繁殖环境。本案例的保护与修复经验表明，淡水资源是湿地生态系统构建的核心要素。必须建立长期的防控机制，统筹治理外来入侵物种，切实保护本土物种，恢复本地生态系统的完整性。此外，应根据实际情况采取多样化的修复模式，并注重科技创新的驱动作用。生态环境的治理需要持续不断的投入和努力。

2.4.2.6 思考题

（1）淡水资源短缺是黄河三角洲湿地生态系统面临的最大挑战，如何科学合理分配和利用有限淡水资源以满足湿地用水需求？

（2）外来入侵物种互花米草对当地生物多样性构成严重威胁，如何建立长效防控机制，根治入侵物种并恢复本土植被？

（3）随着社会经济的不断发展，保护与开发的矛盾将日益突出，如何在统筹兼顾经济发展与生态环境保护之间寻求更合理的平衡点？

（4）本案例体现了政府在生态环境治理中的主导作用，在生态修复过程中，除政府层面的宏观部署外，公众参与又可从哪些方面发力？

2.4.2.7 案例使用说明

（1）案例摘要

黄河三角洲湿地生态环境保护与修复曾面临严峻的淡水资源短缺和外来入侵物种互花米草蔓延的挑战。经过长期系统的治理和修复，昔日的"绿色荒漠"重现了生机盎然的自然景象，生物多样性得到有效保护，生态平衡得以恢复，为诸多珍稀鸟类提供了栖息繁衍的安全港湾，充分彰显了生态保护工作的重要意义和显著成效。

（2）课前准备

学生需通过查阅相关资料，了解黄河三角洲湿地的生态价值、面临的主要挑战，以及东营市政府开展湿地保护修复工作的整体情况，为课堂讨论做好知识和思路准备。

（3）教学目标

通过案例分析，学生可以对湿地保护的科学性与综合性有更加清晰的认识，并在此基础上，对黄河三角洲湿地生态环境的保护与修复之路进行辨识、思考，了解环境修复相关工作应具备的科学精神与应遵循的科学规范。

（4）分析的思路与要点

本案例通过梳理黄河三角洲生态修复和鸟类保护的具体措施与发展规划，选取代表性的环境修复措施，总结性地指出措施得到的环境修复效果，案例试图发散学生对环境修复和鸟类保护措施的理解，有助于学生打开新的学习思路。

（5）课堂安排建议

根据具体课时安排，可以多个课时开展。课前先安排学生阅读相关资料，让学生自主了解黄河三角洲的相关历史背景。

课堂（45 分钟）安排：

教师讲授	（15 分钟）
学生讨论	（10 分钟）
学生报告和分享	（15 分钟）
教师总结	（5 分钟）

补充阅读

[1] 于守兵，李高仑，管春城，等. 黄河三角洲生态保护修复制度研究 [J]. 人民黄河，2022，44(3)：80-84+90.

[2] 王英林. 黄河三角洲（东营）湿地生态环境保护与修复 [J]. 中华环境，2020(Z1)：33-35.

[3] 张晓娟. 蓝色经济战略下的黄河三角洲湿地生态保护研究 [D]. 青岛：中国海洋大学，2013.

[4] 山东省人民政府. 山东黄河三角洲国家级自然保护区区情概况 [EB/OL]. (2021-10-27) [2024-10-26]. http://hhsjzzrbhq.dongying.gov.cn/col/col123476/index.html.

[5] 邓文昊. 论黄河流域湿地生态环境修复的政府责任 [J]. 湿地科学与管理，2024，20(1)：61-65.

[6] 生态中国网. 以"黄河口湿地修复模式"促进黄河三角洲生态系统良性循环 [EB/OL]. (2023-01-09) [2024-10-26]. https://www.eco.gov.cn/news_info/61221.html.

[7] 人民网. 沿着总书记的足迹 | 牢记嘱托，守护大河之洲的生态底色 [EB/OL]. (2022-06-08) [2024-10-26]. http://sd.people.com.cn/n2/2022/0608/c391435-35305814.html.

[8] 人民网. 多国采取行动保护候鸟迁徙（国际视点）[EB/OL]. (2023-02-15) [2024-10-26]. http://world.people.com.cn/n1/2023/0215/c1002-32623823.html.

[9] 新华网. 这里何以成为 600 万只鸟儿的"家园"——探访黄河三角洲的生态保护 [EB/OL]. (2021-06-09) [2024-10-26]. http://www.xinhuanet.com/politics/2021-06/09/c_1127547656.html.

[10] 环球网. 呵护黄河三角洲湿地，数字技术照看"鸟类国际机场" [EB/OL]. (2023-06-02) [2024-10-26]. https://tech.huanqiu.com/article/4D95Dflw7UR.

2.5 海底采矿环境保护案例

内容提要：随着陆地矿产资源的逐渐减少和全球对资源的需求不断增长，海底矿产资源成为人们关注的焦点。人类通过有限的海洋勘测，推断出在海底地壳中蕴含着丰富的能源和矿产，其储量远非陆地地壳可比。不过，深海能源矿产开发既受到技术能力限制，又面临海洋污染争议。本案例将重点探讨各国对海底采矿的观点与实践，并从伦理分析的角度为类似工程项目提供借鉴和启示。

关键词：深海能源矿产；海洋污染；海底采矿；伦理分析

2.5.1 引言

深海采矿是指在 200 米以下的深海区域进行矿藏开采的过程。这些矿产资源包括金属矿物和油气等，它们被埋藏在海底沉积物中。深海采矿技术涵盖了深海钻探、海底采矿和矿物提取等环节。借助先进的技术和设备，开采这些海底资源能够为能源供应、金属工业和科技的发展提供重要支持。

与浅水开采相比，深海采矿是一项较新的活动，对其潜在影响的了解相对有限。深海采矿技术持续进步，目前主要分为三个部分：表层加工、中层物质抽取至表层加工回收，以及海底采集。现有的深海采矿技术几乎不涉及陆地作业，而是使用巨型海底设备进行挖掘，通过管道将矿藏输送至船上处理，再将废料泵回海中。这种方法无须开挖矿坑，也不存在废石问题，同时大幅降低了道路建设和运输系统的成本。此外，深海采矿避免了陆地采矿中常见的原住民和地方政府的阻力问题。据估计，仅已知的深海多金属结核矿每年可带来约 20亿美元的收入，其中锰、镍、铜、钴的价值分别约为 9.5 亿、7.59 亿、2.59 亿及 1.18 亿美元。

然而，深海采矿也面临着环境挑战和伦理问题。海底环境复杂且易受不可逆影响，采矿活动可能破坏海洋生态系统（包括生物多样性和生态平衡）。深海环境条件极端，对采矿设备的运作和灾害事故的应对都需要高度谨慎，涉及工人安全和项目的可持续性问题。深海采矿的潜在负面影响因地区和物种而异，但无疑会对包括鲸目动物及其栖息地在内的海洋生物产生影响。全球海洋通过洋流和动物迁徙相互连接，这种连通性对促进海洋健康和生物多样性至关重要。海洋的相互关联性意味着对某个地区的海洋生物产生的影响可能会间接波及其他地区。

2.5.2 案例背景介绍

深海采矿对海洋生物，尤其是底栖生物及其栖息地可能造成严重影响，包括物理破坏、采矿设备对生物的伤害或致死、沉积物的掩埋、沉积物的毒性影响、栖息地的丧失或改变、水下噪声和光污染。整个采矿区域将失去底栖生物，被吸入采矿操作中的生物也会死亡。在深海黑暗的环境中，动物依赖声音生存，而采矿设备作业时产生的振动会干扰海洋动物。船舶和平台上方的立管系统向下延伸至海床，导致整个水柱中的海洋动物遭受噪声排放的干扰。矿物被泵送到海洋表面，沉积物释放回大海，污染海水，阻挡光照，干扰深海中依赖光进行交流和狩猎的动物。

深海采矿的影响可能波及整个食物链。采矿活动扰动海底细沉积物，形成悬浮颗粒羽流，这些颗粒可能扩散至数百千米外，并长时间悬浮，对生态系统和商业物种产生不利影响。悬浮颗粒可能导致动物窒息，伤害滤食性动物，阻碍视觉交流。捕食者的觅食成功率可能降低，动物可能会积累底质毒素，面临潜在的生理影响，以及被采矿设备缠绕的风险。因此，商业规模的采矿活动可能会对海底生态系统产生重大且持久的影响。

洄游鱼类种群可能会积累人类产生的污染物，深海采矿释放的有毒物质可能会在食物链中积累，影响海洋生物的繁殖能力和健康状况。这些影响难以监测，需要长期研究。深海采矿破坏的程度和性质将受到排放物成分的影响，这会根据目标矿物和其他因素而变化。由于深海采矿涉及从海底沉积物中提取产品，因此超过 95% 的剩余材料将被排放回水体中。

若深海采矿活动得以进行，海洋将面临长达数十年的干扰，且任何规模的干扰都可能是长期且不可逆的，这可能对海洋生态系统造成无法弥补的损害。为此，《保护野生动物迁徙物种公约》（CMS）第十四届缔约方大会（CMS COP14）秘书处起草了一份文件，阐述了深海采矿对鲸目动物及其栖息地的潜在负面影响。该文件提出了一项决议草案和决定草案，内容包括审慎处理深海采矿问题，采取预防措施以防止、减轻和监测深海采矿带来的负面影响，以及养护海洋生物和保护海洋生态系统。

2.5.3　案例过程概述

根据 1982 年《联合国海洋法公约》第 136—137 条的规定，沿海国家对 200 海里 [①] 外的海域没有专有权和管辖权，这些区域被视为全人类的共同财产。国际海底管理局（ISA）是唯一负责这些区域管辖的机构，任何国家或企业若希望进行深海采矿，都必须向 ISA 申请勘探或开采许可。尽管 ISA 已表明在 2020 年 7 月各国就深海开采行为准则达成一致前不会颁发开采许可，但这并未减弱各国对深海勘探的兴趣。目前，ISA 已批准了 31 份为期 15 年的深海勘探许可证，而 2010 年时仅有 6 份。这些许可涵盖了多金属结核、富钴铁锰结壳和多金属硫化物等矿产，勘探区域总面积超过 130 万千米^2，覆盖了除北冰洋外的所有大洋，包括中国、法国、德国、印度、日本、俄罗斯等国在内的多个国家都已获得相关许可。

尽管 ISA 对公海海底矿产资源提供了一定程度的保护，但一些国家和企业已在专属经济区内开始了开采活动。据《日本经济新闻》报道，日本已于 2019 年启动了冲绳及南鸟岛海域的深海稀土矿勘探，并计划于 2022 年开始开采。2013 年，日本石油、天然气和金属国家公司已在日本列岛周围海域进行了大规模勘探，并在 2017 年发现了六处大型矿床。加拿大鹦鹉螺矿业公司（Nautilus Minerals）是深海采矿领域的先驱，多年前就与巴布亚新几内亚政府达成协议，获得了太平洋西部俾斯麦海海底多块区域的开采许可。其中的索尔瓦拉 1 号项目因涉及高纯度铜—金矿床而受到广泛关注。然而，该项目在技术、资金和环保压力下进展不顺，原定于 2019 年的采矿作业目前实质上已冻结。2014 年，鹦鹉螺矿业公司与福建省马尾造船股份有限公司（以下简称马尾造船）和迪拜船东 MAC 签订了价值 5 亿美元的全球首艘深海采矿船订单，计划于 2018 年年末交付，用于俾斯麦海索尔瓦拉 1 号项目的开采。但迪拜于 2018 年年中退出，导致马尾造船的工作陷入僵局。

商业深海采矿的实施需考虑三个关键因素：开采技术的发展、商业因素（如金属市场

---

① 　1 海里 =1852 米。

价格），以及尽快制定的开采行为准则。ISA 在 2000—2012 年已通过三大矿产的勘探行为准则，但涉及利益分配的开采行为准则制定更为复杂。《联合国海洋法公约》将国际海域定义为人类共同财产，法律层面存在空白和不确定性，同时深海采矿对脆弱生态系统的影响也未明确，人类对深海的了解尚不及火星表面。

鹦鹉螺矿业公司研发的深海挖矿机的工作原理类似于巨大吸尘器，将矿物与海底淤泥一同吸入、过滤并喷出，这种开采方式及挖矿机的巨大质量可能对深海生态造成相当大的破坏，甚至超过海底拖网技术造成的损害。开采过程中产生的泥沙羽流会增加水体浑浊度，堵塞生物的过滤器官，湍流扰动可能进一步扩大影响。特别是开采多金属硫化物时，对海底热液喷口的影响可能更加严重。夏威夷大学克雷格·史密斯团队在《自然》杂志发表论文，指出北太平洋 CCZ 区域的海底淤泥中存在生物多样性极高的生物群落，其中 70% 的海洋蠕虫为新物种，这些生物可能为生命起源提供了新见解。国际非政府环保组织绿色和平发布报告，警告深海采矿将给海洋带来严重且不可逆的损害，并呼吁 ISA 成员国放弃推进开采行为准则。ISA 拒绝了绿色和平的提议，秘书长洛奇批评其报告错误。

德国基尔亥姆霍兹海洋研究中心的海洋生物化学家 Matthias Haeckel 认为，东太平洋采矿活动每年可能导致 200~300 千米^2 的海底"生物活性"表层减少，若要采矿，应确保不损害生物多样性和生态系统功能。然而，这一标准难以定义，更难以实施，因为人类对深海生态的了解甚少。在 GSR 和其他公司对太平洋地区的两次考察中，研究人员发现了数千个物种，其中 70%~90% 是科学层面的新物种。有研究者认为，在开始商业性深海采矿之前，应至少花费 10 年时间来填补科学认识上的空白。

深海采矿不仅会对生态系统构成威胁，还可能引发其他风险。采矿设备会在本应永远处于黑暗的深海环境中产生噪声和光亮。这些设备在海床上的作业还会搅动大量沉积物。科学家尤为关注的是，深海洋流可能会将这些沉积物羽流传播到更远的地方，当这些沉积物重新沉降时，可能会使远离采矿点的生物窒息。"采矿影响"项目的研究人员利用配备有摄像机和声学传感器的鱼雷状机器人，追踪了 Patania Ⅱ 在 4572 米深的水下产生的沉积物羽流。初步照片显示，沉积物覆盖了采矿轨迹两侧约 490 米的海床，尽管在较远区域的浓度较低，但影响范围最远达到了数千米。以世界上速度最快的毛毛虫命名的 Patania Ⅱ 是一台早期原型机。为了实现商业开采，GSR 计划建造一个比 Patania Ⅱ 大 4 倍的收集器。

海底采矿业已经历半个多世纪的探索，但商业化开采尚未实现。根据《联合国海洋法公约》，国际海底管理局（ISA）负责促进和管理国际水域的采矿活动。自 2014 年以来，ISA 一直在制定相关法规和许可程序，确保采矿活动符合全人类利益。目前，ISA 仅允许勘探深海资源，尚未批准商业性开发。然而，随着绿色能源转型对矿物需求的增加，商业化深海采矿的实现可能已不远。2021 年 6 月 25 日，瑙鲁作为 ISA 成员国，触发了倒计时，要求 ISA 在两年内完成必要规章的制定。瑙鲁的采矿承包商 TMC 上市后也曾表示要尽快开采结核。TMC 持有汤加和基里巴斯的勘探许可证，其 3 个合同区的结核足以为 2.8 亿辆汽车供电。瑙鲁推动了采矿规则的制定，但环保人士和科学家对此发出了警告。已有来自 44 个国家的 620 多名海洋科学家和政策专家签署声明，呼吁在深入了解生态后果前停止所有采矿活动。

2.5.4　案件分析与启示

　　海底采矿可能对海洋生态系统造成不可逆的破坏，包括物种灭绝、栖息地丧失和生态平衡紊乱。在工程风险分析中，工作人员必须评估这些环境风险，并采取相应措施以减轻对环境的负面影响。这可能涉及最小化海底扰动、规范废弃物管理和防止化学物质泄漏，同时确保采矿活动遵循可持续发展原则，保障环境的长期健康与可持续性。海底采矿对海洋生态系统的影响是工程环境伦理分析的核心问题。可能导致的底部扰动、物种灭绝、栖息地破坏和生态平衡紊乱等环境问题需在工程环境伦理分析中评估，并采取适当措施减轻对海洋生态系统的不利影响。这可能包括最小化底部扰动、保护生物多样性热点区域、恢复栖息地和推动生态系统的可持续发展。

　　工程环境伦理分析还需关注海底采矿对水质和水体污染的影响。采矿活动可能导致废水排放、化学品泄漏和海底沉积物再悬浮释放，对海洋水质产生负面影响。分析中需评估这些潜在水质影响，并采取适当措施预防和减少污染，包括使用环保技术和工艺、严格控制废水排放、规范化学品使用和处理方式，并进行水质监测和评估。此外，还需考虑海底采矿对大气和气候的影响。采矿活动可能涉及燃烧燃料、使用能源和排放温室气体等，从而影响大气质量和气候。分析中需评估采矿活动对大气污染和气候变化的贡献，并采取适当措施减少碳排放和其他污染物释放，包括使用清洁能源、提高能源效率、控制气体排放和采取碳捕集及储存技术。

　　工程环境伦理分析还需考虑海底采矿对地质和地球表层的影响。采矿活动可能导致地壳运动、地震风险增加和海床沉降等地质问题。需进行地质勘探和风险评估、制定适当的工程设计和施工方案，以减少地质灾害的潜在风险。工程环境伦理分析也需考虑海底采矿对人类社会的影响。采矿活动可能对沿海社区和当地居民产生重大影响，包括资源竞争、土地和水资源争夺，以及对当地经济和文化的影响。分析中需评估这些社会影响，并采取适当措施最大限度地减少对当地社区的不利影响，包括公众参与、利益相关者合作、公平的利益分配和社区发展项目支持。

　　海底采矿对沿海社区和当地居民可能产生显著影响，包括资源竞争、土地和水资源争夺，以及对当地经济和文化的影响。工程风险分析中，需要评估这些社会影响，并确保采矿活动对当地社区的社会和经济福祉产生积极影响。这可能包括公平的利益分配、提供就业机会和尊重当地文化。伦理分析需确保采矿活动在社会层面上是可接受的，避免不公正的利益分配和社会冲突。采矿活动必须遵守国际和国内的法律、法规和标准，并遵循道德和伦理准则。在工程风险伦理分析中，采矿公司应确保透明度和问责制度，与政府、监管机构和利益相关者进行积极沟通，并接受监督和审查。确保透明度有助于增加公众对采矿活动的信任，减少潜在的伦理争议和冲突。

　　技术风险是另一个重要的工程风险伦理问题。海底采矿涉及复杂的技术系统和设备，技术故障可能导致生产中断、环境事故或人身伤害。在工程风险伦理分析中，采矿公司应采用先进可靠的技术，进行充分的风险评估和安全测试，并积极应对技术风险，例如，建立紧急事故应对计划和灾害恢复机制，以最大限度地减少潜在事故风险。海底采矿作业通常在极端环境条件下进行，如深海高压、低温和恶劣天气等，给工作人员的生命安全和身体健康带来了巨大风险。采矿公司需采取适当的安全措施，提供充分的培训和装备，确保工作人员的权益和福利得到保障。此外，采矿公司应遵循国际劳工标准，确保工作条件符合最低安全要求。

2.5.5　结论

　　海底采矿是一项潜力与风险并存的活动，也是一个涉及多个伦理问题的复杂领域。工程风险伦理、工程环境伦理和公共伦理的分析都强调了平衡各方利益的重要性。采矿公司在决策过程中，需要充分考虑工人的安全、环境的保护、当地社区的利益及全球社会的福祉，同时，需加强科学研究和技术创新，以提高工程安全性、环境保护和资源利用效率。总的来说，工程风险伦理、工程环境伦理和公共伦理的综合分析可以为海底采矿活动的决策和实践提供指导和启示，以确保其在公共利益、公正原则、权力和责任等方面都得到合理而可持续的平衡。

2.5.6　思考题

　　（1）海底采矿对本地生物的生化影响主要体现在哪些方面？
　　（2）海底采矿的产地和技术选择过程应该考虑哪些环境因素？
　　（3）如何缓解海底采矿对海洋生物的恶劣影响？
　　（4）如何确定海底采矿可实施的经济—环境临界点？
　　（5）如何发挥公众参与在海底采矿监督监管方面的重要作用？

2.5.7　案例使用说明

　　（1）案例摘要
　　随着陆地矿产被挖掘殆尽，全球的目光开始转向海底，其潜在的矿物储量远远超过了陆地上的任何矿藏。然而，深海矿产开发面临着双重挑战：一方面，我们现有的技术能力还不足以轻松地探索和开采这些资源；另一方面，深海开采可能会对海洋环境造成不可逆转的污染，这引发了广泛的争议和担忧。如何在满足日益增长的资源需求与保护宝贵的海洋环境之间找到平衡，成为一个亟待解决的问题。这不仅是一场技术革新，更是一次对人类智慧和责任感的考验。需要在探索和利用这些海底资源的同时，确保我们的行动不会对海洋生态系统造成破坏。这要求我们不仅要有创新的技术，还要有前瞻性的规划和严格的管理措施。
　　（2）课前准备
　　学生通过查找海底采矿的新闻报道及相关文献资料，较为清晰、准确地了解海底采矿对海洋生物的负面影响，为课堂学习和深入讨论做好充分的知识准备、情境准备和心理准备。
　　（3）教学目标
　　通过案例分析，学生可以对海洋动物保护的科学性与综合性有更加清晰的认识，并在此基础上，对工程实践中的伦理问题进行辨识、思考，了解应具备的科学精神、应遵循的科学伦理规范和法律规范。
　　（4）分析的思路与要点
　　本案例通过梳理海底采矿对海洋动物的负面影响，选取代表性组织部门与社会争议焦点，从海洋环境、海洋生物和政策制定三个角度进行工程实践的原因分析，案例试图从公众参与发挥监督职能，参与生态保护的角度谈海洋动物保护，有助于学生打开新的学习思路。

（5）课堂安排建议

根据具体课时安排，可以多个课时开展。课前先安排学生阅读相关资料，让学生自主了解海底采矿的历史及可能产生的危害。

课堂（45 分钟）安排：

教师讲授　　　　　　（15 分钟）
学生讨论　　　　　　（10 分钟）
学生报告和分享　　　（15 分钟）
教师总结　　　　　　（5 分钟）

补充阅读

[1] 岳发强，朱永楷，胡宪铭. 海底采矿技术的研究与进展 [J]. 黄金，2013(1)：35-37.

[2] 范智涵，贾永刚，滕秀英，等. 深海多金属结核开采潜在工程地质环境影响研究进展 [J]. 工程地质学报，2021，29(6)：1676-1691.

[3] 何宗玉. 深海采矿的环境影响 [J]. 海洋开发与管理，2003，20(1)：61-65.

[4] 王春生，周怀阳. 深海采矿对海洋生态系统影响的评价Ⅰ. 上层生态系统 [J]. 海洋环境科学，2001，20(1)：1-6.

[5] 刘少军，刘畅，戴瑜. 深海采矿装备研发的现状与进展 [J]. 机械工程学报，2014，50(2)：8-18.

[6] 孙晋，张田，孔天悦. 我国深海采矿主体资格制度相关法律问题研究 [J]. 温州大学学报（社会科学版），2014，27(3)：1-11.

[7] 高岩，孙栋，黄浩，等. 国际海底区域矿产资源相关环境问题与管理进展 [J]. 中国有色金属学报，2021，31(10)：2722-2737.

[8] 赵羿羽，曾晓光，郎舒妍. 深海采矿环境影响不容忽视 [J]. 船舶物资与市场，2017(1)：57-59.

2.6 声呐对海洋动物的影响及其保护案例

内容提要：随着人类活动的增加，海洋中的噪声水平不断上升，对海洋生物产生了影响。如何协调噪声与海洋生物生存的需求，成为公众、科学界和政府共同关注的议题。本案例分析了美国海军使用主动声呐对海洋动物造成听觉损伤甚至死亡的事件，阐述了海底噪声对生物的具体威胁及可能采取的保护措施。案例内容涵盖了从科学研究到政策执行的全过程，提供了对海洋生态环境保护的不同视角，特别是对区域性政策制定和国家层面有效缓解措施的实施过程中的挑战性进行了探讨，为海洋生物保护和噪声管理领域的教学和研究提供了基础资料。

关键词：海洋声呐；海洋动物；风险评估；政策制定

2.6.1 引言

海洋环境自然存在各种声音，如海浪、地震和冰山崩解等，构成了水下的背景音。科技进步和海上航行需求的增加带来了额外的人为噪声，这些噪声对海洋生物可能构成干扰，严重影响了它们的生理功能、生存和繁殖能力。目前，人为噪声已经改变了海洋的自然声学环境，对生物产生了负面影响。普通噪声主要源于交通运输、基础设施建设和工业发展等活动中无意产生的声音，其危害相对较小。而故意制造的噪声，如海军使用的声呐探测船只和潜艇，以及用于海底石油和天然气勘探的地震气枪等，其影响则更为严重，影响范围也更广。

水生动物的进化适应了它们所处的弱光环境，进化出了高度发达的发声和听觉能力，用于个体或群体间的通信和交流。许多海洋哺乳动物依赖声音进行觅食、维持群体联系、导航、寻找配偶和躲避捕食者。例如，海豚等海洋动物使用回声定位，通过发出特定频率的声波并利用回声来识别周围的障碍物和猎物。人为噪声可能会损害这些动物的听力，或导致它们改变声音频率，产生效果较差的回声，从而造成困惑。潜在的噪声污染源包括船舶噪声和海军声呐或地震勘探气枪等主动声学设备，这些噪声可能会导致动物减少进食或停止进食、产生强烈的回避反应甚至搁浅。调查显示，1996—2006 年，全球约 50 起海洋哺乳动物搁浅事件与主动声呐的使用有关。特别是在存在异常或复杂的水下地形时，海洋动物的逃逸路线受限，更容易发生搁浅。

2.6.2 案例背景介绍

声呐技术的发展始终追求更低的频率、更大的功率和更广阔的基阵。目前，主动声呐的主流工作频率在 1.5~3.5 千赫兹，而被动声呐的工作频率则在 0.1~1.5 千赫兹。自 20 世纪 60 年代以来，中频声呐已成为世界各国海军最广泛使用的主动声呐类型。在复杂的海洋环境中，为了获得潜艇的清晰声学图像，需要足够的声能穿透温盐层和海流的干扰。大型主动声呐的发射功率可以达到 150~1000 千瓦，而激光爆炸声源级可达到 220 分贝，等离子声源的声源级可达 240~260 分贝。水下爆炸的远程冲击距离超过空气中爆炸的距离，这是因为水不易被压缩，爆炸能量能够传递得更远，而空气则不具备如此强的传导效应。实际上，就水中的杀伤半径而言，主动声呐波，尤其是中低频巨型声呐波才是真正的杀手。

第二次世界大战期间，声呐的作用距离仅为数千米，战争结束后随着潜艇水下活动能力的增强和核潜艇的出现，以及电子技术和计算机技术的迅速发展，水声技术得到了极大的推动。20 世纪 60 年代初，出现了采用低频、大功率、大尺寸基阵和信号处理技术的声呐装备，这些设备利用水声传播规律，显著提高了作用距离。到了 20 世纪 70 年代，大规模集成电路和数字计算机的应用使全数字化声呐成为可能。20 世纪 80 年代，超大规模集成电路的出现和对声呐信号处理中大数据量处理和高速运算的需求，促进了一系列高速并行处理结构及器件的发展，为声呐信号的实时处理提供了条件。20 世纪 90 年代以后，声呐技术虽未出现重大突破，但更多地适应了电子信息技术的发展趋势，可以实现利用民用现成技术提高声呐的信息技术水平，适应浅海作战需求，同时降低成本。然而，20 世纪 90 年代以后，在世界主要海军强国的推动下，水声技术取得了显著进步。目前，水声通信技术已实现了具备中继能力的实时双向通信，这将使潜艇能够融入整个海上编队，实现协同作战。声呐技术作为导航和探测水下舰艇活动的技术被各国海军广泛使用，美国海军因其地理环境和历史积累等原因在这方面尤为突出。

历史上，在超级大国的海军（包括苏联海军）进行大规模水中演习后，常出现大量鲸鱼或海豚等大型海洋哺乳动物集体搁浅的现象，人类的紧急救助往往无效。这些依赖天然声呐系统生存的海洋生物的信号系统可能已被破坏，导致它们处于极度困境，集体搁浅成为它们结束生命的方式。这表明，大功率主动声呐的杀伤范围和效果是极其显著的。例如，伯克 2A 级的 8 吨级主动声呐换能器能够发射低频攻击类极限脉冲，其杀伤范围可达 100 海里。在这个范围内的所有水下生物，从鲸鱼、海豚到普通鱼类，甚至包括潜水员，都可能受到不同程度的损伤。具体受到的影响取决于与声呐的实际距离，以及是否处于声呐的定向冲击波束内。这种严重影响范围甚至可达数百海里，超过了当量 6000 万吨级炸弹（沙皇氢弹）的直接冲击范围。

由于大规模海洋生物搁浅等环境问题，人们逐渐认识到声呐对海洋动物会产生严重干扰。自 20 世纪 90 年代以来，针对声呐对海洋生物影响的研究陆续展开，相关研究成果已发表于同行评审期刊及国际会议报告，如《声音对海洋哺乳动物的影响》（*The Effects of Sound on Marine Mammals*）和《噪声对水生生物的影响》（*The Effects of Noise on Aquatic Life*）等。研究表明，中频（1~10 千赫兹）军用声呐与深潜齿鲸的致命性搁浅事件存在关联，但关于濒危须鲸物种所受影响的研究几乎空白。通过模拟军用声呐及其他中频声音，研究人员在加利福尼亚湾南部蓝鲸觅食区域进行了受控暴露实验，观察标记蓝鲸的行为反应。尽管实验声源级别远低于某些现役军事系统，但结果显示，中频声音能显著影响蓝鲸行为，尤其是在深潜觅食模式下。当蓝鲸出现反应时，其行为变化广泛，包括停止深潜觅食、游泳速度加快及远离声源方向游动等。这些行为反应的变化受行为状态、中频声音类型及接收声级之间复杂交互作用的影响。声呐干扰觅食行为和导致须鲸离开高质量猎物区域，可能会对须鲸觅食生态、个体适应度及种群健康产生重大且之前未记录的影响。

2.6.3　案例过程概述

1996 年 5 月，北大西洋公约组织（北约）演习后，希腊海岸发生了 14 头剑吻鲸集体搁浅的事件；2000 年 3 月，美军在百慕大海域进行声呐实验，导致 16 头鲸在 150 米长的海岸线上搁浅，其中 6 头死亡。这些通常不会集体搁浅的物种，引起了科学界的广泛关注。2002 年 7 月，66 头领航鲸在美国马萨诸塞州的鳕雪角集体搁浅，同样与声呐实验有关；2004 年 7 月，在环太平洋军事演习中，美军声呐测试后不久，夏威夷沿岸浅水中有 200 头鲸鱼搁浅，其中 1 头鲸鱼仔死亡；2005 年初，37 头鲸因美军声呐实验搁浅在北卡罗来纳州的外滩群岛；2009 年 3 月，美国"无瑕号"在中国南海被拦截前，其声呐开启后不久，香港海岸边一条逾 10 米的成年座头鲸迷航搁浅。

鉴于中频声呐与全球鲸类大规模搁浅事件的相关性，环保人士将其作为环保行动的重点。2005 年 10 月 20 日，自然资源保护委员会（NRDC）在加利福尼亚州圣莫尼卡提起诉讼，指控美国海军在声呐演习中违反了多项环境法规，包括《国家环境政策法》《海洋哺乳动物保护法》和《濒危物种法》。2007 年 11 月 13 日，美国一家上诉法院恢复了对美国海军在加利福尼亚州南部海域训练任务中使用潜艇探测声呐的禁令，直至其采取更好的措施保护鲸鱼、海豚和其他海洋哺乳动物。2008 年 1 月 16 日，乔治·沃克·布什总统将美国海军从该法律中豁免，并认为海军演习对国家安全至关重要。然而，2008 年 2 月 4 日，一名联邦法官裁定，尽管布什总统决定豁免，但美国海军必须严格遵守环境法律，特别是关于中频声呐的规定。在一份长达 36 页的裁决中，美国地区法官佛罗伦萨－玛丽·库珀写道，海军"不受《国家环境政策法》的豁免"，并维持了法院关于在加利福尼亚州南部海域设立 12 海里（22 千米）无声呐区的禁令。2008 年 2 月 29 日，一个由三名法官组成的联邦上诉法院小组维持了下级法院的裁决，要求海军在声呐训练期间采取预防措施，以尽量减少对海洋生物的伤害。在 Winter v. Natural Resources Defense Council 一案中，美国联邦最高法院于 2008 年 11 月 12 日以 5∶4 的投票结果推翻了联邦上诉法院的禁令裁决。

美国华盛顿卡斯卡迪亚研究团体的调查显示，军事声呐是导致鲸鱼搁浅死亡的重要因素。鲸鱼作为世界上最大的动物，对中频噪声极为敏感，中频噪声会使它们的交流受到干扰，觅食习性被迫改变，消化能力降低，甚至错过捕食时机，导致虚弱和饥饿现象。此外，声呐还会扰乱海底生物的习性，导致海洋动物承受"变压"病带来的痛苦，类似于潜水者快速上浮时出现的不适感。军队和调查船只的声呐系统发出的高频噪声也会误导海底动物进入错误区域，引发搁浅事件。独立科学审查小组发现，声呐系统导致马达加斯加岛近岸 100 多头鲸鱼搁浅。

美国海军官员强调，海军训练对国家安全至关重要，尤其是声呐训练，对于监测外国超静音潜艇活动发挥着重要作用，如在波斯湾浅水区域对伊朗潜艇的监测。美国国家海洋和大气管理局声明，在审核美国国家海洋渔业局（NFMS）的报告后，他们认为美国海军承诺采取的"减轻措施"将最大限度地减少声呐对海洋哺乳动物的伤害。这些措施包括在训练中发现大型哺乳动物时停止使用声呐和实弹训练，并在冬季的夏威夷训练海域设立"座头鲸保护区域"。为确保海洋哺乳动物的生存不受威胁，美国国家海洋渔业局还要求海军和当地渔业部门定期召开会议，讨论有关海洋哺乳动物生存状况的科学研究成果，并商讨是否有必要采取其他"减轻措施"。

"地球正义"等环保组织对美国海军的承诺表示怀疑，认为鉴于部分海洋生物濒临灭绝的现状，海军的"减轻措施"并不足以保护当地海洋哺乳动物免受伤害。美国海洋哺乳动物研究所指出，科学证据显示，海洋中的声呐和实弹训练会对海洋动物构成威胁，建议限制训练的时间和地点，避免在海洋动物的重要繁殖区域进行军事训练。生物学家还担忧，军事训练可能会给海洋动物带来长期压力，改变它们的潜水、觅食和交流习惯。一些受美国海军训练影响的海洋动物，如夏威夷僧海豹，已濒临灭绝，被列入世界自然保护联盟濒危物种红色名录。

2013 年 12 月，美国国家海洋渔业局批准美国海军在南加州与夏威夷之间海域进行为期 5 年的声呐和实弹训练。环保组织随即向夏威夷联邦法院提起诉讼，主张海军训练对海洋哺乳动物的伤害不可避免，要求法院阻止美国海军在上述海域进行军事训练。围绕声呐等海军训练对海洋生物的伤害及其程度，环保部门和民间组织与美国海军的争论已持续一段时间。分析人士认为，双方正通过不断的争论和诉讼寻求平衡，以实现各自诉求的相对满足，尽管这并不容易。

2.6.4　案例分析与启示

关于声呐对海洋动物造成伤害和影响的争议已在环保组织和美国海军之间持续多年。争议的核心在于受伤害海洋动物的具体数量。美国海军表示，过去 5 年在南加州和夏威夷之间的海域，海军训练导致 155 头鲸鱼死亡。然而，环保组织认为实际数字更高，估计约有 2000 只海洋动物受到重伤，960 万只海洋动物受到较低程度的影响，如被迫迁徙和停止进食。在美国东海岸，海军活动已造成 186 头鲸鱼和海豚死亡，1.1 万头重伤。

"地球正义"等环保组织对美国海军的承诺表示怀疑，认为这些措施不足以保护海洋哺乳动物。美国海洋哺乳动物学会指出，科学证据显示，海军训练对海洋动物构成威胁，应限制训练的时间和地点，避免在海洋动物的重要繁殖区域进行军事训练。此外，生物学家担心军事训练可能会对海洋动物造成长期压力，改变它们的潜水、觅食和交流习惯。一些受海军训练威胁的海洋动物，如夏威夷僧海豹，已濒临灭绝，被列入世界自然保护联盟濒危物种红色名录。

美国海军官员强调，海军训练对国家安全至关重要，尤其是声呐训练，对监测外国超静音潜艇活动发挥着重要作用。美国国家海洋和大气管理局声明，海军承诺采取的"减轻措施"将最大限度地减少声呐对海洋哺乳动物的伤害。美国国家海洋渔业局要求海军和当地渔业部门定期召开会议，讨论有关海洋哺乳动物生存状况的科学研究成果，并商讨是否有必要采取其他"减轻措施"。

科学家研究发现，受声呐影响的鲸鱼会出现冲滩搁浅，并伴有眼睛、颅部出血，肺爆裂等症状。美国自然保护协会（NRDC）的研究表明，科学界已无争议地认为军用声呐能够伤害、杀死并广泛破坏海洋哺乳动物。美国环境和鲸保护组织多年的研究也显示，声呐与鲸鱼的死亡率之间存在紧密关联。声呐还降低了鱼类的捕食成功率，影响了鱼类的繁殖率和巨型海龟的行为，一些鱼类的内耳受到严重伤害，它们的生存受到直接威胁。

1972 年，时任美国总统尼克松签署了《海洋哺乳动物保护法》，此法案旨在保护濒临灭绝的海洋哺乳动物，禁止猎杀这些动物及侵扰其栖息地，并暂停了美国境内濒危海洋哺乳动物及其产品的进出口和销售。法律的执行机构主要包括美国内政部的鱼类及野生动植物管理局、商业部的国家海洋渔业局和海洋哺乳动物委员会。该法案在立法基础上考虑了个体比例对种群水平的影响，强调了了解种群范围和规模随时间变化的趋势的重要性。欧洲联盟委员会也认识到制定减轻人为声音对海洋动物不利影响措施的重要性。2007 年 12 月 11 日，欧盟议会通过了《海洋战略框架指令》，为保护鲸类动物免受噪声污染的潜在负面影响提供了机会，旨在保护海洋水域的环境状况，维护海洋生态多样性，保障未来海洋的利用潜力。

当前的研讨会和快速增长的关于鲸类的研究表明，科学界对海洋中使用高功率有源声呐的严重问题有着高度的兴趣，并致力于寻找解决方案。认识到这一问题是重要的第一步，这一观点目前已获得一致通过，并得出了一些关于声音传递机制的有趣理论。从 1992 年到 2002 年，Kyparissiakos 湾的居维叶喙鲸搁浅历史对缓解海洋噪声问题非常有帮助。然而，如果不采取强有力的举措，这些进展并不能阻止鲸类动物和鲸类栖息地的进一步丧失。科学界不希望看到是因为海军演习造成了更进一步的大规模搁浅，致使研究工作得以推进。已经有足够的数据表明，最合理的决定是停止海洋中所有危险的、强大的声呐活动。

保护海洋生物面临着重大挑战，我们对其了解尚不全面。为确保海洋野生动物得到有效保护，海军声呐使用应纳入监管框架。尽管海军活动，包括主动声呐使用，不受统一规定的限制，但声呐技术通常由各国自行开发供本国海军使用。各国海军会制定自己的缓解策略，导致全球海军演习和其他行动中使用的指南存在差异，难以对其进行有效管理。因此，同一区域的国家和相关管理机构需共同制定有效的缓解措施，包括环境影响评估和长期命令，以减少对海洋生物的干扰和潜在物理伤害。同时，各国应进行研究、制定适当的管理措施、指引和技术调整，以减轻声呐对海洋生物的不利影响，并评估引入的指引或管理措施的有效性。

针对军用和民用大功率声呐的主要建议可归纳为三个方面。首先，在规划阶段，应充分研究演习区域，利用已有调查和预测模型数据，并在必要时进行新的调查。应避开重要的海洋学特征和海洋保护区等高密度区域。海军应广泛实施被动声监测，作为识别高密度区域和实时监测的有效工具。其次，实时缓解措施包括技术程序修改，以降低噪声排放水平和其他破坏性特征，建立隔离区，限制特定时间和活动，改进监测和报告。缓解程序应基于科学和预防原则，切实可行，并包括监测和报告议定书。最后，运动后监测和报告阶段应包括在演习区域进行鲸类调查，并向国家当局提交透明报告。同时，应模拟声场与海洋特征和背景噪声的关系，并基于标准化规程收集观测数据。

2.6.5 结论

声呐对海洋动物的伤害和影响引起了全球关注，采用有效的检测手段和减少声呐使用成为重点内容。本案例通过介绍美国海军在声呐使用和海洋动物保护方面做出的工作，分析了声呐的具体影响和可能的保护策略。应对美国海军问题，采用问责制和透明度十分重要，美国海军为其演习范围进行环境评估是朝正确方向迈出的重要一步，环评和战略环境评估的生成十分有助于做出正确的决定，决定何时何地操作主动声呐。声呐对环境的影响除考虑伤害外，也应该考虑海洋生物的行为反应，包括低噪声下的有害影响导致动物出现消极状态。从科学研究到政策的施行是一个具有挑战性的过程，从区域政策制定到在国家一级实施有效的缓解措施的过渡同样具有挑战性，但就海军声呐和相关海洋生物死亡而言，这是紧迫的，也是环境立法的要求。

2.6.6 思考题

（1）如何看待海洋声呐使用与动物保护间的冲突？
（2）如何更加深入地探究噪声对海洋生物的影响？
（3）如何缓解声呐使用对海洋生物的恶劣影响？

（4）如何在海洋活动中更有效地减少噪声污染？

（5）如何发挥公众参与在海洋生物保护等方面的重要作用？

2.6.7　案例使用说明

（1）案例摘要

　　一些大规模水中演习之后，经常会出现大量的鲸鱼或海豚等水生中大型哺乳动物集体冲滩自杀的现象，岸边的人们对其实施紧急救助往往都无济于事。很大程度上是因为这些依靠天然声呐系统生存的海洋生物的信号系统已经被彻底破坏，它们处于生不如死的境地，集体冲滩是希望快速结束群体生命。如何平衡海军军演中对声呐系统的使用和海洋动物的生存成为很多人关心的问题，也引起了科学界和政府的关注。伴随大量争议，目前一系列政策被陆续制定出来以缓解声呐污染问题，但仍未能彻底解决。

（2）课前准备

　　学生通过查找海洋生物搁浅或冲滩的新闻报道及相关文献资料，较为清晰、准确地了解海军声呐的使用对海洋生物的负面影响，为课堂学习和深入讨论做好充分的知识准备、情境准备和心理准备。

（3）教学目标

　　通过案例分析，学生可以对海洋动物保护的科学性与综合性有更加清晰的认识，并在此基础上，对工程实践中的伦理问题进行辨识、思考，了解应具备的科学精神、应遵循的科学伦理规范和法律规范。

（4）分析的思路与要点

　　本案例通过梳理美国海军军演使用声呐对海洋动物的负面影响，选取代表性组织部门与社会争议焦点，从海洋环境、海洋生物和政策制定三个角度进行工程实践的原因分析，案例试图从公众参与发挥监督职能，参与生态保护的角度谈海洋动物保护，有助于学生打开新的学习思路。

（5）课堂安排建议

　　根据具体课时安排，可以多个课时开展。课前先安排学生阅读相关资料，让学生自主了解声呐使用的相关历史背景。

　　课堂（45分钟）安排：

教师讲授　　　　　（15分钟）

学生讨论　　　　　（10分钟）

学生报告和分享　　（15分钟）

教师总结　　　　　（5分钟）

补充阅读

[1] 新华网. 担心伤害海洋动物，美海军高强度声呐被禁用 [EB/OL]. (2006-07-04) [2024-10-26].https://jczs.news.sina.com.cn/2006-07-04/1549381352.html.

[2] 世界图谱. 最高法院解除海军声呐测试的限制 [EB/OL]. (2018-11-13) [2024-10-26].https://webbedxp.com/zh-CN/science/noble/article/supreme-court-lifts-restriction-navy-sonar-testing.

[3] 蓝色财富网. 美国最高法院允许海军在加州南部海域用声呐 [EB/OL]. (2015-05-21) [2024-10-26].

http://www.hycfw.com/Article/17384.

[4] 世界图谱. 美国海军在训练期间限制声呐的使用以保护鲸鱼和海豚 [EB/OL]. (2015-09-15) [2024-10-26].https://webbedxp.com/zh-CN/science/kemberly/us-navy-limit-use-sonar-during-training-pacific-protect-whales-and-dolphins-30706.

[5] 京华时报. 美海军军演或"逼死"海豚 声呐令海豚永久失聪 [EB/OL]. (2015-11-07) [2024-10-26]. http://military.people.com.cn/n/2015/1107/c172467-27788123.html.

[6] 成都商报. 保护鲸鱼 法院要美军禁"声"[EB/OL]. (2006-07-05) [2024-10-26]. http://military.people.com.cn/n/2015/1107/c172467-27788123.html.

[7] 张国胜, 顾晓晓, 邢彬彬, 等. 海洋环境噪声的分类及其对海洋动物的影响 [J]. 大连海洋大学学报, 2012, 27(1): 89-94.

[8] 张立雅. 浅析美国《海洋哺乳动物保护法》[J]. 现代交际, 2018(13): 46-47.

第 3 章

海洋生态恢复案例

海洋生态系统的恢复是一个复杂而多面的过程，涉及生物学、生态学、环境科学及社会科学等多个领域。学生通过研究和分析实际案例，可以明晰案例中的生态恢复策略，理解理论在实际中的运用和效果。每个案例都有其独特的背景和条件，学生可以从生态学家、政策制定者、当地社区及经济利益相关者的不同视角来审视问题，这有助于培养他们的批判性思维和多角度思考能力。同时，海洋生态恢复案例往往涉及跨学科的知识，如生物学、化学、地理学等，这促使学生跨越学科界限，整合不同领域的知识，形成更全面的生态保护观念。通过了解实际海洋生态恢复工作中的经验和教训，学生能够更加深刻地感受到保护海洋环境的紧迫性和重要性；通过分析案例中的问题和解决方案，学生可以学习如何识别问题、设计解决方案并评估其效果，这对于他们未来面对环境问题时做出决策和采取行动具有重要意义。

3.1 互花米草生物入侵防治案例

内容提要：互花米草在我国近海快速蔓延扩散，造成生物栖息环境破坏、生物多样性下降、航道堵塞，影响海水交换，导致水质下降等，成为我国沿海滩涂危害最大的外来入侵植物。当前，我国多地正在大规模除治互花米草。天津市人民检察院第三分院（以下简称天津三分院）针对互花米草入侵渤海滩涂、破坏生态环境的情况，联手河北省沧州市人民检察院（以下简称沧州市院）提起行政公益诉讼，督促两地行政机关协作治理。相关工作效果显著，为全面调查互花米草入侵生态风险、科学评估互花米草造成的生态环境影响具有重要的参考作用，可为开展互花米草生态治理、公益诉讼提供决策支持和技术支撑。

关键词：互花米草；生物入侵；公益诉讼；海洋生态治理修复；监督职能

3.1.1 引言

互花米草是一种适应盐碱环境的植物，能在亚热带至温带的潮间带地区广泛生长，尤其在河口地区的淤泥质海滩上生长最为茂盛。这种植物拥有高度发达的通气组织，能够适应长期淹水的环境。互花米草的繁殖能力极强，通过有性繁殖，1 米² 能产生数百万粒种子。作为一种碳四植物，互花米草具有光合效率高和生长快速的特性，种群密度和生物量大，植株高度可达 3 米。目前，我国尚未发现能有效控制互花米草种群增长和扩散的天敌或其他制约因素。

我国已成为受外来入侵生物危害最严重的国家之一，这些生物严重影响了社会经济的健康和持续发展。互花米草作为入侵植物，在我国沿海地区的快速蔓延使我国成为世界上受互花米草入侵影响最大的国家之一。原产于北美洲大西洋沿岸和墨西哥湾的互花米草，是一种多年生禾本科植物，1979 年被引入我国，用于防台风和保护海岸。最初，互花米草在改善海岸带环境方面取得了一定的生态和经济效益。然而，由于其对我国滨海滩涂环境具有强适应性，且具有超强的繁殖能力并缺乏天敌，互花米草在短短 20 多年内扩散至我国几乎所有滨海滩涂湿地，对湿地生态系统的生物多样性和社会经济发展构成了严重威胁。经过近 30 年的科学研究和讨论，目前对互花米草的认识和定位更加理性，不应简单地将其视为有害物种，而是需要全面评估它的正负生态效应。

从生态效益的角度来看，互花米草凭借发达的根系和粗壮的植株，能够形成类似"生物软堤坝"的结构，有效减少海浪对海岸的侵蚀。现场测试研究显示，5 米高的风浪在通过 100 米宽的互花米草带时，消浪效果可达 97%，这一能力是红树林的 10 倍以上。互花米草还具备显著的促淤功能，当携带泥沙的潮流进入草滩时，流速降低，导致大量泥沙在草滩中沉积，使滩面逐渐升高。在江苏东台滩涂区的实验中，互花米草滩面在 4 年内的淤高幅度为 48.5~52.1 厘米，而同一时期的裸露滩涂淤长仅为 10.5~16.9 厘米。江苏沿海的互花米草盐沼每年比裸露滩涂多淤积约 900 万米³的泥沙，每年新增土地超过 1000 公顷，显示出具有促淤效益。

互花米草的生长季较长，叶面积指数大，净光合作用速率高，地上和地下部分的生物量也较大，因此其固碳和固氮作用明显超过本土植物，如芦苇和海三棱藨草。互花米草地下部分的凋落物数量及其降解速率远低于芦苇和海三棱藨草，进一步增强了其固碳能力。此外，互花米草能吸收和富集污水中的有机物、氮、磷等营养物质，通过体内代谢转化，将水体中的污染物转化为植物体内的营养物质，从而减少水产养殖和石油生产造成的污染，降低赤潮发生的风险。互花米草还含有丰富的生物活性物质和必需微量元素，具有较高的保健价值，合理开发可带来显著的经济效益。

互花米草的密集单一群落因具有强大的生命力和繁殖力，对本土植被栖息地造成了严重侵占，导致湿地植被物种多样性显著下降。在我国长江河口湾的江苏启东、上海九段沙湿地等地，互花米草侵入并取代了土著植物海三棱藨草，形成了单一的互花米草群落。这种植物通过快速促进泥沙积累和滩面淤长，改变了河口的水文格局，加速了滩涂和港区的淤积速度，影响了船只航行和泄洪，迫使港区提前迁移，造成了巨大的经济损失。

互花米草改变了光滩地区的地形及土壤理化性质，导致原本生活在该区域的泥螺、四角蛤蜊、文蛤等滩涂贝类生物消失或迁移，直接威胁沿海滩涂贝类养殖业。同时，这种变化也影响了以光滩生境为主要栖息和觅食场所的鸟类生存，导致鸟类种群数量减少，尤其是对涉禽的影响更为明显。在江苏盐城丹顶鹤自然保护区，高密度的互花米草带影响了丹顶鹤的行动，降低了其栖息地的价值。此外，成片的互花米草导致以海三棱藨草的球茎、小坚果及芦苇的根状茎为食的大雁、野鸭、小天鹅和白枕鹤等多种鸟类数量减少，同时也影响了以底栖动物为食的白鹭等鸟类的生存。

3.1.2　案例背景介绍

渤海湾地处我国互花米草分布与扩散的北界。自 20 世纪 70 年代引入天津滨海地区以来，互花米草以其耐盐、促淤造陆、防波护堤等特性，在该地区的栽植应用取得了显著成功。

近年来，在天津市滨海新区和河北省沧州市的沿海滩涂，互花米草成片生长。根据国家环境保护总局（现为中华人民共和国环境保护部）和中国科学院联合发布的《关于发布中国第一批外来入侵物种名单的通知》，互花米草被列为我国第一批外来入侵物种。该物种扩散能力强、生命力旺盛、繁殖系数高，其快速繁衍和扩散严重挤占了本地盐沼植物的生态空间，破坏了生物多样性和生态系统平衡，对渤海水域的生态环境造成了严重影响。尽管相关行政机关对互花米草进行了治理，但由于其跨区域传播的特性，治理效果并不理想。

鉴于互花米草在我国的发展趋势，控制其种群的快速扩张已成为当务之急。目前所使用的防治方法，包括物理收割、化学除草、生物控制和物种替代等，大多效果有限且成本较高。因此，在当前形势下，如何有效管理互花米草，实行生态控制，抑制其负面生态效应，充分发挥其正面生态效应，使其生态效益最大化，这些问题都亟待解决。

3.1.3　案例过程概述

2021 年 4 月，天津三分院在履行职责时注意到天津市滨海新区和河北省沧州市沿海滩涂区域出现了大量疑似互花米草的植物。初步调查显示，这种植物在天津沿海滩涂广泛分布，形成了单一植物群落，导致当地盐沼植物几乎消失。鉴于互花米草的顽强生命力和易于传播的特性，天津三分院根据与沧州市院建立的合作机制，将案件线索转交给沧州市院。2021 年 12 月 3 日，两地检察机关对天津市滨海新区农业农村委员会、河北省沧州市农业农村局等 7 家负有监管职责的行政机关提起了行政公益诉讼。

立案之后，天津和河北的检察机关协同进行了调查和核实工作。通过实地采样、现场勘查和无人机航拍等手段收集了证据，并将入侵植物样本送至天津海关动植物与食品检测中心和国家海洋局天津海洋环境监测中心站进行鉴定和危害性评估。鉴定结果显示，这些外来植物确实是外来入侵物种互花米草，其在天津和河北两地的分布面积超过 700 公顷。这种植物的无序扩散破坏了近海生物的栖息环境，威胁到本土海岸生态系统，导致大量盐沼植物消失，对国家一级重点保护鸟类遗鸥的越冬栖息地造成了严重危害，同时也容易堵塞航道，影响航道的畅通和泄洪功能。

为促进案件的顺利进行并统一各方认识，2022 年 5 月 6 日，天津与河北的检察机关共同举办了一场线上听证会。会议邀请了当地人大代表、政协委员、律师等作为听证员，相关领域的专家也参与其中，相关行政机关也派代表出席。与会者一致认同互花米草对海洋生态安全构成威胁，并强调了立即采取治理措施的必要性。

依据《中华人民共和国生物安全法》的相关规定，以及农业农村部、自然资源部、生态环境部、海关总署、国家林业和草原局联合发布的《关于进一步加强外来物种入侵防控工作方案的通知》，各行政机关和地方政府需根据职责分工，加强对森林、草原、湿地等区域外来物种的治理，以及生态保护和修复工程的建设。遵循这些法律法规及相关部门的职责规定，2022 年 8 月 10 日，天津和河北的检察机关向天津市滨海新区农业农村委员会、天津市滨海新区海洋局、中新天津生态城管理委员会、河北省沧州渤海新区黄骅市政府、河北省沧州市农业农村局、河北省沧州市自然资源和规划局等单位发出了检察建议。建议书中提出，各单位应加强协调合作，促进跨区域联动，并建立一体化的联防联控机制，以科学的方式综合治理互花米草问题。

天津和河北的相关行政机关对检察建议给予了高度重视，并积极履行其法定职责，有序地推进了治理工作。天津已将互花米草的治理纳入"天津市海洋生态保护修复项目"，并成立了专门的指挥部来统筹治理工作。2023年4月，天津市规划和自然资源局、市生态环境局、市水务局联合发布了《互花米草防治实施方案》（以下简称《实施方案》），该方案设定了到2023年完成滨海新区汉沽区域约57.3公顷及其扩散区域的互花米草治理，以及到2025年完成滨海新区剩余约345公顷及其扩散区域的治理目标。

《实施方案》强调以提升天津滨海湿地生态系统的质量和稳定性为核心目标，坚持科学治理和精准施策，以控制互花米草的扩散并全面防控其危害，确保全市滨海湿地的生态安全。方案明确了进一步开展互花米草现状调查，制定治理路线图，明确治理的具体区域、面积、模式、完成时限及相关责任人。方案提倡因地制宜选择治理方法，如刈割＋犁耕、人工刈割、挖（拔）除等，并充分论证化学治理方法。在有条件的区域，开展基于牡蛎礁修复的互花米草防治试点。同时，加强互花米草的监测评估，及时掌握其动态变化，并对治理任务的进度和成效进行评估。方案还强调持续开展后期防控，建立日常巡护的长效机制，及时清除复发或新入侵的互花米草。此外，方案提出深化科技合作，编制互花米草治理技术标准，并加强互花米草影响研究，探索其扩张机制，开发适用于滩涂作业的防治设备。

《实施方案》还提出了建立跨部门协商机制，细化分解目标任务，确保任务措施得到具体实施并将之纳入政府部门的绩效考核。同时，加强与河北省的沟通配合，形成治理合力。方案鼓励建立健全互花米草防治制度体系，并吸引社会资本参与互花米草的防治工作。

在收到检察建议后，沧州市的行政机关对全市互花米草的分布、面积和危害程度进行了详细调查。调查结果显示，共发现149处互花米草，总面积达351.86公顷。为此，沧州市争取到了4576万元的专项治理资金，并已完成约21.3公顷的除草工作。主要负责治理工作的渤海新区黄骅市政府已将互花米草治理纳入海岸带保护修复工程。

天津三分院在处理互花米草破坏海洋生态环境的公益诉讼案件中发现，对于作为我国首批外来入侵物种之一的互花米草，长期以来缺乏风险等级评估标准。同时，及时监测其入侵动态和扩张过程，并实施针对性治理，也是该领域公认的挑战。为了推动互花米草的科学有效治理，天津三分院与国家海洋标准计量中心沟通，推动制定了一系列标准，包括"互花米草生态损害评估、生态治理及治理效果评价"。

2023年12月，由国家海洋标准计量中心牵头编制的《互花米草入侵风险等级评估方法》和《互花米草生态环境损害价值评估指南》两项团体标准，经中国海洋学会批准后正式发布。《互花米草入侵风险等级评估方法》明确了入侵风险等级划分的原则、历史资料收集、现状调查评估方法，以及不同风险等级的管控措施建议。《互花米草生态环境损害价值评估指南》则提供了损害价值评估的内容和计算方法建议。这两项标准的发布，为全面调查互花米草的生态风险和科学评估其对生态环境的影响提供了重要参考，为互花米草的生态治理和公益诉讼提供了决策支持和技术支撑。

3.1.4　案件分析与启示

在环境工程实施过程中，环境工作者常面临标准过时或不全面、缺乏生态安全损害判定标准等问题。互花米草最初被引入时，在改善海岸带环境等方面取得了一定的生态和经济效益。然而，随着时间的推移，互花米草在我国滨海滩涂环境中表现出极强的适应性，加之其强大的繁殖能力和缺乏天敌，短短 20 多年内迅速扩散至我国几乎所有滨海滩涂湿地，对湿地生态系统的生物多样性和社会经济发展构成严重威胁。在引入互花米草时，对生态安全的损害缺乏全面评估，给滨海环境和公众带来了影响和伤害。

随着全球化的深入发展，国际间的交流日益增多，生物入侵引发的生物多样性下降、生态系统退化和生态安全问题已成为全球关注的热点。目前，中国是受外来入侵生物影响最为严重的国家之一，这对我国社会经济的健康和可持续发展构成了严重影响。互花米草的治理工作与生态文明建设的要求相契合，生态环境是最基本的民生福祉，也是人民对美好生活环境的向往。

关于互花米草治理工程的生态恢复目标和时间问题，根据《互花米草治理区域生态修复技术指南（试行）》，最基本的要求是互花米草在治理区域内不再复发，而恢复原生滨海湿地生态系统的结构、功能及其生物多样性才是生态恢复的核心目标，包括恢复作为鸟类栖息地的功能。尽管天津市海洋生态保护修复项目一期的互花米草治理工程已经完成，但治理后的滩涂遗鸥数量并没有明显增加。这表明治理区的生态恢复效果尚未达到遗鸥栖息的条件，滨海湿地生态系统的结构、功能及生物多样性的恢复仍需更多时间。同时，这也提醒我们需要注意生态治理修复工程可能导致特定物种栖息地短期内减少的问题。

天津市海洋生态保护修复项目一期针对互花米草的治理，采用了物理方法，包括刈割、翻挖和翻耕，使用大型机械对滩涂进行深翻，以清除互花米草的根系。然而，从近四年的遗鸥种群数量变化来看，该项目在设计阶段未能充分考虑施工对遗鸥等候鸟及其栖息地的影响。深挖和翻耕等物理方式对滩涂的物理结构造成了破坏，进而影响了生态。通常情况下，小型底栖生物主要分布在 0~5 厘米的表层沉积物内，而翻耕的深度显然超过了这一范围，导致贝类等鸟类依赖的底栖生物数量大幅减少，从而使得候鸟的食物来源减少。机械施工作业可能会对候鸟的栖息和觅食活动产生干扰。互花米草的治理可能是导致遗鸥和其他鸟类数量减少的主要原因之一。据当地居民反映，在完成力高海滩等北部海滩的互花米草治理后，高沙岭地区的部分沿海滩涂开始了新一轮的治理工作。目前，该区域已完成了互花米草的刈割，翻耕设备也已到位，准备开始机械治理。该区域目前是 7000 余只遗鸥及其他候鸟的栖息地，一旦施工开始，可能会再次出现北部海滩候鸟数量锐减的情况。

海洋生态保护修复工程旨在恢复滨海湿地的功能，保护候鸟的栖息地，并提升湿地对候鸟的承载能力，以更好地保护鸟类资源。天津市海洋生态保护修复项目作为该市生态修复的示范工程，对提升天津地区生态系统的质量和稳定性发挥着关键作用。基于此，建议相关部门在生态修复工程的设计、施工及后期环境监管中采取以下措施。

（1）在生态保护修复项目的设计和决策阶段，应重视生物多样性的保护与恢复。科学设定工程目标，将保护关键物种及其栖息地、维持生物多样性作为生态恢复的重要目标之一。在项目决策阶段，应充分考虑施工及竣工后对生物多样性的影响，特别是对重要物种及其栖息地的影响，在环境影响评价阶段进行充分论证，以减少项目建设对生物多样性的负面影响。

（2）采用生物多样性友好型的施工策略。在沿海地区进行生态保护修复，尤其是当涉及大型机械作业的工程时，应考虑施工对候鸟等野生动物栖息环境的影响，尽量避开3—5月和10—12月的候鸟迁徙季节，以最大限度地保护鸟类资源及其栖息地。

（3）加强生态保护修复中新理念和新技术的应用，调整当前互花米草分布区的生态治理修复方式。对于新的互花米草治理区域，应根据《互花米草治理区域生态修复技术指南（试行）》，采用适应性管理原则，采取更科学、对候鸟及其栖息地影响更小的治理方法。

（4）对于涉及重要物种栖息地、已竣工的生态保护修复项目，建议加强关键物种等生物多样性的长期监测，并在适当时期开展生物多样性影响的后评估工作。

3.1.5　结论

互花米草入侵造成了严重的生物多样性丧失、生态系统退化和生态安全等问题，严重影响了我国社会经济的健康和持续发展。本案例中各职能部门主动作为、能动履职，开展互花米草除治攻坚工作，推动湿地景观和生态环境改善，同时也促进公众增强保护生态环境的法治意识，助力生态环境和资源保护工作高质量发展。这符合生态文明建设的要求，生态环境是最普惠的民生福祉，顺应了人民群众对优美生态的向往。此生态治理具体案例的冲突显示出：生态治理工程不仅需要统筹考虑所治理对象，还需要对整个生态治理工程施工管理实行全链条的科学管理和规划，包括施工时段、施工区域及先后顺序与协同等。该案例也启示我们生态环境保护工作的重要性和社会责任属性，环境工作者在进行工程实施过程中，经常会遇到标准过时或不全面、对生态安全的损害缺乏判定标准等问题，而相关调查、评价、修复和长期监测的标准与成本，以及科学合理的规划和设计，是实现生态修复目标初心的重要保障。这更要求我们要全面求证，谨慎抉择，以高度的责任感和热爱，投入到海洋生态环境修复工作中。

3.1.6　思考题

（1）互花米草入侵对当地生物多样性和生态系统造成了哪些具体影响？

（2）在本案例中，哪些职能部门参与了互花米草的治理工作？它们是如何协作的？

（3）在推动公众提升保护生态环境法治意识方面，本案例中的行动有哪些值得借鉴的地方？

（4）在实施生态治理工程时，如何确定施工时段、施工区域及先后顺序与协同？

（5）在生态修复过程中，如何确保相关调查、评价、修复和长期监测的标准与成本得到合理控制？

3.1.7　案例使用说明

（1）案例摘要

互花米草是一种原产于北美洲大西洋沿岸和墨西哥湾的多年生草本植物，引进互花米草在保滩护岸和促淤造陆方面产生了一定作用。但由于它的繁殖力极强、耐盐耐淹、生长迅速、竞争性强，互花米草在我国近海快速蔓延扩散，造成生物栖息环境破坏、生物多样性下降、航道堵塞，影响海水交换，导致水质下降等，成为我国沿海滩涂危害最大的外来入侵植物。为推进互花米草除治工作，各地各级职能部门主动作为、能动履职，开展互花米草除治攻坚工作，推动湿地景观和生态环境改善，人民检察院积极办理互花米草公益诉讼案件，全面发挥检察公益诉讼职能作用，建立生态环境和资源保护公益诉讼协作机制。

（2）课前准备

学生通过查找互花米草管理工作的新闻报道及相关文献资料，较为清晰、准确地了解互花米草的危害、泛滥原因与防治措施，为课堂学习和深入讨论做好充分的知识准备、情境准备和心理准备。

（3）教学目标

通过案例分析，学生可以对湿地保护的科学性与综合性有更加清晰的认识，并在此基础上，对工程实践中的伦理问题进行辨识、思考，了解工程师应具备的科学精神、应遵循的科学伦理规范和法律规范。

（4）分析的思路与要点

本案例通过梳理互花米草的进展，结合卓有成效的治理效果，从社会伦理、生态伦理、工程伦理三个角度进行工程实践的原因分析，案例试图从职能部门能动履职、配合协作，参与生态保护的角度谈社会治理，有助于学生打开新的学习思路。

（5）课堂安排建议

根据具体课时安排，可以多个课时开展。课前先安排学生阅读相关资料，让学生自主了解互花米草的相关历史背景。

课堂（45 分钟）安排：

教师讲授　　　　　（15 分钟）
学生讨论　　　　　（10 分钟）
学生报告和分享　　（15 分钟）
教师总结　　　　　（5 分钟）

补充阅读

[1] 滨城时报. 创新推动"公益诉讼京津冀＋"等协作机制落实 [EB/OL]. (2023-08-12) [2023-11-21]. https://finance.sina.cn/2023-08-11/detail-imzfuakm6313378.d.html.

[2] 陈志洲，符兰吟，陈亚芹，等. 盐城沿海滩涂湿地不同植物群落对土壤理化性质的影响 [J]. 安徽农业科学，2023，51(19)：69-71+79.

[3] 陈中义，李博，陈家宽. 互花米草与海三棱藨草的生长特征和相对竞争能力 [J]. 生物多样性，2005(2)：130-136.

[4] 程成，钟才荣，方赞山，等. 海南红树林湿地外来植物分布现状及防控对策 [J]. 热带林业，2023，51(3)：61-65.

[5] 邓自发，安树青，智颖飙，等. 外来种互花米草入侵模式与爆发机制 [J]. 生态学报，2006(8)：2678-2686.

[6] 甘肃省科协信息中心采编部. 让人又爱又恨的互花米草 [EB/OL]. (2022-07-26) [2023-11-21]. http://www.gspst.com/kpbl/stbh/swbh/content_116645.

[7] 李加林，杨晓平，童亿勤，等. 互花米草入侵对潮滩生态系统服务功能的影响及其管理 [J]. 海洋通报，2005(5)：33-38.

[8] 纪莹璐，蒲思潮，宋彦，等. 互花米草入侵对乳山湾盐沼湿地大型底栖动物的影响 [J]. 水产学杂

志，2023，36(5)：77-84.

[9] 卢向阳. 仙游县互花米草除治成效 [J]. 福建林业，2023(5)：13-14.

[10] 罗茗丹. 沿海滩涂湿地的烦恼——互花米草 [EB/OL]. (2023-09-26) [2023-11-21]. https://baijiahao.baidu.com/s?id=1778066082022157835&wfr=spider&for=pc.

[11] 吕巧琴，叶茂. 全面除治互花米草，福建宁德滩涂变身"聚宝盆" [EB/OL]. (2023-04-04) [2023-11-21]. https://baijiahao.baidu.com/s?id=1762222570114861173&wfr=spider&for=pc.

[12] 吴黎黎，李树华. 广西滨海湿地生态系统的恢复与保护措施 [J]. 广西科学院学报，2010，26(1)：62-66.

[13] 伍雄辉，李威威，游巍斌，等. 入侵比例对互花米草生物量分配及异速生长关系的影响 [J]. 福建农林大学学报（自然科学版），2023，52(5)：701-708.

[14] 张忍顺，沈永明，陆丽云，等. 江苏沿海互花米草（Spartina alterniflora）盐沼的形成过程 [J]. 海洋与湖沼，2005(4)：358-366.

[15] 赵彩云，柳晓燕，白加德，等. 广西北海西村港互花米草对红树林湿地大型底栖动物群落的影响 [J]. 生物多样性，2014，22(5)：630-639.

3.2　蓝色海湾恢复案例

3.2.1　汕头蓝色海湾整治案

内容提要： 2017 年汕头市"蓝色海湾"整治项目成功获批，并获得中央扶持资金
3.15 亿元。项目计划按烟墩湾、赤石湾十里银滩、龙门湾、金澳湾、竹栖肚湾 5 个海湾的具
体情况有针对性地开展整治行动。截至 2021 年 8 月，南澳岛蓝色海湾整治行动项目的主体
工程已经全部完成，但同时该项目也面临着主体工程违反海岸建筑退缩线制度、在沙滩上建
造厕所等构筑物的破坏生态行为、施工主体资质有问题、资金被滥用等质疑。本案例将介绍
工程实施过程中遇到的具体实际问题，为学生了解项目实际工作提供指导和借鉴。

关键词： 海湾生态修复；生态修复费用；资金管理；生态伦理；监督职能

3.2.1.1　引言

近年来，广东省自然资源厅秉承"绿水青山就是金山银山"的理念，将海洋生态文明
建设作为核心任务，积极推进海洋生态系统保护和修复工程。提出了海岸线整治修复、沙滩
美化、海堤生态化、滨海湿地恢复和美丽海湾建设等"五大工程"，旨在实现海洋空间生态
的整体保护、系统修复和综合治理，构建陆海统筹、人海和谐的新格局。汕头市南澳县作为
广东省唯一的海岛县，拥有超过 4600 千米^2 的海域和优美的生态环境，这也是其生存和发
展的基础。如何保护"粤东明珠"的天然品质，将生态优势转化为发展红利，是南澳实现高
质量发展的关键任务。

2017 年，汕头市成功申报"蓝色海湾"整治项目，获得中央扶持资金 3.15 亿元。项目
重点整治南澳县的烟墩湾、赤石湾等 5 个海湾，旨在实现"水清、岸绿、滩净、湾美、岛丽"
的海洋生态文明建设目标，构建蓝色生态屏障，努力将南澳打造成具有潮汕文化特色、生态
环境优良、海岛特色鲜明、高端休闲度假与相关产业融合的滨海旅游区。项目针对各海湾的
具体情况，开展海岸整治、近岸构筑物清理、清淤疏浚、自然岸线恢复、海湾生态保护、生
态廊道建设、海洋生态环境监测能力建设等整治行动。2021 年 8 月 3 日地方媒体报道，南
澳岛蓝色海湾整治行动项目主体工程已全部完成。然而，该项目的效果与生态修复目标的一
致性，以及资金管理和绩效评估是否达标，都受到了相关知情人士的质疑。

3.2.1.2　案例背景介绍

生态修复是一种基于生态学原理，综合运用生物、物理、化学及工程技术等多种手段，
旨在以最低的成本实现污染环境修复的方法。此类修复工程的有效实施需要跨学科的合作，
涉及生态学、物理学、化学、植物学、微生物学、分子生物学、栽培学和环境工程等领域。
生态修复不仅为生态环境保护提供了一种合理且可持续的责任追究机制，而且有助于确保生
态环境损害赔偿的有效执行，实现惩罚与修复的双重目标。这对于满足人民对美好生活的需
求、构建人与自然和谐共生的美丽中国具有重要意义。

南澳县作为海洋大县，其经济发展迅速，海洋资源的开发需求与保护之间的矛盾日益
突出，海洋生态环境保护面临着巨大压力。南澳县的"蓝色海湾整治行动"是国家海洋局和

财政部批准的重点工程，也是该县迄今为止获得的最大单笔中央财政补助项目，总投资达3.15亿元。截至2021年8月，南澳岛蓝色海湾整治行动的主体工程已全部完成。然而，该项目在实施过程中也面临一些争议，包括违反海岸建筑退缩线制度、在沙滩上不当建造设施、施工主体资质问题及资金使用不当等。这些问题需要得到充分关注和妥善解决，以确保项目的生态修复目标得以实现，同时保护海洋生态环境不受破坏。

3.2.1.3 案例过程概述

南澳岛蓝色海湾整治行动项目的实施旨在有效保护南澳岛海湾海滩的生态环境，恢复海岸带的自然状态，维持砂质海岸的稳定发展，改善生态环境景观，并提升周边海域的环境质量，确保海岸带的生态安全。该项目的实施内容主要如下。

金澳湾的整治将以保护岸线生态和维护原有海岸景观功能为重点，同时提升海岸景观效果。主要工程措施包括基岩岸线生态保护与修复、景观建设等。整治岸线长度达840米，景观建设面积约5.4公顷，工程完成后将形成台地园区、儿童游乐区、观海栈道区和停车区，确保海水质量达到第一类标准。金澳湾景观带的建设将结合地形与旅游设施，规划1281米长的栈道、5700米^{2}的停车场、配套公共建筑及绿化，有效景观带面积达3公顷，绿地率53%，满足不同年龄游客和居民的户外活动需求，完善南澳环岛景观带网络。

赤石湾十里银滩的整治包括沙滩整治、生态廊道、景观工程和污水治理等工程，整治岸线长达5千米。工程内容包括透水平台、摄影基地、石堆小径、道路护栏等，旨在修复受损沙滩和植被，美化岸线和沿岸景观带，提升海岸带区域的防灾减灾能力，促进海水水质改善，维持第一类海水水质标准。景观工程将结合地形地貌建设观景平台、防腐木梯、驿站、石堆小径、休闲栈桥、科普教育基地、摄影基地等，方便游客亲近自然。

烟墩湾的整治计划包括岸滩环境整治、海堤新建、海岸公园等项目建设。清理岸滩面积约2.6公顷，建设海堤长约1.23千米，新建穿堤涵闸1座，海堤顶部铺设泥结碎石路面，海岸公园面积约10千米^2，海岸公园滨海植被绿化带长约1.23千米。海岸公园的建设是烟墩湾的最大亮点，将划定海滩岩地质遗迹保护范围，以海滩岩保护修复及科普考察、宋井历史文化遗址保护及宣传教育为两大主题，在新建海堤后方进行建设，设置绿道，建造海滩岩地质遗迹及其演变、砂质海岸及地质科普考察、海洋生态保护等宣传教育画廊，建造观光休憩配套设施约2000米^2。结合堤顶路面建设公园植被绿化带，形成丰富的植被景观，保护和合理利用沙滩现有的自然和人工植被，恢复具有地域特色的植物群落。同时，建造驿站、停车场、广场、雕塑、景观石等人工景观及建筑，形成多功能的海岸公园。

竹栖肚湾的整治将结合青澳湾美丽海湾的建设理念，进行生态恢复、景观美化、完善海岛基础设施。重点开展海岸带环境整治，保持沙滩的完整性，开展岸线生态恢复和建设沿岸景观带，打造清洁、天然、优美的海岸带空间。综合整治沙滩岸线3.7千米，人工补沙恢复沙滩岸线，恢复整顿沿岸景观带，建设滨海农田景观和防风林带，沿沙滩向陆一侧建设观海木栈道，修建海水沙滩浴场、特色海风驿站和中心休闲小广场，维持第一类海水质量标准。

龙门湾的整治将以滨海新城的后花园为主题，侧重生态环境保护和建设，规划建设岸线生态恢复保护、海域海岸带景观建设、无居民海岛保护等。计划整治岸线长度900米，形成坚固海堤，堤顶形成宽20米、长900米的景观大道，绿化海堤沿线，形成景观绿化带。改造盐田湿地景观，改善海水水质达到第一类海水质量标准。跃进围海堤绿化景观带建设工程将形成长900米的景观绿化带，每年可吸引约20万名观光游客参观游览。

项目的实施遭到了相关方面的质疑，主要集中在以下几个方面。首先，关于蓝色海湾的整治工程，在 5 个整治区域中，有 4 个区域（包括赤石湾"十里银滩"、烟墩湾、竹栖肚湾、金澳湾等）涉及在沙滩和岸线上建造厕所。这一做法引发了关于是否违反了海岸建筑退缩线制度的疑问。此外，厕所的排污问题可能加剧了水生态的污染，而且这些建筑物是否有利于海岸线的固沙防风、是否满足海岸线生态修复保护的要求也受到了质疑。《广东省海岸带综合保护与利用总体规划》规定，海岸线向陆地延伸至少 100~200 米的范围内，不得新建、扩建、改建建筑物，同时应严格控制退缩线向海一侧及近海水域内的建设施工、采砂等开发活动。

其次，考虑到南澳是台风多发地区，海丝广场距离海岸线不足 100 米，填土建造海丝广场可能会因为游客活动、厕所污水排放、岩石叠放的基础地质不稳定等因素，增加海岸线的地质安全隐患。类似的问题是否符合海岸线生态修复保护的要求需要进一步评估。

最后，项目的实施单位采用了与交通水运行业设计、施工标准相关的建设方式，这引发了关于项目设计方案评审依据和质量验收标准依据的疑问。根据《建设工程勘察设计资质管理规定》和《建设工程质量管理条例》，本项目设计单位应具备"海洋行业"的"沿岸工程"专业设计资质。而《海岸线保护与利用管理办法》也规定，国家海洋局制定海岸线整治修复技术标准，重点安排沙滩修复养护、近岸构筑物清理与清淤疏浚整治、滨海湿地植被种植与恢复、海岸生态廊道建设等工程。因此，项目的实施是否严格遵守了相关法规和技术标准，需要进行详细的审查和评估。

总的来说，南澳蓝色海湾整治项目的执行可能未遵循县政府最初公布的建设内容和目标，可能违反了生态保护的规定，破坏了海岛海岸线的生态功能，违背了海洋防灾减灾的岸线整治和修复的初衷，不符合国家和省级关于"生态修复整治"的相关要求，同时也可能未遵守资金管理和绩效评估的规定。因此，该项目的实施似乎存在以保护海岸线为名，实则破坏了海岸线的自然景观和生态安全，并可能存在不当获取中央财政资金的行为。

3.2.1.4　案件分析与启示

生态修复是一项关键的制度安排，旨在实施新发展理念并弥补生态赤字。这一措施使许多环境曾受到严重破坏的地区重新焕发生机，有的地区甚至成为热门的旅游景点，生态修复的成效显著。但是，也有少数地区出现了以生态修复为名，实际上却破坏生态的问题，导致修复工作效果不佳，旧问题未解决又产生了新问题。为此，相关单位需要尽快建立一个包含源头预防、过程控制、损害赔偿和责任追究的完整制度体系，确保主体责任的落实，在修复前要制定详细的方案，修复过程中要严格监督，修复后要全面验收。相关监管部门应关注生态环境修复资金的实际使用情况，确保履行职责，促进生态环境保护，加强监督管理和执法，保障社会公平。

"生态修复"乱象的背后，既有个别不法分子的投机行为，也有部分地方政府监管不力的问题。生态环境修复资金为生态环境保护提供了合理的赔偿途径，有助于实现生态环境赔偿的具体实施，达到惩罚与修复的平衡。这对于满足人民对美好生活的需求，建设人与自然和谐共生的美丽中国具有重要意义。目前，我国生态环境保护的结构性、根源性、趋势性压力尚未根本缓解，生态文明建设仍处于关键时期。需要坚持外部约束与内生动力的统一，通过最严格的制度和法治来保护生态环境，同时激发全社会共同保护生态环境的内生动力。推进生态保护修复工作，需要强化地方政府的主体责任，加强全方位的监管。

　　生态环境修复资金的管理实践在我国存在四种做法：政府财政资金管理、法院执行款账户管理、公益基金会管理、公益信托管理。这些做法可以进一步归纳为公权力主导的管理模式和民间力量主导的管理模式。不同的资金管理模式在合法性和合目的性方面存在较大差异。生态环境恢复费本质上是行为责任的具体履行方式，应由责任者自行决定管理模式。生态环境损害赔偿金的使用与政府的环境保护公共服务职能相契合，应由政府主导管理，但在具体管理模式的选择上，更适合引入民间力量，以提高资金管理与使用的灵活性和效率。

　　生态修复制度在我国已开始建立，但存在一些理解上的误区，如将生态修复与生态恢复、土地复垦等概念混淆。需要重新界定生态修复的概念，并探讨其基本内涵。生态文明的提出丰富了生态修复的内涵，自然科学理论研究和生态修复实践也表明，自然修复和社会修复是生态修复的两项主要内容。因此，生态修复制度的完善应同时考虑自然修复和社会修复，构建公平合理的社会修复制度。

　　在推进生态保护修复工作中，应不断创新，加强智慧监管。生态环境部和自然资源部要求各地利用遥感、测绘、地质调查等技术手段，对生态修复项目的进度和效果进行监督管理。特别是对自然保护地、生态保护红线、重点生态功能区等，要开展生态质量监督监测，利用卫星、航空、地面监测等手段，构建"天空地一体化"的生态质量监测网络，提升问题发现能力，增强生态环境治理能力。

　　生态修复工作还需运用辩证思维，从人与自然和谐共生的角度出发，通过高水平的环境保护，塑造发展的新动能和新优势，构建绿色低碳循环经济体系。生态修复是一项系统工程，需要坚持系统治理和科学治理，处理好自然恢复与人工修复的关系，因地制宜、分区分类施策，避免过度依赖人工修复；坚持生态、经济和社会效益相统一，以及"宜林则林、宜耕则耕、宜草则草"的原则，优先保护生态环境，结合资源开发与生态保护，重点整治与全面修复相结合；同时，要坚持外部约束与内生动力的统一，用严格的制度和法治保护生态环境，激发全社会共同保护生态环境的内生动力。

　　同时，我们也应认识到一些地方在生态修复上面临的重包袱、高压力和高成本问题。实施"谁开发、谁修复，边开采、边修复"政策后，新增修复基本达到供需平衡，但历史遗留修复资金缺口较大。解决这一问题需要在资金投入、市场化运营等方面采取综合措施，提供政策工具箱，鼓励地方科学、合理地制定生态修复方案。

3.2.1.5　结论

　　南澳岛蓝色海湾整治行动项目主要进行海湾生态环境整治、基岩岸线保护与修复工程、岸线整治及景观建设工程、配套污水处理，以及海堤、海岸公园等设施维护，并对河溪入海口进行整治。通过海堤建设和加固，在对岸线进行保护的同时能够提高防灾减灾能力，保障群众的生命财产安全。岸线乱搭乱建和违章建筑若能得到彻底拆除清理，可以从源头上遏制偷挖海沙行为，使受损岸线、沙滩、岩礁、河溪得到及时修复和有效保护。但该项目主体工程完成后却在主体工程违反海岸建筑退缩线制度、在沙滩上建造厕所等构筑物的破坏生态行为、施工主体资质有问题、资金被滥用等方面受到质疑，生态修复效果与资金的管理使用值得讨论。

3.2.1.6　思考题

　　（1）在项目实施过程中，拆除岸线上的违章建筑对生态修复有何重要意义？

（2）该项目在完成后面临哪些质疑？这些质疑对项目的整体成功有何影响？

（3）在生态修复中，自然恢复与人工修复应如何平衡？本案例提供了哪些经验和教训？

（4）如何评估生态修复项目的资金使用效率和生态修复效果？

（5）本案例中提到的"宜林则林、宜耕则耕、宜草则草"原则在实际操作中应如何应用？

3.2.1.7　案例使用说明

（1）案例摘要

2017 年汕头市"蓝色海湾"整治项目成功获批，并获得中央扶持资金 3.15 亿元。项目计划按烟墩湾、赤石湾十里银滩、龙门湾、金澳湾、竹栖肚湾 5 个海湾的具体情况有针对性地开展海岸整治、近岸构筑物清理与清淤疏浚整治、自然岸线恢复、海湾生态保护、生态廊道建设、海洋生态环境监测能力建设等整治行动。截至 2021 年 8 月，南澳岛蓝色海湾整治行动项目主体工程已经全部完成。但是南澳岛蓝色海湾整治项目也面临着主体工程违反海岸建筑退缩线制度、在沙滩上建造厕所等构筑物的破坏生态行为、施工主体资质有问题、资金被滥用等质疑。本案例通过分析项目过程中遇到的具体问题和原因，帮助学生了解海洋生态环境保护中面临的具体难点，为学生了解实际工作、学以致用提供新的视角。

（2）课前准备

学生通过查找南澳岛蓝色海湾整治行动项目的新闻报道及相关文献资料，较为清晰、准确地了解南澳岛的生态价值与"蓝色海湾"整治项目的历程，为课堂学习和深入讨论做好充分的知识准备、情境准备和心理准备。

（3）教学目标

通过案例分析，学生可以对湿地保护的科学性与综合性有更加清晰的认识，并在此基础上，对工程实践中的伦理问题进行辨识、思考，了解工程师应具备的科学精神、应遵循的科学伦理规范和法律规范。

（4）分析的思路与要点

本案例通过梳理南澳岛"蓝色海湾"整治项目的进展，选取代表性社会组织与庭审争议焦点，从社会伦理、生态伦理、工程伦理三个角度进行工程实践的原因分析，案例试图从社会组织发挥监督职能、参与生态保护的角度谈社会治理，有助于学生打开新的学习思路。

（5）课堂安排建议

根据具体课时安排，可以多个课时开展。课前先安排学生阅读相关资料，让学生自主了解南澳蓝色海湾整治项目的相关历史背景。

课堂（45 分钟）安排：

教师讲授	（15 分钟）
学生讨论	（10 分钟）
学生报告和分享	（15 分钟）
教师总结	（5 分钟）

补充阅读

[1] 报人老张. 汕头南澳蓝色海湾整治项目，是生态保护还是滥用中央补助资金？[EB/OL]. (2021-10-13) [2023-11-18]. https://baijiahao.baidu.com/s?id=1713472815579269508&wfr=spider&for=pc.

[2] 陈丹婷，陈绵润，章柳立. 国外海洋生态环境修复做法及启示 [J]. 中国土地，2022(7)：45-47.

[3] 陈冬琪. 我市"蓝色海湾"整治项目获中央扶持资金 3 亿元 [EB/OL]. (2017-02-28) [2023-11-18]. https://www.shantou.gov.cn/cnst/zwgk/jcxxgk/zdxm/content/post_1347242.html.

[4] 陈红梅. 生态修复的法律界定及目标 [J]. 暨南学报（哲学社会科学版），2019，41(8)：55-65.

[5] 湖南日报. "生态修复"好经不容念歪 [EB/OL]. (2023-08-30) [2023-11-18]. https://baijiahao.baidu.com/s?id=1775651338847507146&wfr=spider&for=pc.

[6] 李昌达，顾诗灵，马静武，等. 蓝色海湾修复社会资本参与的 PPCC 洞头模式 [J]. 海洋开发与管理，2022，39(4)：11-18.

[7] 李亮，伍晓洪. 南澳岛海岸线边坡生态修复工程实例分析——基于汕头市南澳岛蓝色海湾整治行动项目 [J]. 中国资源综合利用，2021，39(10)：60-65.

[8] 沈锦香. 关于海湾生态修复和整治的相关思考——以东山岛海湾公园建设为例 [J]. 广东科技，2014，23(12)：243-244.

[9] 孙倩文，熊兰兰，李红亮. 广东省海洋生态修复现状研究 [J]. 中国资源综合利用，2023，41(9)：117-119.

[10] 王社坤，吴亦九. 生态环境修复资金管理模式的比较与选择 [J]. 南京工业大学学报（社会科学版），2019，18(1)：44-53+111-112.

[11] 吴鹏. 论生态修复的基本内涵及其制度完善 [J]. 东北大学学报（社会科学版），2016，18(6)：628-632.

[12] 徐淑升，严淑青，谢素美，等. 海洋生态修复项目监管的现状、问题与建议 [J]. 海洋开发与管理，2022，39(10)：86-90.

[13] 鄢春梅，李文凤，谢绍茂. 美丽海湾建设背景下考洲洋海岸带整治与生态修复实践 [J]. 广东园林，2021，43(3)：61-65.

[14] 杨玉林. 海湾整治修复施工措施要点初探——以南澳岛蓝色海湾整治行动项目为例 [J]. 珠江水运，2020(23)：90-91.

[15] 赵刚. 海湾综合治理及生态修复关键施工技术 [J]. 国防交通工程与技术，2021，19(3)：86-88.

3.2.2　连云港蓝色海湾项目公诉案例

内容提要：连云港临洪河口湿地是东亚—澳大利西亚迁徙水鸟及国家二级保护野生动物半蹼鹬等众多珍稀水鸟的重要觅食地和休息站，2021 年，连云港市以"生态修复"为名试图把这片滩涂变成人工沙滩，迁徙候鸟赖以生存的环境可能因此遭到破坏。环保组织北京市朝阳区自然之友环境研究所（以下简称自然之友）、绍兴市朝露环保公益服务中心（以下简称朝露环保）、绿色浙江向南京市中级人民法院提起公益诉讼，将项目建设方和环评报告编制单位一并告上法庭。在该区域实施不当修复，会破坏多种国家重点保护野生鸟类的重要栖息地，并导致"蓝色碳汇"生态功能的永久性丧失。本案例启示我们，应加强与有关职能部门联动协作，共同破解生态环境保护难题，社会各方也应以最佳的科学知识和证据，关注生态环境问题并积极参与，通过共建共治共享，共同推动相关方做出有利于滨海湿地保护的最佳决策，实现人与自然和谐共生的美好愿景。

关键词：民事公益诉讼；生态环境损害；社会治理；生态伦理；监督职能

3.2.2.1　引言

　　蓝色海湾修复是指对受损的海岸带进行生态修复的一系列项目，旨在恢复和保护海洋生态系统的健康。这些项目通常包括海岸线的整治、海湾生态环境的修复、基岩岸线的保护与修复工程、岸线整治及景观建设工程等，以提升海岸带的生态功能和美观度。蓝色海湾修复项目的实施，不仅有助于改善海洋生态环境，还能促进地区的经济发展和旅游业的繁荣。随着海湾环境治理深入，特别是在综合治理项目中，参与主体日益多元，利益关系日趋复杂，传统自上而下的政府管控方式已不太适用。

　　2021 年，一项以"生态修复"的名义进行的海湾整治项目试图把连云港市部分滩涂变成人工沙滩，迁徙候鸟赖以生存的湿地可能因此遭到蚕食和破坏。其临洪河口滨海湿地是东亚—澳大利西亚迁徙水鸟及国家二级保护野生动物半蹼鹬等众多珍稀水鸟的重要觅食地和休息站。彼时，环保组织自然之友向南京市中级人民法院提起公益诉讼，将项目建设方和环评报告编制单位一并告上法庭。滨海湿地的保护与修复之路道阻且长，社会多方应如何发挥职能，共筑生态梦？在湿地保护过程中如何应对和化解环境工程面临的公共安全、生产安全、社会公正、环境与生态安全、社会利益的公正分配等问题？这些问题都值得我们通过本案例的学习深入思考。

3.2.2.2　案例背景介绍

　　临洪河口湿地地处连云港市流域性河道新沭河下游，从太平庄闸和月牙岛到入海口，全长约 15 千米，面积 3600 多公顷，属少有的滨河湿地与滨海湿地生态资源，被称为"港城绿肺"。临洪河口湿地的动植物资源十分丰富，目前，河口附近聚集了连云港市沿海鸟类 40 余科 129 种，其中候鸟居多。四季常见的有海鸥、黄鹂、云雀、白鹭、绣眼、军舰鸟、苍鹭、池鹭、大雁、野鸭等，此外还多次发现过黑嘴鸥、遗鸥等国际濒危鸟类和丹顶鹤、天鹅等国家级珍稀鸟类。除此以外，这里还聚集了 33 种海洋鱼虾和大米草群落、芦苇群落、盐蒿群落、碱蒿群落、盐角草群落、茵陈群落、白茅群落、北沙参群落等木本、草本植物群落，其中，面积最大的为芦苇群落，占草本植物面积的 40%。拥有如此高生态价值的临洪河口湿地是港城的幸运，同时港城也需要为这片湿地和栖息其中的动植物倾注更多的心血。

　　沿海滩涂是近海水生动物和水鸟的重要觅食地。高潮漫滩时，小鱼游上滩面食饵，低潮时水鸟降落觅食。而"蓝色海湾"项目计划建设两道超过 4 千米的环抱式潜堤，设置橡胶坝，堤坝顶高程为 5.0 米（低于平均大潮高潮位约 30 厘米），并通过清淤、补沙方法将长约 4.8 千米的现状硬质驳岸改造为沙质海滩。"勺嘴鹬在中国"等机构近年来记录统计的数据显示，连云港临洪河口滨海湿地是多种国家重点保护野生动物的重要栖息地，以国家二级保护野生动物半蹼鹬为例，超过全球 90% 种群数量的半蹼鹬在此栖息。连云港滨海湿地淤泥质滩涂的丧失，将直接影响该物种的种群生存。

　　近年来，连云港致力于"连云新城"的建设，规划并申报了"蓝色海湾"整治项目。该项目包括修建一座环抱堤，圈起约 14.2 千米² 的临洪河口滨海湿地滩涂，并将泥泞的淤泥质滩涂改造为人工沙滩。这个美其名曰"生态修复"的项目，实际上却人为填高了环抱西堤及内侧建设区域的部分滩涂，阻隔了潮水的冲刷，这将导致滩涂性质发生改变，丧失其作为水鸟觅食地的重要生态功能。"蓝色海湾"生态修复工程因措施不够科学，破坏了湿地原有的生态功能，加剧了珍稀鸟类灭绝的风险。2021 年，为保护这片滨海湿地，社会组织自然之友、朝露环保和绿色浙江将连云港"蓝色海湾"工程建设方和环评报告编制单位告上法庭。南京市中级人民法院受理了这起环境民事公益诉讼案。连云港"蓝色海湾"公益诉讼案于 2023 年 9 月 6 日正式开庭。

3.2.2.3 案例过程概述

2021年5月24日，为保护连云港临洪河口滨海湿地，自然之友向南京市中级人民法院提起一起生态破坏环境民事公益诉讼，将连云港"蓝色海湾"工程建设方连云港金海岸开发建设有限公司和环评报告编制单位南京师大环境科技研究院有限公司告上法庭，并在提交诉讼材料的当日获得立案。南京市中级人民法院受理了这起环境民事公益诉讼案。涉诉项目是"连云港市连云新城蓝色海湾基础工程""连云港市蓝色海湾整治行动项目——连云新城岸线修复工程""连云港市蓝色海湾整治行动项目——连云新城滨海湿地修复项目"（以下统称为"蓝色海湾"项目）。

起诉书显示，"蓝色海湾"项目由连云港金海岸开发建设有限公司负责开发建设，名为"海岸带生态保护和修复工程"，实则是以牺牲自然岸线和滨海湿地为代价的开发建设。工程建设正在破坏多种国家重点保护野生鸟类的重要栖息地，并导致"蓝色碳汇"生态功能的永久性丧失。由南京师大环境科技研究院有限公司编制的环境影响评价报告则存在"关键内容遗漏""数据结论错误"等"弄虚作假"情形。自然之友将上述两家公司诉至法院，要求相关项目立即停工，由连云港金海岸开发建设有限公司消除生态破坏影响，对已破坏区域进行生态恢复。诉讼方指出：基础工程有个很大的问题，是环抱堤，目前将修建完成。岸线修复工程则涉及将滩涂填埋后铺设人工沙滩，也已经开工。这些建设行为会影响滨海湿地的自然生态功能。该项目的施工建设实际上已经背离了修复生态环境的目标，反而破坏了原有的具有丰富生态功能的潮间带生态系统，对生态环境公共利益造成巨大的不可挽回的损失。

诉讼方认为，修建环抱堤的项目环评报告中给出了泥滩大面积出露整治的理由，却缺少一项重要的环境影响评价——工程可能对区域内鸟类生存带来的影响。连云港临洪河口滨海湿地是东亚—澳大利西亚迁飞区迁徙水鸟的重要觅食地和高潮停歇地。为避免"蓝色海湾"项目的建设行为不断蚕食和破坏万千珍稀水鸟赖以生存的连云港滨海湿地，进而造成严重不可逆的生态影响，自然之友等社会组织以"关键内容遗漏"属于环评弄虚作假的典型情形为由，将建设项目环评报告编制单位南京师大环境科技研究院有限公司列为被告二提起诉讼。

泥质滩涂是珍稀鸟类赖以生存的家园。当滩涂被海水淹没时，无植被的养殖塘堤岸和水位低的池塘成为鸟类潜在的停歇地。退潮后，泥质滩涂拥有丰富的底栖生物，又为鸟类提供了丰富的食物来源。如果项目继续建设，将导致该区域原有的大面积水鸟觅食地完全丧失生态功能，进而加剧珍稀濒危水鸟灭绝的风险。相关资料显示，2021年12月18日的拍摄照片显示，工程近岸处已开始铺设约1米高的沙滩，自然滩涂已经被填埋。2023年4月16日的航拍图片显示，满潮期间，航拍可见环抱堤西堤内侧（属于建设项目区域）近岸处的部分滩涂因被人为填高，满潮时已无法被海水淹没。而同一时间，堤外区域（属于非建设项目区域）近岸处的滩涂完全被海水淹没。诉讼方认为，项目建设之后，环抱堤西堤及内侧建设区域的部分滩涂被人为填高，无法再被周期性潮水淹没，且由于该部分生长了很多植物，滩涂性质已发生改变，丧失了作为水鸟觅食地的重要生态功能。

2022年3月25日，第二轮中央生态环境保护督察组进驻江苏，接到有关江苏省连云港市"蓝色海湾"工程侵占珍稀濒危水鸟重要觅食地的线索，赴实地进行了调查。2023年2月，江苏省公开第二轮中央生态环境保护督察整改方案及整改任务清单，认定案涉项目违法在原有岸线向海一侧通过抛填块石、吸沙吹填等方式抬高地形，岸线向海推进60~100米，占用海洋公园滨海湿地约143.6公顷，破坏了原有泥质滩涂的生态环境。该公益诉讼案于2023

年 9 月 6 日正式开庭。庭审争议焦点包括如下四点。

（1）本案的原告是否有权就案涉项目提起环境公益诉讼？

被告认为，案涉工程取得海域使用的相关审批手续，属于海洋工程，按照《中华人民共和国海洋环境保护法》及相关司法解释，社会组织无权针对海洋生态破坏提起环境公益诉讼。而原告总体认为，案涉工程的损害行为发生地和损害结果地均位于滨海湿地滩涂，依照国务院法制办公室（2018 年 3 月重组为中华人民共和国司法部）对《关于请明确"海岸线""滩涂"等概念法律含义的函》的复函，以及最高人民法院的裁定，可认定社会组织有权针对滩涂环境污染、生态破坏提起环境民事公益诉讼。

（2）案涉建设项目的审批手续和建设行为是否违反国家规定？

被告认为，案涉项目依法获得行政审批，合法合规，且案涉项目通过开展生态修复措施，有效保护了水鸟栖息地，未对水鸟栖息地造成破坏。原告认为，被告一在国家海洋特别保护区江苏省连云港市海州湾国家海洋公园内开发建设连云港"蓝色海湾"基础工程和岸线修复项目，已开展的修建环抱堤、填埋滩涂、铺设人工沙滩等行为，将部分自然滨海湿地生态系统改造成人工陆地，已经对受法律保护的滨海湿地、国家重点保护野生动物栖息地和迁徙通道造成破坏。这些行为明显违反了《中华人民共和国环境保护法》《中华人民共和国野生动物保护法》《中华人民共和国湿地保护法》《中华人民共和国环境影响评价法》《中华人民共和国海域使用管理法》等诸多法律的相关规定及实施以上法律的相关法规、规章和有关规范性文件的相关内容，同时还违反了《国务院关于加强滨海湿地保护严格管控围填海的通知》《自然资源部办公厅关于加强国土空间生态修复项目规范实施和监督管理的通知》等相关国家政策规定。依照《中华人民共和国民法典》第一千二百三十四条、第一千二百三十五条规定，被告一应当依法承担生态环境修复、损害赔偿等法律责任。被告建设项目审批手续违法和违法破坏滨海湿地的事实也已被第二轮中央生态环境保护督察组予以认定："连云港市未按国家有关部门要求停止海州湾国家海洋公园内的岸线修复项目建设，2020 年继续批复用海手续，在海州湾国家海洋公园内建设，在原有岸线向海一侧通过抛填块石、吸沙吹填等方式抬高地形，岸线向海推进 60~100 米，占用海洋公园滨海湿地约 143.6 公顷，破坏原有泥质滩涂生态环境。"

（3）建设是否造成生态环境损害或存在造成生态环境损害的重大风险？

原告认为，建设行为已对部分天然水鸟觅食地造成破坏，如不停止项目建设，并采取措施以恢复破坏区域原有的水鸟觅食地生态功能，可能导致该区域滨海湿地原本具有的水鸟觅食地功能完全丧失，进而加快高度依赖该区域觅食的珍稀濒危水鸟半蹼鹬物种灭绝的速度。理由是：已有研究通过整理全球已发表的文献、公民科学鸟类记录中关于半蹼鹬的监测数据发现，1987—2019 年，全球范围内记录到超过半蹼鹬全球种群数量 10%（2300 只及以上）的迁徙停歇地有且仅有连云港。并且，"勺嘴鹬在中国"自 2019 年起，多年在案涉区域在内的连云港市滨海湿地记录到全球全部种群数量的半蹼鹬。案涉区域是半蹼鹬等珍稀濒危迁徙水鸟高度依赖的天然水鸟觅食地。

而开展滩涂围垦工程破坏水鸟栖息地，进而危及水鸟种群存续的情况，在发生过的真实案例和科学上都是成立的。例如，与案涉区域同属于一条候鸟迁飞路线的韩国西海岸的新万锦湿地，在建设了围垦项目后，科学家根据持续监测到的鸟类数据，对比项目建设前后的水鸟变化发现，项目建设后原本持续来当地栖息的 8 万多只大滨鹬种群只剩下不足 1 万只，且大滨鹬在黄海其他迁徙停歇地的数量并未增加。结合本案，目前已能看出案涉项目建设后破坏了原有的水鸟天然觅食地，对高度依赖该区域觅食的半蹼鹬产生了不利影响。卫星跟踪数据显示，在本项目建设之初，会利用环抱堤内区域及西侧湿地公园区域觅食的半蹼鹬，在环抱堤建设后已经不再利用环抱堤内的区域觅食，可见由于案涉项目建设，造成高度依赖该区域觅食水鸟的活动范围明显被压缩。航拍照片可见环抱堤西堤内侧（属于建设项目区域）近岸处的部分滩涂因被人为填高，满潮时已无法被海水淹没。而同一时间，堤外区域（属于非建设项目区域）近岸处的滩涂已完全被海水淹没。

因此，为避免因项目建设造成该区域原有的水鸟觅食地完全丧失，对高度依赖该区域栖息的珍稀濒危水鸟造成严重且不可逆的重大生态影响，亟须永久停止对案涉滩涂进行开发建设，保留现存的水鸟天然觅食地，并对已破坏的水鸟天然觅食地开展生态修复，以恢复原有的水鸟觅食地生态功能，否则可能造成加速珍稀濒危水鸟物种灭绝的重大风险。

（4）被告二（环评编制单位）的案涉环评行为是否遗漏了应当予以评价的事项？结论是否可靠？案涉环评是否构成弄虚作假？

被告认为其依法依规编制案涉工程环评，且取得环评审批，不构成环评弄虚作假，不承担法律责任。原告认为，被告二作为基础工程和岸线修复工程的环评报告编制单位，其编制的环评报告存在鸟类调查遗漏、未提出有效的保护措施、鸟类影响评价结论错误等问题，明显违反《中华人民共和国环境影响评价法》及相关技术标准要求，符合《关于严惩弄虚作假提高环评质量的意见》【环环评（2020）48号】"环评领域典型弄虚作假情形"中所列出的"关键内容遗漏"和"数据结论错误"的情形。依照上述意见，环评文件弄虚作假负有责任的环评单位及编制主持人和主要编制人员，应当依法被处以罚款、禁止从业、失信记分、纳入"黑名单"等处罚、处理。弄虚作假环评文件通过审批的，一经发现，原审批部门应依法撤销批复。除此之外，依照《中华人民共和国环境保护法》第六十五条的规定，被告二作为岸线基础工程的环评编制单位，应当与该工程的建设单位共同对该工程现造成的滨海湿地和野生动物栖息地破坏承担连带责任。

虽然目前案涉工程已被中央生态环境保护督察组认定存在审批手续违法、在原有岸线向海一侧通过抛填块石、吸沙吹填等方式抬高地形，破坏原有泥质滩涂生态环境等问题，被告也表明将停止环抱堤建设。但是，鉴于原有的天然滩涂上已建的部分环抱堤仍在，长此以往，是否会对滩涂的底栖生物——水鸟的食物造成不利影响，仍然存在极大不确定性。因此，当下各方应当尽最大的努力，在现在还没有看到半蹼鹬的种群数量发生明显减少时，全面、科学地评估已建项目对珍稀濒危水鸟存续的影响，并基于此提出安全、可靠的修复措施。

3.2.2.4　案件分析与启示

为遏制各类自然生态系统恶化的趋势，我国启动了国土空间生态保护修复、山水林田湖草生态保护修复工程试点等工作。生态修复本是恢复生态系统功能的重要措施，一些地方在开展生态修复工作的过程中，错误地将生态修复理解为景观营造或绿化，实施填埋湿地种树、修建游步道等行为，破坏了原有生态系统的生态功能，与生态修复的目标和结果背道而驰。近年来，因修复措施不科学造成湿地生态破坏的案例在全国各地时有发生，这是自然之友重视此案的原因之一。

"蓝色海湾"项目破坏了滨海湿地生态环境，对鸻鹬类水鸟的自然栖息地造成严重破坏，影响了鸟类生存。《连云港市连云新城蓝色海湾基础工程海洋环境影响补充报告》没有对鸟类进行环境影响评价，并表示淤泥质海岸"大面积出露，难以形成碧海蓝天、绿水白沙的滨海景观，影响了连云新城的滨海城市品质"。《连云港市蓝色海湾整治行动项目连云新城岸线修复工程海洋环境影响报告书》具有涉及鸟类环境影响评价内容，表示"收集了 2016 年至 2018 年的调查数据，并于 2020 年 1 月在连云新城附近海域进行了实地调查"，记录到国家一级重点保护鸟类 1 种、国家二级重点保护鸟类 1 种、近危（NT）物种 2 种。但自然之友对这些数据存疑。起诉书显示，这里是东亚—澳大利西亚迁飞区迁徙水鸟的重要觅食地和高潮停歇地，至少有 5 种国家一级保护野生动物、7 种国家二级保护野生动物和 15 种全球受威胁或"近危"物种。关于报告结论——"导致鸟类觅食地有所减少（减少面积 151.7356公顷），但通过西侧生态湿地区建设、临洪河口滨海湿地修复等方式来重新打造鸟类高潮栖息地和觅食地（修复面积 289.1117 公顷）"，起诉书同样做出反驳："生态绿廊、生态植草沟所在的区域原本就是水鸟的栖息地，不但没有补偿丧失的自然栖息地，而且生态绿廊、生态植草沟的建设反而对鸻鹬类水鸟的自然栖息地造成严重破坏。"

中国的湿地分级管理及名录制度将湿地划分为"国家重要湿地""省级重要湿地"和"一般湿地"三个级别。《中华人民共和国湿地保护法》第 14 条规定将"重要湿地依法划入生态保护红线"，从国土空间规划层面对重要湿地进行严格保护；《中华人民共和国湿地保护法》第 24 条提出了"省级以上人民政府及其有关部门根据湿地保护规划和湿地保护需要，依法将湿地纳入国家公园、自然保护区或者自然公园"的要求，这明确了湿地保护和自然保护地体系建设之间的衔接关系。湿地的"级别"自此与它的"官方保护身份"紧密挂钩。目前，连云港只有临洪河口湿地公园是省级重点湿地，其他案涉区域均不在国家级 / 省级重要湿地名录内。这意味着，身为一般湿地的连云港滨海湿地正是因缺乏"官方身份"而难以得到与之生态价值相符的保护。连云港滨海湿地原本有望在 2023 年 9 月的第 45 届世界遗产大会上接受审议，却在 2022 年底被移除出了"中国黄（渤）海候鸟栖息地（第二期）"预备清单。这也意味着，连云港滨海湿地在短期内又失去了作为"世界自然遗产地"在中国的自然保护地体系下得到有效保护的可能。像连云港滨海湿地一样，未被纳入"重点湿地名录"和自然保护地体系，缺少"官方身份"但又具有重要生态价值的湿地可能不在少数。

针对一些地方生态修复项目实施中存在的前期工作不扎实、监督管理不到位、进度滞后、实施不规范等问题，2023 年 3 月 2 日，自然资源部办公厅下发了《关于加强国土空间生态修复项目规范实施和监督管理的通知》，要求："严禁借海洋生态保护修复之名，变相实施、造成事实性填（围）海或人工促淤。实施生态保护修复项目，不得违背自然规律，采用人工干预方式建设人造沙滩；不得改变自然岸线的海岸形态和生态功能。"

"蓝色海湾"整治项目美其名曰"生态修复"，实际上却人为改变了滩涂性质使其丧失了作为水鸟觅食地的重要生态功能。该案若能明确对损害生态环境行为实行全链条严打的执法、司法态度，将有利于全面遏制对海洋环境的破坏行为，保护海洋资源和生态环境，为可持续发展与生物多样性的维持提供有力支撑。同时，该案庭审内容刊登于多家新闻媒体平台，起到了向公众宣传海洋生态环境保护制度的作用。

3.2.2.5　结论

连云港蓝色海湾项目是东亚—澳大利西亚迁徙水鸟的重要觅食地和休息站，为生态环境重点保护区域。在该区域实施不当修复，会破坏多种国家重点保护野生鸟类的重要栖息地，并导致"蓝色碳汇"生态功能的永久性丧失。由于案涉区域在内的连云港滨海湿地记录到全球全部种群数量的迁徙水鸟半蹼鹬，该区域栖息地的丧失和质量下降，可能会给这一鸟类的物种存续带来致命的影响。未来，关注连云港滨海湿地和半蹼鹬等珍稀濒危迁徙水鸟命运的各方应一起努力，以最佳的科学知识和证据，对案涉项目进行后续整改，共同推动相关方做出有利于连云港滨海湿地保护和半蹼鹬物种存续的最佳决策。这一案例也为打击各类破坏湿地生态环境违法犯罪行为、加强与有关职能部门联动协作、共同破解生态环境保护难题提供了借鉴，且具有指导性意义。

3.2.2.6　思考题

（1）评估"蓝色海湾"项目审批手续的合法性及其对生态环境的影响。

（2）探讨"自然之友"要求项目停工并进行生态恢复的合理性。

（3）讨论如何制定有效的生态修复措施，以减轻对珍稀濒危水鸟生存环境的影响。

（4）如何评价自然之友提起的生态破坏环境民事公益诉讼的意义和影响？

（5）如何建立健全生态修复项目监督管理机制，以防止类似"蓝色海湾"项目的生态破坏事件再次发生？

3.2.2.7　案例使用说明

（1）案例摘要

临洪河口湿地是东亚—澳大利西亚迁徙水鸟及国家二级保护野生动物半蹼鹬等众多珍稀水鸟的重要觅食地和休息站，2021年，"蓝色海湾"项目以"生态修复"为名试图把这片滩涂变成人工沙滩，迁徙候鸟赖以生存的环境因此可能遭到破坏。然而，该项目实际上却人为填高了环抱西堤及内侧建设区域的部分滩涂，阻隔了潮水的冲刷，这将导致滩涂性质发生改变，丧失其作为水鸟觅食地的重要生态功能。该案例对损害生态环境行为实行全链条严打的执法、司法态度，则有利于全面遏制对海洋环境的破坏行为，保护海洋资源和生态环境，为可持续发展与生物多样性的维持提供有力支撑。

（2）课前准备

学生通过查找连云港临洪河口滨海湿地"蓝色海湾"项目的新闻报道及相关文献资料，较为清晰、准确地了解临洪河口滨海湿地的生态价值与"蓝色海湾"项目的历程，为课堂学习和深入讨论做好充分的知识准备、情境准备和心理准备。

（3）教学目标

通过案例分析，学生可以对湿地保护的科学性与综合性有更为清晰的认识，并在此基础上，对工程实践中的伦理问题进行辨识、思考，了解工程师应具备的科学精神、应遵循的科学伦理规范和法律规范。

（4）分析的思路与要点

本案例通过梳理"蓝色海湾"项目生态破坏环境公益诉讼案的进展，选取代表性社会组织与庭审争议焦点，从社会伦理、生态伦理、工程伦理三个角度进行工程实践的原因分析，案例试图从社会组织发挥监督职能，参与生态保护的角度谈社会治理，有助于学生打开新的学习思路。

（5）课堂安排建议

根据具体课时安排，可以多个课时开展。课前先安排学生阅读相关资料，让学生自主了解连云港"蓝色海湾"项目的相关历史背景。

课堂（45 分钟）安排：

教师讲授　　　　（15 分钟）
学生讨论　　　　（10 分钟）
学生报告和分享　（15 分钟）
教师总结　　　　（5 分钟）

补充阅读

[1] 陈媛媛. 当海滨梦遇到候鸟，一场公益诉讼让地方重新认识"生态修复" [EB/OL]. (2023-05-08) [2023-11-14]. https://www.cenews.com.cn/news.html?aid=1052242.

[2] 陈广成，周岩，金娇，等. 连云港临洪河口湿地公园的保护与恢复规划探讨 [J]. 林产工业，2019，56(9)：48-50.

[3] 但新球，廖宝文，吴照柏，等. 中国红树林湿地资源、保护现状和主要威胁 [J]. 生态环境学报，2016，25(7): 1237-1243.

[4] 蒋卫国，张泽，凌子燕，等. 中国湿地保护修复管理经验与未来研究趋势 [J]. 地理学报，2023，78(9)：2223-2240.

[5] 雷昆，张明祥. 中国的湿地资源及其保护建议 [J]. 湿地科学，2005(2)：81-86.

[6] 刘景荣，王圳. 连云港市滨海湿地现状及保护利用对策 [J]. 现代农业科技，2018(10)：237-239.

[7] 马兴帆. 上亿湿地修复项目被诉，社会组织如何发挥监督职能 [EB/OL]. (2021-06-30) [2023-11-14]. https://www.thepaper.cn/newsDetail_forward_13391734.

[8] 潘佳，汪劲. 中国湿地保护立法的现状、问题与完善对策 [J]. 资源科学，2017，39(4)：795-804.

[9] 单诗尧，周智杰. 中国如何保护没有"官方身份"的湿地 [EB/OL]. (2023-07-26) [2023-11-14]. https://dialogue.earth/zh/6/107759/.

[10] 吴后建，但新球，舒勇. 湖南省湿地保护现状及对策和建议 [J]. 湿地科学，2014，12(3)：349-355.

[11] 杨月伟，夏贵荣，丁平，等. 浙江乐清湾湿地水鸟资源及其多样性特征 [J]. 生物多样性，2005(6)：507-513.

[12] 赵晨熙. 全社会湿地保护意识不断提升 [N]. 法治日报，2023-10-23(2).

[13] 自然之友. 连云港"蓝色海湾"项目生态破坏环境公益诉讼案近日正式开庭 [EB/OL]. (2023-09-11) [2023-11-14]. https://www.163.com/dy/article/IHGSQG07051892S4.html.

3.3 陆海协同的感潮河流治理案例

内容提要：茅洲河是深圳第一大河，被称为深圳的"母亲河"，感潮特性导致其治理难度大，治理成效反复。经过多年治理，茅洲河水环境质量和水生态系统发生根本性好转，成为城市重度污染河流治理典范。茅洲河城市感潮段治污和修复实践，为国内其他城市破解水环境容量紧约束，走出一条生态优先、绿色发展的高质量发展新路提供了可复制、可推广的经验。同时，对于其他重点领域和重点事项统筹调度各方力量，集中优势资源攻坚突破，具有积极的借鉴意义。

关键词：感潮河流；茅洲河；黑臭水体；水环境；水生态

3.3.1 引言

感潮河段同时受河川径流和海洋潮汐两种动力作用，其水流受重力、惯性力、摩阻力等作用明显；在水面宽广的河口处，由地球自转引起的惯性力（柯氏力）会对河口潮汐产生一定影响。此外，由于河水与海水的密度不同，在河口处因盐水楔而形成的密度梯度还会影响涨落潮垂线流速的分布和泥沙运动。潮汐对感潮河段水质的影响具有两面性：一方面由于海潮带来的紊流和大量的溶解氧加强了水的混合作用；另一方面，由于潮汐的顶托作用，污染物在感潮河段内来往涤荡，延长了停留时间，从而使污染物进一步发生化学和生化反应，这些反应中有一些是耗氧的，从而降低了水中的溶解氧，使水质变坏。上述因素共同作用，导致感潮河流的治理难度较大。

深圳市是我国南部海滨城市，东临大亚湾和大鹏湾，西濒珠江口和伶仃洋，茅洲河流入珠江口。由于规划和城市超常规发展不同步，深圳市水环境基础设施历史欠账多，同时作为世界上人口密度最高的城市之一，深圳市河流污染严重，母亲河"茅洲河"又是深圳市污染最严重的河流。按照传统的治水模式和手段，要补齐这些历史欠账，至少需要 15~20 年的时间，远远无法满足当时党中央和广东省的有关要求和人民群众对优美生态环境的美好期待。2016 年初，深圳把水污染治理作为重要的政治任务、最大的民生工程，以壮士断腕的决心、背水一战的勇气、攻城拔寨的拼劲，举全市之力打响了轰轰烈烈的茅洲河治理攻坚战。

3.3.2 案例背景介绍

茅洲河位于珠江三角洲东南部，跨越深圳市光明区、宝安区和东莞市长安镇两市三地，发源于深圳市境内的羊台山北麓，河流在深圳市境内自东南向西北蜿蜒流经石岩、公明、光明、松岗和沙井 5 个街道，下游流经东莞市境内的长安镇，最终汇入珠江口伶仃洋。茅洲河是深圳第一大河，被称为深圳的"母亲河"，也是深圳、东莞两市的界河，其流域面积达 388 千米²，干流全长约 41.61 千米，下游感潮河段长约 13 千米。

茅洲河水系呈不对称树枝状分布，流域内集雨面积 1 千米² 及以上的河流共 59 条，其中干流 1 条（茅洲河）。茅洲河在深圳市光明片区的流域面积为 154.20 千米²、深圳市宝安片区的流域面积为 112.65 千米^2、东莞市境内的流域面积为 121.38 千米^2。茅洲河的河流特点一是属雨源性河流,极少有上游水源补充;二是感潮河流数量多,临海口水动力不足,污染物难以扩散,水体易受海水回溯扰动;三是河流槽蓄条件差,主要表现为短、窄、浅的特点,雨洪利用率极低。茅洲河属于跨界河流,是流经深圳市光明区、宝安区和东莞市长安镇两市三地的界河,按照传统行政管辖机制,治理协调难度极大。

茅洲河属于重度污染河流,并且国家要求 5 年内水质达到地表水 V 类,若采用现有技术则治理难度较大。深圳、东莞两地城市化的不断发展,导致茅洲河流域存在排水基础设施建设滞后,末端污水处理能力严重不足的问题;茅洲河片区污水厂主要依靠河道总口截流取水,污水收集率仅为 10%,雨污混流现象严重,老旧排水系统雨污不分,错接乱接现象严重;河流污染负荷重,人口高度集中,人口密度达 1.4 万人/千米^2;重点污染源企业 637 家,其中电镀、线路板企业 330 家,占比 43.5%,小散乱污企业高达 2500 多家,等等,造成茅洲河因流域内废水排放受到严重污染,水体普遍发臭,水污染问题日益突出,已成为当地社会经济发展的一个重要制约因素。2015 年第三季度茅洲河水质监测结果显示,干流、支流亦处于重污染状态,除个别断面氟化物达到地表水 V 类标准外,其余断面监测的水质指标均超过地表水 V 类标准,其中 COD、NH$_3$-N 和 TP 超标尤为严重。以茅洲河共和村(退潮)断面在 2015 年 7 月 3 日的监测数据为例,DO 浓度为 0.32 毫克/升、COD 浓度为 86.5 毫克/升、BOD5 浓度为 31.4 毫克/升、NH$_3$-N 浓度为 24.48 毫克/升、TP 浓度为 8.484 毫克/升。2015 年底治理前的茅洲河成为高密度建成区重度污染黑臭河流的典型。纵观国内外先污染后治理成功的河流,如美国密西西比河、法国巴黎塞纳河、英国伦敦泰晤士河、欧洲国际河流莱茵河、韩国清溪川、德国埃姆舍河等用了 10~50 年时间才完成河流治理,暂未出现短期治理成功的案例。

面对如此复杂艰巨的治理任务,2016 年初,深圳市把水污染治理视作重要的政治任务、最大的民生工程,协同政府、企业、社会全员,举全市之力,通过体制机制创新、管理创新、技术创新,最终实现茅洲河治水治污及生态修复的成功。

3.3.3 案例过程概述

茅洲河治理创新提出"流域统筹、系统治理"理念,采用以地方政府为主导、以优势设计为引领、以大型央企为保障的"地方政府 + 大型央企 + 大 EPC"水环境治理工程项目管理模式;同时以"六大技术系统"为技术支撑,通过"管网排查、正本清源、织网成片、理水疏岸、生态补水"五大技术指南,开展"防洪工程、排涝工程、外源治理工程、内源治理工程、水力调控工程、水质改善工程、水体修复工程、景观提升工程"八大工程,实现河流治理和修复目标。

(1)建立高位推动的组织领导机制,推动流域统筹系统治理理念落地实施。

层层抓落实,关联系统有序运行。广东省委省政府高度重视深圳市的水污染治理工作,省委书记亲自督办茅洲河治理工作。生态环境部、住房和城乡建设部、水利部十分关心深圳市治水工作,有关部司领导多次视察指导,生态环境部、住房和城乡建设部先后两次开展黑臭水体强化督查行动,为深圳市治水提供了重要指导和有力鞭策。深圳市以河长制、湖长制为抓手,建立党政主导、上下联动、齐抓共管的治水机制。市委市政府成立由市委书记和市长挂帅的污染防治指挥部和全面推进河长制工作领导小组,市委书记和市长带头领最重的任务、啃最硬的骨头，分别担任市总河长、副总河长和治理难度最大的茅洲河、深圳河市级河长。市政府成立水污染治理指挥部，由市分管领导担任总指挥，构建由市治水办、市直相关部门、各区组成的"1+8+12"的组织体系，建立分工明确、权责清晰、条块协同、运转高效的运行机制，将科学决策始终贯穿治水全过程，保障一张蓝图绘出来、干到底。全市共落实1057名市、区、街道、社区四级河长和647名湖长，形成一级抓一级、层层抓落实的良好格局。各级河长和各部门守土有责、守土尽责、分工协作，凝聚起攻坚决战的决心意志和强大合力。

针对跨市河流治理不同步问题，省领导担任流域河长，牵头推进深莞（深圳市、东莞市）茅洲河流域治理。省生态环境厅、住房和城乡建设厅牵头，深莞惠建立联席会议制度，每月会商调度、联防联治、紧密协作，推动解决茅洲河界河河段清淤、新陂头北支和塘下涌污染整治、深惠插花地污水整治等一批重点问题，省水利厅大力指导河长制湖长制工作，有力保障跨市河流水质按期达标。在茅洲河流域治理中，深圳市牵头成立由深圳市委书记担任组长的深莞茅洲河全流域水环境综合整治工作领导小组，加大全流域统筹力度，跑出联合治理的"加速度"。针对行政区域职责不清问题，深圳市成立城市水务流域管理机构，对流域涉水事务统一考核、统一管理、统一调度。同时，创新全要素治理与管控的模式，定性定量各要素的目标数值，联合调度污水处理厂、管网、泵站、水闸等涉水要素，最大限度发挥水务设施的系统效能。

大兵团实施，关联系统同步发力。为破解过去顽疾固瘴——"岸上岸下、分段分片、条块分割、零敲碎打"的弊端，深圳市全面统筹流域内的干支流、左右岸、上下游、陆上水上，创新推行全流域统筹、系统治理、大兵团作战的新模式，达到系统治理的效果。以流域为单元，统筹打包实施所有治水项目，采用EPC和EPC+O总承包方式，招选一家大型企业作为实施主体，统一规划、统一标准、明确责任，开展全流域、全要素一体化治理。在治理水污染解决水环境问题的同时，加强排水管网建设和修复，增强排水能力，解决城市排涝问题；整治河道，清淤河床，提高河流（河段）行洪泄水能力，保障城市水安全；与水区管网建设施工同步，实施"三线下地"等措施，治理城中村脏乱差；湿地建设中，更好地协调了湿地生态功能、景观美化功能、健康休养功能等多种需求，以满足人民对美好环境需求的最普惠愿望。综合上述，多种涉水与非水活动，既解决了水安全、水资源、水环境、水生态等问题，也同步统筹解决了各类非水问题，提高了城市治理的总效率。

（2）完善优化管理系统，提高管理效率效果，各种非工程措施同向发力。

建立快速高效协同的审批机制。水污染治理项目规划、立项、报建等审批程序复杂，涉及部门多、耗费时间长，以水质净化厂为例，从立项到开工，按照传统模式，最快也要1年的时间。为提高审批效率，深圳严格落实市委"一切工程为治水让路"的精神，把水污染治理项目摆在首要位置，采取多项措施加快审批；简化审批手续，依托市水污染治理指挥部平台，对列入年度建设计划的项目，视同立项；优化审批流程，将过去的串联审批改为并联审批，缩短流程和时间；开通绿色通道，要求各审批部门限时审批，大大提高了工作效率。

建立责任明晰、刚性有力的督查考核机制。深圳市层层压实责任，以目标为导向，制订年度建设计划，按照"表格化、项目化、数字化、责任化"要求，制定《责任手册》，将每项任务责任到人；持续跟踪督促，始终紧盯、关注、跟踪每项工作的任务进展，采用"红、黄、绿"颜色标识进度，每半月在指挥部例会上通报，定期向市主要领导进行专项报告，对进度滞后的责任单位，视情采取座谈、约谈形式，传导压力，倒逼进度；加强督查检查，建立"2+2"督查工作机制，由市水务局、生态环境局两个业务部门和市委、市政府督查室两个专门督查机关紧密联系，开展飞行检查、交叉检查、联合督查。

实行最严格、最刚性的执法监管制度。深圳市推动完善水污染治理有关法规，推动修订《深圳经济特区环境保护条例》《深圳经济特区饮用水源保护条例》等法规，进一步明确涉水等环境违法行为认定标准，提高违法成本；强力开展"利剑"系列环境执法行动，2017年以来累计查处环境违法案件 6648 宗、罚款 4.88 亿元，其中移送公安机关行政拘留 327 宗，查处案件数量和罚款金额均居全国城市前列，以铁腕执法让环境违法企业在深圳无法立足；大力整治"散乱污"企业，开工建设江碧环保科技创新产业园，推动产业必需的电镀、线路板等高排放企业入园管理、环保升级、集聚发展；通过升级改造一批、整合搬迁一批、关停取缔一批等措施，完成全市 1.31 万家"散乱污"企业综合整治，提前 3 个月完成任务；推进排水户监管全覆盖，开展排水户大排查行动，完成 20 余万家排水户排查登记，建立排水户信息管理系统，纳入街道网格化管理，实现一户一档、定点管控、责任到人；针对农贸市场、餐饮、洗车、建筑工地等重点排水户，建立执法部门和行业主管部门联合监管机制，分类持续开展整治。

排水管理进水区强化源头管理。长期以来，建筑小区内部的排水设施是管养的难点，受职责不明晰、缺少专业力量等因素影响，该管的人（物业公司）不愿意管，想管的人（专业排水公司）没权力管，特别是城中村，由于缺少规划支持，更是成为监管盲区，因此造成排水管渠"最后 100 米"长期"缺管、失养、乱接"，使得水污染治理成效得不到巩固，正本清源改造后容易返潮。深圳市从体制机制着手，改革创新推行排水管理进小区：首先，解决有制度管的问题，充分利用特区立法优势，通过修订物业管理条例、排水条例来突破建筑小区的红线制约，为专业排水公司进小区提供了法制依据；其次，解决有人管的问题，推动各区成立排水管理公司，充实排水管理基层力量，委托专业排水公司对全市建筑小区的内部排水设施进行全链条、一体化运维，并制定运行管理质量考核办法，建立按效付费的机制，强化考核激励；最后，解决有钱管的问题，加大财政投入，由市、区财政按照一定比例予以保障。排水管理进小区的全面推行，为深圳打造国内先进的全市域分流制排水体制提供了坚实保障。

（3）构建河湖防洪排涝与水质提升监测技术系统、河湖外源污染管控技术系统、河湖污泥处置技术系统、工程补水增净驱动技术系统、生态美化循环促进技术系统、水环境治理信息管理云平台技术系统。

河湖防洪排涝与水质提升监测技术系统：该技术系统由防洪排涝和水质提升两部分的监测技术构成，主要功能是完成水情与水质实时信息的连续采集、处理及发布，为城市防洪排涝、水环境管理及其他综合管理目标提供优化服务。

河湖外源污染管控技术系统：该系统是以"源头预防、过程控制、末端治理"的思路，将受污染的水体在流入河流水体之前进行控制和处理的相关技术总体及其功能与联系。

河湖污泥处置技术系统：该系统是对受污染的河流与湖泊中内源污染物进行清理、处置所用技术的总体。

工程补水增净驱动技术系统：该系统用于解决城市河流自然水量少、水动力条件不足，以及水循环不畅所引起的河道水体轻度黑臭或水体进一步提升的问题。按照补水工程的技术路线，该技术系统主要包括污染负荷分析技术、水资源挖掘分析技术和水力调控技术。

生态美化循环促进技术系统：该系统主要是利用生态系统的自我恢复能力，辅以人工工程和非工程措施，使生态系统向良性循环发展，提升水质和景观的相关技术。

水环境治理信息管理云平台技术系统：该系统是一项服务于工程生命周期管理的立体化管控技术体系，将前述 5 个技术系统实施过程中产生的实时数据及关联工程系统的实时数据，实现工程网络化管理、智能视频监控、进度可视化管理、政府协同工作等功能。

（4）针对不同的污染物来源，分阶段采取不同的治理措施。

对于点源污染，深圳市在 2016—2017 年通过截污纳管措施，平均削减了 78.2% 的点源污染；2018 年通过实施正本清源措施，平均削减了 17.5% 的点源污染；2019—2020 年最后通过实施全面消黑的相关措施，消除了 2.7% 点源污染，从而共消除了 98.4% 的点源污染。对于面源污染，深圳市通过各项面源污染控制措施削减了约 92.0% 的面源污染。对于内源污染，底泥清淤措施削减了全部内源污染，各项治理措施效果显著。

基本实现全流域范围内的管网雨污分流，污水收集和处理能力得到提高。改造老旧管网 455 千米，其中改造"瓶颈管"99.8 千米、补齐"缺失管"211 千米、修复"破损管"88.7 千米、纠治"错接管"55.5 千米，累计清疏 1533 千米。针对茅洲河流域二、三级管网建设严重滞后、混流情况严重的特点。研究运用外源污染管控技术，对流域内雨污管道实施全面排查，快速搭建管网，提高污水收集率和污水处理厂的效率，实现织网成片。项目敷设管网超 2000 千米，最高日敷设 4.18 千米，创造了国内污水管道建设新纪录。利用排查技术对 24 个片区管网进行现场排查，梳理出关键接口 494 个；对 17 条沿河截污管道进行排查，梳理出关键接口 108 个；对其中存在问题的 288 个接口逐一明确了处理方案。确保形成完整的源头收集、毛细发达、主干通畅、终端接驳的污水收集网络系统。

项目分类管理工业小区与居民小区，精准实现雨污分流，实现正本清源。统筹对流域内 1.2 万余家工业企业、330 家公共建筑、280 家新村住宅的管网情况进行彻底摸排，查明排水管网系统的雨污混流、错接乱排现象，完善雨污分流体系。通过实施正本清源工程，茅洲河污水收集率达到 95%，从源头上消除了污染向水体排放的途径。实施了全面消黑工程，对每条河尤其是暗渠岔流河段进行梳理，确认沿岸排污口，强化沿河截污管理，实现理水梳岸。统筹对 17 条河涌进行 150 个断面的水质检测，对 2088 个排放口、122 条支流暗渠进行源头梳理和水质水量分析，深化河涌水质提升、排放口及支流暗渠整治等处理方案，确定对 1472 个排放口进行治理，其中新增排污口 512 个，推动河道截污治污系统治理，保障旱季污水不入河。

为提高茅洲河流域水体自净修复能力，扩大水环境容量，深圳市采取生态调水措施，开展"寻水溯源"行动，找到可靠水源，提高了河流水体的流动性，增强了河流水体的活性，建立了茅洲河流域水环境生态调水机制。累计完成一、二级补水干管敷设约 55 千米，新建补水泵站 2 座，流域补水总规模 120 万吨 / 天；流域内的石岩水库、罗田水库等 7 座中小型水库可下泄部分生态基流；生态补水后，流域水生态环境状况明显提升，茅洲河干流及主要支流水体的化学需氧量、氨氮、总磷浓度明显降低，溶解氧升高，底栖动物和湿地植物多样性明显增加。

茅洲河清淤底泥具有泥量巨大、重金属含量高等特点，深圳市通过污染底泥环保清淤—处理处置—资源化技术研究，形成了包括环保清淤、底泥接收、垃圾分离、泥沙分离、泥水分离、调理调质、脱水固化、余水处理、余土处置的系统化、专业化的河湖污染底泥处理处置技术，提出了茅洲河污染底泥系统处理处置技术方案。依托该技术建成了茅洲河 1 号底泥处理厂，该厂是我国首个投产的河湖污泥大规模工业化处理与资源再生利用中心，河湖污泥

（水下自然土方）年处理能力达 100 万米³，解决了重度污染底泥"减量化、无害化、稳定化、资源化"的问题，受到各界的关注和赞誉，成为深圳市展示治水提质成果的窗口。

针对茅洲河流域降雨丰枯比较大，枯水期天然径流很小，水动力不足，河道水体自净能力差的特点，深圳市依托水力调控技术，分析茅洲河流域各种水源及补水能力，建立水动力水质模型，实测茅洲河河口—上游洋涌河水闸处连续 72 h 潮位及水位过程线，根据实测水质及潮位等资料，完善模型边界及参数，制定补水调度方案。茅洲河河口挡潮治污闸枢纽工程作为流域末端控制系统，对保障流域水安全、实现治水目标、提升水景观、恢复水生态意义重大，为讲清讲透河口建闸的必要性，进一步取得试验验证，深圳市在新桥河河口建设挡潮控污应急试验工程，经过实践，闸前水质较闸后感潮段水质有明显改善。

3.3.4　案件分析与启示

治理后的茅洲河流域水环境质量发生根本性好转，2017 年 12 月 11 日达到不黑不臭标准，通过国家考核；2018 年稳定实现不黑不臭，通过广东省年度考核目标；2019 年 11 月达地表水 V 类标准，提前 14 个月实现国考目标；2020 年，茅洲河共和村国考断面水质基本稳定在地表水 IV 标准。具体而言，2018 年 8 月，茅洲河生境监测结果显示，底栖动物物种多样性增加 54%，其中水生昆虫物种增加了 133%，而密度降低 76%，主要原因是耐污种水丝蚓密度降低；浮游植物物种多样性降低 9%，藻类密度降低 46%；湿地植物共有41 科 89 属 110 种，底栖动物和湿地植物多样性明显增加。消失多年的当地螺类（Margarya melanioides）、宽沟对虾（Penaeus latisulcatus）、乌鳢（Ophiocephalus argus）和蜻蜓（Odonata spp.）重回茅洲河，国家濒危植物野生水蕨被首次发现，流域水生生物多样性指数明显提升，沿线土地大幅增值，并释放出 15 千米² 土地。茅洲河的治理实现了水清、岸绿、景美，探索出一条人与自然和谐共生、流域经济高质量发展的新路径。茅洲河治理项目先后入选水利部全面推行河长制湖长制典型案例、生态环境部美丽河湖提名案例和广东省十大美丽河湖案例等。

3.3.5　结论

作为高密度建设的超大型城市，深圳较早遇到了发展经济和保护环境的统筹协调问题。在党的坚强领导下，茅洲河治污和生态修复通过治理理念创新、体制机制创新、技术创新、措施创新，用 4 年时间补齐了 40 年的治污基础设施历史欠账，推动茅洲河流域水环境迎来历史性转折，茅洲河从"墨汁河"变为"生态河"。深圳的城市感潮河流治污和修复实践，为国内其他城市破解水环境容量紧约束，走出一条生态优先、绿色发展的高质量发展新路提供了可复制、可推广的经验；同时，对于其他重点领域和重点事项统筹调度各方力量、集中优势资源攻坚突破，具有积极的借鉴意义。

3.3.6　思考题

（1）茅洲河治污和生态修复项目中，哪些治理理念和体制机制的创新对项目成功起到了关键作用？

（2）在茅洲河的治理过程中，采用了哪些技术创新来补齐治污基础设施的历史欠账？

（3）茅洲河案例中，有哪些经验是其他城市在进行水环境治理时可以直接借鉴的？

（4）在高密度建设的超大型城市中，如何平衡城市发展与水环境容量的紧约束？

（5）在面对重点领域和重点事项时，深圳是如何统筹调度各方力量和集中优势资源的？

3.3.7 案例使用说明

（1）案例摘要

2015年底治理前，茅洲河处于重度污染状态，是高密度建成区重度污染黑臭河流的典型。在有关政府部门的关注和督办下，茅洲河治理和修复进行了多方面创新，通过管理措施、技术措施、工程措施、公众参与，茅洲河水环境质量改善和水生态修复效果显著，茅洲河从"墨汁河"变为"生态河"。茅洲河城市感潮段治污和修复实践，为国内其他城市破解水环境容量紧约束，走出一条生态优先、绿色发展的高质量发展新路提供了可复制、可推广的经验；同时，对于其他重点领域和重点事项统筹调度各方力量，集中优势资源攻坚突破，具有积极的借鉴意义。

（2）课前准备

学生通过查找国内外河流污染治理措施与治理周期，茅洲河2015年底治理前的污染状态及茅洲河治理工程的新闻报道与相关文献资料，较为清晰、准确地了解茅洲河污染成因、治理难度、治理措施与治理历程，为课堂学习和深入讨论做好充分的知识准备、情境准备和心理准备。

（3）教学目标

通过案例分析，学生可以对我国高密度建成区河流治理有更为清晰的认识，并在此基础上，对工程实践中的政府、企业、社会角色进行辨识、思考，了解工程师应具备的科学精神、应遵循的科学规律和法律规范。

（4）分析的思路与要点

本案例通过介绍茅洲河的治理背景和治理情况，选取茅洲河治理前的污染状态、治理采取的创新措施和治理效果，从管理、技术、工程、公众参与角度分析重度污染河流短期治理成功的原因，案例试图从工程师、设计师角度，给出河流治理的成功经验，有助于学生系统了解涉水和环保工程项目实施中政府、企业、公众的角色，有助于学生以工程师思维思考如何实现治理目标。

（5）课堂安排建议

根据具体课时安排，可以多个课时开展。课前先安排学生阅读相关资料，让学生自主了解茅洲河的相关历史背景。

课堂（45分钟）安排：

教师讲授	（15分钟）
学生讨论	（10分钟）
学生报告和分享	（15分钟）
教师总结	（5分钟）

补充阅读

[1] 南方日报. 生态环境保护督察视角下的茅洲河治理 [EB/OL]. (2021-01-04) [2024-10-26]. https://gdee.gd.gov.cn/ztzl_13387/gjjzds/content/post_3165828.html.

[2] 深圳市生态环境局. 斩除"黑龙"岸绿河清——深圳茅洲河的蝶变之路 [EB/OL]. (2022-07-18) [2024-10-26]. https://meeb.sz.gov.cn/xxgk/qt/hbxw/content/post_9958531.html.

[3] 王丰，周颖. 从"黑臭河"到"生态河"——广东茅洲河治理观察 [EB/OL]. (2022-07-23) [2024-10-26]. http://m.news.cn/gd/2022-07/23/c_1128857276.htm.

[4] 吴冰，贺林平，洪秋婷. 从末端截污到流域统筹、系统治理，深圳最大河流告别黑臭，茅洲河之变 [EB/OL]. (2020-11-13) [2024-10-26]. http://society.people.com.cn/n1/2020/1113/c1008-31929265.html.

[5] 深圳市科技创新委员会. 茅洲河流域综合治理显成效 [EB/OL]. (2018-10-29) [2024-10-26].https://stic.sz.gov.cn/gzcy/msss/ztzlstyhj/content/post_2905759.html.

[6] 王奋强，叶志卫. 决战水污染治理 | 茅洲河再现水清岸绿 [EB/OL]. (2020-01-09) [2024-10-26]. https://www.thepaper.cn/newsDetail_forward_5466377.

[7] 中国基建报. 央视再赞茅洲河治理成效：水清岸绿、千舟竞渡、鸥鹭齐飞 [EB/OL]. (2021-06-05) [2024-10-26].https://new.qq.com/rain/a/20210605A07S7M00.

[8] 广东省生态环境厅. 茅洲河：水岸共治，华丽转身 [EB/OL]. (2020-07-13)[2024-10-26]. https://gdee.gd.gov.cn/ztzl_13387/gjjzds/content/post_3042914.html.

[9] 孔德安，王寒涛，张家春，等. 水环境系统治理：理念、技术、方法与实践 [M]. 南京：河海大学出版社，2023.

[10] 中国城市科学研究会水环境与水生态分会. 城市黑臭水体治理的成效与展望 [M]. 北京：科学出版社，2023.

[11] 王民浩，孔德安，陈惠明，等. 城市水环境综合治理理论与实践——六大技术系统 [M]. 北京：中国环境出版社，2020.

[12] 孔德安. 中国电建：流域统筹系统治理努力建设美丽中国 [J]. 中国水利，2021(12)：1.

3.4 天津河口生态减灾案例

内容摘要：在全球气候变化背景下，台风、风暴潮等海洋灾害风险增高，严重威胁着沿海地区人民的生命财产安全和社会经济的可持续发展。传统海岸硬质防护工程措施在经济成本和可持续性等方面的局限性日益凸显，相比较而言，红树林、海草床、滨海盐沼、珊瑚礁、牡蛎礁等天然的"海洋卫士"能够有效消浪弱流、促淤保滩，在减轻沿海地区海洋灾害风险方面越来越受到关注。近年来，各沿海国家（地区）在海岸带保护与利用工作中不断探索新的可持续解决方案，涌现出一批优质的生态减灾协同增效的实践案例，如中新天津生态城河口生态减灾案例，对世界各国共同推动沿海地区生态、安全、经济协同发展，守护地球家园等发挥着良好的借鉴作用。

关键词：天津；中新生态城；河口；生态减灾；协同增效

3.4.1 引言

海岸线以物质流、能源流和信息流等为纽带，将陆地和海洋融合为有机整体。其中，自然岸线是一种可以极大造福人类的资源，是一种独特的具有高价值且不能被替代的资源，也是稀缺的、极为重要、难以再生的自然资源，是沿海地区重要的生态安全屏障，关乎我们和子孙后代的共同利益。自然岸线及近岸湿地是重要的生态空间，生物多样性水平高，鱼虾等产卵场、索饵场、越冬场和洄游通道密集分布，也是海洋生物的重要栖息繁殖地和鸟类迁徙中转站，为维持生态安全提供了重要基础，具有弥足珍贵的重要生态功能和生态价值。

我国海洋灾害种类多、风险大，全国 1/3 的沿海县区都处于海洋灾害高风险地带，海洋灾害每年造成的直接经济损失在 100 亿元左右，其中风暴潮灾害造成的直接经济损失占90% 以上。自然岸线具有足够的"韧性"和"弹性"，在长期的历史演化过程中形成了较为稳定的形态，成为陆海之间的重要缓冲地带，可以有效地抵御台风、风暴潮等极端海洋灾害天气，维护沿海群众的生命和财产安全。自然岸线可以为人类提供重要的亲海和观景空间，是海洋经济生态化和海洋生态产业化融合发展的重要依托，能够不断满足沿海地区人民群众和游客对优美海洋生态环境、优良海洋生态产品、优质海洋生态服务的需求。自然岸线一旦遭到人类固化、"美化"或破坏，其生态功能在短期内很难恢复到原来水平。

传统的风暴潮防御措施主要为修建海堤，很少利用海岸带生态系统的天然生态减灾功能，因此在经济成本和可持续性等方面的局限性日益凸显。基于自然的解决方案、基于生态系统的减轻灾害风险等方法，如红树林、滨海盐沼、海草床、珊瑚礁、砂质海岸等天然"海洋卫士"能有效防潮御浪、固堤护岸，并因具有良好的可持续海岸带保护效果在近年来备受关注。中新天津生态城河口生态减灾工程便是一个典型的、优质的基于自然的海岸带保护与利用解决方案。2023 年 9 月 25 日，该案例被自然资源部和世界自然保护联盟联合发布的《海岸带生态减灾协同增效国际案例集》收录。这一案例的成功实践，不仅展示了生态工程在应对自然灾害和保护环境方面的有效性，也为其他沿海城市和地区提供了宝贵的经验与启示。

3.4.2　案例背景介绍

中新天津生态城（以下简称生态城）是中国、新加坡两国政府开展的重大合作项目，是世界上首个国家间合作开发的生态城市，旨在应对全球气候变化、加强环境保护、节约资源和能源，为城市可持续发展提供示范。生态城于 2008 年 9 月 28 日正式开工建设。2013 年 5 月，习近平总书记在视察生态城时提出生态城应为建设资源节约型、环境友好型社会提供示范。经过各界的不懈努力，昔日一片盐碱荒滩上崛起了一座充满生机与活力的生态新城。2018 年 11 月 26 日，中新天津生态城在开工建设十周年之际，被推选为"2018 中国最具幸福感生态城"。

中新天津生态城位于天津市滨海新区北部，地处渤海西岸，距天津中心城区 45 千米，规划总面积 15 000 公顷，其中陆域面积 10 000 公顷、海域面积 5000 公顷，规划人口约 40.4 万，拥有约 36 千米长的海岸线，海岸主要以粉沙淤泥质为主。河口生态修复案例（以下简称案例）位于生态城永定新河入海口，是生态城城海连接点，海陆域生态衔接的枢纽。永定新河是海河流域北部水系永定河、北运河、潮白河和蓟运河四条水系共同入海道，是天津市北部防洪屏障，也是维系区域生态系统稳定的重要内容。同时，该区域因位于渤海湾湾顶而在历史上频繁遭受海洋灾害，特别是风暴潮灾害袭击。近年来，在全球气候变化的影响下，该区域遭受了更多、更强烈的风暴潮袭击，地区原有的海岸带减灾防灾工程设施，如现有硬质堤坝，已无法抵挡风暴潮的袭击。

该区域的自然环境因特殊的地理位置及社会发展等因素遭到了破坏，区域内水、土环境质量恶化，生物多样性减少，生态环境极其脆弱。修复前，该地区主要存在三大问题：①区域位于永定新河入海口，海水流速受陆向来水顶托骤降，形成一定的淤积，行洪路线存在凸角，因此行洪安全隐患突出；②南堤以内修复前是一片荒芜的泥浆滩涂，水体流动性较差，原土以粉质黏土为主，渗透性差，导致堤坝南部整体水系不连通，防汛排涝能力弱；③海堤形态单一，海堤外泥浆滩涂阻隔陆海联系，民众看海亲海诉求难以得到满足。

3.4.3　案例过程概述

中新天津生态城河口生态减灾工程于 2017 年正式启动建设，在 2020 年顺利竣工。项目以海堤为界，堤外湿地修复区 138 公顷，包括四项措施：南部滩涂东侧削角工程范围 2.1 公顷、南部滩涂西侧带状滩涂地形梳理、北部临堤滩涂提升和垃圾清理。堤内则构建了城市安全防护型生态公园绿地 35 公顷，公园的构建以老海堤为骨架脉络，综合运用滨海生态元素，结合水系、绿道系统，形成"绿叶方舟"的设计理念。具体的建设内容涵盖土壤修复、植被营造、水系连通、海堤步道、服务配套建筑设施等。

从保障防潮安全，兼顾城市发展、人文与生态保护的角度出发，生态城构建了由"堤外河口滩涂""现状海堤"和"堤内湿地、湖"共同组成的多功能、缓冲型海岸带绿色基础设施。共有三道防线：第一道防线由堤外盐沼湿地和原生滩涂植物群落组成，主要功能为削浪弱潮；第二道防线以现状海堤为主，与堤后抬高绿化带形成隐形防线，同时生态化改造后的海堤断面可满足公众多样需求，与生态城的慢行系统有效衔接；第三道防线为湿地公园、湖体，通过海绵基础设施纳浪防潮，结合区域水系连通和相应管理措施达到防潮要求。总体而言，生态城建立了由海向陆的立体综合防护体系，在较大幅度提高原有海岸防护基础设施的防潮防浪能力的同时，也显著改善了区域生境，满足了居民亲海近海、游园等需求。

生态城通过新建外排涵闸连通了海堤闸与南湾水系，打通了入海渠道；同时，利用现状贝壳堤公园内涵闸实现南部水系连通，循环水系总蓄水量达 86 万米³，大大提升了体系的蓄水防洪能力；此外，通过建设一体式地埋雨水泵站，实现每年向湿地公园输送 30 万米³的雨水，赋予了城市雨洪管理更大的弹性和韧性。海堤内公园内部通过暗涵和管道连通，形成生态循环水系。工程建设中充分运用透水铺装、雨水湿地、雨水泵站、雨水净化沉淀池等设施，搭配栽植适生水生植物等，构建"雨水净化系统"，营造具有渗透、吸附、缓释多重作用的绿地空间。

建于 20 世纪 50 年代的老海堤是天津海岸珍贵的历史文化遗产。项目从决策到竣工都十分重视老海堤的保护与升级改造，新海堤的设计以老海堤为骨架展开，以实现满足现实需求与保护历史古迹间的最佳平衡。升级改造后的老海堤能与城市绿道、轨道站点、周边公园，以及水上游线互通互连，实现了对生活空间、滨水空间及公共绿地等城市开放空间的链接和延伸，构建了完善的绿地网络，提高了城市公共空间价值。此外，以古海岸资源为背景，海洋为主题，新海堤成为文旅服务的"户外海洋博物馆系统"。

生态河口生态减灾工程措施不仅具有良好的海洋减灾能力，而且改善了周边环境，提升了居民的生活质量；同时，项目施工注重历史文化遗产的保护与升级改造，对"海岸遗产"的保护与转化具有重要的示范作用；此外，该项目因显著的成效和创新的实践方式，受到了社会各界的广泛好评。

3.4.4 案例分析与启示

堤内南部区域水系连通后，防汛排涝、雨水调蓄功能得以强化。雨水泵站、调蓄池等设施能有效控制雨水径流量（控制率达 90%），降低了瞬时雨量增加的排涝压力；再搭配水生植物能显著改善水体水质，更好地满足排海水质指标；"三道防线"能够确保防灾减灾功能，全面提升海洋减灾能力；在形成的人工岸线向陆一侧留出一定宽度的亲海空间区域，构建亲水、亲海空间，提升了生态效果。同时，案例建设中根据公众的多层次需求，在满足安全防护的基础上，打造服务全方位和人性化的生态化休憩空间，提升了区域安全防护与景观环境价值，对周边居民的生活环境和生活质量的提高都将产生良好且深远的影响。

案例中堤内湿地空间通过水系连通及循环，提升了水体自净能力，以及不同水位下的调控能力，恢复了湿地自然形态，生境类型除保留的河口滩涂外，还增加了湿地、林地、湖泊等。案例中，堤外河口湿地的水交换及纳潮能力得到提升，湿地环境也得以改善，据监测：共发现 12 科 24 种植物，全部为被子植物，草本植物占总种数的 66.7%，乔木和灌木共占 33.3%；浮游植物多样性指数已上升到 3.3，大型浮游动物多样性指数为 1.5，大型底栖生物多样性指数为 1.6；共发现鸟类 4 目 7 科 10 种，以游禽和涉禽为主。案例区域利用自然，重塑自然，提高了湿地系统自我调控能力，展现了生态修复和防灾减灾的最大价值。

老海堤是天津重要的自然历史文化遗产，老海堤的升级改造除了强化其防潮功能外，还使其拓展为城市休闲步道和滨海亲水空间。在湿地公园建设的过程中增加历史科普内容，老海堤历史得以融入新海堤。南堤滨海步道是生态城约 8 千米健身步道的重要段落，为市民健身、运动、游憩提供了绿意空间。已有的游客驿站、便民服务中心、草阶舞台、丘澜亭等活动场所，新布置的导览图、咨询台、轻餐饮、户外露营等便民设施，进一步丰富了人们的公共活动空间，满足了游客和市民多样化的需求。

生态城自建设起就备受关注，河口生态减灾工程在应对自然灾害和保护环境方面的有效性，为其他沿海城市提供了宝贵的经验和启示，受到了世界各国的广泛关注。自对外开放以来，生态城受到了社会媒体、专家学者、市民大众的广泛好评。新华网、CCTV-1、CCTV-13、人民网、新华社、《天津日报》《人民日报》等多家媒体进行了报道和转载。案例规划设计方案获得 2020 年中国风景园林学会科学技术（规划设计）奖二等奖、2017 年全国优秀城乡规划设计奖三等奖、天津市优秀城乡规划设计奖一等奖，入编《2021 年度天津市规划行业优秀案例集》；案例施工获得 2020 年中国风景园林学会科学技术（园林工程）奖二等奖。该案例在自然资源保护和合理利用方面取得了显著成效，受到了自然资源部和世界自然保护联盟充分的肯定和支持，并被收录到《海岸带生态减灾协同增效国际案例集》中，对全球自然资源保护和可持续发展事业发挥了积极的推动作用。

本案例有效识别并应对了防灾减灾、经济与社会发展和环境退化与生物多样性丧失等若干社会挑战。该项目统筹开展了滨海湿地修复与南堤滨海步道公园建设，构建了复合型陆海生态缓冲带，营造了人与自然和谐相处的海岸空间，与社会挑战标准高度匹配。虽然该项目构建了多功能复合型景观海堤，有效增强了海堤防潮功能，也为市民提供了广阔的绿意空间，但并未阐明项目实施过程中各部门的协同作用、互补干预措施等，因此与基于尺度设计标准基本匹配。项目在时间和空间尺度对海堤相关生境现状进行了适当的评估，建立了监测和评估系统，构筑"三道防线"，建立了立体综合防护体系，识别并加强了生态系统的连通性，与生物多样性净增长标准基本匹配。直接成本清晰，项目的防潮功能及生态文明价值间接表明了其成本效益，与经济可行性标准基本匹配。项目对决策过程进行了记录，有效地识别了利益相关方，但未说明其在项目实施中是否受影响及参与程度，并且未建立反馈与申诉机制，与包容性治理标准部分匹配；项目通过定期检查保障措施，保证了生态系统和景观的稳定性，但缺乏利益相关方对土地和自然资源的权利与责任的具体分析，与权衡标准部分匹配；在实施过程中对区域生物多样性进行了监测和评估，但没有说明是否建立迭代学习框架对干预措施进行改进和调整，与适应性管理标准部分匹配。项目以海岸带生态减灾协同增效理念，为河口海湾、滨海湿地、岸线岸滩的治理修复提供了示范引领作用，与可持续性和主流化标准基本匹配，识别了潜在效益，但没有进行详细的成本效益分析。

3.4.5　结论

天津河口生态减灾工程的核心是通过综合运用生态技术和管理措施，减少河口地区的生态灾害，保护当地的生态环境。针对城市与海堤的行洪防潮安全隐患、区域水系不连通、海堤结构形态功能较单一这三方面主要问题，整体构筑盐沼湿地、现状海堤和湿地公园"三道防线"，形成具有海岸缓冲型绿色基础设施特征的多功能复合型生态海堤。新建外排涵闸与新城水系连通，使涝水自流外排入海，赋予城市雨洪容量更大的弹性和韧性，营造可持续生态韧性海岸示范。发挥老海堤及原岸线的文化价值，与城市慢行游憩系统有机衔接，实现海岸新遗产保护与转化利用。通过采取相应措施，河口、海岸和海堤的城市防汛排涝、流量调节、亲海空间等生态服务价值全面提升，取得社会各界的广泛认可和好评，营造了人海和谐、人民群众共享的特色海岸生态空间，为河口海湾、滨海湿地、岸线岸滩治理提供了示范。

3.4.6　思考题

（1）生态减灾为何受到越来越多的关注？
（2）该案例中运用到的生态技术有哪些？
（3）相较于传统治理措施，基于自然的解决方案在海岸带防灾减灾方面有哪些显著的优势？
（4）生态减灾工程如何进行长期监测评价？

3.4.7　案例使用说明

（1）案例摘要

中新天津生态城河口生态减灾项目向我们展示了如何通过生态手段来减少自然灾害的影响，同时提升生态系统服务功能。中新天津生态城在建设过程中，面对盐碱荒滩的挑战，通过改良土壤、大规模绿化等措施，成功将不毛之地转变为绿树成荫的花园城市。此外，生态城还积极打造海绵城市，有效管理雨水，减少城市内涝风险，同时入选国家海绵城市建设试点。在河口生态减灾方面，生态城通过治理和修复污染水体，如治理静湖，实现了环境效益和经济效益的双丰收。静湖曾是一处被严重污染的污水库，经过多年的治理，不仅水质得到显著改善，土地资源还得以增加，成为天津市"最美河湖"之一。这些实践不仅提升了城市的生态环境质量，也为居民提供了更多的绿色空间，提高了居民的生活质量。中新天津生态城的实践为我们在保护和利用海岸带资源的同时，实现生态减灾和可持续发展提供了宝贵的借鉴。

（2）课前准备

学生通过查找国内外生态减灾的成功案例，中新天津生态城河口生态减灾前的污染状态及中新天津生态城河口生态减灾项目的新闻报道与相关文献资料，较为清晰、准确地了解中新天津生态城河口污染成因、治理难度、治理措施与治理历程，为课堂学习和深入讨论做好充分的知识准备、情境准备和心理准备。

（3）教学目标

通过案例分析，学生可以对我国生态减灾项目有更加清晰的认识，并在此基础上，对工程实践中的政府、企业、社会角色进行辨识、思考，了解工程师应具备的科学精神、应遵循的科学规律和法律规范。

（4）分析的思路与要点

本案例深入剖析了中新天津生态城河口生态减灾项目的背景、实施过程及成效。通过详细考察项目启动前的环境状况、所采取的创新策略及其带来的积极影响，本案例从管理、技术、工程和公众参与等多个维度，深入探讨了生态减灾项目成功的关键因素。案例旨在从工程师和设计师的视角出发，总结生态减灾的成功经验，以此培养学生的全面分析能力、创新思维、环境责任感及对可持续发展的深刻理解。通过学习，学生将能够领悟生态工程在提升环境质量和增进人民福祉方面的重要性和实际应用。

（5）课堂安排建议

根据具体课时安排，可以多个课时开展。课前先安排学生阅读相关资料，让学生自主了解生态减灾的重要性。

课堂（45 分钟）安排：

教师讲授　　　　　（15 分钟）
学生讨论　　　　　（10 分钟）
学生报告和分享　　（15 分钟）
教师总结　　　　　（5 分钟）

补充阅读

[1] 天津日报. 从盐碱荒滩到全国示范——中新天津生态城的绿色发展之路 [EB/OL]. (2021-07-01) [2024-10-26]. https://www.eco-city.gov.cn/p1/stcxw/20210701/43884.html.

[2] 国家发展改革委. 国家发展改革委关于印发《中新天津生态城建设国家绿色发展示范区实施方案（2024—2035 年）》的通知 [EB/OL]. (2024-08-14) [2024-10-26]. https://www.gov.cn/zhengce/zhengceku/202408/content_6971015.htm.

[3] 毛振华，王井怀. "生态禁区"里的别样绽放——中新天津生态城建设 12 年绿色发展观察 [EB/OL]. (2020-09-29) [2024-10-26]. http://www.xinhuanet.com/politics/2020-09/29/c_1126557597.htm.

[4] 赵实. 海岸带生态减灾协同增效国际案例集发布，中国入选五个 [EB/OL]. (2023-09-25) [2024-10-26].https://www.thepaper.cn/newsDetail_forward_24737007.

[5] 李揽月，朱波. 天津：推动绿色低碳发展成效显著 [N]. 中国改革报，2024-08-25(4).

[6] 马晓虹，吕红亮，王鹏苏，等. 指标引领：生态城市智慧化"规建治"实施路径——以中新天津生态城为例 [J]. 规划师，2024，40(S1)：71-77.

[7] 张倩. 中新天津生态城项目建设"加速跑"[N]. 滨城时报，2024-03-02(2).

[8] 王井怀，宋瑞. 绿电应用点亮中新天津生态城 [N]. 经济参考报，2024-01-29(7).

[9] 中华人民共和国生态环境部. 天津滨海新区中新生态城岸段 [EB/OL]. (2023-10-02) [2024-10-26]. https://mp.weixin.qq.com/s/oAsxid4H8TV5ZKgeq-BIRG?clicktag=bar_share&scene=2948&clickpos=1413&from_safari=1.

[10] 王建喜. 滨海新区中新生态城司法生态修复和示范教育基地暨人民法院环境损害司法鉴定研究基地生态修复分基地项目启动 [N]. 滨城时报，2022-10-15(1).

3.5 奥斯本人工鱼礁建设案例

内容提要： 在全球变化和人类活动的多重压力下，局部海域环境恶化，近海生物资源衰退现象日益严重。为此，人工鱼礁建设和增殖放流活动日益频繁，目的是通过海洋牧场建设修复受损生境和养护生物资源。1972 年，奥斯本轮胎暗礁（Osborn tire reef）计划正式启动，以期将珊瑚覆盖，形成庞大的人造珊瑚礁。然而，在海浪的冲击下，被捆绑的轮胎开始瓦解，并被卷入海中，甚至破坏了原有的珊瑚礁。同时，轮胎释放出的有毒物质也对海洋生物构成了威胁。更糟糕的是，轮胎开始漂浮到海岸线上，给当地的生态环境和健康带来极大威胁。奥斯本轮胎暗礁计划被迫叫停，但其造成的危害却依然存在。这一事件为人工鱼礁的建设提供了早期案例，也为后续人工鱼礁建设过程中的材料、选址、评估和管理提供了宝贵经验和教训。

关键词： 人工鱼礁；鱼类保护；栖息地；海洋环境

3.5.1 引言

人工礁（artificial reef）是一类人为设置在水下的结构物。中国早在距今 2000 年左右的春秋战国就出现了在河道投木、垒石以增加渔获的记载，这些都是人工礁的原始雏形。现代人工礁的技术起源同样可以追溯到几百年前的中国及日本和希腊等多个沿海国家，其最初的目的都是为了诱集鱼类、增加渔获。所以在国际上，早期的人工礁也常被称为人工鱼礁（artificial fish reef）或人工栖所（artificial habitat），尤其是在我国，人工礁直接被定义为"利用鱼类等水产生物喜欢聚集于礁石和沉船等物体的习性，以达到对象水产生物的渔获量增加、作业效率化和保育的一种渔业设施"。较早的人工礁体结构往往取自当地的天然材料，如树枝和树干等木材或具有复杂结构的岩石等，这类人工礁主要分布于内陆的河湖及部分海岸带。

第二次世界大战后，人们在太平洋中的沉船和被击落的战机周围发现了大量聚集的鱼类，因此在缺乏天然材料的海岸，人们会采用一些废弃的轮胎、船舶、汽车、海洋平台或陆地建筑物废墟留下来的钢筋混凝土作为替代材料。长期的海岸工程实践表明，传统材料堆积而成的人工礁体模块会面临海水腐蚀、风浪侵蚀和环境污染等问题，因此近年来，研究人员针对海洋环境开始设计制造不同材料与构型的新型礁体。随着研究的深入，人工礁也不再局限于是一种渔业设施，而是在改善水质、冲浪娱乐、滨海和栖息地保护等方面都得到了广泛应用。因此，人工礁的定义也得到了进一步扩展，在《保护东北大西洋海洋环境公约》中，人工礁被定义为"有意放置在海底的水下结构物，以模仿实现天然礁石的某些特性。在潮汐的某些阶段，它可能会部分露出水面"。美国佛罗里达大学渔业与水产科学系创始人之一的 Seaman 教授在 2019 年的文章中将人工礁定义为"由天然或人造材料建造的底栖结构物，被部署在世界各地，用于保护、增强或恢复海洋生态系统的组成部分"。从其定义可以看出，现代人工礁主要有两大特征，一是它们一般都是被人为有意部署在海底的结构物；二是能够像天然礁石一样改变海洋环境，使其更有益于人类或者其他海洋生物。目前，这类人工礁技术正逐步从东亚、北美推广到世界各地的沿海国家，包括中美洲和南美洲、印度—太平洋海域、北欧乃至非洲部分地区。

　　建设人工鱼礁对水域生态环境的意义非常重大。首先，人工鱼礁因其能够为诸多生物提供良好的繁殖栖息环境，提高栖息生物的存活率，故能起到保护水域生物资源及提高渔业资源量的作用。长时间调查结果显示，人工鱼礁区的渔获量可提升 10～100 倍，高者甚至可达上千倍。其次，人工鱼礁建设区域可以大力发展休闲旅游产业，这种鱼礁与休闲旅游结合的模式最早在美国出现，提供旅游观光服务也是美国投建人工鱼礁的主要目的之一。美国游钓娱乐的渔获量占到商品渔获量的 50% 以上，故可以依托人工鱼礁大力发展第三产业。最后，人工鱼礁区的建设对海岸带生态系统修复有重要意义，人工鱼礁可以降低赤潮暴发的次数和频率，缓解水体富营养化程度，同时还可以有效阻止底拖网作业，缓解过度捕捞对生态系统的严重破坏。

3.5.2　案例背景介绍

　　美国是开展人工鱼礁建设较早的国家之一，美国早期的人工鱼礁多数是由民众和志愿者利用废弃物品建造而成的，预算较少，通常置于近海沿岸，供休闲渔业活动使用。19 世纪 40 年代，得克萨斯州规划人工鱼礁的建设，并成立了"得克萨斯州立公园野生动物保护委员会"全权负责人工鱼礁项目，该委员会携手相关政府部门、渔业保护组织和私人企业合作，共同运营和管理人工鱼礁区。20 世纪 50 年代，墨西哥湾也开始部署人工鱼礁区的建设。到了 20 世纪 80 年代，美国国会批准的《国家渔业增殖提案》中包含关于人工鱼礁的相关计划，次年，美国国家渔业局通过发出人工鱼礁计划声明，更进一步为建设人工鱼礁的材料制定标准，涵盖稳定性、功能性、实用性、耐久性及兼容性。美国人工鱼礁的负责主体是各州政府，具体实施建设的以社会组织和企业为主。据统计，截至 2020 年已有 15 个州进行了人工鱼礁区建设，其中佛罗里达州是开展人工鱼礁项目最先进的地区之一，该州为缓解渔业资源退化而设立的州立海洋基金在人工鱼礁建设项目中发挥了重要作用。其他州及地方，例如，大西洋中部地区建有 130 多个人工鱼礁区，得克萨斯州的墨西哥湾海域有 66 个人工鱼礁区。

　　人工鱼礁的作用机理主要表现在对鱼类的诱集和渔业资源的增养殖效应上。不同材料组成和结构设计的人工鱼礁在投放入海域后，使周边的流量、流速等水文特征发生改变，非生物环境也受到一定程度的影响，鱼礁对流场的改变使营养盐的对流运动加速，进一步提高了鱼礁区的初级生产力水平，产生了一定的流场效应及非生物环境和鱼类群落的变化。生物因素在人工鱼礁的设计中起到了关键作用。当把适宜材料制成的鱼礁投放到一定海域后，礁体表面就开始附着生物，这些附着生物是人工鱼礁诱集鱼类最主要的生物环境因子之一，同时又是礁区鱼类良好的饲料，其数量的变化直接影响人工鱼礁的生态效益。人工鱼礁所投区域的天然物理环境是其实现预期功能的基础，决定着礁区地址的选择和波流水动力过程。人工鱼礁投放到海底后，由于礁体的阻流作用，其周围的压力场发生改变，流态发生变化，在礁体前部形成了相对较强的局部上升流，在海洋底层或者深层带有高浓度的营养盐类随着水团涌升到表层，提高了海域的基础饵料水平，从而使礁区变成鱼类的聚集地。在礁体后部形成了一个充满漩涡的缓流区。缓流区域内的水流速度缓慢，可以观察到营养盐的沉积，从而可以吸引某些鱼类，鱼类因此把这里当作索饵场、繁殖场或栖息地。人工鱼礁产生的上升流、漩涡流，有助于促进上下层海水交换、加快营养物质循环、改善海域生态环境等，具有极为重要的意义。另外，人工鱼礁在投放到海底时，需能够抵抗作用在其身上的冲击力，具有一定的强度。为了维持人工鱼礁构造物的机能，延长使用寿命，最大限度发挥其经济效益，在波浪、水流外力的作用下，鱼礁必须保持不滑动、不翻滚，并且不会被水流冲蚀和淹没，需要满足力学稳定性条件。

尽管人工鱼礁的概念早在 20 世纪 50 年代就已经出现，经过了半个多世纪的实践已经成为改善海洋生物栖息地生态环境、增殖和养护渔业资源、发展休闲渔业的重要手段，但是世界上仍有超过 50% 的人工鱼礁项目以失败告终。这些事实说明，人工鱼礁建设需要了解目标种的栖息地利用、群落结构等基础生态学，研究栖息地因子如何影响目标物的丰度、群落结构，从而进行合理的人工鱼礁选址，保证人工鱼礁的成功建设。

3.5.3　案例过程概述

目前全世界投放了大量的人工鱼礁，对海洋生态带来了非常积极的影响。但早期由于缺乏经验，出现了很多失败的项目。1950 年后，随着汽车工业的快速发展，报废零件的处理成为一个严重的问题。大部分零件可以回收再利用，只有轮胎无法得到有效处理。早期，人们试图焚烧废轮胎，但这种方式却带来了更严重的环境污染问题，尤其是生成了二噁英等有毒物质。面对如此庞大的废轮胎堆积问题，政府机构和环保组织聚集在一起，提出了一个看似完美的解决方案：利用废轮胎制作人造暗礁，为海洋生物提供栖息地。

1972 年，奥斯本轮胎暗礁计划正式启动。彼时，佛罗里达州当地一家非营利组织筹划将 200 万个轮胎投入海底，作为人工鱼礁。于是人们将这些轮胎用尼龙绳或钢夹固定在一起，放到了海洋里。数百万个废弃轮胎被绑在一起，运送到佛罗里达州的海域。政府人员和当地居民的期望是，这些轮胎经过 25 年的时间将被珊瑚覆盖，形成庞大的人造珊瑚礁。然而，人们发现很少有海洋生物成功地在该轮胎礁上长期附着。这是因为，虽然大多数轮胎都是用尼龙或钢带绑在一起的，但这些约束装置最终随着时间变化而失效，直接导致超过 200 万个轻型轮胎松动。这种松动会导致轮胎上原本生长的海洋生物被摧毁，并彻底阻止其他新生物的附着生长。此外，受到佛罗里达州东海岸热带风暴的影响，这些松散的轮胎甚至会与不远处的天然珊瑚礁发生碰撞，不仅起不到重建生态栖息地的作用，还会对原本的天然栖息地造成损害。

为了弥补这个错误，2001 年开始，美国投入大量人力物力财力打捞轮胎，甚至把打捞轮胎设置成军队训练的项目之一。2001 年，美国国家海洋和大气管理局拨款 3 万美元，移除了 1600 个轮胎；2002 年，佛罗里达州启动拆除轮胎的计划，预计费用为 4000 万~1 亿美元；2007 年，佛罗里达州拨款 200 万美元处理轮胎，将大约 10 000 个轮胎带上了岸；2008 年，处理轮胎（粉碎和燃烧）花费大约 14 万美元，拆掉 43 900 个轮胎；2009 年，陆军和海军潜水员将 73 000 个轮胎带上岸；2016—2019 年，佛罗里达州拨款 430 万美元，与 IDC 公司签订合约，IDC 每周拆除 2000~5000 个轮胎，已累计拆除 25 万个，还有 2/3 的轮胎等待被拆除；2021 年，与 4Ocean 签订合约，该公司将轮胎打捞上来后制成手链，售价 29 美元，以此来支撑公司运转。但到目前为止，仍有大量废轮胎滞留在海底。这片海洋垃圾成了一个难题，不仅对环境造成了污染，也给美国政府带来了巨大的经济负担。

奥斯本轮胎暗礁计划的失败教训是显而易见的。人们在解决环境问题时，在追求解决方案的同时，也需要充分考虑可能带来的负面影响，并及时进行评估和调整。更重要的是，要重视环保法规的制定和执行，以避免类似的环境灾难再次发生。虽然奥斯本轮胎暗礁计划并未达到预期目标，但它对人类在环境保护方面的思考和实践具有重要的意义。我们需要从中吸取教训，更加注重可持续发展和生态保护。这不仅关系到我们自身的生存和发展，也关系到我们子孙后代的未来。因此，美国民间组织和政府都开始计划对原本的轮胎礁进行拆除，但巨额费用和操作的困难性导致拆除进展缓慢。直至后来在军方的介入和工业潜水员公司的共同努力下，轮胎礁才开始被有序拆除。至今为止，还有超过半数的废弃轮胎在海底等待被打捞上岸。

除美国外，欧洲和东南亚许多国家也曾开启过轮胎礁项目。但人们发现，这些轮胎礁非但没有吸引海洋生物，还导致附近海域部分原有的海洋生物消失。后来人们发现橡胶轮胎中包含的一些危险元素，如铅、铬、镉和其他重金属，会释放到海洋中从而对人体健康和环境造成威胁，同时也不利于海洋生物生存。于是，这些国家又开始打捞之前放置到水下的废弃轮胎。从目前的进展来看，想要恢复当地海域的原有生态，还需要一定的时间。

相比于橡胶材料制成的轮胎，混凝土材料同样能够在海洋中长期存在，而且对自然环境非常友好，其在构型多样性方面更具优势，所以很多临海国家采用特别设计的混凝土构件来制成人工礁体模块。礁球（reef ball）是其中一种使用较为广泛的混凝土人工礁模块，这种模块由带孔的壳体结构构成，其模具可以根据不同的水产养殖需求定制，并通过使用模具轻松经济地实现现场制造。而且其布置方式简单，不需要驳船和起重机，被广泛用于海岸地带，起到水产养殖、珊瑚移植甚至保护海岸带的作用。除了礁球模块外，东亚国家多采用箱型的混凝土人工礁结构来增加渔获，韩国渔民就使用了一种边长为 3 米的混凝土正方体模块，针对不同的鱼类设计了特殊的内部结构以满足不同的行为偏好。纯混凝土材料的结构往往刚性不足，受到极端天气冲击容易被破坏，导致结构内部坍塌，原本形成的生物栖息地毁于一旦。纯钢制材料的刚性好，但经济性较差且易腐蚀。因此，人们设计制造了许多混合材料的人工礁模块。日本的工业制造商使用了钢、玻璃纤维和混凝土等材料制成新型人工礁模块，这种模块是世界上最大的人工礁模块之一，高 35 米，宽 27 米，体积可达 3600 米^3。西班牙采用重型混凝土和钢棒组合设计而成的人工礁，可以有效地保护海草床免受非法拖网捕捞。

为进一步避免钢材的锈蚀影响，提高人工礁的结构耐久性，兼具轻质、高强、耐腐蚀等特性的玄武岩纤维材料被视作筋材加入人工礁中。实验室研究及在我国三亚市蜈支洲岛热带海洋牧场的实际投放应用结果显示，这类以玄武岩纤维作为筋材制成的人工礁，在海水腐蚀作用下的耐久性要优于钢筋混凝土，且其在主动种植和修复珊瑚礁系统中的实际应用效果显著。

随着材料科学和制造技术的进步，传统的人工礁设计在经济性、环保性和稳定性等方面实现了全方位突破，如生态岩电礁采用新型设计，在电流作用下可以实现自我生长和修复。专家通过在海滩前布置生态岩电礁，成功恢复了被严重侵蚀的海岸，这类人工礁的成本要远低于传统的海堤或防波堤，是未来在应对低洼岛屿、岸滩侵蚀和保护，以及适应全球海平面上升等问题时极具潜力的解决方案。除此之外，以 3D 打印技术等先进制造工艺为基础，针对不同海洋生物种群特性或人类需求而定制化设计制造的人工礁也将逐渐成为主流。3DPARE（3D printing artificial reefs in the Atlantic）就是一个由几个欧洲国家合作的，以设计并制作 3D 打印混凝土人工珊瑚礁为主的项目，该项目设计制造的人工礁主要布置在北大西洋海域。实践证明，这类人工礁与海洋的环境兼容性好，具有较少的环境负面影响，而且能够有效抵御风暴和海水腐蚀。

此外，人工鱼礁投放后除了对周围的流速、流量产生影响外，还会使其周围的光、味、音等非生物环境因素发生变化。原有的光线范围在鱼礁投放后因受到遮蔽而亮度下降，这会伴随光照的增强，鱼礁附近形成暗区。暗区的范围与礁体的体积之间存在正比关系。鱼礁的制成材料多种多样，有些鱼礁的材料在水中放置一段时间后会释放出一些水溶性物质，且鱼礁及其周围会有水生生物留下的分泌物、排泄物等，在分子的扩散作用下，直接对鱼礁下方的味觉环境造成影响。鱼礁在水流的冲击下所产生的振动和周围聚集的生物活动发出的声音改变了投礁前的声音环境。投礁后的水动力变化促使底层沉积物的分布发生改变，鱼礁区的底部沉积物变化表现为细粒径沙土被流速较快的水流移出，从而使得鱼礁附近的底质沉积物大多是粗粒径沙土。

总体而言，人工礁的设计呈现出规范化、环保化和多样化的变化趋势。为了最大化提高人工礁设计的实用价值，我们需要利用基于人工礁的水动力特性、生态效应等内容对其关键设计参数进行深入研究，包括结构形式和尺寸、材料组成和配比，以及布放位置和数量等。

3.5.4 案例分析与启示

奥斯本人工鱼礁项目的初衷是解决废旧轮胎的处理问题，并试图通过创建人工鱼礁来促进海洋生物多样性。然而，由于缺乏对海洋生态系统复杂性的理解，项目最终未能达到预期目标，反而对海洋环境造成了负面影响。

本案例强调了在实施任何环境项目前，必须进行全面的环境影响评估。这一点在中国落实 2030 年可持续发展议程的文件中得到了体现，强调了在发展过程中必须坚持可持续发展的原则，确保经济、社会和环境的协调发展。此外，《中华人民共和国环境保护法》也强调了国家促进清洁生产和资源循环利用的重要性，并要求企业减少污染物的产生。奥斯本轮胎暗礁计划的失败也突显了环保法规的重要性。在实施类似项目时，必须有严格的监管和执行机制，以防止潜在的环境风险。这一点在《中华人民共和国环境保护法》中得到了明确，要求建设项目中防治污染的设施必须与主体工程同时设计、同时施工、同时投产使用。

我们在追求创新解决方案时，必须谨慎行事，充分考虑所有可能的环境和社会影响，并采取适当的预防措施。这不仅关系到我们自身的生存和发展，也关系到我们子孙后代的未来。因此，美国政府和民间组织开始计划对原本的轮胎礁进行拆除，但因困难重重而进展缓慢。此外，环境保护和可持续发展需要全球的共同努力。中国在落实 2030 年可持续发展议程中强调了国际合作的重要性，呼吁各国共同努力，打造人类命运共同体，为实现各国人民的美好梦想而不懈努力。

奥斯本轮胎暗礁计划虽然未能成功，但它为我们提供了宝贵的教训，强调了在环境保护项目中必须采取综合性、预防性的方法，并严格遵守环保法规。这些教训对于未来类似项目的规划和实施具有重要的指导意义。

3.5.5 结论

美国奥斯本轮胎暗礁计划试图利用废旧轮胎为鱼类等水生生物栖息、生长、繁育提供必要、安全的场所，营造一个适宜生长的环境，从而达到保护和增殖海洋生物资源的目的。然而，鱼礁基础结构的损坏导致原本生长的海洋生物被摧毁，并彻底阻止了其他新生物的附着生长。此外，受到佛罗里达州东海岸热带风暴的影响，这些松散的轮胎甚至会与不远处的天然珊瑚礁发生碰撞，不仅起不到重建生态栖息地的作用，还会对原本的天然栖息地造成损害。面对人工岛礁的建设，相关部门应该保持科学规划论证，加强顶层设计，科学规划人工岛礁选址及各项配套建设，建立海域审批、风险防范、预警预测和水产品质量安全保障的监管制度，助力人与自然和谐共生，海洋可持续发展。

3.5.6 思考题

（1）设计一个人工鱼礁需要考虑哪些因素？
（2）人工鱼礁如何同时实现环境友好和经济效益？
（3）人工鱼礁的建设适合在哪些国家或者地区进行？
（4）如何评价人工鱼礁建设的生态学价值？

3.5.7 案例使用说明

（1）案例摘要
人工鱼礁是人为在水中设置的构造物。美国奥斯本轮胎暗礁计划试图利用废旧轮胎为鱼类等水生生物栖息、生长、繁育提供必要、安全的场所，营造一个适宜生长的环境，从而达到保护和增殖海洋生物资源的目的。然而，鱼礁基础结构的损坏导致原本生长的海洋生物被摧毁，并彻底阻止了其他新生物的附着生长。此外，受到佛罗里达州东海岸热带风暴的影响，这些松散的轮胎甚至会与不远处的天然珊瑚礁发生碰撞，不仅起不到重建生态栖息地的作用，还会对原本的天然栖息地造成损害。我们需要从中吸取教训，更加注重可持续发展和生态保护，在追求解决方案的同时，也需要充分考虑可能带来的负面影响，并及时进行评估和调整。更重要的是，要重视环保法规的制定和执行，以避免类似的环境灾难再次发生。

（2）课前准备
学生通过查找人工鱼礁学科知识和全球各地人工鱼礁建设进展与效果评估，较为清晰、准确地了解国内外人工鱼礁的建设历程，为课堂学习和深入讨论做好充分的知识准备、情境准备和心理准备。

（3）教学目标
通过案例分析，学生可以对海洋资源开发的科学性与综合性有更加清晰的认识，并在此基础上，对资源可持续利用实践中的伦理问题进行辨识、思考，了解工程师应具备的科学精神、应遵循的科学伦理规范和法律规范。

（4）分析的思路与要点
本案例通过梳理国内外人工鱼礁建设的进展，选取代表性人工鱼礁生态学和经济效益，从社会伦理、生态伦理、经济效益三个角度进行工程实践的原因分析，有助于学生打开新的学习思路。

（5）课堂安排建议
根据具体课时安排，可以多个课时开展。课前先安排学生阅读相关资料，让学生自主了解国内外有关人造鱼礁的相关案例。

课堂（45分钟）安排：

教师讲授	（15分钟）
学生讨论	（10分钟）
学生报告和分享	（15分钟）
教师总结	（5分钟）

补充阅读

[1] 科普纪. 奥斯本礁：200万个轮胎扔进海底，40年后追悔莫及！美国这样做到底为什么？[EB/OL]. (2023-09-03) [2024-10-26].https://new.qq.com/rain/a/20230901A06NA200.

[2] 徐德文. 小小钢夹引发巨大灾难，200万轮胎沉入海底毁灭大片生态系统 [EB/OL]. (2020-09-22) [2024-10-26]. https://zhuanlan.zhihu.com/p/258113234.

[3] 澎湃新闻. 美国200万轮胎打造人工鱼礁，却引发生态灾难，捞22年还剩50万只 [EB/OL]. (2023-05-29) [2024-10-26].https://www.thepaper.cn/newsDetail_forward_23257663.

[4] FunDiving. 美国人为了省事把几百万个轮胎丢入海底，40年后追悔莫及 [EB/OL]. (2018-07-04) [2024-10-26]. https://www.sohu.com/a/238348976_228644.

[5] 视觉中国. "百万轮胎坟墓"：曾经的人工海礁沦为环境灾难 [EB/OL]. (2017-02-16) [2024-10-26]. https://item.btime.com/3692nb0109493uqpqp5a5ch3bhpg.

[6] 海洋知圈. 40年前美国建造"人工海礁"将百万轮胎沉入海底，如今成了环境灾难！[EB/OL]. (2017-08-15) [2024-10-26]. https://www.sohu.com/a/164932407_726570.

[7] 玉浊清. 美国人40年前，耍小聪明将200万个轮胎沉入海底，造如此"景观"[EB/OL]. (2017-08-15) [2024-10-26]. https://baijiahao.baidu.com/s?id=1610217244966190962.

[8] 曾旭. 马鞍列岛岩礁性鱼类栖息地利用与保护型人工鱼礁选址研究 [D]. 上海：上海海洋大学，2019.

[9] 王宏，陈丕茂，章守宇，等. 人工鱼礁对渔业资源增殖的影响 [J]. 广东农业科学，2009，36(8)：18-21.

[10] 李东，侯西勇，唐诚，等. 人工鱼礁研究现状及未来展望 [J]. 海洋科学，2019，43(4)：81-87.

[11] 林军，章守宇. 人工鱼礁物理稳定性及其生态效应的研究进展 [J]. 海洋渔业，2006，28(3)：6.

[12] 张伟，李纯厚，贾晓平，等. 人工鱼礁附着生物影响因素研究进展 [J]. 南方水产，2008(1)：64-68.

[13] 高宇航，陈曦，孟顺龙，等. 人工鱼礁建设研究进展及其作用机理 [J]. 中国农学通报，2023，39(23)：138-144.

3.6 宁波海面漂浮垃圾治理案例

内容提要： 本案例介绍了宁波市海面垃圾治理事件的主要情况和治理过程。在宁波市，海洋垃圾问题长期存在，严重影响了海洋生态环境和城市形象。宁波市政府意识到海洋污染问题的严重性，响应国家政策积极制定了一系列治理方案，包括加强监测与执法、推动垃圾回收利用、加强公众教育等措施。同时，政府还号召公众积极参与治理工作，开展志愿者活动、宣传教育等。在政府的引领下，企业和公众共同承担起治理责任，形成了政府、企业、公众共同参与、共享责任的良好局面。经过不懈努力，宁波市成功开展了海面垃圾治理工作，并最终取得了显著成效，改善了海面漂浮垃圾的污染状况。

关键词： 海面垃圾；海洋污染；公众参与；社会治理

3.6.1 引言

海洋垃圾通常指在海洋和海滩环境中具有持久性、人造或经加工、被丢弃的固体物质，包括故意弃置于海洋和海滩的已使用过的物体，由河流、污水、暴风雨或大风直接携带入海的物体，恶劣天气条件下意外遗失的渔具、货物，等等。早在 2008 年就有相关文献报道，全球每年约有 640 万吨、每天约有 800 万件垃圾进入海洋。海洋垃圾被视为威胁海洋生物的污染指标之一，近年来成为全球学者研究的热点。

宁波市地处中国海岸线中段，长江三角洲南翼，位于北纬 28°51′~30°33′ 与东经 120°55′~122°16′ 之间，东有舟山群岛为天然屏障，北濒杭州湾，西接绍兴市的嵊州市、新昌县、上虞区，南临三门湾，并与台州市的三门县、天台县相连。宁波市陆域总面积 9816 千米² （统计年鉴公布的陆域面积是以 0 米等深线起算），全市陆域总面积为 9816 千米²，其中市区面积为 3730 千米²；海域总面积为 8355.8 千米²，岸线总长为 1594.4 千米，约占全省海岸线长度的 24%。全市共有大小岛屿 614 个，面积 255.9 千米²。

为促进地方经济发展，在浙江省政府的协调下，宁波市响应国家海洋局号召开展生态示范区创建工作。然而，在海洋生态示范区的创建过程中，环境是较为突出的问题，由此开展的海洋漂浮垃圾防治也成为海洋生态示范区创建中的重要建设内容。宁波市是浙江省八大水系之一，河流有余姚江、奉化江、甬江，余姚江发源于上虞区梁湖；奉化江发源于奉化区斑竹。余姚江、奉化江在市区"三江口"汇成甬江，流向东北，经招宝山入东海。海洋漂浮垃圾污染同时也会使宁波市的水文条件恶化，且海洋漂浮垃圾有部分是通过陆地水系进入海洋的，因此妥善处理海洋漂浮垃圾既可以维护海洋生态的安全，也可以在一定程度上解决陆上水文的污染问题。

3.6.2 案例背景介绍

2023 年，宁波舟山港完成货物吞吐量 13.2 亿吨，比上年增长 4.9%，连续 15 年排名世界首位。因此海洋垃圾对于宁波这个十分依赖海洋的城市来说影响巨大，根据调查，宁波市的海洋漂浮垃圾主要包括以下几种：①渔业生产弃置物；②生活垃圾；③互花米草（互花米草是外来入侵物种，且逐年呈蔓延的态势，在宁波市滩涂分布也极为广泛，互花米草植株较大，大量植株在漂散过程中往往又聚集在一起，很容易吸附海面上的碎泡沫、塑料瓶等物质，从而在海面上造成了以互花米草为主的海漂垃圾小生境）；④塑料垃圾；⑤船舶的废机油；⑥其他海洋垃圾。海洋废物治理一直是一个"痛点"，倾倒在海洋中的垃圾不仅破坏了海洋生态系统的平衡，影响了海洋生物的繁殖和生长，对人类健康也构成了严重威胁。中国各级政府一直倡导治理修复海洋环境，正确处理发展海洋经济与海洋环境保护和生态建设的关系，要求"对待生命一样关爱海洋"，提出"海洋命运共同体"重要理念。

海洋漂浮垃圾不仅会破坏景观，也会给水体带来污染，造成水质恶化，海洋漂浮垃圾造成的危害主要体现在以下几方面。

第一，影响海洋景观，造成视觉污染。海洋生态文明是国民经济发展和社会进步的基石，我国启动实施的生态文明建设战略也将海洋生态文明建设列为基本内容。然而，大量的海洋垃圾堆积在沙滩、河口、港汊、水坳，给海洋的自然景观造成了破坏，影响着人们对美的享受。

第二，阻碍海上交通线，对航行造成破坏。宁波港是国家大型港口，设备先进，运力充足，不但担负起宁波水路运输的重任，更成为浙江省乃至华东地区海运远洋贸易的集散地和物流中心。海洋垃圾与废物不仅会影响生态环境，还可能对海上交通运输航线造成不可估量的影响，甚至会造成巨大的人员伤亡或经济损失。海洋漂浮的垃圾中有大量渔网、塑料袋、塑料绳等物品，非常容易缠绕在船舶的螺旋桨上，影响船舶正常航行。大量的漂浮物堆积在航道上，也会严重妨碍航道功能的发挥，如 2015 年在香港海域发生意外的喷射船"海皇星"号，因高速撞击不明漂浮物造成逾 120 人受伤，后来查明不明漂浮物就是海上垃圾。

第三，损害海洋生物，破坏海洋生态系统健康。海洋漂浮垃圾，特别是一些塑料类制品，自然降解的速率非常慢，在环境中将长期存在，会被大量的海洋生物误食。海漂垃圾给海洋生物造成的损害主要体现在：①缠绕致死，塑料类制品（如渔网、包装袋等）会吸引海龟或海洋哺乳动物玩耍，造成缠绕意外，严重会导致其死亡，20 世纪 70 年代在阿拉斯加海域每年会有 4 万头海豹被塑料缠绕致死；②误食致死，海洋生物（如海龟、海鸟）会将水中透明的塑料制品误认为是水母，并因误食而死亡。绿色和平组织发现全球至少已有 267 种海洋生物因误食海洋垃圾或者被海洋垃圾缠住而备受折磨，并导致死亡。

第四，通过生物链传播危害人类健康。海洋塑料垃圾不仅威胁着海洋生物的生存，也威胁着沿海居民的身体健康。20 世纪 80 年代，纽约、新泽西等大西洋沿岸海滩因遍布大量垃圾而被迫关闭，这些垃圾中含有大量医疗废弃物或被污染物感染的物品，甚至在某些样本中检测出艾滋病病毒和乙肝病毒等传染性病毒。此外，重金属和有毒的化学物质可通过鱼类的摄食而在体内富集，人类吃了这些鱼也会受到伤害，同时，海洋漂浮垃圾中含有大量诸如多氯联苯等持久性有机物，会影响食物安全。

3.6.3　案例过程概述

2013 年起，宁波市海洋部门启动"象山港海域海洋表层废弃物清理"公益行动，5 年来累计投入专项经费 130 万元，打捞并集中处理表层芦苇、秸秆和生活垃圾等废弃物超 4400 米³，取得了明显的成效。在此基础上，宁波市委市政府将海洋垃圾监管工作列入 2017 年全面深化改革和市生态文明建设重点，要求进一步完善机制、细化任务措施。

为保护和改善近岸海域环境质量，2017 年 12 月，宁波市政府办公厅发布《关于做好宁波市近岸海域海面漂浮垃圾监管处置工作的实施意见》（以下简称《意见》），对宁波市近岸海域海面漂浮垃圾监管处置及其防控长效机制建设做了全面规定。《意见》明确了近岸海域海面漂浮垃圾整治对象和整治范围、主要任务和保障措施，提出了组织领导、打捞清理、源头治理、监管处置能力建设、防控长效机制建设共五项主要任务措施。根据计划，2018 年实施石浦港海漂垃圾联合整治工作试点，2019 年全面开展近岸海域海漂垃圾的清理处置行动，到 2020 年底，基本形成近岸海域海漂垃圾监管处置工作的长效机制，有效提升处置能力，基本实现岸滩干净整洁、近岸海域海面漂浮垃圾明显减少、区域入海垃圾得到切实防控的总体目标。

在此背景下，2023 年 7 月，浙江省宁波市首个"海洋伙伴"环保舱项目在奉化区莼湖街道栖凤渔村投用。该项目能够阻止和减少废弃物流入海洋，并通过建立实体化收集网络和数字化管理平台，形成海洋污染物收集、运输、再生、高值利用的可循环价值链。投用 1 个月来，回收海洋废物约 120 吨。"以前我们渔民会将废弃的渔具、网片随处乱扔，严重影响了周边环境，现在投递到'海洋伙伴'环保舱项目点，既环保又可以换取积分兑换小礼品。"

据了解，"海洋伙伴"环保舱项目由废弃集装箱搭建改造而成。一层设有海洋废弃物智能回收柜，收集废旧鱼筐、破渔网、破浮球等。渔民可以通过智能回收 APP 进行投递预约，也可以直接在浠嗨智能柜进行投递，每次投递完成后，可获得相应的"碳积分"，根据需要，使用"碳积分"兑换挎包、储物箱、电动牙刷等文创产品。同时，在环保舱旁边设置废油智能储存舱，通过回收小程序接收渔船和渔运船的废油。此外，该项目还在村边设立了一个集合收集、处理、转运功能的智能资源回收站，并通过 24 小时自助便利、紧急援助、净滩行动、助渔助困等设施和行动，与产业链上下游携手共建开放性的海洋伙伴公益计划，与全球伙伴一起构建可持续的海洋公益生态系统。

以上废塑料经过分选打包分级和清洗净化处理后送进工厂，再经高性能的功能改性，加工成产品粒子，最终做成各类文创、电子消费产品，由此形成海洋废弃物收集、运输、再生、高值利用的可循环价值链。项目落地后，当地发动村民渔民积极投身公益活动，取得了较好的效果。这个项目可以实现海洋环境保护的良性循环，涉海产业健康发展，试点成功后，莼湖街道的经验也将推广到其他渔村，对海洋环境保护起到重要的推进作用。

在政策规划层面，这些方案着重加强海洋监测与执法力度，通过技术手段实现对海洋环境的实时监测，及时发现并处置海洋垃圾。政府积极推动海洋垃圾的回收与资源化利用，利用先进技术和创新方法，将海洋垃圾转化为可再利用的资源，减少了对海洋环境的负面影响。同时，政府还加强了公众教育和宣传工作，通过多种渠道向民众普及环保知识，提高公众的环保意识和责任感，引导他们积极参与到海洋环境保护中来。

政府利用先进的技术手段，如卫星遥感、无人机巡查等，对海洋垃圾进行监测和识别。通过这些技术手段，可以及时发现海洋垃圾的分布情况，有针对性地进行清理和治理。将互联网与治理海洋垃圾相结合，通过回收垃圾赚积分换生活用品的方式调动了广大民众的积极性，极大地提高了海面漂浮垃圾的回收效率，并减少了经济投入。

政府进一步加大了对违法排放污染物和倾倒垃圾行为的打击力度，通过强化对海洋环境的执法监督，着力维护海洋生态的健康。针对违法行为，政府采取了严厉的处罚措施，包括但不限于罚款、行政处罚甚至刑事追责，起到了强有力的震慑效果。同时，政府还加强了对执法人员的培训和装备配备，提升他们应对违法行为的能力和效率，确保执法工作的严密性和公正性。这些举措有效地减少了违法排放污染物和倾倒垃圾的行为，维护了海洋环境的清洁和生态平衡。

政府引导和鼓励公众积极参与海洋垃圾治理工作，通过多种途径和方式拓展公众参与的渠道。一方面，政府组织开展志愿者活动，吸引更多热心公益的人士加入海洋环境保护的行列，共同清理海洋垃圾、开展环保宣传等活动。另一方面，政府加强环保宣传教育，通过举办讲座、展览、宣传片等形式，向公众普及海洋环境保护知识，增强公众对海洋环境保护的认识和意识。这些举措不仅能够激发公众的环保意识，还能够促使公众自觉地行动起来，共同参与到海洋环境保护事业中来，为改善海洋环境做出积极的贡献。

3.6.4 案例分析与讨论

海洋垃圾污染是全球性的环境问题，对海洋生态系统、人类健康和经济发展都造成了巨大影响。鱼类、海鸟、海洋哺乳动物等海洋生物常常误食垃圾，导致身体受损甚至死亡，而且垃圾还可能在它们的栖息地中引发疾病和污染。此外，大量的塑料垃圾在海洋中长时间漂浮，会逐渐分解成微小的塑料颗粒，进而污染海洋水域，危害生物的健康和生存环境。这种垃圾对海洋生态系统的破坏程度令人担忧，也凸显了保护海洋生态系统的紧迫性和重要性。因此，保护海洋生态系统不仅是一项环境保护的任务，更是人类对自身生存和发展负责的必然选择。唯有通过全球范围内的共同努力，才能有效地减少海洋垃圾的产生和影响，恢复海洋生态系统的健康和稳定。

海洋垃圾不仅对海洋生态系统构成了严重威胁，同时也直接影响着人类的健康与生活。随着海洋垃圾中的有毒化学物质和微塑料逐渐进入海洋食物链，其潜在的危害逐渐凸显出来，对人类健康构成了直接威胁。首先，海洋中的污染物质往往会被海洋生物吸收或吞食，然后通过食物链逐级传递到人类食物中。这些污染物质中可能含有重金属、有机氯化合物、有机溴化合物等有毒物质，长期摄入可能导致人类出现健康问题。例如，食用受污染的海产品可能导致慢性中毒，加速器官衰竭，增加癌症、免疫系统疾病、内分泌紊乱等疾病的发病风险。此外，海洋垃圾中的微塑料颗粒可能会附着在海产品表面，被人类摄入，进而影响人体的消化吸收系统，可能诱发肠道疾病等问题。特别是对于那些依赖海产品为主要蛋白质来源的地区和人群来说，海洋垃圾对人类健康的潜在影响更加严重。这些区域的居民更容易暴露于受污染的海产品中，患病风险因此增加。而对于整个人类社会而言，海洋垃圾对人类健康的威胁不容忽视，迫切需要采取措施减少海洋垃圾的产生和进入食物链的可能性，以保障人类的健康与福祉。因此，保护海洋环境、减少海洋垃圾的排放和清理工作，不仅是保护海洋生态系统的需要，更是维护人类健康和生存环境的紧迫任务。通过全球范围内的协作与努力，我们可以共同应对海洋垃圾带来的健康风险，为未来的可持续发展创造更加清洁、健康的海洋环境。

海洋垃圾污染也直接影响着相关产业的可持续发展。海洋旅游业、渔业等产业是许多沿海地区的重要经济支柱，然而，由于海洋环境的污染，这些产业面临着严重的经济损失和发展困境。首先，海洋垃圾的存在直接影响了海洋旅游业的发展。海洋作为旅游资源的重要组成部分，吸引着大量游客前来观光和休闲。然而，海滩和海岸线上大量的垃圾不仅破坏了美丽的海岸景观，也影响了游客的游览体验，降低了旅游业的吸引力，导致旅游业收入的减少。其次，海洋垃圾的存在对渔业产生了直接的负面影响。渔业是许多沿海地区的重要经济支柱，但海洋垃圾的存在却给渔业带来了巨大的挑战。垃圾可能导致渔网损坏，捕捞效率因此降低，同时还可能误伤海洋生物，影响渔业资源的健康和数量。这不仅直接损害了渔民的收入，也威胁着渔业的可持续发展。因此，治理海洋垃圾不仅是环境保护的需要，也是促进相关产业经济可持续发展的重要举措。通过减少海洋垃圾的排放和清理海洋环境，可以有效地保护海洋旅游业和渔业的利益，提升相关产业的竞争力和可持续发展能力。此外，海洋环境的改善还将吸引更多的投资和资源流入相关产业，推动经济的良性循环和可持续增长。因此，治理海洋垃圾不仅是环保行动，更是经济发展和社会进步的必然选择。

3.6.5　结论

宁波市采取政府引导、公众参与和责任共担的策略，有效开展了海洋垃圾治理工作并取得了显著成果。政府在其中扮演了核心角色，通过制定强化监管、促进垃圾回收利用和增强公众意识的一系列措施，为治理工作提供了坚实的基础。公众的广泛参与也至关重要，通过志愿者活动和教育宣传，市民的环保意识得以提高，促使他们积极参与到海洋垃圾清理和环保行动中，为治理工作注入了活力。在此过程中，共享责任的理念得到了体现，政府、企业和公众共同担责，形成了有效的合作模式，共同推进了海洋垃圾治理的进展。这一经验为其他地区提供了宝贵的借鉴，展示了在海洋垃圾治理中政府与公众共同努力的重要性。

3.6.6　思考题

（1）如何看待宁波市治理海面漂浮垃圾过程中遇到的资金与社会成本问题？

（2）为何宁波市治理海面漂浮垃圾迫在眉睫？请从经济发展、社会生活、海洋生态等方面作答。

（3）宁波市对海洋资源依赖比较大，请谈一谈宁波市治理海面漂浮垃圾过程中的阻碍有哪些？

（4）阅读完宁波市治理海洋环境发挥公众参与度的经验后，你认为应该如何发挥公众对于环境治理的参与度？

3.6.7　案例使用说明

（1）案例摘要

海洋垃圾问题长期存在，严重影响了海洋生态环境和城市形象。宁波市通过加强监测与执法、推动垃圾回收利用、加强公众教育等措施强化海洋垃圾协同治理。同时，宁波市还号召公众积极参与治理工作，开展志愿者活动、宣传教育等。在政府的引领下，企业和公众共同承担起治理责任，形成了政府、企业、公众共同参与、共享责任的良好局面。通过减少海洋垃圾的排放和清理海洋环境，宁波市有效地保护了海洋旅游业和渔业的利益，提升了相关产业的竞争力和可持续发展能力。此外，海洋环境的改善还吸引了更多的投资和资源流入相关产业，推动了经济的良性循环和可持续增长。因此，治理海洋垃圾不仅是环保行动，更是经济发展和社会进步的必然选择。

（2）课前准备

学生通过查找有关近海海面垃圾污染的新闻报道及相关文献资料，较为清晰、准确地了解海面污染这一问题的严重性及危害，为课堂学习和深入讨论做好充分的知识准备、情境准备和心理准备。

（3）教学目标

通过案例分析，学生可以对治理海面污染方法的科学性与综合性有更为清晰的认识，并在此基础上，对工程实践中的伦理问题进行辨识、思考，了解工程师应具备的科学精神、应遵循的科学伦理规范和法律规范。

（4）分析的思路与要点

本案例通过宁波市处理海面漂浮垃圾的进展，选取代表性组织部门与社会争议焦点，从社会伦理、生态伦理、工程伦理三个角度进行工程实践的原因分析，案例试图从公众发挥民众力量、参与生态保护的角度谈社会治理，有助于学生打开新的学习思路。

（5）课堂安排建议

根据具体课时安排，可以多个课时开展。课前先安排学生阅读相关资料，让学生自主了解海洋垃圾的危害和相关治理手段。

课堂（45分钟）安排：

教师讲授	（15分钟）
学生讨论	（10分钟）
学生报告和分享	（15分钟）
教师总结	（5分钟）

补充阅读

[1] 中国新闻网. 浙江宁波：直面"痛点"探索海洋废弃物治理的海洋伙伴新模式 [EB/OL]. (2023-08-09) [2024-10-26]. https://new.qq.com/rain/a/20230809A057EQ00.

[2] 陈捷. 海洋垃圾处理有了新解法，宁波渔民这样"护海" [EB/OL]. (2024-04-18) [2024-10-26]. http://news.cnnb.com.cn/system/2024/04/18/030579982.shtml.

[3] 宁波日报. 宁波海洋垃圾处理有了新"解法" [EB/OL]. (2024-04-19) [2024-10-26]. http://news.cjn.cn/zjjjdpd/nb/202404/t4878516.htm.

[4] 央视新闻. 一年回收海洋垃圾超千吨，栖凤村渔民养成了"新习惯 [EB/OL]. (2024-08-15) [2024-10-26]. https://new.qq.com/rain/a/20240815A04ZSB00.

[5] 黄建华，罗亚男. "海洋伙伴"环保舱：千吨海洋垃圾变废为宝，助力海洋环保与村民增收 [EB/OL]. (2024-08-26) [2024-10-26]. http://epaper.cenews.com.cn/html/2024/08/26/content_99761.htm.

[6] 刘红丹，金信飞，焦海峰. 海洋生态示范区建设中开展海洋漂浮垃圾综合管控的探索——以浙江省宁波市为例 [J]. 环境与可持续发展，2018，43(3)：82-85.

[7] 王学进. 为清理海洋垃圾的"宁波行动"点个赞 [EB/OL]. (2017-12-13) [2024-10-26]. https://zjnews.zjol.com.cn/zjnews/nbnews/201712/t20171213_6035703.shtml.

[8] 守护海岸线，宁波北仑环保志愿者在行动 [EB/OL]. (2021-01-21) [2024-10-26]. https://www.sohu.com/a/446008807_120060356.

[9] 余建文. 宁波市启动"垃圾不入海"行动护航蓝色亚运 [EB/OL]. (2023-06-10) [2024-10-26]. https://zjnews.zjol.com.cn/zjnews/202306/t20230610_25842038.shtml?mode=m2pc.

3.7　新西兰查塔姆岛海岸沙丘恢复案例

内容提要： 在过去的百年间，新西兰查塔姆群岛曾经广阔多样的原生沙丘生态系统已经演变为以外来入侵物种海滨禾草为主导的单一生态景观。当地通过控制海滨禾草和其他杂草物种，创造额外的开放空间供濒危岛鸻筑巢，并通过使用本地物种重新植被来恢复沙丘的生态系统。这一系列措施的实施对于增加濒危的查塔姆群岛蛎鹬（Haematopus chathamensis，别名查岛蛎鹬）的自然孵卵环境起到了积极的作用。修复后的沙丘提供了更为适宜的筑巢场所，使查岛蛎鹬得以选择较高处的沙滩作为巢址，从而降低了因高潮和风暴潮而导致蛋巢损坏的风险。此外，这一修复措施还对查塔姆群岛中受威胁的植物群落产生了积极的影响。通过恢复沙丘的自然状态，有助于保护和维护该地区的植物多样性。类似的沙丘修复方法在新西兰其他地区的沙丘系统中也得到了应用。这表明该方法具有普遍适用性，并为其他沙丘生态系统的保护和修复提供了有益的参考。

关键词： 查塔姆群岛；查塔姆群岛蛎鹬；海滨禾草；沙丘恢复

3.7.1　引言

位于新西兰大陆东侧约 800 千米（44°S，176°30′W）的查塔姆群岛，其主岛查塔姆岛北部海岸线绵延数里[①]，呈现出广阔的沙滩和连绵不断的沙丘景观。这种独特的沙丘生态系统曾经是岛上许多特有物种的栖息地，包括珍贵的查岛蛎鹬等濒危鸻类。进入 19 世纪后期，为了防止肆虐的风沙侵蚀农田，当地定居者开始在岛上引种一种具有固沙作用的外来植物——海滨禾草（Ammophila arenaria）。当时的做法是利用这种草本植物的根系来固定飞沙，遏制沙丘的流动，从而确保农田的生产安全。

然而，引种海滨禾草的做法最终适得其反。这一外来入侵种在当地条件下生长繁衍迅猛，到了 20 世纪 50 年代就已在岛上广为传播。海滨禾草的蔓延加上放牧活动的影响，导致本土沙丘植被锐减，部分珍稀物种更是陷入了生存危机。这种沙丘生态系统的剧变，对栖息于此的特有物种构成了严重威胁，其中就包括查岛蛎鹬这一珍贵鸻类。作为一种体型庞大、体态健硕的濒危鸻类，查岛蛎鹬倾向于在高潮线和沙丘植被带之间的开阔地带筑巢。然而，海滨禾草的入侵正在不断蚕食这一传统的筑巢区域。在许多地段，由于被高大陡峭的外来植被覆盖，濒临消失的本土沙丘生境与开阔的潮间带之间只留下一条狭窄的缓冲地带。鸻类不得不将巢穴建于贴近海岸的空地，从而面临着遭受风暴海潮的严重威胁，这给其种群的持续存活带来了沉重打击。

为了长期解决繁衍栖息地退化和鸻巢需求转移的问题，2001—2005 年，查塔姆岛利用沙丘修复技术开展了一项长期解决繁衍栖息地退化和转移鸻巢需求的试验。这些技术包括：控制海滨禾草和其他杂草物种，创造更多的开阔筑巢空间，以及用本土物种重新覆盖前沙丘区域。结果证明，洪水和高潮摧毁了原有的沙滩筑巢区域后，驻地鸻类在修复区内成功繁衍。新的筑巢区域已经超出了正常风暴浪潮的影响范围。修复期间筑巢将逐步向内陆迁移，渐进的沙丘累积确保了巢穴相对安全，不会被风浪冲走。

[①]　1 里＝500 米。

该项目的成功不仅为查岛蛎鹬等濒危物种提供了更多适宜的筑巢环境，同时也惠及当地其他濒危植物群落的保护工作。这种基于生态修复的方法在维系岛屿独特的沙丘生态系统方面发挥了重要作用，对于新西兰其他沙丘系统的保护工作也具有一定的借鉴意义。

3.7.2 案例背景介绍

查塔姆群岛是一组由迷人的火山岛屿组成的孤悬群岛。主岛查塔姆岛的北部海岸线呈现出广阔的沙滩和连绵不断的沙丘景观。在新西兰本土，这种大面积的沙丘栖息地虽然不算罕见，但大多已遭到不同程度的人为改造和破坏。在沙丘植被上放牧和对后沙丘森林的清除大大增加了露天沙地的面积，新移动的沙丘淹没了剩余的沿海森林和牧场。19 世纪 80 年代末，定居者开始担心沙子会迅速侵蚀他们的农田，于是开始种植从欧洲引进的一种固沙草——海滨禾草。一开始，这一做法行之有效。然而很快，海滨禾草在当地环境中就展现出了惊人的生命力，在群岛上迅速蔓延扩散。

20 世纪 50 年代，海滨禾草已经非常普遍。借助繁殖迅速的种群优势及强大的竞争力，海滨禾草很快就取代了大部分本土沙丘植被，并使之岌岌可危，一些特有物种更是渐渐走向灭绝的边缘。就连曾在岛上生长得郁郁葱葱的本土沙蒿草也难逃被置换的命运，因为它不仅难以与如潮水般蔓延的海滨禾草一较高下，而且还是备受岛上牲畜青睐的美味佳肴。海滨禾草出现在查塔姆群岛已有 100 多年的历史，在此期间，它的蔓延和与之相关的沙丘退化一直在持续。

由此可见，海滨禾草的引种虽然起初是为了固沙保护农田，但它在查塔姆群岛上的无节制扩张，取代了原先覆盖新西兰沙丘的本土植被，最终给本地生态系统带来了灾难性破坏。海滨禾草能高效地束缚沙粒，形成高大陡峭的沙丘（比本土沙丘高大得多，斜坡也更陡峭），并由于风暴浪潮的侵蚀而维持这种形态。一个世纪之后的今天，群岛上由这一外来物种所主导的退化沙丘景观依然清晰可见。

作为致命入侵者的海滨禾草在查塔姆群岛上所造成的连锁反应，对该岛上珍稀物种的存亡也产生了严重影响。其中就包括查岛蛎鹬这一受严重威胁的鸻类物种。根据新西兰自然保护部的评级，查岛蛎鹬被列为国家极度濒危物种，亟须保护管理。事实上，截至 2008 年，国际鸟盟对其种群数量的估计不过 142 只。

查岛蛎鹬为蛎鹬属，是一种体型庞大、体态健壮的鸻类。它们胸部上的黑白羽毛分界模糊，长喙呈淡红色，粗壮的腿和脚则呈粉红色，与单色变异的牡蛎捕手外形相似，但后者体型略小，喙和足均较短粗。这一物种仅分布在新西兰东部 860 千米外的查塔姆群岛，在查塔姆岛、皮特岛、朗加蒂拉岛和曼格雷岛 4 个岛屿的海岸筑巢繁衍。其中以 154 千米海岸线上的鸟类数量最多，领地范围从 100 米至 1 千米，具体取决于当地种群密度。它们的栖息地多种多样，既有岩石、礁石、沙质海岸，也有这些环境的混合型，通常邻近潮间带岩石平台或溪流河口。

然而，查岛蛎鹬正面临着源于其栖息环境的生存危机。这种鸻类习惯在高潮线和沙丘植被之间的开阔地带建造巢穴。但随着海滨禾草持续侵染，由其形成的高大陡峭沙丘向海一线逼近，使得高潮线至沙丘带之间的缓冲地带日渐狭窄。大多数鸻类繁衍的传统筑巢区域已所剩无几，它们只能将巢穴建在邻近海岸的空地上，从而处于高潮和风暴海浪的严重威胁之下。事实上，作为一种岸滨鸻类，查岛蛎鹬天性喜好在开阔环境中筑巢，以便监控食物来源、抵御同类竞争，并及时躲避捕食者的袭击。因此，由海滨禾草所覆盖的高大密集沙丘环境，显然已无法满足查岛蛎鹬的栖息需求。为了保护这一珍稀物种的繁衍环境，1999 年，新西兰自然资源部启动了"查岛蛎鹬恢复计划"，主要目标之一就是恢复本土的沙丘生态系统。

3.7.3　案例过程概述

沙丘生态系统的保护和恢复工作在新西兰已逐步走上法治化和社会参与的双轨并行之路。一方面，政府出台相关法律法规，为沙丘保护工作提供了政策依据；另一方面，社会公众自发组建的各类沙丘恢复组织也为这一事业贡献了宝贵力量。同时，政府部门、研究机构及相关信托基金会在资金、技术指导等方面给予了大力支持。在多方协作的共同努力下，新西兰的沙丘保护与恢复事业正稳步推进，其中旨在改善濒危鸻类栖息环境的沙丘修复项目便是一个生动范例。

1991 年，新西兰议会通过了《资源管理法案》，该法案倡导土地管理者在土地开发利用过程中，必须保护海岸线的"自然风貌"。法案的实施使沙丘植被恢复工作发生了根本改变，从过去单一种植外来海滨禾草，转变为运用少量本土固沙植物，如银叶沙蒿和金叉籽薹草等来重新绿化沙丘。由此，受损的前沙丘地带自然而然就成为生态恢复工作的热门对象。

除了政府的法律政策支持外，社会公众的自发参与也为沙丘恢复贡献了重要力量。最初，一些志愿者团体在当地开展了小规模的沙丘修复尝试。随着时间推移，这种活动慢慢演变成一场影响面更广、力量更大的环保运动，吸引了至少 80 个社区团体、数百名志愿者的参与，并得到了新西兰沙丘恢复信托基金和地方政府的大力支持与资助。

此外，修复项目离不开信托基金支持。信托基金由 13 名受托人组成，旨在分享关于恢复沙丘自然景观、形态和功能的信息，监督沙丘研究，并提供实用指导。新西兰每年都会举办沙丘恢复大会，吸引来自全国各地的沙丘恢复小组成员，他们通过实地考察、讲座和研讨会的方式互相交流并获取技能和灵感。

地方政府部门在沙丘恢复工作中也扮演着重要角色。区域和地区委员会通常是社区沙丘小组的首个合作对口，多数沿海地区的政府都设有专门的"海岸护理"协调员或工作人员，负责对口服务这些社区小组。许多地区政府还为社区恢复小组提供资金支持，如惠灵顿大区地方政府就为每个小组提供每年 1000~5000 新西兰元、为期 5 年的"护理拨款"，可用于采购项目所需材料、制作标识牌、防治有害生物，以及开展环境教育等相关工作。

沙丘恢复通常首先对海滨禾草进行控制或清除，方法包括喷洒除草剂、人工拔除或用推土机挖掘。沙丘常常需要用土方设备进行整形，确保有利于海岸线保护的沙丘剖面。之后种植少量本土固沙植物，包括银叶沙蒿、金叉籽薹草，有时也包括沙丘芦麻草、沙钥状木和麻树。视项目规模而定，项目还可能包括对野兔（偶尔也包括鼠类和貂科动物）进行虫害控制。后续维护包括人工除草或施用除草剂，并在资源允许的情况下逐步扩大种植区域。

例如，该项目使用背负式喷雾器喷洒除草剂去除海滨禾草，并反复喷洒顽固的新生禾草。初期处理时，一个地点使用广谱除草剂"Roundup"，另一个地点使用专用于禾本科的除草剂"Gallant"，之后主要使用"Gallant"，避免影响种植的本土阔叶植物。为了消除试验区域边缘的再生长、幼苗和入侵，两个试验地点继续使用背负式喷雾器进行局部点喷。在初次喷洒后的 3 年里，秋季和春季均进行此项工作，拔除杂草并在清理后的区域种植了本土植物。许多当地和外地的自然保护部门工作人员、承包商和志愿者都参与其中，在两个试验沙丘修复地点，创造了更加开阔稀疏的植被区域，种植了一系列的莎草、草本植物、灌木和乔木。到 2003 年 4 月，该项目在前沙丘前沿共种植了 2500 株金黄绣球茅（Desmoschoenus spiralis），以及少量的草本和灌木，如 230 株忘忧草（Mysosotidium hortensia）和 375 株大果黄皮（Corokia macrocarpa）；在沙丘后部种植了 4500 株白木犀（Olearia traversii），用以遮阴并取代海滨禾草，形成从沙滩到海岸森林的连续植被演替。

科研机构在沙丘恢复方面也做出了宝贵贡献。Rotorua 林业研究所对建立恢复所需的本土固沙植被的基本生态学和实用性进行了广泛研究。其繁殖和种植指南现已被公认为新西兰最佳实践，并由沙丘恢复信托以用户友好的文摘系列进行了转译。除了回归自然、恢复本土植被的环保初衷外，沙丘修复工作还担负着保护特有物种的重任。"查岛蛎鹬恢复计划"的长期目标之一，就是通过恢复沿海沙丘系统来减轻这一濒危鸻类的生存压力。目前，该项目正将管理区内的鸻类巢穴逐步转移至海滩后方或前沙丘的空旷地带，有时还会在那里为它们提供轮胎等临时巢架。这一修复理念源于一项类似的美国项目，其目的是改善雪鸻的筑巢环境。

修复的具体目标是营造更广阔的裸露沙地，以及坡度更缓、植被更稀疏的前沙丘地带。经过 2001 年在当地开展的咨询工作，该项目选定了查塔姆岛上 Wharekauri（政府所有地）和 Maunganui（私人所有地）两处约 100 米长、40 米宽的试验区域。这些地区原本就有现成的牲畜栅栏，可以将羊群和牛群隔离在沙滩之外，同时也可以对捕食者（主要通过使用笼式陷阱）进行控制管理。选址还考虑到这里的沙丘相对平缓，在去除海滨禾草后，沙粒不太容易遭到破坏。

可以看出，新西兰的沙丘生态系统已经走过了一条曲折的发展道路。早期引种海滨禾草的做法虽然遏制了沙丘流动，但也给当地生态系统带来了灾难性冲击。直到近年来，通过政府、公众和科研机构的通力合作，人们终于找到了恢复本土沙丘生境的正确方式，并将其应用于保护珍稀物种的实践中。查岛蛎鹬恢复计划就是一个典型代表，它将沙丘修复与鸻类保护紧密结合，不仅为这一濒危物种创造了更加适宜的繁衍环境，也为当地生态系统的整体恢复贡献了重要力量。这一成功范例将为新西兰其他沙丘地区的生态修复工作提供借鉴，进而惠及更多受威胁的物种。

3.7.4 案件分析与启示

查塔姆群岛沙丘恢复工作取得了阶段性成果，不仅有效遏制了外来杂草的蔓延，还促进了珍稀植物群落的恢复，并影响了鸻类的筑巢位置选择，为这一濒危物种的保护增添了新的希望。将一个以外来海滨禾草为主的人工沙丘系统转变为以更多本土植物为主的自然群落是完全可行的。新植入的本土植物生长速度很快，无须采取特殊的防沙流动措施。在尝试过程中，Gallant 和 Roundup 这两种除草剂对海滨禾草均产生了良好的杀伤效果。Gallant 的优点是对本土植物无影响，但其成本较 Roundup 更高。试验发现，当对海滨禾草进行全面喷洒并彻底清除死亡残留物（如核心种植区所做的）时，新植入植物的存活率和生长速度明显更高。

虽然顽强的海滨禾草在短期内难以根除，但当地已经建立了定期喷洒除草剂的控制措施来抑制其持续再生。这不仅将扩大裸露沙地面积，更重要的是将使鸻类拥有更加安全、自然的筑巢环境，无须再利用轮胎制作巢架或将巢迁移至远离潮汐的地方。经过持续的除草和控制后，灌木和海岸木麻黄的存活率和生长速度似乎比单纯采用局部点喷时要高。但由于本土括草生长缓慢，在苗圃中的培育需超过两年，造成最终可种植的数量少于最初计划，其后期种植密度较低，可能会影响灌木带的成活定植效果。此外，将野生植株的扦插或根系直接移植到试验区的方法，对沙丘麻类植物而言是成功的。同样，对麻类的种子直接播种也取得了不错的效果，但其他多数物种的直播则均未能成活，这些植物可能需要先在苗圃培育才能顺利在新区域定植。由于海滩过于狭窄，查岛蛎鹬的巢穴容易遭受海水的冲击和破坏，因此在对 Mairangi 溪和 Tioriori 两地区进行植被恢复工作之前，管理人员不得不将其巢穴迁移到远离海浪的更安全位置。

恢复试验表明，在前沙丘前方开辟更多空间可以影响查岛蛎鹬对筑巢位置的选择。虽然它们仍然倾向靠近高潮线筑巢，但新的巢址位置已经超出正常风暴区域，从而不太容易遭受海水冲刷破坏。早在 2002 年，就有查岛蛎鹬伴侣在 Mairangi 溪的恢复区内筑巢。该区域曾密布海滨禾草，因而当暴风雨侵蚀前沙丘时，查岛蛎鹬别无选择，只能在遭海浪冲刷的海滩上筑巢。而在恢复试验后的几年里，该地区的查岛蛎鹬开始在沙丘前新积累的海滩脊线上筑巢。尽管短期内恢复工作的效益不太明显，但控制海滨禾草扩散意味着为鸟类筑巢腾出了更多空间。在 Tioriori，成功操纵查岛蛎鹬筑巢位置的经验则更加长久，在进行 3 年恢复工作期间，那里的常驻查岛蛎鹬比海滨禾草被清除前更靠近岸内陆筑巢，且处于稀疏沙薹草覆盖的斜坡边缘。随后几年，沙丘前沿持续保持开阔、植被稀疏且积累了一小堆沙堤，进一步保护了鸟类的筑巢位置免受海浪侵袭。这些结果表明，恢复工作确实有助于改善查岛蛎鹬的筑巢环境。

通过控制海滨禾草的侵占，鸻类现在在沙滩上游筑巢，因此远离了高潮线，它们的蛋巢不太容易因风暴潮和高潮而遭到损失。查岛蛎鹬恢复计划的主要目标之一就是创造一个更加自然、有利于这一物种筑巢的沿海生态环境，这一目标已初步实现，通过相对较小的努力，已经为受威胁的沙丘生物群落（包括植物和鸻类）带来了积极效益。在这一成功基础之上，项目负责方正计划分步推进，恢复更多沙丘区域。对查塔姆群岛的沙丘环境进行修复，成功扭转了外来入侵植物的蔓延态势，为濒危鸻类创造了更加理想的繁殖环境。第一年内，两个试验区域的环境已经发生了明显的转变，遏制了海滨禾草向水边推进的趋势。在恢复工作初期，两对常驻鸻类就迅速做出反应，开始选择修复区域内的沙滩边缘（之前那里是密集的海滨禾草）作为新的筑巢地点，相比原先靠近高潮线的巢址位置，新的筑巢区域更加安全，不易遭受风暴潮和高潮的冲刷破坏。个别鸻类甚至在新植金黄绣球茅旁筑巢。在另一个区域，鸻类在稀疏的矮毛薹中筑巢，这种薹草从原有的斑块扩散到了新扩大的裸沙区域。反映出个别鸻类对改良后的生境已经接纳和适应。虽然短期内的恢复效果尚不明显，但长期来看，持续控制杂草入侵能够为鸻类腾挪出更多潜在的筑巢空间，必将有利于这一珍稀物种在当地的繁衍和保护。

3.7.5　结论

过去百年来，查塔姆群岛的原生沙丘生态系统已转变为以海滨禾草为主的单一生态。近年来，岛屿北部的沙丘恢复工程通过人工干预和生境重建成功逆转了这一过程，增加了土著鸻类的繁殖栖息地面积。经过 4 年治理，原本被海滨禾草占据的沙丘生境转变为多样化的本地植被，未出现沙土流失等不利后果。这表明，深入了解本土植物的生境需求，因地制宜地进行场地管理和除草控制，是恢复本土物种群落的关键。恢复后，鸻类利用新开阔的沙丘空间筑巢，远离潮汐线，降低了风暴潮水冲毁蛋巢的风险，消除了迁徙至高地的需求。沙丘生态修复不仅为滨鸟提供了更安全的筑巢环境，也有利于沿海沙丘生态系统的保护，这一模式值得在新西兰其他沿海地区推广。项目为未来更系统化、广泛的滨鸟栖息地恢复奠定了基础，强调了循序渐进的生境恢复、目标物种及其生存环境需求的重要性，以及重建本土物种群落的必要性。

3.7.6 思考题

（1）沙丘修复的效果如何对查岛蛎鹬的生存环境产生积极影响？
（2）除了查塔姆群岛外，还有哪些地区采用了类似的沙丘修复方法？
（3）控制海滨禾草和其他杂草物种对沙丘恢复有什么重要作用？
（4）沙丘修复对查塔姆群岛中受威胁的植物群落有何积极影响？
（5）沙丘修复技术的普遍适用性体现在哪些方面？
（6）公众参与在沙丘修复和环境保护方面有何重要作用？

3.7.7 案例使用说明

（1）案例摘要
本案例介绍了在新西兰查塔姆群岛进行沙丘恢复的实践。通过控制海滨禾草和其他杂草物种，创造开放空间供濒危查岛蛎鹬筑巢，并通过使用本地物种重新植被来恢复沙丘的生态系统，成功提供了更适宜的筑巢环境，并保护和维持了植物多样性。类似的沙丘修复方法在新西兰其他地区的沙丘系统中也得到了应用，充分彰显了生态保护工作的重要意义和显著成效。案例分析不仅能够使学生了解沙丘恢复的实践，还能培养他们的科学思维能力和伦理意识，引导他们思考环境保护和生物多样性维护的重要性。此外，还可以让学生思考科学实践中的伦理问题，如引入非本地物种可能带来的影响，以及在工程实践中如何平衡各种因素。教师可以通过提问、小组讨论、案例分析和总结等方式引导学生进行思考和讨论。此外，教师还可以鼓励学生提出类似修复方法在其他生态系统中的应用，拓展学生的思维和知识广度。这种案例分析的方式，可以帮助学生理解沙丘恢复的实践，并培养他们的科学思维和伦理意识。教师可以根据具体情况和课堂安排进行适当的调整和补充，以实现教学目标。
（2）课前准备
通过案例分析，学生可以查阅相关资料，了解新西兰查塔姆群岛的地理背景、沙丘恢复的目的和方法，以及对濒危查岛蛎鹬和植物群落的积极影响，为学生在课堂中进行讨论和分析提供充分的知识准备。
（3）教学目标
通过案例分析，让学生了解沙丘恢复的意义和方法，引导学生思考环境保护和生物多样性维护的重要性，并在此基础上培养学生对于工程实践中伦理问题的辨识和思考能力，增进学生对科学精神、科学伦理规范和法律规范的理解。

（4）分析的思路与要点

本案例通过分析海滨禾草引入沙丘生态系统的初衷及其对濒危物种岛鸻的影响，探讨沙丘恢复的关键技术和措施。通过控制海滨禾草、创造适宜的开放空间、利用本地物种重新植被等方法，本案例评估了沙丘恢复对岛鸻筑巢环境和生存状况的积极作用。同时，案例分析了沙丘恢复对查塔姆群岛植物群落的保护和维护作用，以及将此类修复方法应用于其他地区的适用性和价值，旨在为学生提供新的学习思路，加深学生对生态恢复和生物多样性保护的理解。

（5）课堂安排建议

根据具体课时安排，可以多个课时开展。课前先安排学生阅读相关资料，让学生自主了解沙丘恢复和生物多样性保护的相关手段。

课堂（45 分钟）安排：

教师讲授　　　　　　（15 分钟）

学生讨论　　　　　　（10 分钟）

学生报告和分享　　　（15 分钟）

教师总结　　　　　　（5 分钟）

补充阅读

[1] Pegman M K, Rapson G L. Plant succession and dune dynamics on actively prograding dunes, Whatipu Beach, northern New Zealand[J]. New Zealand Journal of Botany, 2005, 43(1): 223-244.

[2] Moore P, Davis A. Marram grass Ammophila arenaria removal and dune restoration to enhance nesting habitat of Chatham Island oystercatcher Haematopus chathamensis, Chatham Islands, New Zealand[J]. Conservation Evidence, 2004, 1: 8-9.

[3] Moore P J. Conservation assessment of the Chatham Island oystercatcher Haematopus chathamensis[J]. International Wader Studies, 2014, 20: 23-32.

[4] Miller J R, Hobbs R J. Habitat Restoration-Do We Know What We're Doing? [J]. Restoration Ecology, 2007, 15(3): 382-390.

[5] Jamieson S L. Sand dune restoration in New Zealand: methods, motives, and monitoring[D]. Wellington, New Zealand: Victoria University of Wellington, 2010.

[6] Moore P J, Davis A, Bellingham M, et al. Dune restoration in northern Chatham Island[R]. Wellington, New Zealand: New Zealand Department of Conservation, 2012.

3.8 斯里兰卡红树林恢复案例

内容提要：斯里兰卡红树林生态系统在 2004 年的印度洋海啸中遭受了严重破坏，这一事件引发了对红树林恢复的关注。斯里兰卡政府、社区和国际合作伙伴共同推动了红树林修复计划的实施。该计划以科学导向的方法为基础，采用先进的种植技术和生态学原理，提高了红树林的成活率和生长速度。同时，社区参与和领导发挥了重要作用，当地居民通过培训和技术指导，积极参与到修复工作中来，增强了修复工作的可持续性和社会接受度。此外，国际合作伙伴的支持和参与为计划注入了新的活力和动力，促进了技术创新和经验分享。这一成功经验表明，政府、社区和国际合作伙伴应共同努力，充分发挥各自的作用，制定科学合理的修复方案，培育社区的环保意识，促进技术创新和经验分享，共同推动红树林生态系统的保护和恢复，为可持续发展做出积极贡献。

关键词：红树林；生态修复；社会治理；国际合作；科学方法；政府职能

3.8.1　引言

红树林是指生长在热带、亚热带海岸潮间带（潮涨潮落之间的滩涂地带），受周期性海水浸淹的木本植物群落的统称。它们是由陆地植物进入海洋边缘演化而成的。其中，多数红树植物体内含有大量单宁，单宁遇到空气会被氧化而变红，其木材常呈红色，从树皮中提炼出的单宁可用作红色染料，"红树"之名由此而来。

由于红树林具有热带、亚热带河口地区湿地生态系统的典型特征及特殊的咸淡水交迭的生态环境，为众多的鱼、虾、蟹和候鸟提供了栖息和觅食场所。因此，红树林蕴藏着丰富的生物资源和物种多样性。一方面，茂盛的红树植物每年向林地及附近海域输送大量的枯枝落叶，经微生物分解，成为鱼虾蟹贝等底栖生物的营养物质和能量来源，同时，由江河水携带而来的营养物质和泥沙也在红树林滩涂淤积，使之成为底栖生物的理想家园；另一方面，繁茂的红树林是动物较好的隐蔽场所，并为动物提供了丰富的食物。红树林还是候鸟重要的中转站和越冬地。因此，红树林生态系统中的生物多样性极为丰富。贝类、昆虫、螃蟹、鱼类和鸟类种类多，生物量大。此外，两栖类和爬行类动物亦较常见。

红树植物的根系十分发达，盘根错节屹立于滩涂之中。红树林对海浪和潮汐的冲击有着很强的适应能力，可以护堤固滩、防风消浪、保护农田、降低盐害侵袭等，对保护海岸起着重要的作用，是内陆的天然屏障，有"海岸卫士"之称。在"黑格比""天鸽""山竹"等大型台风袭击期间，淇澳岛上有红树林守护的堤坝安然无损，无红树林守护的堤坝损毁严重。此外，红树林可净化海水，吸收污染物，降低海水富营养化程度，防止赤潮发生。淇澳岛位于珠江出海口，水污染较为严重。但广东珠海淇澳—担杆岛省级自然保护区 2017 年的水质监测数据显示，DO（衡量水体的自净能力）向海端达到Ⅰ类标准，林内可达到Ⅱ类标准；COD、BOD（衡量水体的生物降解能力）向海端达到Ⅱ类标准，近海端达到Ⅲ类标准；且没有受到重金属污染。

红树林是生产力和生产效率最高的长期天然碳汇之一。尽管红树林的面积只占全球沿海生态系统面积的 0.5%，却贡献了全球沿海碳汇的 10%~15%，红树林的保护与恢复是应对气候变化的基于自然的解决方案。2020 年，我国明确提出 2025 年营造及修复红树林面积

18 800 千米^2 的行动目标。红树林生态系统的恢复可以增强其蓝碳功能和固碳潜力,是实现"碳中和"战略目标的有效途径之一。大规模红树林保护与恢复工作的开展需要大量的资金及人员投入,科学开发红树林碳汇,充分发挥其生态属性和社会经济属性,利用市场机制使其进入碳市场交易,将其碳汇属性转化为经济价值,可为后期的保护与恢复提供"额外性"资金支持,同时,通过碳市场的抵消机制,可实现红树林碳汇的"碳中和"效应。

3.8.2 案例背景介绍

斯里兰卡是一个拥有丰富自然资源和多样生态系统的岛国。然而,2004 年 12 月 26 日,这片美丽的土地遭受了来自印度洋的巨大挑战,一场规模空前的海啸席卷而来,给斯里兰卡带来了毁灭性的打击。这场灾难不仅夺去了数千人的生命,摧毁了这个岛国的建筑和基础设施,还对其丰富的生态系统造成了长期影响。为了应对这一挑战,斯里兰卡政府和相关机构迅速采取行动,着手开展红树林修复计划。他们投入了大量资源和资金,以种植新的红树苗并恢复受损的生态系统。在过去的 10 年间,约有 1300 万美元投入这一修复工作中,旨在重建受创的红树林,恢复其生态功能。

斯里兰卡拥有得天独厚的地理位置,使得对红树林恢复项目进行全国范围内的深入调查成为可能。斯里兰卡的地理环境多样,包括不同类型的红树林生态系统,为研究提供了丰富的样本数据。然而,要全面了解红树林修复工作的成果和挑战,仅凭有限的调查是远远不够的。斯里兰卡需要进行更深入、更全面的研究,以探索红树林种植项目的多个方面,包括机构、地点、范围等,并分析其成功或失败的原因,特别是需要更多关于土壤参数对种植活动的影响的研究,以制定更有效的红树林恢复策略。

斯里兰卡作为研究红树林恢复成功率的重要地区,存在以下特点:首先,斯里兰卡在遭受 2004 年海啸后,10 年间投入了大约 1300 万美元用于种植红树林;其次,相较于其他受海啸影响的南亚国家,斯里兰卡的红树林研究相对较多,有坚实的基础;最后,尽管已有一些关于红树林恢复和成功的研究报告,但斯里兰卡的地理位置有利于在全国范围内对红树林恢复项目进行深入调查。红树林修复工作的成功并非轻而易举。斯里兰卡政府部门设定了以红树苗存活至少 5 年为成功标准的严格评估指标,以确保修复计划的有效性。这些指标不仅是为了检验红树林修复工作的成果,更是为未来的生态保护提供了重要的参考依据。

3.8.3 案例过程概述

印度洋海啸发生后,斯里兰卡开展了大规模恢复红树林的活动。然而,由于几乎没有植物能够幸存,该国改变了策略,从尝试重新种植红树林,转为更好地保护现有红树林,让红树林自然恢复,重建种群和生态。在灾后的紧急会议上,政府领导人和环境部门代表决定,制定一项综合的、科学的红树林修复方案,全力以赴恢复受损的生态系统。政府成立了专门的红树林修复委员会,汇集了政府部门、学术界、非政府组织和国际机构的力量,共同制订并实施修复计划。与此同时,斯里兰卡社会各界也积极响应政府的号召,参与到红树林修复工作中。志愿者奔赴灾区,开展搜救和救助工作,为受灾居民提供援助和支持。学者和专家深入灾区,进行调查评估,提出科学合理的修复方案。NGO 组织和国际机构向政府提供了资金、技术和人力支持,共同推动红树林修复工作取得更大进展。

在启动阶段，红树林修复计划主要集中在评估损害程度、规划修复方案和动员社会资源等方面。政府部门派遣专业团队前往受灾地区，进行实地勘察和评估，了解红树林受损情况和生态系统状况。同时，学术界和专家组织开展科学研究，分析灾后红树林恢复的可行性和方向。社会各界开展宣传教育和意识提升活动，呼吁更多的人加入到红树林修复工作中来。政府在这个关键的时刻发挥了重要作用，他们组织了一系列的紧急会议，确立了红树林修复计划的战略方向和具体措施。政府不仅制定了相关政策和法规，为红树林修复工作提供了政策支持和法律保障，还积极调动各方资源，为修复计划的顺利推进提供了有力保障。同时，政府还成立了专门的工作组和委员会，负责监督和指导红树林修复工作，确保各项任务有序推进。

红树林修复计划的实施需要建立科学的评估机制，以确保修复工作的有效性和可持续性。在斯里兰卡，政府部门采取了严格的评估标准，以红树苗存活至少 5 年为成功标准，展开调查和评估工作，旨在了解种植的红树林在自然环境中的生存情况，并为未来的修复工作提供参考。政府部门组织了专业团队前往受灾地区开展实地勘察和评估工作。这些团队由环境科学家、生态学家和林业专家组成，他们深入红树林种植地点，对植被覆盖、土壤条件、水质状况等进行详细调查，了解红树林修复的实际情况。通过实地勘察，政府部门可以全面了解受灾地区的红树林恢复情况，为后续的评估工作提供了重要的数据支持。此外，政府部门利用遥感技术和地理信息系统（GIS）对红树林修复区域进行了监测和评估。采用遥感技术可以快速获取大范围的地表信息，包括植被覆盖、土地利用、水域分布等，为红树林修复效果的评估提供了重要数据基础。地理信息系统可以对遥感数据进行空间分析和模拟，帮助政府部门更加精准地评估红树林修复的成效，并及时发现问题和调整方案。同时，政府部门利用定点观测和长期监测网格对红树林种植地点进行定期监测和评估。通过在不同时间节点对同一地点进行观测，政府部门可以及时了解红树苗的生长情况、树木的存活率及生态系统的恢复进程，为修复工作的调整和优化提供参考。长期监测网格的建立还可以帮助政府部门掌握红树林生态系统的动态变化，为未来的管理和保护工作提供科学依据。并且，政府部门还利用社会调查和参与式评估方法，收集当地居民和利益相关者的意见与建议。通过与当地居民和利益相关者进行沟通和交流，政府部门可以更好地了解他们对红树林修复工作的期望和需求，提高修复工作的社会接受度和参与度，促进修复工作的顺利推进。

红树林修复计划的评估工作不仅需要政府部门的主导和协调，还需要学术界、非政府组织和国际机构的支持和参与。学术界可以提供科学研究和技术支持，为评估工作提供理论指导和专业建议。非政府组织可以开展社区动员和宣传教育工作，提高社会公众对红树林修复工作的认识和参与度。国际机构可以提供资金、技术和人力资源支持，为评估工作提供重要保障。因此，斯里兰卡红树林修复过程中的调查和评估工作是保障修复工作有效性和可持续性的关键环节。政府部门通过实地勘察、遥感监测、定点观测和社会调查等多种手段，全面了解红树林修复的实际情况，及时发现问题和调整方案，确保修复工作的顺利推进。同时，政府部门还积极与学术界、非政府组织和国际机构合作，共同推动红树林修复工作取得更大成效，为保护环境、促进可持续发展做出了积极贡献。

斯里兰卡红树林修复计划的成效体现在恢复面积得到扩大和种植树木的成活率得以提高。自启动以来，该计划已经恢复了 500 公顷的红树林，为当地生态系统的恢复和生物多样性的保护提供了重要保障。在修复过程中，政府部门和社区组织采取了科学的种植方法，优选适合当地环境条件的红树树种，并加强对种植过程的监测和管理，确保种植树木的成活率。这些努力有效提高了红树林修复的效率和质量，为未来的生态系统恢复工作奠定了坚实基础。

此外，斯里兰卡红树林修复计划的成效体现在社区参与和社会经济效益的提升这两方面。该计划由当地社区共同领导，充分发挥了当地居民的主体作用和积极性。通过培训和技术指导，当地居民掌握了红树林种植和管理的技能，参与到修复工作中来，不仅提高了生态保护意识，还为当地社区创造了就业机会和经济收入。据统计，到目前为止，该计划已经惠及 150 户家庭，并创造了 4000 多个新的就业机会，为当地社区的经济发展和社会稳定做出了积极贡献。

斯里兰卡的红树林修复自启动以来，在当地社区的共同努力下取得了显著的成效，成为联合国表彰的世界七大"生态恢复旗舰项目"之一。通过科学导向和多方合作，斯里兰卡正在积极推动红树林修复工作，为保护环境、改善生态状况和促进社区发展做出了重要贡献。在澳大利亚、美国和英国等合作伙伴的支持下，这一方法自 2015 年以来已帮助斯里兰卡恢复了 500 公顷的红树林。在额外援助下，该国仍希望能够实现 2030 年恢复 10 000 公顷红树林的目标，即之前红树林覆盖面积的 50% 以上。

3.8.4　案例分析与讨论

科学导向的方法在斯里兰卡红树林恢复计划中发挥了至关重要的作用。政府注重利用科学的理论和方法来指导红树林恢复工作，从而确保修复工作的有效性和可持续性。科学导向的方法体现在修复方案的制定上。斯里兰卡红树林恢复计划充分利用生态学、林业学等学科的理论和方法，通过对当地环境、生态系统和植被状况的调查和分析，制定了科学合理的红树林修复方案。方案不仅考虑了红树林植物的生长习性和适应能力，还充分考虑了当地的气候条件、土壤类型和水文环境等因素，从而确保了修复工作的针对性和实用性。在种植技术和管理措施上，为了提高红树林种植的成活率和生长速度，斯里兰卡采取了一系列科学的种植技术和管理措施。例如，通过选择适合当地环境条件的红树树种，调整种植密度和间距，优化土壤改良和施肥方法，以及加强对种植过程的监测和管理等措施，有效提高了红树林种植的成功率和效益，为修复工作的顺利推进奠定了基础。而在对生态系统功能和生态服务的考量上，在制定修复方案和实施过程中，斯里兰卡红树林恢复计划充分考虑了红树林生态系统的功能和服务，如保护海岸线、维持生物多样性、调节气候等。通过恢复和加强红树林的生态功能，斯里兰卡既提高了当地生态系统的稳定性和健康状态，又为当地社区提供了更多的生态服务和经济收益，实现了生态环境保护和社区可持续发展的双重目标。科学导向的方法还体现在对修复效果的评估和监测上。为了确保修复工作的效果和成效，斯里兰卡红树林恢复计划建立了科学的监测评估体系，定期对种植的红树林进行生长状况和生态环境的调查与评估，及时发现和解决问题，调整修复策略，确保修复工作的持续有效性和可持续发展性。科学导向的方法在斯里兰卡红树林恢复计划中发挥了关键作用。通过科学的修复方案、种植技术、生态考量和监测评估，斯里兰卡有效提高了红树林修复工作的效率和质量，为当地生态环境的恢复和社区的可持续发展做出了重要贡献。

社区参与和领导是斯里兰卡红树林恢复计划中重要的实施力量。该计划由当地社区共同领导，意味着红树林修复工作是由当地社区自主组织和管理的。社区作为最直接的受益者和保护者，对红树林的恢复具有最直接的利益关系。因此，将社区纳入修复计划的领导和决策过程，有助于确保修复工作符合当地的需求和情况，增强了社区的归属感和责任感，为修复工作的持续推进提供了坚实的基础。通过培训和技术指导，当地居民掌握了红树林种植和管理的技能，参与到修复工作中来。红树林恢复计划为当地居民提供了种植技术、生态知识和管理经验的培训，使他们能够有效地参与修复工作，负责红树林的种植、管理和监测等工作。这不仅提高了修复工作的效率和质量，还增强了社区居民对修复工作的参与度和认同感，为修复工作的顺利推进和可持续发展奠定了基础。社区参与还有助于提高修复工作的社会接受度和可持续性。通过与当地社区密切合作，了解他们的需求和意见，纳入他们的意见和建议，增强了修复工作的社会合法性和可接受性。同时，通过向社区居民传递生态保护和环境意识，激发他们的环保意识和责任感，有助于形成良好的社区环境，促进修复工作的可持续发展。社区参与还有助于促进社区的经济发展和社会稳定。红树林恢复计划为当地社区创造了就业机会和经济收入，提高了居民的生活水平和社会福祉。同时，通过培训和技术指导，社区居民不仅掌握了红树林种植和管理的技能，还提高了自身的就业竞争力和社会地位，为社区的经济发展和社会稳定做出了积极贡献。斯里兰卡政府通过充分发挥当地社区的积极性和主体作用，培育和壮大了社区的环保意识和责任感，为修复工作的顺利推进和可持续发展奠定了坚实基础。

斯里兰卡红树林修复计划的成效体现在国际合作和技术支持的加强这两方面。该计划得到了斯里兰卡环境部及澳大利亚、英国和美国等国际合作伙伴的大力支持和参与。这些合作伙伴不仅提供了资金、技术和人力支持，还分享了自己的经验和技术，为斯里兰卡的红树林修复工作注入了新的活力和动力。通过国际合作，斯里兰卡得以充分利用国际社会的资源和优势，加速红树林修复工作的进程，实现了"一加一大于二"的效果，为红树林生态系统的恢复和保护注入了新的动力和活力。斯里兰卡红树林修复计划的成效还体现在生态系统功能的恢复和生态环境的改善这两方面。红树林是重要的生态系统，具有保护海岸线、维持生物多样性、调节气候等重要功能。通过红树林修复工作，斯里兰卡得以恢复和加强红树林生态系统的功能，提高海岸线的稳定性，促进海洋和陆地生态系统的互动和平衡，为当地社区提供了更加稳固和健康的生态环境。

政治稳定度和政府决策的连续性对于长期的生态修复工作至关重要。然而，斯里兰卡曾经历政治动荡和内战，这种不稳定的局势可能会影响红树林修复计划的顺利实施。此外，政府部门之间的协调和合作也是一个挑战，需要建立起跨部门的合作机制，确保红树林修复计划的全面推进。经济因素也是一个重要的挑战。红树林修复工作需要大量的资金投入，包括苗木种植、生态恢复、监测评估等方面的费用。然而，斯里兰卡作为一个发展中国家，其财政资源相对有限，如何在有限的资源下实现红树林修复工作的长期可持续发展，是一个需要认真思考的问题。同时，红树林修复工作还需要吸引国际社会和私营部门的投资和支持，形成多方共建的合作模式。社会因素也是红树林修复工作面临的挑战之一。当地居民的参与和支持是红树林修复工作取得成功的关键因素之一，然而，由于资源分配不均、社会不公等问题，当地部分居民可能对修复计划存在反对或抵触情绪。因此，需要政府部门加强与当地社区的沟通和协商，保障当地居民的利益和权益，促进红树林修复工作的顺利推进。环境因素是红树林修复工作的核心挑战之一。气候变化、海平面上升、土地退化等环境因素对红树林生态系统的恢复和发展造成了一定影响。特别是气候变化引起的极端天气事件可能会给红树林的种植和生长带来挑战，需要政府部门加强监测预警和灾害管理，及时采取措施应对可能的风险和损失。

尽管红树林修复工作面临诸多挑战,但也有着广阔的前景。随着斯里兰卡政府和社会各界对环境保护和生态恢复的重视程度不断提高,红树林修复工作将迎来更多的政策支持和资金投入,红树林生态系统的恢复和发展得到了有力保障。同时,国际社会和国际组织也将继续关注和支持斯里兰卡的红树林修复工作,通过技术援助、资金支持和经验分享等方式,为斯里兰卡红树林修复工作提供更广阔的发展空间。未来,随着政府部门、社会各界和国际社会的共同努力,相信斯里兰卡的红树林修复工作将取得更大的成就。通过科学规划、有效管理和持续监测,斯里兰卡的红树林将得以持续发展,为当地社区提供生态保护和经济发展的双重效益,为全球生态环境保护事业做出更大的贡献。

3.8.5 结论

斯里兰卡的红树林修复计划展示了政府、社区和国际合作伙伴共同努力的成果,为生态系统保护和恢复提供了宝贵经验。该计划采用科学种植、土壤改良和生态考虑的方法,有效提高了种植成活率和生长速度,为红树林恢复奠定了基础。社区参与和领导在修复工作中至关重要,通过培训和技术指导,修复工作的可持续性和社会接受度得到了增强。此外,国际合作伙伴的支持为红树林恢复工作注入了活力,促进了工作的创新和进步。实践证明,深入了解本土植物的生境需求,因地制宜地开展场地管理和除草控制,是成功恢复和重建本土物种群落的关键。这些共同努力将为人类社会和自然环境的可持续发展做出积极贡献。

3.8.6 思考题

(1)怎样看待斯里兰卡红树林修复工作的发展史?
(2)怎样看待斯里兰卡启动红树林修复计划?
(3)兼顾经济发展与环境生态保护是环境工程的重点,请你谈谈斯里兰卡红树林修复得以成功的原因。
(4)如何发挥公众参与和国际合作在提高环境保护、生态修复等方面发挥的重要作用?

3.8.7 案例使用说明

(1)案例摘要
斯里兰卡的红树林生态系统在 2004 年的印度洋海啸中遭受了严重破坏,引起了政府、社区和国际合作伙伴的共同关注。通过科学导向的方法、社区参与和国际合作,红树林修复计划取得了显著成效。政府制定了相关政策和法规,组织了专业团队开展实地勘察和评估工作,成立了专门的工作组和委员会,有效监督和指导了修复工作。社区参与和领导充分发挥了作用,当地居民通过培训和技术指导,积极参与到修复工作中来。国际合作伙伴提供了资金、技术和经验支持,为斯里兰卡的红树林修复工作注入了新的活力和动力。斯里兰卡红树林修复的成功经验为未来的生态保护和恢复工作提供了宝贵的经验和启示。
(2)课前准备
学生通过查找斯里兰卡红树林修复的新闻报道及相关文献资料,较为清晰、准确地了解斯里兰卡红树林的生态价值与斯里兰卡红树林修复的历程,为课堂学习和深入讨论做好充分的知识准备、情境准备和心理准备。

（3）教学目标

通过案例分析，学生可以对红树林保护的科学性与综合性有更为清晰的认识，并在此基础上，对工程实践中的生态修复问题进行辨识、思考，了解工程师应具备的科学精神、应遵循的科学伦理规范和法律规范。

（4）分析的思路与要点

本案例通过梳理斯里兰卡红树林修复的进展，选取代表性政府职能和公众参与为切入点，从社会伦理、生态伦理、工程伦理三个角度进行工程实践的原因分析，案例试图从公众参与发挥政府职能，参与生态保护的角度谈社会治理，有助于学生打开新的学习思路。

（5）课堂安排建议

根据具体课时安排，可以多个课时开展。课前先安排学生阅读相关资料，让学生自主了解斯里兰卡红树林的相关历史背景。

课堂（45分钟）安排：

教师讲授　　　　　　（15分钟）

学生讨论　　　　　　（10分钟）

学生报告和分享　　　（15分钟）

教师总结　　　　　　（5分钟）

补充阅读

[1] Wasana de S, Amarasinghe M D. Coastal protection function of mangrove ecosystems: a case study from Sri Lanka[J]. Journal of Coastal Conservation, 2023, 27(6): 59.

[2] Perera K A R S, Amarasinghe M D. Carbon sequestration capacity of mangrove soils in micro tidal estuaries and lagoons: A case study from Sri Lanka[J]. Geoderma, 2019(347): 80-89.

[3] Mafaziya Nijamdeen T W G F, Ephrem N, Hugé J, et al. Understanding the ethnobiological importance of mangroves to coastal communities: A case study from Southern and North-western Sri Lanka[J]. Marine Policy, 2023(147): 105391.

[4] Veettil B K, Wickramasinghe D, Amarakoon V. Mangrove forests in Sri Lanka: An updated review on distribution, diversity, current state of research and future perspectives[J]. Regional Studies in Marine Science, 2023(62): 102932.

[5] Sarah Lazarus, Jon Jensen. How Sri Lanka's mangrove forests can save lives[EB/OL]. (2020-02-06) [2024-10-27]. https://edition.cnn.com/2020/02/06/asia/sri-lanka-mangroves-c2e-scn-intl-hnk/index.html.

[6] 斯里兰卡李哥. 探秘斯里兰卡红树林，泛舟马渡河 Madu Ganga River Safari [EB/OL]. (2018-10-04) [2024-10-27]. https://www.mafengwo.cn/gonglve/ziyouxing/172828.html.

[7] 红小豆馆主. 斯里兰卡博物第一站——探秘红树林 [EB/OL]. (2016-09-28) [2024-10-27]. https://www.sohu.com/a/113956495_409331.

[8] 联合国环境规划署. 大自然正在复苏：联合国表彰七大世界生态恢复旗舰项目 [EB/OL]. (2024-02-13) [2024-10-27]. https://www.unep.org/zh-hans/xinwenyuziyuan/xinwengao/daziranzhengzaifusulianheguobiaozhangqidashijieshengtaihuifuqijianxiangmu.

3.9　澳大利亚阿德莱德海草修复案例

内容提要：全球的海草床正面临加速退化的挑战，其生态功能和生物多样性正遭受严重威胁。在过去的 50 年里，阿德莱德海岸损失了约 6000 公顷的海草。阿德莱德通过采取一系列措施，包括减少人为干扰、改善水质、保护栖息地等，成功恢复了海草床的面积和生态功能。该项目修复的显著成功，为海草资源的研究、管理与保护提供了宝贵的经验，且具有借鉴意义。阿德莱德海草床修复的成功表明，科学的分类管理是海草资源保护与恢复的重要基础。通过对海草床进行分类，对不同类型的海草床采取针对性的管理措施，有助于最大限度地保护和利用海草资源。我国也应全面加强海草保护、恢复、管理与研究，防止海草床的继续消失和退化并促进它们的恢复，为稳定和提升海洋典型生态系统碳汇能力，提高海域生产力、养护生物多样性做出实质性贡献。

关键词：海草床；生态修复；滨海湿地；蓝碳

3.9.1　引言

海草是一种从陆地植被演化而来、完全适应海洋环境的高等植物，属于有根开花的被子植物。它们通常具有发达的根系和地下茎，生活在潮间带和浅水区。海草床与珊瑚礁、红树林并称三大滨海生态系统，具有极高的生产力和重要的生态、经济价值，被誉为海洋环境的"生态工程师"。海草为众多海洋生物提供了栖息地和食物，是繁殖和生长的重要场所，同时也是渔业资源的基础。海草通过吸收废物和有害物质净化海水，维护水质，减缓海浪和洋流，防止海岸侵蚀，保护沿岸生态。

海草床还是全球重要的碳捕获和封存生态系统之一，与红树林和盐沼共同构成蓝色碳汇。全球范围内，这些生态系统每年可埋藏大量碳。然而，海草床正因人类活动和气候变化而快速消失，海岸工程、污染和破坏性捕捞是其退化的主要原因，导致海草床从碳汇转变为碳源。据估测，全球海草床的损失率约为 7%/ 年，相当于每年向环境释放大量碳。自然灾难如台风、海洋温度升高和火山喷发也会导致海草床碳损失。

保护和恢复海草床生态系统符合《巴黎协定》关于减缓气候变化的蓝碳倡议。例如，美国东海岸弗吉尼亚潟湖通过播种鳗草种子，成功恢复了大面积海草床，并促进了生物多样性和碳吸收。因此，防止海草床的消失和退化，并促进其恢复，对提升海洋生态系统的碳汇能力、提高海域生产力和养护生物多样性具有重要作用，是最具双赢性的生态保护和资源可持续利用战略之一。

3.9.2　相关背景介绍

澳大利亚作为拥有世界上最原始、最长和最多样化的海岸线之一的国家，其漫长的海岸线和多样的气候类型为海草床等多种滨海生态系统的形成提供了良好的条件。澳大利亚拥有世界上最大、最多样化的海草群落，分布于热带、亚热带和温带沿岸，海草面积高达 83 013 千米^2，占全球海草总面积的 31.1%。其中，昆士兰州 / 北部地区海草分布最广，占澳大利亚海草总面积的 61.0%。大堡礁以其巨大的海草场而著称，海草面积达 35 679 千米^2，占澳大利亚海草总面积的 43.0%。由于其优良的水质和可见度，大堡礁的海草生长深度可达 76 米。西澳大利亚州的海草面积为 22 419 千米^2，占该国海草总面积的 27.0%，鲨鱼湾是该州海草的主要分布区，面积为 4300 千米^2，于 1991 年入选世界自然遗产。南澳大利亚州的海草分布相对较小，仅为 8627 千米^2，占该国海草总面积的 10.4%。而塔斯马尼亚州、维多利亚州和新南威尔士州的海草面积最小，仅占该国海草总面积的 1.6%。澳大利亚海草种类繁多，共计 13 属 38 种，全球超过 50% 的海草种类在澳大利亚有分布。

从各地区来看，澳大利亚西部的海草种类最为丰富，鲨鱼湾是海草种类最多的地区之一。澳大利亚不仅拥有远大于其他国家面积的海草分布面积，而且所拥有的海草种类也最多，因此被称为"海草资源第一大国"。澳大利亚海草床的碳储量巨大，例如，大堡礁海草床的碳储量达 404 万亿克碳，占全球海草碳储量的 11%。此外，澳大利亚的海草床也是儒艮等动物的重要栖息地，澳大利亚是全球儒艮的"大本营"，与其丰富的海草资源密切相关。澳大利亚丰富的海草资源、适宜的水温和洋流为儒艮提供了优良的栖息地。

阿德莱德海域在澳大利亚众多海草床海域中扮演着重要角色。阿德莱德位于南澳大利亚州，其海域原本也是海草茂密的地区之一。阿德莱德海域的海草生态系统遭受了严重的破坏，主要原因包括人类活动的干扰、污染、气候变化等。人类活动，尤其是沿岸开发、船只交通、渔业活动等，对海草的生长环境造成了直接的破坏。废弃物和污染物的排放导致水质恶化，影响海草的生长和繁殖。气候变化也对海草生态系统造成了影响，如海水温度的升高、海平面的上升等，都可能导致海草的死亡和退化。海草生态系统遭受破坏影响了渔业资源的稳定和丰富度。

在过去的 50 多年里，阿德莱德海岸已经损失了大量海草，约占其海草总面积的 1/3，达到 6000 公顷。这种海草消失的现象对海洋生态系统和沿岸地区的生态平衡产生了负面影响。尽管阿德莱德海域的海草受到了严重破坏，但在海洋保护与修复方面的努力也在不断进行。2019 年 5 月，澳大利亚启动了一项规模庞大的海草修复工程，旨在重建阿德莱德海岸的海草生态系统，以防止海床侵蚀，并支持海洋环境的健康发展。修复工程的实施将为阿德莱德海域带来新的希望，促进该地区海洋生态系统的保护和恢复。

3.9.3　案例过程概述

为了解决阿德莱德海域海草生态系统遭受的严重破坏，有必要开展海草修复工作。海草修复工作包括恢复海草生长环境、净化海水、增加海草种群等方面：首先，需要减少人类活动对海草生长环境的干扰，控制废水排放和污染物的排放，改善水质；其次，可以采取人工引种、人工养殖等方法，增加海草种群的数量和密度，促进海草的生长和繁殖；最后，还可以开展宣传教育活动，提高公众对于海草保护的意识和参与度，促进海草生态系统的健康和稳定发展。

2019 年 5 月 9 日，澳大利亚重建阿德莱德海岸 Glenelg 地区和 Semaphore 之间的海草草地，以防止海床侵蚀并支持海洋环境的健康发展。修复工程将采用南澳开发的一种技术，即在海草草地附近的海床上放置粗麻布袋，以便幼苗附着和生长。这些麻袋将被放置在大都市海岸以外的 15 个地点，同时该工程计划在 2020 年扩大修复规模。此外，澳大利亚的研究人员一直在致力于海草床的恢复工作，并提出了两种主要策略：辅助恢复和主动恢复。辅助恢复策略通过清除海胆或安装基质来确保海草床得到恢复。同时，积极的恢复策略包括从供体地点移植成年和幼苗海草或移植实验室培养的海草。其中，"小龙虾"行动是一个特别成功的尝试。该行动旨在通过移植策略将"小龙虾"（一种褐藻）重新引入其所在的悉尼珊瑚礁的原始栖息地，此工作已经在 6 处地点展开，使得"小龙虾"得以重新繁衍并创造一个新的、自给自足的种群。

阿德莱德海岸海草修复项目的启动是保护海洋生态的一项重要举措，这不仅是为了防止海床侵蚀和支持海洋环境的健康发展，也是对海洋生物多样性和水质保护的承诺。不断地科学研究和实践探索可以为海洋生态系统的恢复和可持续发展做出更大的贡献。

在阿德莱德海岸海草床修复的工作中，海草床的监测是重要的评估手段。澳大利亚是较早开展海草床长期定位监测的国家之一，这项工作对于评估海草床的健康状况、了解变化趋势及制定有效的保护和恢复策略至关重要。自 1968 年起，澳大利亚的科学家就开始在不同地区开展海草床的长期监测工作。例如，在昆士兰州的库克湾海草床和西澳大利亚州珀斯穆拉卢点附近的潟湖布设固定样带，并开展了超过 10 年的连续监测。这些监测工作积累了大量的数据，为理解海草床生态系统的动态变化提供了重要的依据。澳大利亚海草监测事业的发展也催生了 Seagrass-Watch（全球海草观测网）的成立。这个由澳大利亚发起的全球性海草监测网络于 1998 年在昆士兰州成立，旨在提高公众对海草生态系统的认识，准确监测海草的生长状况和预测它们的变化趋势，同时提供沿海环境重大变化的早期预警。Seagrass-Watch 已经在全球 21 个国家 / 地区的 408 个地点进行了 5700 多项监测评估，参与人员达数千人。这个计划是全球规模较大的两个长期海草监测计划之一，其科学严谨性得到了人们的高度认可。Seagrass-Watch 的参与者来自各个领域，包括大学、研究机构、政府和非政府组织等。虽然他们具有不同的背景，但都对海草及海洋保护有着共同的兴趣。Seagrass-Watch 将科学家、沿海社区群众和数据用户（资源管理机构）联系在一起，实现了科学家、社区群众和政府管理者的协作。沿海社区群众关注当地海草的生长状况，他们在科学家的指导下积极参与数据的收集和监测工作，并将观测数据提供给管理机构，从而为海草床的保护和修复提供了有力支持。在阿德莱德海岸海草床修复工作中，Seagrass-Watch 的监测数据发挥了重要作用。通过对海草床的长期监测，科学家可以及时发现问题，并根据监测结果调整修复策略，保证修复工作的有效性和持续性。因此，海草床的监测不仅是对海洋生态系统的保护，也是对人类利益和可持续发展做出的重要举措。

3.9.4　案件分析与启示

近半个世纪以来，澳大利亚海草恢复从业者已经开展了近百项海草恢复的尝试，并取得了一定成效，尤其是在温带海草的生态恢复方面。然而，他们也面临着一系列挑战，如技术限制、资金支持、人力资源等。目前，海草恢复主要针对波喜荡草属、鳗草属和根枝草属等一些温带草种，而热带海草恢复的工作相对较少。近年来，一些新技术和方法的应用，如浮球布设播种法、分液器注射播种法、社区参与法、生物相互作用促进法等，以及"海草恢复网络"的成立和运行，推动了澳大利亚海草恢复事业的快速发展。在这样的背景下，海草床的监测变得尤为重要。通过长期的监测工作，科学家可以及时发现问题，并根据监测结果调整修复策略，保证修复工作的有效性和持续性。澳大利亚的海草监测网络 Seagrass-Watch 已经取得了一定的成就，但仍需要不断完善和加强。海草恢复事业需要政府、科研机构、NGO 和社区的共同努力，才能更好地应对海草丧失的挑战，实现海草床生态系统的保护和恢复。

对海草床进行分类管理是保护和管理海洋生态系统的重要策略之一。基于澳大利亚海草的特点，Kilminster 等学者提出了将海草床分为"持久海草床"和"短暂海草床"的分类管理方法。这种分类管理方法可以有效地指导海草资源的保护与管理工作，同时也适用于我国的海草床管理。在这种分类管理方法下，对不同类型的海草床采取针对性的管理措施，有助于最大限度地保护和利用海草资源。在"持久海草床"中，其植被部分持续存在，植被结构相对稳定。这类海草床通常具有较低的干扰承受能力，一旦受到较大干扰，恢复难度较大。因此，管理"持久海草床"需要重点监测海草植被群落结构和干扰情况，以及及时采取保护措施，以防止海草床进一步受损。相反，"短暂海草床"主要由"机会种"或"开拓种"构成，植被结构变化较大，有时甚至会完全消失。但是，在环境适宜的情况下，这类海草床可以通过土壤种子库恢复和重建植被。因此，对于管理"短暂海草床"，需要重点监测和保护土壤种子库，以确保在植被消失后能够及时进行恢复和重建。

这种分类管理方法在我国的实际情况中同样适用。例如，我国热带海域的海菖蒲和泰来草等海草的生长速度较慢，抗干扰能力相对较低，因此形成的海草床可以归类为"持久海草床"。对于这类海草床，我们应优先关注监测植被结构和干扰情况，及时采取措施保护。此外，像贝克喜盐草、卵叶喜盐草、日本鳗草等生长速度较快，能够在受到干扰后迅速恢复生长的海草，则属于"机会种"或"开拓种"。这类海草床通常是"短暂海草床"，对于这样的海草床，我们需要特别关注土壤种子库的监测与保护，以确保在植被消失后能够通过土壤种子库重新建立海草床。值得注意的是，"持久海草床"和"短暂海草床"是相对的概念，并非一成不变的。在不同的空间尺度或时间尺度下，这两种类型的海草床可能会互相转换。因此，在实际管理中，需要根据具体情况灵活调整管理策略，以最大限度地保护和利用好海草资源。

3.9.5 结论

阿德莱德海草床的修复工程是一项重要的生态保护项目，它不仅有效防止了海床侵蚀，支持了海洋环境，还为全球海草床的保护与修复提供了重要的经验和启示。该项目的成功展示了科学分类管理在海草资源保护与恢复中的重要性。通过分类管理，针对不同类型海草床采取相应的措施，有助于最大限度地保护和利用海草资源。此外，监测与恢复技术的应用也至关重要，通过建立海草监测网络，及时掌握海草床动态变化，为制定保护和恢复措施提供了数据支持。同时，先进的恢复技术，如使用粗麻布袋促进海草幼苗的附着和生长，有助于加速海草床的恢复过程。与澳大利亚、美国等海草资源丰富的国家相比，我国的海草资源相对有限且并未得到足够重视。然而，我国曾经拥有较为丰富的海草资源，如 20 世纪 70 年代广西合浦海草床的分布面积是 2009 年的 5 倍以上，但如今大部分已退化。因此，我国应正视海草资源管理与保护的不足，吸取教训，全面加强海草保护、恢复、管理与研究，以遏制甚至扭转当前海草的衰退趋势。这不仅对提升海洋生态系统的碳汇能力具有重要作用，还能提高海域生产力、养护生物多样性，是实现生态保护和资源可持续利用的重要战略。

3.9.6　思考题

（1）怎样看待澳大利亚海草床的发展史？
（2）怎样看待阿德莱德启动海草床修复计划？
（3）兼顾经济发展与环境生态保护是环境工程的重点，请你谈谈阿德莱德海草床修复得以成功的原因。
（4）如何发挥科学方法、公众参与和国际合作在提高环境保护、生态修复等方面发挥的重要作用？

3.9.7　案例使用说明

（1）案例摘要
海草对保护海岸线、支持鱼类、维持生物多样性和净化水质有重要作用。阿德莱德海岸海草面积损失了约 1/3，影响了海洋生态和沿岸生态平衡。尽管受损严重，海洋保护和修复工作仍在进行。2019 年 5 月，澳大利亚启动了一项规模庞大的海草修复工程，旨在重建阿德莱德海岸的海草生态系统，以防止海床侵蚀，并支持海洋环境的健康。修复工程将采用南澳开发的一种技术，即将粗麻布袋放置在海草草地附近的海床上，以促进幼苗的附着和生长。阿德莱德海草床修复的成功表明，科学的分类管理是海草资源保护与恢复的重要基础。通过对海草床进行分类，对不同类型的海草床采取针对性的管理措施，有助于最大限度地保护和利用海草资源。我们也应正视我国过去在海草资源管理与保护方面的不足，吸取教训，全面加强海草保护、恢复、管理与研究，使当前海草衰退趋势得到遏制甚至扭转。

（2）课前准备
学生通过查找阿德莱德海草床修复的新闻报道及相关文献资料，较为清晰、准确地了解海草床的生态价值与阿德莱德海草床修复的历程，为课堂学习和深入讨论做好充分的知识准备、情境准备和心理准备。

（3）教学目标
通过案例分析，学生可以对海草床保护的科学性与综合性有更为清晰的认识，并在此基础上，对工程实践中的生态修复问题进行辨识、思考，了解工程师应具备的科学精神、应遵循的科学伦理规范和法律规范。

（4）分析的思路与要点
本案例通过梳理阿德莱德海草床修复的进展，选取代表性的科技手段为切入点，从科学伦理、生态伦理、工程伦理三个角度进行工程实践的原因分析，案例试图从科学技术推动生态保护与治理的角度谈环境保护，有助于学生打开新的学习思路。

（5）课堂安排建议
根据具体课时安排，可以多个课时开展。课前先安排学生阅读相关资料，让学生自主了解阿德莱德海草床的相关历史背景。

课堂（45 分钟）安排：
教师讲授　　　　　（15 分钟）
学生讨论　　　　　（10 分钟）

学生报告和分享　　（15分钟）
教师总结　　　　　（5分钟）

补充阅读

[1] Magician Doctor. 做波塞冬的工作：澳大利亚的科学家们如何帮助恢复濒危海草 [EB/OL]. (2021-09-10) [2024-10-27]. https://baijiahao.baidu.com/s?id=1710478307407315780.

[2] 中国生物多样性保护与绿色发展基金会. 地球上分布最广的"克隆体"——澳大利亚广阔的海草床 [EB/OL]. (2023-04-02) [2024-10-27]. https://www.kepuchina.cn/article/articleinfo?business_type=100&ar_id=406523.

[3] 邱广龙. 海草第一大国——澳大利亚的海草资源现状、恢复、监测与研究 [J]. 广西科学院学报, 2021, 37(3)：171-177.

[4] 王小康, 杨海杰, 赵鹏. 海草恢复生态学与修复技术研究进展 [J]. 海洋通报, 2023, 42(2)：232-240.

[5] 毛伟, 赵杨赫, 何博浩, 等. 海草生态系统退化机制及修复对策综述 [J]. 中国沙漠, 2022, 42(1)：87-95.

[6] 刘松林, 江志坚, 吴云超, 等. 海草床沉积物储碳机制及其对富营养化的响应 [J]. 科学通报, 2017, 62(Z2)：3309-3320.

[7] 吴霖, 欧阳玉蓉, 吴耀建, 等. 典型海洋生态系统生态修复成效评估研究进展与展望 [J]. 海洋通报, 2021, 40(6)：601-608+682.

[8] 中国生物多样性保护与绿色发展基金会. 澳大利亚广阔的海草床——世界上最大的植物 [EB/OL]. (2022-06-09) [2024-10-27]. https://www.thepaper.cn/newsDetail_forward_18496663.

3.10　荷兰代尔夫兰海滩修复案例

内容提要： 随着全球气候变化的加剧、海平面上升和极端天气事件的频发，海岸侵蚀已成为全世界各国共同面临的环境挑战。2011 年，荷兰在代尔夫兰海岸实施了一项名为"沙引擎"（Sand Engine/Sand Motor）的创新性人工育滩工程。"沙引擎"工程的成功实施，不仅在地理形态上稳定了海岸线，而且在生态层面上促进了新的沙丘生境的形成，增强了沿海地区的防灾减灾能力，并提升了生态系统服务功能。此案例强调了在面对全球性环境问题时，创新思维与科学规划的重要性。荷兰的这一实践，对于其他国家在类似环境下开展海岸防护工作具有重要的借鉴意义，尤其是在制定和实施海岸线保护策略时，应充分考虑自然力量的作用，以及工程的长期效益和生态影响。通过本案例的分析，学生不仅能够理解海岸侵蚀问题的严重性，还能学习到如何在实践中应用创新的工程方法来应对环境挑战，实现生态保护与社会发展的和谐统一。

关键词： 沙引擎；人工育滩；沙滩养护；生态修复

3.10.1　引言

随着全球气候变化的持续影响、海平面上升和极端天气事件的频发，加之人类活动导致的地面沉降，21 世纪及未来的三角洲、河口和其他低洼沿海地区将面临日益严峻的洪涝灾害威胁。全球性统计数据表明，约 70% 的沙质海岸正遭受不同程度的侵蚀，这不仅对沿海地区的经济发展构成了实质性的威胁，也对生态环境安全带来了深远的影响。海洋生态环境保护与修复领域长期致力于探究和传授有效应对海岸侵蚀的策略。护滩工程作为其中的关键措施，可分为硬质防护工程和软质防护工程两类。硬质防护工程包括堤坝、海堤等结构性措施，而软质防护工程则侧重于通过人工方式填补海沙，以扩建和加固海滩。为了应对全球变化带来的这些挑战，新型防护技术的创新与应用变得尤为关键。

荷兰是一个地势低洼的滨海国家，其海岸线的保护工作至关重要。荷兰在海岸防护领域积累了丰富的工程经验和创新理念。作为一个约 29% 国土的海拔低于海平面的国家，其55% 左右的区域属于洪水风险区。面对气候变化、海岸侵蚀和洪水风险等多重威胁，该国迫切需要制定和实施有效的适应性战略和决策。荷兰每年需向其动态海岸线人工输送约1200 万米^3 的沙土以维持海岸线的稳定性。这一做法使荷兰成为全球最大的沙土补给地之一。近几十年来，荷兰与美国等国家逐渐从传统的硬质防护工程转向人工育滩等软质防护工程，以寻求更为生态友好的可持续解决方案。人工育滩不仅能有效扩宽和稳固海滩，还能在近海形成新生滩地，带来多重生态效益，在增强海岸防护功能的同时，还能减少填沙量、延长工程使用寿命，并增加休闲娱乐功能。

据此，荷兰在 2005 年提出了"沙引擎"概念，这是一种创新的海岸保护方法。该方法的核心是在平均低潮线以下和沙丘线之间的区域投放砂石，形成人工沙滩和沙坝，依靠波浪和潮汐等自然动力，不断将这些砂石向岸滩输送，实现长期效益。2011 年，荷兰南部代尔夫兰海岸地区进行了试点，与传统的海滩人工补沙相比，这种方法在保护效果、经济成本和环保方面展现出了明显的优势。"沙引擎"作为一种软性防护工程，与海堤和消波等刚性防护措施相比具有显著优势。首先，其投资成本相对较低，提供了经济上的可行性。其次，维护管理要求较低，减少了人力的持续投入。最后，该工程的防护效果具有持久性，预计使用寿命可达 20 年以上，为海岸线提供了长期稳定的保护。更重要的是，"沙引擎"对海岸生态环境的影响较小，有利于维持天然地貌和保护滨海湿地，这对于生物多样性和生态系统的健康至关重要。同时，"沙引擎"工程不仅具备防护功能，还能创造出新的娱乐休闲空间，满足公众需求，增强了社会经济效益。这一工程是海岸环境工程与生态修复有机结合的创新范例，体现了荷兰在防灾减灾理念和技术上的转变。荷兰逐渐从过去单纯追求"拒绝自然"的顽强抵御，转向现在"顺应自然"的柔性防护，从过去"对抗海洋"的人类中心思维，转向现在"与海洋和谐共生"的生态理念。

3.10.2　案例背景介绍

荷兰的海岸线以其广阔的沙滩而闻名，这一地貌特征在全球范围内极为普遍。这些沙滩不仅在防洪和减灾方面发挥着关键作用，而且作为旅游资源，对当地经济的增长起到了显著的推动作用。此外，沙滩生态系统是维持沿海生物多样性的关键因素。然而，沙滩的松散沉积物结构使其极易受到海岸侵蚀的影响，特别是在全球气候变暖和海平面上升的背景下，这种侵蚀现象愈发严重。海岸线的稳定性依赖沉积物供应与侵蚀之间的动态平衡。然而，由于长期的人为活动，荷兰河流向海输送沙源的能力已经显著下降，导致自然补充海岸沙子的途径日益减少。全球变暖导致的海平面上升进一步加剧了这一问题，因为近岸海域的水深增加，使得来自远海的沙源难以被波浪输送到海岸。此外，荷兰的天然气开采活动导致地面广泛下沉，这不仅加剧了沙源的流失，而且填补这些沉陷区需要大量的沙土，进一步加剧了沙荒现象。这些因素共同作用，对荷兰沿海地区的海岸防御系统的稳定性构成了严重威胁。

荷兰政府为了保障海岸线的防御能力，依据严格的法规要求，力图确保沿海防洪设施能够抵御北海的极端风暴潮。自 1991 年起，荷兰采取了定期人工补沙措施，以解决沿海地区沉积物短缺的问题。2001 年，针对海平面上升的趋势，荷兰政府制定了一项长期政策目标，旨在维持沿海地区（包括陆域沙丘、海滩及 20 米等深线内的海域）的沙土平衡，并相应增大了人工补沙的规模。荷兰沿海地区的年均人工补沙量呈现显著增长趋势。从 1952—1990 年的 40 万米^3，增加至 1991—2000 年的 250 万米^3，进而增至 2001 年之后的约 500 万米^3。每年补沙的费用高达 2500 万欧元。通过这一系列有效的政策措施，荷兰的海岸防护工作已取得显著成效，并计划在未来数十年内继续执行。然而，传统的人工填海滩方式存在若干局限性，包括频繁的沙土投放需求、高昂的成本及施工过程中对环境的潜在干扰。

20 世纪 90 年代，荷兰环境公共建设部每年在海岸带地区填沙 600 万米^3，以增强砂质的海岸功能，2001 年后每年填沙量增加至 1200 万米^3。为在增强海岸防护功能的前提下尽可能减少填沙量，并延长工程使用寿命和增加休闲娱乐功能，同时提高人工补沙的效率和经济性，减少对环境的影响，荷兰基础设施与水管理部采纳了一种新型的补沙方法，即"沙引擎"工程。该概念最初由代尔夫特理工大学海岸工程学教授马赛尔·史蒂夫于 2005 年提出。这一创新理念源于荷兰传统的海岸防护实践，即利用沙丘作为海岸的天然屏障，并在此基础上进行创新，以自然力量为驱动力，实现沙滩的持续育养。与每 5 年进行一次的传统人工填海滩相比，"沙引擎"工程能够显著延长维护周期，并通过最大限度地利用风浪等自然动力减少人为干扰。这一具有前瞻性的概念在 2010 年获得了荷兰政府颁发的国家环境影响评价许可证，标志着其在海岸防护领域的创新性和可行性。

3.10.3 案例过程概述

"沙引擎"工程的实施计划经过一系列专业论证和优化过程,最终形成了一个名为"北部钩子半岛"(Haak Noord)的方案。该方案由 DHV 工程咨询公司与 HNS 景观设计公司联合完成环境影响评估报告。根据研究和模拟,该区域海域水动力条件包括潮汐、波浪和风向3 个方面:①海区位于北海南部,潮汐属于半日潮,最大潮差 1.2 米、最小潮差 1.0 米,潮汐非常不对称,落潮时间(8 小时 4 分钟)约是涨潮时间(4 小时 21 分钟)的 2 倍,涨潮流(向北)强于落潮流(向南);②海区波候主要受来自西南和北西北方向的波浪控制,北海中北西北方向的波浪通常为涌浪,而西南方向的波浪为局部风成波,因此波浪对海岸沿岸的影响很小;③海区主要为西南风,风向几乎与海岸平行,易形成沿岸流,从而影响海岸附近沙的运移,风最主要的影响是产生区域性波浪及使海平面升高(如风暴潮)。在沙丘培育、自然景观与休闲设施的营造及知识收集等方面,该方案表现卓越,并在 4 个竞争方案中胜出。环境影响评估报告指出,这一人工半岛的建设预计能够在海岸线上增加 28~33 公顷的沙丘面积。此外,该方案预计在接下来的 20 年内无须额外的人工补沙,而结合前滩填海工程,可以确保代尔夫兰海岸在 50 年内维持沙源的动态平衡。

2011 年,"沙引擎"工程在代尔夫兰海岸附近正式启动,该地区位于海牙市中心西北约 11 千米处。工程地点横跨代尔夫兰、荷兰角港和斯赫弗宁根三地,地理坐标为北纬 52°3′6.84″,东经 4°11′0.96″,距离海岸线约 2 千米。该工程的总造价约为 7000 万欧元,使用了多达 2150 万米^3 的沙土,这些沙土全部来自离岸 20 米外的海域。工程的形态呈现钩状半岛,长约 2 千米,向海延伸 1 千米,总面积达到 128 万米^2。经过数月的施工,工程于 2011 年 7 月完成,成为全球首个应用"沙引擎"概念的人工育滩工程。施工完成后的半岛状沙丘被比喻为"沙子发动机"。这一工程利用自然风浪持续地将沙源输送至沿岸各处,以维持整条海岸线的平衡发展。沙引擎工程的实施,不仅体现了对自然过程的深刻理解和利用,也展示了在海岸防护和生态工程领域的创新思维和技术应用。

人工填沙作为一种海岸线滋养手段,已在全球范围内得到数十年的应用。与硬质工程措施(如堤坝、人工岬礁、海堤等)相比,沙滩滋养方法展现出更高的环境兼容性和较低的生态破坏性。沙子作为一种自然材料,其流动性质使其能够随着风浪的变化而自然调整分布模式,从而赋予海岸线强大的适应自然动态和气候变化(如海平面上升)的能力。这种适应性赋予了海岸线卓越的弹性,使其能够在面对环境变化时保持稳定和持续的功能。

3.10.4 案例分析与启示

自 2011 年工程启动以来,"沙引擎"工程在海流、潮汐和风力等自然力的作用下,沿着海岸线逐步展开和延伸。在短短数月内,首先观察到的变化是沙子的持续堆积,导致内湾区域面积显著扩大,并形成了一种半封闭的类似潟湖的地貌,这一新地形迅速受到当地风筝与冲浪爱好者的热烈欢迎。随着时间的推移,"沙引擎"的形态持续演变。工程完工两年后,外围沙堤的沙子开始重新分布,并向两侧扩展延伸。持续 4 年的监测数据表明,尽管"沙引擎"向海一侧的突出长度缩短了约 260 米,但沿岸向两侧延伸的长度却增加了近 2.2 千米。

2016 年 9 月,350 多位来自世界各地的专家学者在荷兰聚集,就已运行数年的"沙引擎"工程召开了一次专题研讨会,并发布了阶段性评价报告。根据 5 年的监测结果,自然界正有序地将补沙区域内的沙子沿岸线平行输送，并在北侧和南侧海滩两端逐渐富集沉淀。在工程区及其周边 4.6 千米范围内，海岸线持续向海推进，整体海岸防护能力得到显著增强。数据显示，在监测期间仅有 5% 的沙子被海浪侵蚀，远低于最初预计的 20%。据此推断，"沙引擎"的实际使用寿命很可能超过原先设计的 20 年周期。

"沙引擎"工程除了直接为邻近海滩补充沙源外，还对加固和培育沙丘产生了间接的促进作用。监测发现，来自西南方向的季节性盛行风将部分"沙引擎"内的沙子吹向陆地，一部分沙子最终沉积在邻近的潟湖和沙丘湖区域内，另一部分沙子则通过风力被搬运到海岸带形成了一些新的风成沙丘。这些新形成沙丘的总面积约为 1 万米²，平均高度约 2 米。对于原有的沙丘带而言，其高度增加了 2~3 米，宽度扩展了 20~40 米。尽管潟湖和沙丘湖的存在增加了风力输沙的距离和阻力，导致新补沙丘的发育速度比预期慢，但由于当地此前已经实施过一些小范围的人工沙丘培育工程，沙丘的相对缓慢发育不会对整体海岸防护能力产生实质性影响。

从生态学的视角来看，"沙引擎"工程显著提升了项目区域的环境异质性，并增强了潜在的生态系统服务价值，为当地生态环境的恢复提供了新的动力。补沙区域形成了一种创新的地貌组合——"海岸—潟湖—沙丘湖"，为底栖动物、鸟类和鱼类等生物提供了新的栖息地环境。通过持续的生态监测，40 多种鸟类和一些海豹等海洋哺乳动物被记录到在新生态系统中活动觅食。特别值得注意的是，一些珍稀物种，如濒危植物海东青，已在沙引擎上生根发芽。此外，海豹在该区域晒太阳的现象，在当地海岸线历史上极为罕见。

"沙引擎"上的植被种类和数量也在逐年增加。一些先锋性植物和鸟类已率先在工程区，包括新形成的沙丘和潟湖等区域安家落户。除了最初盖度较高的酷寒马唥藜外，其他多种植物，如海盐草等也先后在沙丘区被发现。更为惊喜的是，一种极为罕见的裂片藨植物已被发现在新生沙丘脊上萌发种子。尽管通过人工手段恢复工程场地原有的生物多样性需要较长时间，估计需要数十年才能完全恢复当地原生态系统，但与每 5 年就需要重复一次填海滩的传统做法相比，"沙引擎"工程的干预力度明显更低。这为场地内的自然群落提供了充足的时间来自我调节和适应，从而更有利于生态系统向稳定方向发展。

"沙引擎"工程在整体上为海岸线新增了 128 万米² 的沙滩面积，这些新增的海滩和潟湖区域极大地扩展了公众休闲娱乐的空间，吸引了大量游客前来体验。工程完工 5 年后，原本宁静的代尔夫兰沙滩已经转变为一个充满活力的休闲场所，汇集了多样化的游憩活动，包括海滩浴、遛狗、骑马、垂钓及慢跑。此外，随着夜幕降临，沙滩上的游客数量也呈现出增长趋势。

"沙引擎"工程在科学实践上提出了一系列新的跨学科研究课题。这些研究重点包括海岸地貌的发育与动力机制、破浪带的形态学、风沙搬运速率、海岸沙丘的形成过程、人工干预下的浅海区和破浪带生态学，以及大型人工育滩工程的环境影响评价。这些研究课题对人工育滩的理论研究和海岸管理的实践发展具有重要的推动作用。通过政府、企业与研究机构的合作，研究人员在工程动工前对场地的海床形态和生态系统状况进行了详尽的记录。研究团队专注于监测和记录气候与洋流、沙子的输送、水位与水质、动植物生态、游憩休闲活动及项目管理等方面的情况，并定期发布研究报告。该研究计划每 5 年发布一次研究成果的汇总，并计划在项目建成 20 年后对项目的整体效果进行最终评估。这种系统性、公开性和透明的研究方法不仅提升了全球范围内对"沙引擎"工程的关注，降低了研究者获取信息的难度，而且增强了公众对项目的信心。此外，这种方法对于"沙引擎"概念与技术的推广起到了积极的促进作用。

　　从成本效益分析的角度来看，目前评估"沙引擎"工程与传统海岸维护方法相比是否具有更高的经济效益仍存在挑战，这主要取决于工程的实际耐用年限及未来市场的变化趋势。尽管如此，"沙引擎"工程作为一种创新的试点项目，已经证明了其作为一种新型人工育滩方案的可行性，并为该概念在未来更大范围内的应用积累了宝贵的数据和经验。"沙引擎"工程本身已经带来了多方面的附加效益。首先，集中化的大规模施工方法降低了单位沙土的获取成本。其次，海滩和潟湖区的扩展为当地经济的发展提供了新的增长点，同时新增的娱乐机会和增加的地下淡水储备为社区居民带来了实质性的福祉。尽管生态价值的提升不易直接量化，但其在维护沿海生物多样性和改善环境质量方面发挥着至关重要的作用。

　　尽管"沙引擎"项目的直接经济回报率相较于分散式小规模人工填海工程仍需时间来验证，但如果将沙引擎作为一种全新的海岸管理理念和方法，在更广泛的海岸线范围内进行系统性的推广，其综合效益有望显著超越传统做法。这种推广不仅包括经济效益，还涵盖了生态、社会和环境等多方面的正面影响，从而为海岸带的可持续发展提供了一种创新的解决方案。

3.10.5　结论

　　"沙引擎"工程通过在海岸线前部一次性投放大量沙子，创造了人工沙滩和沙坝。自然风浪推动沙子沿岸漂移，补充受侵蚀的海岸线，以实现长期防护效果。这种方法体现了与自然合作的理念，通过自然力量塑造海岸环境，有效保护了海岸生态系统的自然性和完整性。该项目在育滩效果、使用寿命和生态影响方面表现出色，促进了沙丘的生长，为生物提供了新的栖息地，并增强了休闲功能。这些效益的实现，归功于对自然过程的尊重和有效利用。"沙引擎"项目不仅增强了海岸线的防护能力，还带来了景观、生态、社会和科研等多方面的效益，成为海岸环境工程与生态修复相结合的创新案例。这一项目反映了荷兰在防灾减灾理念和技术上的转变，从过去的刚性防御转向现在的柔性防护，从以人为中心的思维转向以生态为中心的理念。

3.10.6　思考题

　　（1）荷兰"沙引擎"工程体现了顺应自然、与自然和谐共生的理念，如何评价这种理念在海岸防护工程中的应用及其意义？

　　（2）相较于传统的硬质防护设施，"沙引擎"这种"软工程"具有哪些优势？它解决了哪些传统工程方式面临的挑战？

　　（3）"沙引擎"工程不仅具有防护功能，还能创造出新的娱乐休闲空间，满足公众需求。这种多功能设计在城市滨海地区的应用前景如何？

　　（4）"沙引擎"有效培育了新的沙丘生境，增加了沿海地区的生态系统服务功能。这种生态效益对于城市滨海地区的发展有何重要意义？

　　（5）气候变化导致的海平面上升和极端天气事件增多，对低洼沿海地区带来了严重的洪涝灾害威胁。"沙引擎"这种新型海岸防护技术在应对气候变化方面有何作用？

3.10.7 案例使用说明

（1）案例摘要

面对全球气候变化引发的海平面上升和极端天气事件，低洼沿海地区尤其是三角洲和河口区域的洪涝灾害风险日益加剧。荷兰作为一个大部分国土低于海平面的国家，其海岸防护策略经历了从硬质工程到软质工程的转变。"沙引擎"工程通过在海岸线前掌区域一次性投放大量沙子，形成人工沙滩，利用自然风浪作用，实现沙子沿岸漂移补给受侵蚀海岸，以达成长期防护效果。该项目不仅有效稳定了海岸线，还促进了沙丘生长，增加了生物多样性，并提供了新的休闲娱乐空间。经过5年的监测，"沙引擎"工程显示出比传统人工补沙更少的干预、更长的使用寿命和更高的生态兼容性。此外，该工程还开辟了新的跨学科研究领域，包括海岸地貌发育、生态学和环境影响评价等。"沙引擎"工程的成功实践，不仅为海岸防护工程提供了经济可行、生态友好的解决方案，也为全球海岸带的可持续发展提供了重要的参考和借鉴，体现了从对抗自然到与自然协作的治理理念转变。

（2）课前准备

学生需通过查阅相关资料，了解气候变化和人类活动对沿海地区的威胁，了解目前海岸防护工程的发展现状和局限性，对"沙引擎"工程的创新理念、实施过程和效果有一定程度的了解，为课堂讨论打下知识基础。

（3）教学目标

通过本案例的学习，学生能够深入理解气候变化和人类活动对沿海生态环境的影响，掌握传统海岸防护工程的利弊，并探索新型生态工程的设计理念。同时，学生将分析"沙引擎"工程的创新点及其在生态和经济效益上的表现，进而思考这一工程对中国海岸修复和生态保护的启示和应用价值。

（4）分析的思路与要点

本案例通过梳理荷兰代尔夫兰海岸修复的发展进程，选取代表性工作和实际效果，深入分析了代尔夫兰海岸修复"沙引擎"方案的可行性。案例从"沙引擎"工程的创新理念出发，探讨了从"拒绝自然"向"顺应自然"的转变，以及"自然恢复为主，人工干预为辅"的强化3个方面。通过这一分析，案例旨在帮助学生打开新的学习思路，理解气候变化和人类活动对沿海地区的严重威胁，掌握传统海岸防护工程的作用及其局限性和生态影响。同时，案例详细阐述了"沙引擎"工程的创新理念、实施过程和生态经济效益评价，展示了该工程如何体现治理理念和技术的转变，即从对抗自然到顺应自然，强调自然恢复的重要性和人工干预的辅助性。此外，案例还探讨了该工程对我国海岸防护与生态修复工作的启示意义，指出其符合"自然恢复为主，人工干预为辅"的原则，并强调了此类生态工程在缓解气候变化影响、保护滨海环境等方面的长远价值。

（5）课堂安排建议

根据具体课时安排，可以多个课时开展。课前先安排学生阅读相关资料，让学生自主了解国内外有关海岸修复的相关案例，并明确海岸修复的重要性。

课堂（45分钟）安排：

教师讲授　　　　　（15分钟）

学生讨论　　　　　（10分钟）

学生报告和分享　　　（15 分钟）
教师总结　　　　　　（5 分钟）

补充阅读

[1] 刘大为，王铭晗，宫晓健，等. 荷兰人工育滩工程 Sand Motor 的经验与启示 [J]. 海洋开发与管理，2017，34(6)：61-65.

[2] 范端阳. 荷兰"沙引擎"：借力自然的多功能滨海开发 [EB/OL]. (2018-08-06) [2024-10-27]. https://zhuanlan.zhihu.com/p/41012645.

[3] 中国海洋气候变化信息网. 自然资源部第三海洋研究所：我国海岸侵蚀现象严重，加力推进海岸修复"蚀"不我待 [EB/OL]. (2019-03-13) [2024-10-27]. https://www.cocc.net.cn/c/2019-03-13/64889.shtml.

[4] Stive M J F, De Schipper M A, Luijendijk A P, et al. A new alternative to saving our beaches from sea-level rise: The sand engine[J]. Journal of Coastal Research, 2013, 29(5): 1001-1008.

[5] 中国海洋发展研究中心. 我国应加力推进海岸修复工程 [EB/OL]. (2019-03-11) [2024-10-27]. https://aoc.ouc.edu.cn/2019/0311/c9824a234827/pagem.psp.

[6] Brand E, Ramaekers G, Lodder Q. Dutch experience with sand nourishments for dynamic coastline conservation–An operational overview[J]. Ocean & Coastal Management, 2022(217): 106008.

[7] Stronkhorst J, Huisman B, Giardino A, et al. Sand nourishment strategies to mitigate coastal erosion and sea level rise at the coasts of Holland (The Netherlands) and Aveiro (Portugal) in the 21st century[J]. Ocean & Coastal Management, 2018(156): 266-276.

[8] Van Slobbe E, de Vriend H J, Aarninkhof S, et al. Building with Nature: in search of resilient storm surge protection strategies[J]. Natural Hazards, 2013(66): 1461-1480.

[9] Ounanian K, Carballo-Cárdenas E, van Tatenhove J P M, et al. Governing marine ecosystem restoration: the role of discourses and uncertainties[J]. Marine Policy, 2018(96): 136-144.

第 4 章

海洋生态环境保护典型利益冲突案例

4.1 资源开发与生态保护冲突案例

4.1.1 非法捕捞认购海洋碳汇案例

内容提要： 非法捕捞行为对海洋生态造成了破坏，行为者不仅要承担刑事责任，还需支付海洋渔业资源修复费用及用于补偿海洋碳汇损失的赔偿金。在江苏省连云港市一起破坏海洋生态环境的案件中，法院首次采用了"认购海洋碳汇进行替代性修复"的判决方式。在处理一系列非法捕捞案件时，灌南县检察院积极探索解决方案，着力解决难题，有效保护了海洋生态环境的安全。

关键词： 非法捕捞；生态环境损害；海洋碳汇；政府治理；环境执法

4.1.1.1 引言

海洋生态系统是地球上最庞大和复杂的生态系统之一，它不仅孕育着丰富的生物资源，还对全球气候和环境产生着至关重要的影响。海洋渔业，包括海洋捕捞和海水养殖，是利用海洋资源的重要产业。海洋捕捞是一种采集性工业，而海水养殖则主要分为鱼类、虾类、贝类和藻类养殖。根据离岸距离的不同，海洋渔业可划分为近海、外海和远洋渔业。我国拥有漫长的海岸线、广阔的大陆架、丰富的暖寒流交汇、众多沿岸岛屿、众多港湾及广阔的滩涂面积，这些都是发展海洋渔业的有利条件。积极发展海洋渔业对于提供动物蛋白、增加外贸商品、缓解人口与土地矛盾及促进国民经济发展具有重要意义。

然而，非法捕捞，即未经许可或违反法律法规的渔业活动，如超量捕捞、捕捞禁止物种、使用非法渔具等，对海洋生态系统造成了严重影响。这些活动不仅破坏了海洋生物多样性，尤其是对珊瑚礁、海草床等特殊生态环境造成了严重破坏，影响了海洋生态平衡，还可能导致物种灭绝。非法捕捞通常追求稀缺资源的高利润，如捕捞珍贵鱼种和翅鳍类动物，导致资源过度利用和逐渐枯竭。此外，非法捕捞活动不仅损害了海洋生态系统，还对合法渔民造成了直接的经济损失，使得合法渔民难以获得稳定收入，甚至影响其基本生活。

传统的行政执法和刑事司法手段已不足以有效惩治和预防非法捕捞行为，因此必须加强综合治理。我国法律明确禁止在禁渔区、禁渔期或使用禁用工具和方法捕捞水产品，但一些不法分子为了非法利益仍然冒险进行非法捕捞。这种行为不仅损害了天然渔业资源，还影响了其他水生生物和微生物的生存，严重破坏了水域生态平衡。随着执法力度的加大，涉及海洋自然资源和生态环境保护的公益诉讼案件数量显著上升，案件类型也呈现出从传统的海事海商行政、民事案件向生态环境保护民事公益诉讼转变的趋势。

4.1.1.2　案例背景介绍

非法捕捞一直是海洋生态环境保护中的一个突出问题。尽管近年来相关地区采取了一系列措施，但非法捕捞现象仍然存在。公安部新闻发布会通报显示，长江流域非法捕捞犯罪虽受到有力震慑，但滋生此类犯罪的土壤未得到根本铲除，依法打击工作仍面临压力和挑战。这表明，尽管有严格的法律和监管措施，非法捕捞行为仍未得到有效遏制。目前，我国在管理非法捕捞方面存在的问题主要包括：消费习惯难以改变，一些餐饮场所将江鲜作为招牌吸引食客；"三无"船舶管理困难，存在利用这些船舶进行非法捕捞的隐患；禁用渔具的销售和使用仍然存在；执法力量和装备保障不足，保护区量多分散，执法力量和执法手段难以实现对整个水域的全覆盖。

为了解决这些问题，我国正在采取一系列措施。公安部已经设立了24小时举报热线和邮箱，鼓励群众提供线索，并对举报有功人员予以奖励。沿江公安机关在110报警平台设立了长江禁渔的举报热线，方便群众举报。此外，公安机关还成功侦破了多起非法捕捞案件，如熊某团伙非法捕捞水产品案，查获渔获物2589千克，包括国家二级重点保护野生动物胭脂鱼。总体来看，我国在打击非法捕捞方面已经取得了一定的成效，但仍需持续加强监管力度，提高公众意识，完善法律法规，以及增强执法能力和技术装备，以更有效地保护海洋生态环境。

在海洋生态保护领域，非法捕捞不仅破坏了海洋生物资源，还对海洋生态系统的固碳能力造成了损害。近年来，中国的一些地区开始探索一种新的生态修复方式——通过认购"蓝碳"来修复因非法捕捞而受损的海洋生态环境。蓝碳，即海洋碳汇，指的是利用海洋活动及海洋生物吸收大气中的二氧化碳，并将其固定、储存在海洋中的过程和机制。例如，在浙江省宁波市象山县，两位非法捕捞者在禁渔期使用非法网具捕捞水产品，对海洋生态环境造成了损害。在审查起诉阶段，检察官向他们阐明了非法捕捞的后果和法律责任，并介绍了蓝碳对海洋生态的修复作用。最终，两人自愿认购了422.5吨蓝碳，用于替代性修复海洋生态环境，这一做法被纳入了法院的判决中。在另一起案例中，被告购买了241.68吨海洋渔业碳汇，用于修复受损的海洋生态环境。这种替代性修复方式，不仅弥补了非法捕捞造成的直接和间接损害，也为海洋生态保护提供了新的思路。

这些案例表明，通过认购蓝碳的方式，非法捕捞者可以为修复其行为造成的生态损害做出实质性的贡献。这种方式不仅有助于恢复海洋生态，还能提高公众对海洋保护重要性的认识，同时支持国家的"双碳"战略，即碳达峰和碳中和目标。通过这种方式，司法机关、政府部门和社会各界共同努力，为保护和恢复海洋生态环境提供了新的解决方案。

4.1.1.3　案例过程概述

非法捕捞活动对海洋生态造成了严重破坏，违法者不仅要承担刑事责任，还需支付海洋渔业资源修复费用和海洋碳汇替代性修复赔偿金。在江苏省连云港市的一起案件中，法庭科学量化了被告的非法捕捞行为使海洋生态服务功能受到的损失，并据此确定了碳汇损失的赔偿金额。这一判决有助于改变传统的修复理念，提升对海洋生态环境资源及其功能的系统性保护和修复意识。

2021 年 10 月，陈某某在连云港海域使用拖曳水冲齿耙耙刺捕捞黄蚬，共计 35.9 万余千克，价值约 15.6 万元人民币。经评估，该渔具为我国全面禁止使用的渔具之一，其使用严重破坏了海洋生物资源。国家海洋环境监测中心对陈某某非法捕捞造成的海洋固碳服务功能损失进行了评估，认定其行为导致海洋碳汇损失超过 60 吨。连云港市赣榆区人民检察院对陈某某提起公诉，并依法提起刑事附带民事公益诉讼，要求其承担海洋渔业资源修复费用，并以认购海洋碳汇的方式弥补海洋固碳价值部分的服务功能损失。

在检察机关的释法说理下，陈某某自愿认罪认罚，并提出通过认购海洋碳汇的方式弥补受损的海洋生态系统。灌南县人民法院最终采纳了检察机关的全部诉讼请求，考虑到陈某某认罪认罚、退还部分违法所得等情节，判处其有期徒刑 1 年 4 个月，缓刑 1 年 6 个月。在民事赔偿方面，判决陈某某支付海洋渔业资源修复费用 31 万余元，以及海洋固碳价值部分的服务功能损失赔偿金 2808.82 元，用于认购海洋碳汇。

陈某某使用的拖曳水冲齿耙耙刺的作业原理是通过电泵带动叶轮旋转形成水流，冲击海底泥砂，翻冲一定厚度的底质，捕捞底栖贝类。这种禁用渔具不仅会直接造成生物资源损失，还将导致生态服务功能损失，如海洋生物固碳、储碳损失等。法律规定，使用禁用工具非法捕捞水产品达到一定数量或价值，即构成犯罪。本案中，涉案蛤蜊约 35.9 万余千克，价值人民币约 15.6 万元，均超过入罪标准。

海洋不仅是生物资源的宝库，也是固定和储存碳的重要场所。海洋活动和海洋生物能够吸收大气中的二氧化碳，减缓温室气体排放，避免气候变化带来的生态危机。海洋贝类生物，如蛤蜊，具有高效的碳汇功能和较长的碳汇周期，对减少碳排放、维护生态环境具有重要作用。因此，对海洋服务功能损失进行追究是必要的，但如何科学量化这些损失是一个挑战。

本案在审理过程中，探索并建立了贝类海洋碳汇损失计量方法和损害赔偿规则体系。公益诉讼起诉人委托连云港市海洋与渔业发展促进中心工程师根据案涉渔获量和中国蛤蜊的生长繁殖特性，计算出案涉黄蚬的最大生物量。随后，国家海洋环境监测中心专家出具了《连云港海域中国蛤蜊碳汇评估报告》，以计算得出的最大生物量为基础，随机选取 10 个案涉贝类样品，分别测定其软体部和贝壳部碳储量来计算可移出碳汇，并根据碳与二氧化碳的转化关系计算碳汇量。本案通过测算非法捕捞导致的中国蛤蜊碳汇损失量，并将其折算成二氧化碳排放量，最终以上海环境能源交易所发布的碳市场成交数据为依据，确定了碳汇损失赔偿金额。

4.1.1.4　案件分析与启示

非法捕捞活动严重破坏了海洋生态系统，同时对合法渔民造成了直接的经济冲击，使他们难以获得稳定收入，甚至会威胁他们的基本生活。此类行为不仅需承担刑事责任，还需支付海洋渔业资源修复费用及海洋碳汇替代性修复赔偿金。本案例科学量化了被告的违法行为导致的海洋生态服务功能损失，并确定了碳汇损失赔偿金额，这一判决有助于转变传统的"捕多少、还多少"的修复观念，提升对海洋生态环境资源及功能的系统性保护和修复意识。

该案例彰显了执法和司法部门对破坏海洋环境行为的全链条严打态度，有助于全面遏制此类行为，保护海洋资源和生态环境，为可持续发展与生物多样性维护提供坚实支撑。同时，案件庭审内容的广泛传播，也增强了公众对海洋生态环境保护制度的认识。执法部门在综合治理破坏海洋环境违法行为方面，积极创新制度并付诸实践，准确把握了深入贯彻习近平新时代中国特色社会主义思想的政治方向。这不仅有利于整合各方资源，共同服务于国家总体布局和战略布局，还将新发展理念落到实处，更好地满足了新时代人民群众的多方面需求。此外，该案例也正确引导了公众对执法部门的预期，通过典型案件的法治教育，有效发动了群众参与举报非法捕捞等违法犯罪行为，增强了综合治理的效能。尽管《中华人民共和国民法典》对生态环境损害赔偿有所规定，但在非法捕捞案件的实践中，由于生态服务功能损失难以科学量化，人们往往仅关注渔业资源损失，忽视了对生态服务功能损失的考量。法庭对海洋生态服务功能损失的科学认定，不仅是一次实践创新，更通过探索海洋碳汇修复方式，转变了公众的修复理念，提升了他们的系统保护和修复意识。

多年来，我国的普法宣传使公众对非法捕捞犯罪的构成有了一定了解，但关于其对海洋生态环境的损害，公众仍存在认知误区。因此，在普法的同时，相关部门还需普及自然科学知识，引导公众关注海洋生态环境的功能性损害，如纳污净化、固碳调节、景观服务等，这些功能与公众对美好生态环境的向往高度契合。通过具体功能的修复，如固碳功能，更能形成保护海洋生态环境的共识。从管理和公益诉讼机构的角度看，检察机关对涉嫌非法捕捞水产品罪的被告人及其他共同侵害人提起刑事附带民事公益诉讼，是加强综合治理的制度创新。然而，刑事附带民事公益诉讼作为新类型，还需完善相关法律规定。在具体案件中，应依据现行法律及其司法解释，结合公益诉讼制度设计进行理解与适用，包括诉前程序、赔偿请求、共同被告人等问题的处理。

目前，我国尚未建立全国性的海洋生态补偿机制，但部分地方已制定了相关管理规定和技术标准，在江苏此次案件之前，已有认购海洋碳汇进行替代性修复的先例。2022 年 5 月，福建省连江县人民法院依法审结一起非法采矿案，被告人林某某自愿出资 10 万元用于认购海洋碳汇，以替代性修复被其破坏的海洋生态环境。该案也是全国首例适用认购海洋碳汇进行替代性修复的刑事案件。同年 7 月，全国首例以海洋碳汇赔偿渔业生态环境损害的案件在福建省福州市执行。违法行为人林某某通过福建海峡资源环境交易中心，购买了福建亿达公司的 1000 吨海洋碳汇，并予以注销，用于弥补因其非法捕捞对渔业生态环境造成的破坏。这些案例为全国范围内推广海洋碳汇修复提供了宝贵经验，有助于弥补非法捕捞对海洋生态环境的破坏。

4.1.1.5　结论

非法捕捞海产品严重破坏了国家对水产资源的保护和管理秩序，对海域生态环境造成了重大损害。仅依靠传统的行政执法和刑事司法手段，难以有效惩治和预防此类违法犯罪行为，因此，加强综合治理显得尤为必要。检察机关通过提起刑事附带民事公益诉讼，对涉嫌非法捕捞水产品罪的被告人及其他共同侵权人进行追责，这不仅是制度创新，也是实践探索，能够实现多方面的共赢效果。这种做法有助于提高公众对非法捕捞海产品的自觉抵制意识，通过这些措施，可以共同构建一个广泛的海洋生态公益保护联盟。

4.1.1.6　思考题

（1）在法律上，非法捕捞海产品的行为是如何界定的？请列举几种常见的非法捕捞行为。

（2）禁渔区和禁渔期的设立对海洋生态系统有何重要意义？它们如何帮助保护海洋资源？

（3）为什么传统的行政执法和刑事司法手段不足以有效预防和惩治非法捕捞行为？它们的局限性在哪里？

（4）在打击非法捕捞方面，除了法律手段外，还有哪些综合治理策略可以被采用？这些策略如何相互配合？

（5）检察机关提起刑事附带民事公益诉讼在打击非法捕捞中有何创新意义？这种诉讼方式如何实现多赢效果？

（6）在非法捕捞案件中，如何科学量化海洋生态服务功能的损失？这种量化方法对确定赔偿金额有何重要性？

4.1.1.7　案例使用说明

（1）案例摘要

非法捕捞水产品破坏海洋生态环境，不仅需负刑事责任，还需承担海洋渔业资源修复费用及海洋碳汇替代性修复赔偿金。江苏省连云港市一起破坏海洋生态环境的案件，在全省首次尝试适用"认购海洋碳汇进行替代性修复"判决。江苏省灌南县人民法院在办理系列非法捕捞水产品案件中，积极探索，着力解决难点问题，有效保护了海洋生态环境安全。

（2）课前准备

学生通过查找江苏省连云港市非法捕捞除被判刑外还需认购"海洋碳汇"的新闻报道及相关文献资料，较为清晰、准确地了解海洋渔业的经济生态价值、非法捕捞的危害与治理措施，为课堂学习和深入讨论做好充分的知识准备、情境准备和心理准备。

（3）教学目标

通过案例分析，学生可以对湿地保护的科学性与综合性有更为清晰的认识，并在此基础上，对工程实践中的伦理问题进行辨识、思考，了解工程师应具备的科学精神、应遵循的科学伦理规范和法律规范。

（4）分析的思路与要点

本案例通过梳理江苏连云港非法捕捞除被判刑外还需认购"海洋碳汇"的典型案例，并结合国内其他渔业生态环境损害相关案例，从社会伦理、生态伦理、工程伦理三个角度进行工程实践的原因分析，试图从执法发挥监督职能、完善执法手段的角度谈政府治理，有助于学生打开新的学习思路。

（5）课堂安排建议

根据具体课时安排，可以多个课时开展。课前先安排学生阅读相关资料，让学生自主了解海洋捕捞的相关历史背景。

课堂（45分钟）安排：

教师讲授	（15分钟）
学生讨论	（10分钟）
学生报告和分享	（15分钟）
教师总结	（5分钟）

补充阅读

[1] 陈林林，许藏之. 浙江慈溪新浦："非法捕捞监管一件事"守护渔业资源 [EB/OL]. (2023-11-08) [2023-11-17]. http://www.legaldaily.com.cn/City_Management/content/202311/08/content_8924752.html.

[2] 丛林，郭昕黎，裴兆斌. 完善渔业法规：明确破坏生态平衡捕捞行为的法律责任 [J]. 沈阳农业大学学报（社会科学版），2020, 22(2)：220-224.

[3] 李纯厚，齐占会，黄洪辉，等. 海洋碳汇研究进展及南海碳汇渔业发展方向探讨 [J]. 南方水产，2010, 6(6)：81-86.

[4] 刘超. 管制、互动与环境污染第三方治理 [J]. 中国人口·资源与环境，2015, 25(2)：96-104.

[5] 刘洪武，宋克刚. 严格行政执法规范市场秩序优化营商环境——洛阳市市场监管综合行政执法支队行政执法综述 [J]. 中国价格监管与反垄断，2023(10)：3.

[6] 陆新元，Daniel J.Dudek，秦虎，等. 中国环境行政执法能力建设现状调查与问题分析 [J]. 环境科学研究，2006(S1)：1-11.

[7] 牛廉清. 海上非法捕捞水产品刑事案件侦查对策研究 [J]. 法制博览，2020(30)：4.

[8] 邱景辉. 综合治理非法捕捞协同推进海洋生态公益保护 [J]. 人民检察，2018(10)：48.

[9] 唐启升，刘慧. 海洋渔业碳汇及其扩增战略 [J]. 中国工程科学，2016, 18(3)：68-73.

[10] 王娜. 一渔民到禁渔区用禁用渔网非法捕捞海产品获刑六个月 [EB/OL]. (2023-11-10) [2023-11-17]. https://www.chinacourt.org/article/detail/2023/11/id/7630201.shtml.

[11] 韦璐. 江苏首例！非法捕捞破坏海洋生态，除判刑外还需认购"海洋碳汇" [EB/OL]. (2023-06-28) [2023-11-17].https://www.thepaper.cn/newsDetail_forward_23654312.

[12] 张立. 非法捕捞水产品案件办理难点及应对 [J]. 人民检察，2018(10)：43-44.

[13] 张樨樨，郑珊，余粮红. 中国海洋碳汇渔业绿色效率测度及其空间溢出效应 [J]. 中国农村经济，2020(10)：91-110.

[14] 张永雨，张继红，梁彦韬，等. 中国近海养殖环境碳汇形成过程与机制 [J]. 中国科学：地球科学，2017，47(12)：1414-1424.

4.1.2　铜鼓岭违规养殖诉讼案例

内容提要： 自 20 世纪 90 年代起，在海南铜鼓岭国家级自然保护区内，部分当地村民未办理相关水产养殖手续，便在保护区沿海区域建立了水产养殖场。这些养殖场在运营过程中，不断对保护区的生态环境造成污染和破坏。由于案件涉及多个行政职能，加之当时正处于生态环境保护领域综合执法改革的初期，行政主管部门与综合行政执法部门之间的职责划分尚不明确，导致监督责任难以落实。本案例对于指导海事和环保机关如何更有效地行使行政执法权，以及如何更好地推进生态文明建设具有重要的参考价值。它凸显了在综合执法改革过程中，明确各部门职责、加强跨部门协作的必要性，以确保自然保护区的生态环境得到有效保护。

关键词： 海岸带；生态环境损害；海岸线侵蚀；社会治理；生态修复；监督职能

4.1.2.1　引言

海南铜鼓岭国家级自然保护区位于海南岛文昌市龙楼镇，是一个集海域和陆域生态系统于一体的综合性保护区。该保护区以热带常绿季雨矮林、野生动物、海蚀地貌、珊瑚礁及其底栖生物为主要保护对象，拥有丰富的动植物资源和显著的生物多样性。然而，自 20 世纪 90 年代起，一些当地村民未经许可在保护区沿海一带建立了水产养殖场，这些养殖场在运营过程中对生态环境造成了持续的污染和破坏。

在海南蓝海鲍业有限公司诉文昌市生态环境局环境保护行政处罚案中，原告公司成立于1992 年，并于 1996 年开始在文昌市龙楼镇紫薇村自留地进行海水养殖。尽管原告在 2006—2009 年获得了海域使用权证书、土地使用权证书和水产苗种生产许可证，但一直未获得水域滩涂养殖许可证。原告曾在 1997 年和 2000 年两次申请环评手续，但均未通过验收，这引发了后续的法律争议。

随着国家和公众对环境保护的重视，环保行政机关对违法行为的处罚力度不断加强。然而，从一系列涉海、涉环保的行政案件审理情况来看，尽管环保行政机关有强烈的执法意愿并采取了多项措施，但由于法律知识、法治意识和执法水平的限制，部分执法行为未能完全做到合法合理。跨法行政违法行为的法律适用一直是行政审判中的难点，本案例对于指导海事和环保机关更有效地行使行政执法权，推进生态文明建设具有重要的指导意义。

4.1.2.2　案例背景介绍

海南铜鼓岭国家级自然保护区坐落于海南岛文昌市龙楼镇，地处海陆交界，是一个包含海域和陆域生态系统的综合性保护区。该保护区以热带常绿季雨矮林、野生动物、海蚀地貌和珊瑚礁及其底栖生物为主要保护对象，拥有良好的生态系统，动植物资源丰富，生物多样性显著。

保护区位于琼东北的冲积—海相堆积阶地平原上，铜鼓岭的地形和水热气候等因素造就了其独特的生态条件。1987 年的综合考察记录了保护区内有 908 种植物，分属 162 科 587属。其中，蕨类植物有 32 种，裸子植物有 2 种，被子植物有 874 种。到了 2004 年，植物资源核查发现植物种类增加到 984 种，隶属于 168 科 629 属。这些植物中，海南特有种如海南苏铁等共有 35 种，约占海南特有植物的 5.7%；濒危和保护植物种类包括金毛狗等 12 种。经过 20 多年的保护，保护区比 1987 年多记录了 69 种维管束植物，森林面积扩大，生物多样性增加，热带低地季雨林的种群和树高结构更加合理，生态系统日趋成熟与稳定。

保护区内的动物资源丰富，包括 10 种兽类、20 余种鸟类及爬行类、两栖类和昆虫等。珊瑚礁资源尤其丰富，主要为典型的岸礁类型，包括 100 多种造礁石珊瑚、珊瑚藻、软体动物及其他造礁生物，其中优势种为各种鹿角珊瑚，珊瑚的丰富度为 2~3 级。此外，非造礁珊瑚、软珊瑚、鱼类、藻类及其他与珊瑚礁有关的底栖生物种类也相当丰富。重要的水产资源还包括鲍鱼、麒麟菜等。

4.1.2.3　案例过程概述

海南蓝海鲍业有限公司自 1992 年成立以来，于 1996 年在文昌市龙楼镇紫薇村的自留地上建设了海水养殖设施。在经营过程中，该公司在 2006—2009 年获得了海域使用权证书、土地使用权证书和水产苗种生产许可证，但未获得水域滩涂养殖许可证。该公司曾在 1997年和 2000 年两次申请环评手续，但均未获通过。2018 年 7 月 25 日，海南省生态环境厅批准文昌市生态环境局处理铜鼓岭保护区内的违法建筑。同年 8 月 16 日，文昌市生态环境局对该公司进行了调查取证，并于 2019 年 1 月 9 日对其违规建设养殖场的行为立案。2019 年 4月 4 日，文昌市生态环境局做出行政处罚决定，该决定书于 4 月 10 日被张贴在养殖场外墙上。

由于文昌市生态环境局在行政处罚过程中未能掌握该公司占用保护区的具体情节，

2019 年 6 月 12 日，即行政处罚做出两个月后，文昌市生态环境局委托第三方进行了测绘，确定该公司养殖场有 8.388 亩位于铜鼓岭国家级自然保护区实验区内。文昌市生态环境局认为，由于违法行为始于 1996 年，应适用 1991 年的《海南省自然保护区管理条例》。铜鼓岭保护区成立于 1983 年，2003 年晋升为国家级自然保护区，其核心区、缓冲区和实验区的界限在同年标定完成。海口海事法院一审判决认为，文昌市生态环境局的行政处罚决定证据不足，适用法律错误，超越职权，程序违法，因此撤销了该行政处罚决定。

根据《中华人民共和国渔业法》，单位和个人使用国家规划的水域、滩涂进行养殖的，应向县级以上地方人民政府渔业行政主管部门申请养殖证。文昌市坚决打击违法用地和违法建设行为，文昌市综合行政执法局联合龙楼镇政府依法拆除了保护区内一处违法建筑，总面积达 2.5 万米²，包括养殖池、平顶房、围墙等。龙楼镇政府还清退拆除了宝陵港区域内 14 户的 790 多亩鱼虾塘及生产设施。

由于案件涉及多项行政职能，且在生态环境保护领域综合执法改革初期，因此行政主管部门与综合行政执法部门的职责界限不清晰，监督对象难以确定。为解决这一问题，办案人员查阅了近 30 年的规章制度文件，并邀请相关行政机关召开听证会，最终确定了监管部门和监督对象。

在国家层面，最高人民检察院联合生态环境部、水利部等九部委印发了《关于在检察公益诉讼中加强协作配合依法打好污染防治攻坚战的意见》，部署了为期 3 年的"公益诉讼守护美好生活"专项监督活动。实践中，行政机关诉前整改率保持在 95% 以上，大多数案件通过非诉讼机制在诉前得到解决。行政公益诉讼作为检察公益诉讼制度的主体，在制度设计上是非诉讼机制和诉讼机制的有机结合，先制发检察建议再提起诉讼，不整改才提起诉讼，为生态环境的高效常态化保护提供了有力支撑。

4.1.2.4　案件分析与启示

海南铜鼓岭蓝海鲍业诉讼案是一起具有里程碑意义的环境资源案件，对环境工作者具有重要的启示作用。在该案中，海南蓝海鲍业有限公司因未经许可在海洋自然保护区内进行非法捕捞，严重破坏了海洋生态，最终被法院判决赔偿环境污染损害，并要求公开道歉。这一案例不仅凸显了环境保护法律的严肃性和权威性，也展示了司法机关在生态保护中的重要作用。

在海洋生态环境保护的工程实施过程中，相关部门常遇到标准过时或不全面、缺乏生态安全损害判定标准等问题。例如，在符合排放标准的情况下，相关工程可能仍对接触人群造成健康损害或对生态环境造成潜在危害。在这种情况下，是继续按照现行环境标准进行工程实施，还是向环境保护部门申请停止污染源排放以确保生态安全，往往因环境标准与企业利益之间的矛盾而陷入困境。海南铜鼓岭国家级自然保护区成立于 1983 年，位于海南省文昌市龙楼镇，作为海南最东端的临海山岭，其西部是内陆，东部是南海。自 20 世纪 90 年代起，当地村民在未办理水产养殖手续的情况下，在保护区内沿海一带建设水产养殖场，持续存在污染和破坏生态环境的行为。

在本案例立案初期，海口海事法院面对选择办理周期短、难度相对较小的民事检察公益诉讼案件，还是选择办理不确定性大、涉及问题复杂繁重的行政检察公益诉讼案件，最终选择了后者。如此大规模的工厂化养殖场，其实质是未能妥善处理发展与环境资源保护的关系。办理好行政公益诉讼案件能够从根本上解决问题。该公益诉讼案件的处理既体现了司法导向，又保障了生态安全与群众权益。

4.1.2.5　结论

随着国家对环境保护问题的重视程度不断提升，环保行政机关对违法行为的处罚力度也不断加强。然而，从海口海事法院审理的一系列涉海、涉环保行政案件来看，尽管环保行政机关有强烈的执法意愿并采取了多项措施，但由于法律知识、法治意识和执法水平的限制，部分执法行为并未完全做到合法合理。长期以来，跨法行政违法行为的法律适用一直是行政审判中的难点问题。海口海事法院在处理此类案件时，对跨法行为的法律适用进行了深入分析，为行政审判中处理相关问题提供了重要参考。

4.1.2.6　思考题

（1）海南蓝海鲍业有限公司获得了哪些许可证，但缺少了哪个关键的许可证？这对企业运营有何影响？

（2）海南蓝海鲍业有限公司在成立后多久开始建设海水养殖设施？这个时间差对环保合规有何启示？

（3）2018年7月25日至2019年4月10日，文昌市生态环境局对海南蓝海鲍业有限公司采取了哪些行动？这些行动的顺序对案件处理有何影响？

（4）海南蓝海鲍业有限公司在铜鼓岭国家级自然保护区内的违规建设行为为何被法院撤销行政处罚？这反映了哪些法律问题？

（5）最高人民检察院联合多部委印发的《关于在检察公益诉讼中加强协作配合依法打好污染防治攻坚战的意见》对环保案件有何影响？

4.1.2.7　案例使用说明

（1）案例摘要

海南铜鼓岭国家级自然保护区内，部分当地村民在未依法办理水产养殖手续的情况下，开始在保护区沿海区域建立水产养殖场，这些养殖场在运营过程中对保护区的生态环境造成了持续的污染和破坏。由于该案件涉及多个行政职能，且发生在生态环境保护领域综合执法改革的初期，行政主管部门与综合行政执法部门之间的职责划分不明确，导致难以确定具体的监督对象。该案例对于指导海事和环保行政机关如何更有效地行使行政执法权，以及如何更好地推动生态文明建设，具有重要的参考价值。

（2）课前准备

学生通过查找海南蓝海鲍业有限公司诉文昌市生态环境局环境保护行政处罚案的新闻报道及相关文献资料，较为清晰、准确地了解铜鼓岭国家级自然保护区的生态价值，为课堂学习和深入讨论做好充分的知识准备、情境准备和心理准备。

（3）教学目标

通过案例分析，学生能够对生态环境保护的科学性与综合性有更为清晰的认识，并在此基础上，对工程实践中的伦理问题进行辨识、思考，了解工程师应具备的科学精神、应遵循的科学伦理规范和法律规范。

（4）分析的思路与要点

本案例通过梳理海南蓝海鲍业有限公司诉文昌市生态环境局环境保护行政处罚案的进

展，从社会伦理、生态伦理、工程伦理三个角度进行工程实践的原因分析，案例试图从政府部门发挥职能，参与生态保护的角度谈政府治理，有助于学生打开新的学习思路。

（5）课堂安排建议

根据具体课时安排，可以多个课时开展。课前先安排学生阅读相关资料，让学生自主了解海水养殖的相关背景。

课堂（45 分钟）安排：

教师讲授	（15 分钟）
学生讨论	（10 分钟）
学生报告和分享	（15 分钟）
教师总结	（5 分钟）

补充阅读

[1] 崔振昂，侯月明，赵若思，等. 海南临高海岸带典型生态环境问题与对策研究 [J]. 海洋开发与管理，2023，40(7)：70-76.

[2] 陈春福. 海南省海岸带和海洋资源与环境问题及对策研究 [J]. 海洋通报，2002(2)：62-68.

[3] 陈克亮，吴侃侃，黄海萍，等. 我国海洋生态修复政策现状、问题及建议 [J]. 应用海洋学学报，2021，40(1)：170-178.

[4] 陈心怡，谢跟踪，张金萍. 海口市海岸带近 30 年土地利用变化的景观生态风险评价 [J]. 生态学报，2021，41(3)：975-986.

[5] 程连生，孙承平，周武光. 我国海岸带经济环境与经济走势分析 [J]. 经济地理，2003(2)：211-215.

[6] 海南省生态环境厅. 海南省生态环境厅关于印发《海南省陆域水产养殖建设项目环境保护管理规定》的通知 [R]. (2022-12-26) [2023-12-12].

[7] 李晓光，吕旭波，王艳，等. 我国海水养殖现状及生态环境监管分析 [J]. 环境保护，2022，50(13)：46-49.

[8] 青瞳视角. 文昌铜鼓岭保护区 200 多亩养殖场将陆续拆除 [EB/OL]. (2022-07-30) [2023-12-12]. https://baijiahao.baidu.com/s?id=1739776069987633841&wfr=spider&for=pc.

[9] 生态环境部农业农村部. 生态环境部农业农村部发布关于加强海水养殖生态环境监管的意见 [N]. 中国渔业报，2022-01-17(1).

[10] 涂志刚，陈晓慧，张剑利，等. 海南岛海岸带滨海湿地资源现状与保护对策 [J]. 湿地科学与管理，2014，10(3)：49-52.

[11] 王存福. 海湾变"绿"、沙滩变"白"——平衡海洋开发与保护海南筑牢生态屏障 [EB/OL]. (2023-07-10) [2023-12-10].http://www.jjckb.cn/2023-06/20/c_1310728683.htm.

[12] 王怀进，周寒梅，日野，等. 海南铜鼓岭国际生态旅游区海岸带生态修复 [J]. 风景园林，2022，29(7)：51-55.

[13] 王平，郑新. 水产养殖规划项目环境影响评价研究 [J]. 资源节约与环保，2014(2)：155.

[14] 汪文忠. 我国水产养殖规划环评制度存在的问题和对策 [J]. 渔业致富指南，2017(14)：12-14.

[15] 许海若. 海口海事法院发布涉海洋环境资源案件 7 大典型案例 [EB/OL]. (2021-06-08) [2023-12-12]. https://baijiahao.baidu.com/s?id=1701981631140608528&wfr=spider&for=pc.

[16] 严峻. 水产养殖规划环境影响评价探讨 [J]. 资源节约与环保，2016(12)：108.

[17] 杨清伟，蓝崇钰，辛琨. 广东—海南海岸带生态系统服务价值评估 [J]. 海洋环境科学，2003(4)：25-29.

[18] 尹建军，李梦瑶. 海南省环岛岸线侵蚀治理和海岸带生态修复纪实 [EB/OL]. (2023-06-06) [2023-12-10]. https://baijiahao.baidu.com/s?id=1767918978496279247&wfr=spider&for=pc.

4.1.3 美国海上风电开发诉讼案例

内容提要： 海上风电场的开发往往涉及较大规模的建设，其建设阶段和运营阶段都有可能对海洋生态环境产生影响。2023 年，美国马萨诸塞州联邦地区法院在 Melone 等诉 Coit 等案件中，做出了支持国家海洋渔业局（NMFS）的简易判决。法院裁定，尽管 Vineyard Wind 项目对北大西洋露脊鲸（Eubalaena glacialis）存在影响，NMFS 在批准该项目时已经遵循了《海洋哺乳动物保护法》。北大西洋露脊鲸作为一种受到《海洋哺乳动物保护法》和《濒危物种法》保护的物种，其保护措施已被充分考虑并纳入项目审批过程中。

关键词： Vineyard Wind；海洋哺乳动物保护法；国家海洋渔业局；露脊鲸

4.1.3.1 引言

在低碳经济的推动下，全球范围内对能源结构的清洁化转型给予了高度重视。清洁能源，包括风能、水能、太阳能、地热能和海洋能等，因其在生产和消费过程中对环境影响较小且污染风险低而受到推崇。风力发电作为清洁能源的代表，近年来在全球迅速发展。根据国际可再生能源机构（IRENA）的数据，2020 年全球能源投资达到 3830 亿美元，其中风能投资占比 37.3%，投资总额为 1428.59 亿美元。

海上风电场的开发建设对海洋生态环境具有一定影响。在建设期间，水下打桩产生的噪声可能会影响鱼类和其他海洋生物，海底输电电缆的铺设可能会影响水质和沉积物，进而影响鸟类、鱼类、浮游生物和底栖生物。在运营期间，风机叶片的运动和噪声可能会干扰鸟类的栖息和迁徙，风机和变电所还可能产生噪声污染和电磁辐射。因此，系统地掌握海上风电对海洋生物影响的研究进展，对促进海上风电与海洋环境保护的协调发展具有重要意义。

Vineyard Wind 项目作为美国首个公用事业规模的海上风电项目，标志着美国在海上风电领域取得了重要进展，并凸显了清洁能源在美国能源结构中的地位。然而，该项目在推进中也面临挑战，如 2024 年发生的风机叶片断裂事故，导致环境污染和安全隐患，以及因潜在影响海洋哺乳动物而引发的法律诉讼。尽管法院最终驳回了这些诉讼，但这些事件表明，在推进大型能源项目时，需综合考虑环境保护、社区影响和法律法规等因素。

Vineyard Wind 项目的经验为后续海上风电项目提供了重要参考。它强调了在追求清洁能源发展的同时，必须采取有效的环境缓解措施，并通过透明的沟通和法律程序解决可能出现的问题。对于环境工作者而言，这意味着在规划和执行类似项目时，需更加注重生态保护、社区参与和法律合规性，以确保项目的可持续性及公众的接受度。

4.1.3.2 案例背景介绍

Vineyard Wind 1 号项目位于美国联邦风能区 OCS-A-0501，距离 Martha's Vineyard 岛和 Nantucket 岛南部大约 15 英里①，距离马萨诸塞州大陆 35 海里。该地区以其强大且稳定的风速和理想的场地条件而著称，非常适合风力涡轮机的运行。该项目由 62 台风力涡轮机组成，每台涡轮机间隔 1 海里布置，均采用通用电气公司的 Haliade-X 型涡轮机，每台涡轮机的发电能力为 13 兆瓦。这些涡轮机产生的电力在传输到岸上之前，会由海上变电站进行收集。Vineyard Wind 1 号项目预计将产生 800 兆瓦的电力，足以为 40 万户家庭供电，相当于每年

---

① 1 英里 = 1609.344 米。

从道路上减少 32.5 万辆汽车的碳排放量。该项目的实施预计将减少超过 160 万吨的碳排放量，对于应对气候变化和推动能源转型具有重要意义。

此外，Vineyard Wind 项目还承诺投资 1500 万美元以促进当地经济发展，包括支持海上风电行业的增长、加速马萨诸塞州海上风电产业的发展，并创造数千个当地全职等效工作岗位。这些投资将通过 Windward Workforce Fund、Offshore Wind Industry Accelerator Fund 和 Marine Mammals and Wind Fund 三个主要基金来实现，旨在支持当地劳动力发展、供应链建设及海洋哺乳动物的保护。项目还通过与当地工会的合作，确保了至少 500 个施工阶段的工作岗位由当地技工填补，并设定了女性和有色人种的积极招聘目标。

Vineyard Wind 项目在推进过程中面临了一系列诉讼挑战，主要围绕项目对濒危物种北太平洋露脊鲸的潜在影响，以及是否违反了《美国濒危物种保护法》和《国家环境政策法》。例如，Nantucket Residents Against Turbines（ACKRATS）和 Vallorie Oliver 提出诉讼，认为美国国家海洋渔业局在 2021 年的生物意见中未能充分考虑项目对北太平洋露脊鲸的影响，违反了《美国濒危物种保护法》。然而，美国地区法院和上诉法院均驳回了这些诉讼，认为联邦政府在批准 Vineyard Wind 项目时，已经充分考虑了对北太平洋露脊鲸的影响，并采取了适当的缓解措施。

Vineyard Wind 1 号项目的成功和挑战都为后续的海上风电项目提供了宝贵的经验和教训。它强调了在追求清洁能源发展的同时，必须采取有效的环境缓解措施，并通过透明的沟通和法律程序来解决可能出现的问题。对于环境工作者而言，这意味着在规划和执行类似项目时，需要更加注重生态保护、社区参与和法律合规性，以确保项目的可持续性和公众的接受度。

4.1.3.3　案例过程概述

Vineyard Wind 项目是美国首个公用事业规模的海上风电项目，位于马萨诸塞州沿海。该地区风速强且稳定，场地条件理想，适合风力涡轮机运行，由 Avangrid Renewables 和 Copenhagen Infrastructure Partners 共同开发。项目在推进过程中遭遇了多起诉讼，主要围绕其联邦许可证的合法性，尤其是关于项目对濒危物种北太平洋露脊鲸的潜在影响。这些诉讼由包括 Nantucket 居民、商业捕鱼利益相关者和小型太阳能开发商在内的多个团体提起。

Thomas Melone——一位热衷于露脊鲸观察的个人，对项目提出了最有力的质疑，并向马萨诸塞州法院提出异议。Melone 认为，美国国家海洋渔业局未遵守《海洋哺乳动物保护法》的规定，未在当地报纸上公布 Vineyard Wind 公司拟议的突发骚扰授权书，且未在保护法发布日及公告期间对该公司的授权书申请做出决定。他还提出该公司申请的授权书本身就违反了《海洋哺乳动物保护法》，即国家海洋局发布的授权书违反了《海洋哺乳动物保护法》中关于授权书的 6 个条款的规定。

起初，美国国家海洋渔业局和 Vineyard Wind 公司认为 Melone 的观察爱好不足以支持其具有起诉资格，但法院并未同意此观点。马萨诸塞州法院调查发现，露脊鲸现存数量不到 400 头，即使受到伤害的可能性很小，但对 Melone 观察露脊鲸的爱好会有影响，因此 Melone 的论点成立，他认为国家海洋渔业局的行为增加了露脊鲸受到伤害的可能性，从而影响了自己观察到露脊鲸的可能性。

Melone 关于授权书的论点遭到马萨诸塞州法院的反驳，法院同意被告方的主张，即流程上的缺陷并未造成实质性错误。尽管面临法律挑战，但 Vineyard Wind 项目在 2023 年

5月获得了美国地区法院的支持,法院驳回了要求撤销项目关键联邦批准的请求,认为联邦政府在批准过程中没有违反相关法律。法院认为,项目在前期已经考虑了项目对北太平洋露脊鲸的潜在影响,在最终环境影响报告中充分分析了项目的环境影响,并采取了适当的缓解措施。

这些诉讼及其结果对环境工作者的启示在于,环境影响评估和法律合规性是大型基础设施项目成功实施的关键。项目开发商必须在项目规划和实施的每个阶段都严格遵守相关法律法规,并与监管机构密切合作,确保项目对环境的影响得到充分评估和缓解。同时,这些案例也显示了法律程序在解决环境争议中的重要性,以及在推动清洁能源项目时必须平衡环境保护和经济发展的需求。

4.1.3.4 案例分析与启示

海洋风电对海洋生态系统可能产生多方面的影响。风电场在建设期和运营期对鸟类的影响主要体现在四个方面:一是噪声和涡轮机叶片的碰撞可能改变鸟类行为,促使它们产生避让反应;二是可能影响鸟类的栖息地和觅食活动;三是风机可能干扰鸟类迁徙或形成障碍;四是可能导致鸟类因碰撞而死亡。当前研究显示,在海上风电场建设期间,鸟类会表现出避让行为,但随着时间推移,它们会逐渐适应风电场环境。只要风电场选址避开鸟类栖息地,其对鸟类的影响就相对较小。鸟类与风机碰撞的死亡率与多种因素相关,包括鸟的种类、年龄、飞行经验、天气状况及风电场的特性。统计数据表明,海上风电场不太可能导致鸟类发生严重碰撞事故。

21世纪以来,国外学者持续开展风电对鸟类影响的研究。Erickson等的研究表明,风机对鸟类有驱赶作用,但对鸟类数量的影响有限。与死于飞机、汽车、架空电线、通信塔等人工设备的鸟类数量相比,死于风电机环境下的鸟类数量较少。Pettersson在瑞典Kalmar Sound的研究显示,在1500万只迁徙水鸟中仅发生一次撞击事件。Desholm等通过雷达监测丹麦南部Nysted海上风电场对20多万只鸟秋季迁徙的影响,发现风电场建成后,鸟类进入风电区域的比例显著下降,且出现了大规模的主动回避行为。统计数据显示,可能发生碰撞的鸟类比例不到1%。Pertersen等对Horns Rev海上风电场的黑海番鸭进行调查,发现它们在风电场建成后初期表现出规避行为,但3年后已能在该海域常见其觅食,且种群数量达到当地种群的50%以上,表明它们已适应在风电场区域觅食。类似地,小鸥和普通燕鸥也表现出对风电场环境的适应性。

Cook等收集了欧洲32个海上风电项目的数据,重点统计了鸟类飞行高度和碰撞死亡率,涉及39种40多万只鸟。结果显示,在海拔20~150米时,鸟类碰撞死亡率为0.03%~33.1%。Furness等建立了鸟类海上风电场碰撞指数和规避行为指数研究体系,发现海鸥、白尾鹰、北方塘鹅和贼鸥最易与风电场发生碰撞而死亡,潜鸟科鸟类和黑海番鸭最易流离失所。风电场不仅可能通过碰撞、干扰等方式直接影响鸟类,还可能通过影响饵料鱼类间接影响鸟类的捕食和繁殖,例如,美国诺福克风电场建设期的桩基安装影响了白额燕鸥的主要饵料小鲱鱼的繁殖,导致其繁殖率下降。

海上风电场对海洋鱼类的影响主要表现为噪声和电磁场两个因素,具体体现为六个方面:①水下打桩噪声可能影响鱼类行为,甚至导致死亡;②建设期间可能影响鱼卵和幼鱼的生长发育;③风电机运行时产生的噪声可能干扰鱼类的通信或导航;④施工过程中可能导致海底泥沙和沉积物悬浮,或含油废水泄漏,进而污染水质,影响鱼类生活;⑤电磁场可能改变鱼类的分布和迁移模式；⑥电磁场可能影响鱼类胚胎的早期发育。目前，关于海上风电对鱼类行为的影响，研究结果并不一致，由于缺乏现场数据，尚不能确定海上风电对鱼类是否会产生负面影响。

在风电机建设期间，打桩产生的噪声对鱼类的影响尚无定论，影响程度仍不清晰。靠近打桩地点的鱼类可能会死亡，但也可能表现出避让行为而暂时离开打桩地点。Abbott 等的研究发现，离声源 45 米内的鱼类相比 45 米外会受到更大的伤害，这种伤害只发生在声压超过 193 分贝的条件下。Thomsen 等的研究表明，鱼类对噪声有规避行为，由于鱼类听觉系统的差异，噪声对不同鱼类的影响程度也不同。声音在水体和沉积物中的传播方式不同，对底栖鱼类和中层水体中鱼类的影响也会不同。当噪声超过 261 分贝时，能影响 80 千米以外的鱼类，尤其是对声音敏感的鲱科鱼类等。Andersson 的研究表明，风电机打桩噪声会引起鳕鱼和鳎的行为反应，即使在离打桩点 10 千米外，也会对其行为产生影响，但风电场打桩时产生的噪声对大马哈鱼、黑眼鲈鱼、凤尾鱼的影响与对照组相比，其死亡率和病理学无显著差异。虽然长期暴露于噪声下可能会提高人类的压力水平并影响人体健康，但研究发现，金鱼持续暴露在 170 分贝的声压下，其应激激素肾上腺酮并无显著变化。

风电机运行阶段产生的噪声也可能对鱼类产生影响，可能会导致海洋鱼类通信受阻或方向感迷失。风电机运行阶段产生的噪声可以在 1 千米外的海域被探测到，但目前尚无研究证实涡轮机产生的噪声会对鱼类产生明显的负面影响。Abbott 认为，在风电机运营阶段，当风速达到 13 米/秒以上时，在距离风机 4 米范围内，一些鱼类会永久避开，一些鱼类的通信和导航信号可能会被掩盖。Wahlberg 等认为，风电机在运营过程中产生的噪声远达不到引起鱼类生理反应的声压水平，但可能会对其行为产生一定的影响，因此，即使鱼类在运营期间离风机很近，也不会受到有害生理健康的影响。Andersson 认为，声音敏感物种在风电机运营期间也只会在 10 米范围内的地方探测到涡轮机的噪声。

针对美国 Cape 风电场历时 9 年的环评报告显示，风电场在建设期间和运营期间对鱼类及其生境均无影响或影响很小，但建设期间对鱼卵和幼鱼有可以自我恢复的中等程度影响。除噪声外，施工期间在海底打桩固定、铺设海底电缆需要深挖海沟，这些工程会导致海底泥沙和沉积物悬浮，致使水体浑浊，另外还有可能会发生含油废水泄漏，这些对海域水质的污染及对鱼类的影响都是局部和暂时的。

海上风电场产生的电磁场主要由风机、升压站及海底电缆产生的磁场组成，许多鱼类都利用磁场来进行空间定位、捕食，电磁场可能是风电场影响海洋鱼类的另一个因素。目前，国内外对电磁场对鱼类生理、行动等影响的研究较少，也没有统一的结论。

海底软沉积物区是建设风电场的理想底质条件，也是许多底栖生物的适宜栖息地。海上风电场对底栖生物的影响主要包括两个方面：一是在建设期可能导致水质污染，改变或破坏底栖生物的栖息地；二是在运营期可能改变沉积物的组成，从而影响底栖生物群落的结构。目前，国内外对海上风电场对底栖生物影响的研究相对有限，尚缺乏足够的数据来做出明确结论。

风电场建设期间，风电机地基的打桩和钻孔操作是影响底栖生物最直接的因素，这些操作会导致水体浑浊，污染海域水质，进而破坏底栖生物的栖息地。不同基础结构形式（如单桩、三桩和四桩）对底栖生物的影响也各不相同。风电场建成后，海床环境的改变会导致原有沉积物和水文特征发生变化，进而影响底栖生物的生物量和多样性，可能导致区域群落组成发生较大变化。

美国对 Cape 海上风电场进行的为期 9 年的环境评估显示，风电场在建设期和运营期对底栖无脊椎动物的影响很小。Coates 等的研究表明，风电场建成后，风机附近的沙砾大小会随时间发生变化，且变化程度与风机距离成正比，即离风电机越近，沙砾颗粒越小，有机质含量越多。这些环境变化也引起了附近底栖动物丰度和多样性的变化，大型底栖动物的丰度和多样性越高。风电场建成后，除了对附近软质沉积物造成影响外，还会增加硬质基底的面积。

德国湾一个离岸平台的研究表明，与同等面积的软质沉积物区域相比，硬质基底上的大型底栖生物的生物量是软质沉积物区域的 35 倍。Wilhelmsson 等的研究表明，风电场建成后，涡轮机的水下部分被紫贻贝和藤壶覆盖，而附近海床则主要被紫贻贝和小型红藻覆盖。贝类的生物量、生长和大小等指标会随着海水深度的增加而降低。人工水下建筑为一些贝类提供了更接近水面的附着基质，波浪引起的水体运动幅度增大，提高了浮游植物的更新率，从而促进了贝类的生长和生物量的增加。

东海大桥海上风电水域的大型底栖动物群落结构研究表明，春季和秋季共发现 17 种大型底栖动物，十足目占绝对优势，温度和盐度是影响群落结构变异的最主要环境因子。方宁通过对东海大桥海上风电场建成前后的沉积物调查数据进行分析，研究了海上风电场建设可能对海洋底质产生的环境影响。沉积物质量调查显示，风电场建设前后海域沉积物中锌的质量分数显著增加，这与风电场内风机桩基基础防腐使用的牺牲阳极中锌的释放有关。

合理选址的海上风电场对海洋生物的负面影响极小，甚至能为海洋生物提供保护，从而有利于生物多样性。海床上的风机桩基可成为底栖生物的栖息地，吸引非本地物种定居，这种现象被称为"礁石效应"，是海上风电项目对海洋生态的重要影响之一。运行中的海上风力发电机组的桩基下能聚集鱼类，起到类似人工鱼礁的作用，丰富鱼类的食物来源。此外，海上风电开发区域通常会限制划船或钓鱼活动，为鱼类和海洋哺乳动物提供了休息区甚至避难所。

丹麦在 1991 年建成了全球首个海上风电场，多年研究表明，风电场运行期间，海域的生物多样性、物种丰富度和生物量均有所增加。丹麦政府鼓励在风电场之间建立水产养殖设施，以提高海洋空间利用率和增强发展的可持续性。近年来，一些国外学者认为，风电机建设对海洋生物有积极作用，风电场的建成增加了海洋生物的栖息地数量，对提高当地物种的丰度和保护物种多样性有积极影响。

海上风机的基础部分可充当为许多生物提供庇护和觅食地点的人工鱼礁，丰富了鱼类的食物来源，也为鱼类聚集提供了场所。Wilhelmsson 等在波罗的海卡马尔海峡的研究表明，涡轮机附近鱼类的数量比周围其他地方多，种群丰度和多样性也有所提高。涡轮机底座上的鱼类总量虽多，但种群丰度和多样性水平与附近海床相比较低。

Andersson 等认为，海上风电机对鱼类和固着无脊椎动物有积极影响，能够提供庇护和产卵场所，丰富食物来源。波罗的海南部 Utgrunden 风电场建成后 7 年，双斑虾虎鱼、黑虾虎鱼及紫贻贝的数量有所增加，而其他对栖息地有广泛选择的鱼类数量未受影响。

Scheidat 等对荷兰 Egmond aan Zee 风电场内海豚数量的研究表明，海豚的数量比风电场建设前有所增加，可能原因是礁石效应导致场内鱼类数量增加，风电场内航船数量的减少也可能是原因之一。Lindeboom 等的调查结果也显示，Egmond aan Zee 风电场建成后，风电场内的海豚数量多于风电场外对照区，风电机基座堆石的硬底质上形成了由许多新物种组成的新动物群落，增加了生物多样性。

海上风电场的确权范围小，实际占用海域面积大，用海具有排他性，可能导致海洋空间破碎化等问题。如果提前规划海上风电项目布局，可以将其对生态环境的影响降到最低。加强海上风电项目对区域生态环境影响的研究，引导海上风电合理布局，有利于处理好风电项目开发利用与保护环境的关系。目前海上风电的生态环境影响研究最缺乏的是现场数据，应将海上风电工程环境影响评价与科学研究紧密结合，充实现场数据支撑，科学评估用海工程的生态影响。海上工程建成后，应进行生态环境影响的后评估研究，跟踪监测海上风电的生态影响，以获取长期生态影响数据，加强用海项目的事中及事后监管。

在类似 Vineyard Wind 这样的大型海上风能项目中，平衡环境保护和经济发展的需求是一项复杂而微妙的任务。这些项目能为当地带来显著的经济效益，如创造就业机会、促进相关产业链发展、增加政府税收等，同时也面临对海洋生态环境构成潜在影响的挑战，包括干扰海洋生物多样性、破坏栖息地和影响传统渔业。为了实现这一平衡，首先需要进行详尽的环境影响评估，识别项目可能对环境造成的影响，并制定相应的缓解措施，如优化风力涡轮机的位置以减少对海洋生物迁徙路径的干扰，或采用先进技术减少噪声和振动。其次，项目开发者和政策制定者需要与当地社区、环保组织及利益相关者进行广泛的沟通和合作，确保项目的实施既符合环境保护的标准，又能满足经济发展的需求。此外，项目设计中还应考虑生态补偿机制，如投资当地生态修复项目或支持生物多样性保护计划，以抵消项目可能带来的负面影响。通过教育和培训项目提高当地居民对环境保护的意识和参与度，也是实现平衡的重要途径。最后，政策制定者应建立和执行严格的监管框架，确保项目在建设和运营过程中遵守环境保护法规，并对违规行为进行处罚。通过这些综合措施，可以在推动清洁能源发展的同时，保护和维持海洋生态系统的健康。

4.1.3.5 结论

Vineyard Wind 项目作为美国首个公用事业规模的海上风能项目，在推进过程中面临多起诉讼，这些诉讼主要针对项目对海洋哺乳动物，尤其是北太平洋露脊鲸的潜在影响，以及可能对当地渔业和景观造成的干扰。这一案例强调了在规划和实施大型基础设施项目时，必须严格遵守环境保护法规，并通过透明的沟通和法律程序来解决可能出现的问题。此外，这些案例也突显了法律程序在解决环境争议中的重要性。在推动清洁能源项目时，必须平衡环境保护和经济发展的需求。Vineyard Wind 项目的环境影响评估和法律程序，为其他海上风电项目提供了宝贵的经验和教训，强调了在追求清洁能源发展的同时，必须采取有效的环境缓解措施，并通过与当地社区、环保组织及利益相关者的广泛沟通和合作，确保项目的可持续性和公众的接受度。

4.1.3.6 思考题

（1）在考虑海上风电项目选址时，应如何评估其对海洋哺乳动物的潜在影响？

（2）Vineyard Wind 项目在法律诉讼中面临的主要指控是什么，项目方是如何证明其合法性的？

（3）Vineyard Wind 项目在与当地社区沟通和合作方面采取了哪些措施？这些措施如何影响项目的成功？

（4）项目设计中应如何考虑生态补偿机制，以抵消可能带来的负面影响？

（5）在类似 Vineyard Wind 这样的大型海上风能项目中，如何实现项目开发者、政策制定者、环保组织和当地社区之间的有效合作？

4.1.3.7 案例使用说明

（1）案例摘要

Vineyard Wind 项目是美国首个公用事业规模的海上风能项目，该项目在推进过程中遭遇了多起诉讼，主要挑战包括对海洋哺乳动物尤其是北太平洋露脊鲸的潜在影响，以及对当地渔业和景观的潜在干扰。本案例详细介绍了相关诉讼的过程和原因，为帮助理解在推动清洁能源项目时必须平衡环境保护和经济发展的需求提供了基础。

（2）课前准备

学生通过查找相关新闻报道及相关文献资料，较为清晰、准确地了解海上风电开发的经济价值与海洋生态环境保护的意义，为课堂学习和深入讨论做好充分的知识准备、情境准备和心理准备。

（3）教学目标

通过案例分析，学生可以对海上风电开发的科学性与综合性有更为清晰的认识，并在此基础上，对工程实践中的伦理问题进行辨识、思考，了解工程师应具备的科学精神、应遵循的科学伦理规范和法律规范。

（4）分析的思路与要点

本案例通过梳理海上风电开发与海洋生态环境保护的进展，选取代表性组织部门与社会争议焦点，从社会伦理、生态伦理、工程伦理三个角度进行工程实践的原因分析，案例试图从公众参与发挥监督职能、参与生态保护的角度谈社会治理，有助于学生打开新的学习思路。

（5）课堂安排建议

根据具体课时安排，可以多个课时开展。课前先安排学生阅读相关资料，让学生自主了解海上风电开发的相关历史背景。

课堂（45 分钟）安排：

教师讲授　　　　　（15 分钟）

学生讨论　　　　　（10 分钟）

学生报告和分享　　（15 分钟）

教师总结　　　　　（5 分钟）

补充阅读

[1] 崔荣国，崔娟，程立海，等. 全球清洁能源发展现状与趋势分析 [J]. 地球学报，2021, 42(2): 179-186.

[2] Bosch J, Staffell I, Hawkes A D. Temporallyexplicit and spatially-resolved global onshore wind energy potentials[J]. Energy, 2017(131): 207-217.

[3] Sun X J, Huang D G, Wu G Q. The current state of offshore wind energy technology development[J]. Energy, 2012, 41(1): 298-312.

[4] Joyce Lee, Zhao F. Global offshore wind report 2020[R]. Brussels: Global Wind Energy Council (GWEC), 2020.

[5] Krone R, Gutow L, Brey T, et al. Mobile demersal megafauna at artificial structures in the German Bight-Likely effects of offshore wind farm development[J]. Estuarine, Coastal and Shelf Science, 2013(125): 1-9.

[6] Stenberg C, Deurs M V, Støttrup J, et al. Effect of the Horns Rev 1 offshore wind farm on fish communities: Follow-up seven years after construction[M]. Denmark: Danish Energy Authority, 2011.

[7] De Mesel I, Kerckhof F, Norro A, et al. Succession and seasonal dynamics of the epifauna community on offshore wind farm foundations and their role as stepping stones for non-indigenous species[J]. Hydrobiologia, 2015, 756(1): 37-50.

[8] Erickson W P, Johnson G D, Strickland D M, et al. Avian collisions with wind turbines: a summary of existing studies and comparisons to other sources of avian collision mortality in the United States[EB/OL]. (2019-02-10) [2023-12-10].

[9] Desholm M, Kahlert J. Avian collision risk at an offshore wind farm[J]. Royal Society Biology Letter, 2005, 1(3): 296-298.

4.1.4　亨廷顿海水淡化建厂之争

内容提要： 加利福尼亚州西南部的亨廷顿比奇及其周边地区正面临严重的水资源短缺问题，这使当地的海滩社区和居民面临挑战。鉴于该地区的沿海特性，当地在大约 50 年前就提出了海水淡化项目的构想，但由于多种原因，这些项目未能持续运作。近年来，水务公司再次向加利福尼亚州海岸委员会提交了在亨廷顿比奇建设大型海水淡化厂的申请。尽管海水淡化看似是解决水资源问题的良策，但它可能会使自然环境和人类健康面临难以预测的风险。因此，一些非营利环保组织强烈反对该项目，甚至对相关公司提起诉讼。最终，加利福尼亚州海岸委员会一致决定不批准亨廷顿比奇海水淡化厂的海岸开发许可，使得该项目未能继续推进。

关键词： 加利福尼亚州；亨廷顿比奇；海水淡化厂；生态隐患

4.1.4.1　引言

加利福尼亚州位于美国西南部，受副热带高压影响，常年降水较少。作为美国人口最多的州之一，加利福尼亚州城市密集、人口增长迅速、工农业发达，因此用水需求巨大。2021 年，该州超过 85% 的地区遭受极度干旱，整个州都面临着严重的水资源短缺问题。全球气候变化进一步加剧了这一状况，过去几十年间，加利福尼亚州的降水量呈现下降趋势，导致水库、河流和地下水储备的水资源减少，从而使得干旱问题更加严重。该州的水资源主要依赖西部山脉地区的雪水，但气候变化导致雪线上升和雪水融化加速，缩短了雪水的持续时间，进一步减少了可用水资源，对水库和灌溉系统造成了直接影响，加剧了干旱程度。

亨廷顿比奇是加利福尼亚州一个迷人的海滨度假胜地，其周边地区同样受到水资源短缺的影响。为了应对这一挑战，奥兰治县采取了多种策略，其中包括海水淡化。20 世纪 70 年代，亨廷顿比奇曾建成并运营了一座海水淡化厂，但由于运营成本过高等因素，该厂在一年后停止运营。多年后，布鲁克菲尔德－波塞冬水务公司成功运营了西半球最大的海水淡化项目，并计划在亨廷顿比奇附近再建设一座新的海水淡化工厂。这一项目的成功为当地提供了新的水资源解决方案，有望缓解该地区的水资源短缺问题。

4.1.4.2　案例背景介绍

亨廷顿比奇位于加利福尼亚州奥兰治县，以其长达 9.5 英里（约 15.3 千米）的海岸线而闻名。这里的金色沙滩和清澈海水吸引了众多居民和游客，被誉为"冲浪之都"。冲浪文化在这里不仅是一项运动，更是生活方式的体现，吸引了无数冲浪爱好者。然而，亨廷顿比奇同样面临着与加州其他地区一样的水资源短缺问题。随着人口增长和气候变化的影响，传统的淡水资源已无法满足城市需求。为此，政府和私营部门开始寻求创新解决方案，海水淡化技术便是其中之一，这种技术利用城市周边丰富的海水资源，为城市提供了潜在的水资源补充。

海水淡化技术通过物理或化学方法去除海水中的盐分和杂质，产生淡水。这一过程通常采用蒸馏或逆渗透等方法，通过半透膜或蒸馏设备分离水分子和盐分，得到淡水。但这一过程中的取水和排水都会对生态系统造成影响。取水可能吸入小型海洋生物，如浮游生物和鱼类，长期可能会使生物多样性遭受损失。排水则涉及处理过程中产生的高温或低温高盐度水，以及可能含有的化学药剂和重金属，这些残余液体的排放会直接影响海洋生物的生存和繁殖，尤其是对温度、盐度变化敏感的物种。同时，海水淡化需要消耗大量能源，增加运行成本，加剧温室气体排放和环境污染。

布鲁克菲尔德-波塞冬公司曾计划在亨廷顿海滩建设海水淡化厂，但因环保争议、法律诉讼和社区反对而失败。项目还面临违反《海岸区管理法》和《清洁水法》的法律挑战，增加了项目的不确定性和成本。这些挑战反映了在实施海水淡化项目时，需要综合考虑环境影响、法律合规性和社区接受度。

4.1.4.3 案例过程概述

加利福尼亚州南部的海水淡化历史已超过50年。20世纪70年代，内政部水资源和技术办公室开始对南加州的海水淡化厂开发表现出兴趣。1975年，奥兰治县亨廷顿比奇的一座海水淡化厂曾运营一年，但由于运营和燃料成本过高，联邦政府撤销了对它的支持。因此，无论是圣迭戈还是亨廷顿比奇的海水淡化厂，都不是一时冲动的决定。20多年来，波塞冬水务公司一直在努力推动亨廷顿比奇海水淡化项目的许可程序。然而，尽管面临水资源短缺问题，许多加州居民仍然不理解建设海水淡化厂的必要性，并对这一提案持强烈反对态度。

2021年4月，布鲁克菲尔德-波塞冬公司从圣安娜地区水委员会获得了亨廷顿比奇海水淡化项目的许可证。目前，卡尔巴斯德海水淡化厂已投入使用，波塞冬亨廷顿比奇海水淡化项目也在稳步推进。然而在2021年9月，加州海岸守护者联盟和奥兰治县海岸守护者以该许可证违反了全州范围内的海水淡化政策等法律为由提起诉讼，对该许可证提出疑问。这一质疑阻碍了亨廷顿海水淡化项目的进展，公司必须在2022年2月举行的听证会上获得加州海岸委员会对该项目海岸开发许可证的批准。如果成功获批，奥兰治县水区将不得不在未来50年内一直购买波塞冬公司的高价淡化水。经过多年的争议，关于这个投资14亿美元的海水淡化项目的关键会议于2022年5月召开。加州海岸委员会一致投票反对该项目，这可能标志着布鲁克菲尔德-波塞冬公司在亨廷顿海滩建设海水淡化厂计划的终结。尽管面临严重干旱，但委员会的决定表明，高成本、强烈反对和海平面上升等风险可能会成为加州沿海大型海水淡化厂建设的主要障碍。

这些争议和诉讼过程表明，在推进大型基础设施项目时，必须充分考虑环境保护、社区参与和法律合规性，以确保项目的可持续性和公众的接受度。同时，这也凸显了在水资源管理中寻求平衡的重要性，既要满足经济发展的需求，也要保护和维护自然资源的健康。

4.1.4.4 案件分析与启示

奥兰治县有多种供水项目可选，包括升级供水基础设施、增加循环利用、提高用水效率、雨水收集等。这些方案中，波塞冬亨廷顿比奇海水淡化项目的成本效益最低且风险较大。与其投资高价淡化水，不如投资其他水循环项目，如大都会水区的卡森地区循环水项目、洛杉矶市的 Hyperion 水循环项目、圣迭戈市的纯净水循环项目等。太平洋研究所的报告指出，通过节约用水和提高用水效率，奥兰治县可减少约 1/3 的用水量，与加州新水资源计划目标相符，表明奥兰治县有能力通过内部措施满足未来用水需求。即使没有波塞冬水务公司的介入，奥兰治县也有足够的资源满足至 2040 年的用水需求。此外，奥兰治县已有一套先进的地下水补给系统，产水量是计划中的亨廷顿比奇海水淡化厂的两倍，成本却更低。

波塞冬亨廷顿比奇海水淡化厂的选址令人担忧，它位于海平面上升、地震、海啸和老化海上石油基础设施威胁的危险区域，可能增加环境污染风险。该项目还位于一个曾涉及超巨额基金的修复场所附近，增加了污染源累积效应，造成环境隐患。建设过程中可能将新污染物扩散至周围贫困社区，加剧环境问题，威胁居民健康和生活质量。亨廷顿比奇海水淡化厂生产的淡化水含硼等化学物质，长期饮用可能对人体健康产生影响，影响肾脏和生殖系统，也不适合灌溉。灌溉后的土壤可能盐碱化，影响作物生长和产量。因此，农户通常选择盐度较低的水源进行灌溉。

尽管加州努力减少碳排放，但波塞冬水务公司的海水淡化合同可能导致亨廷顿比奇在未来 50 年继续依赖化石燃料。海水淡化厂运行需要大量能源，排放的温室气体将加剧气候变化。在气候危机下，减排至关重要，推动耗能大、效率低的项目不明智。该项目使用的化学物质可能会污染淡化水和地下水供应，增加处理成本。研究表明，每生产 1 加仑 ① 淡水，海水淡化厂会产生 1 加仑超咸盐水。波塞冬亨廷顿比奇海水淡化项目计划使用开放式取水口，99% 与之接触的海洋生物会被吸入并被杀死。每天吸入超 1 亿加仑海水，使用已被淘汰的进水管和 1 毫米网眼滤网，可能导致大量小型生物死亡，对海洋生态系统造成重大损失。该项目每年可能导致超 1.08 亿只海洋生物死亡，排出的浓盐水量足以将佛罗里达州覆盖在 30.5 厘米深的超咸水下。

海水淡化厂排出的废液含高浓度盐和一定热量，可能会破坏海洋生态系统。高温液体排入海洋可能会导致水温升高，加速浮游生物繁殖，导致赤潮暴发和生物窒息死亡。相比之下，奥兰治县的亨廷顿比奇海水淡化厂被评为北部最不具成本效益的方案，而达纳点的都何尼项目被评为南部成本效益最高的方案之一。都何尼项目使用地下管道抽取海水，减少了对海洋动物的伤害，而波塞冬公司拒绝使用类似的技术。因此，奥兰治县海岸守护者等团体支持都何尼项目，反对波塞冬亨廷顿比奇项目。

波塞冬公司声称亨廷顿比奇海水淡化厂是碳中和的，计划通过购买"可再生信用额度"抵消碳排放，但这可能会损害其他社区的利益。波塞冬公司还声称节省的能源将抵消碳排放，但大都会水区表示，无论是否建厂，都将全额进口州水利工程分配的水。波塞冬公司还根据错误的人口预测确定市场需求，预测 2010—2020 年奥兰治县人口增长 35 万，而实际仅增长一半。为确保亨廷顿比奇海水淡化厂提案通过，波塞冬公司投入数百万美元游说和政治捐款，影响决策者及公众舆论。这种做法引起人们对公共利益的质疑，可能导致政府对商业利益过度迁就，削弱公共政策的公正性。

波塞冬公司希望与奥兰治县签署为期 50 年的"无条件支付"合同，要求纳税人支付高价淡化水费，无论需求如何。这给居民和企业带来压力，尤其是低收入家庭，使他们更难获

---

①　1 加仑（美制）=3.785 412 升。

得干净可靠的水资源。水费上涨也会给当地企业带来负担，迫使它们承担过高的淡化水费，导致企业年度成本上升。高质量、价格合理的水资源对依赖旅游业的企业至关重要。海水淡化厂建成后，企业利润可能大幅缩减。亨廷顿比奇海水淡化厂将对家庭水费产生重大影响，居民和企业面临更高的生活成本。这个旨在惠及社区的项目，最终可能导致收益集中在运营淡化水厂的公司手中，加剧经济不平等和消费者负担。

4.1.4.5　结论

亨廷顿比奇海水淡化项目因成本高昂、环境风险和社区反对而未能获得批准。这一结果体现了政府在决策时将民生置于资本之上的原则，值得借鉴。项目失败突显了在解决复杂问题时需要全面考量的重要性，尤其是海水淡化项目对环境和人类健康的潜在影响。例如，废水和化学物质的排放可能会影响海洋生物和沿海经济。此外，淡化过程中使用的化学物质可能会残留在饮用水或地下水中，引发健康问题，增加医疗成本和社会负担。在供水政策和方案的制定中，政府和企业需细致权衡利益与风险，进行充分的环境影响评估，并保证公众参与，确保决策的可持续性。监管机构也应加强对类似项目的审查和监督，保护环境和公众健康。相比之下，水循环项目更符合可持续性和经济性的要求，通过循环利用和再生利用水资源，减少对自然水资源的依赖，降低环境影响。

4.1.4.6　思考题

（1）亨廷顿比奇海水淡化项目被拒绝批准的原因有哪些？这如何体现了公共利益的优先级？

（2）在评估海水淡化项目时，应如何全面考虑其对环境和人类健康的潜在影响？

（3）在面对水资源短缺问题时，奥兰治县有哪些替代方案？如何评价这些方案的可行性和可持续性？

（4）在类似海水淡化这样的大型项目完成后，为什么需要进行长期的环境监测和后评估？这对确保项目的可持续性有何作用？

（5）亨廷顿比奇海水淡化项目在社区层面上受到了哪些反对？如何评估和提高项目的社区接受度？

4.1.4.7　案例使用说明

（1）案例摘要

亨廷顿海滩海水淡化项目由布鲁克菲尔德-波塞冬公司提出，因环境风险、经济效益及需求合理性引发争议。该项目可能对海洋生态系统产生影响，尤其会对海洋生物构成威胁，同时存在洪水风险和工业污染历史。经济上，项目成本转嫁至消费者，尤其是低收入社区，而现有地下水补给系统使项目必要性受到质疑。此外，政治游说和审批透明度问题引发公众对政治干预的担忧。此案例强调了项目规划与实施中环境评估、成本效益、社区参与和法律合规性的重要性，展示了政治游说和透明度在公共决策中的作用，以及在挑战中维护公共利益的策略。

（2）课前准备

学生通过查找相关新闻报道及相关文献资料，较为清晰、准确地了解海水淡化的经济价值与海洋生态环境保护的意义，为课堂学习和深入讨论做好充分的知识准备、情境准备和心理准备。

（3）教学目标

通过案例分析，学生可以对海水淡化的科学性与综合性有更为清晰的认识，并在此基础上，对工程实践中的伦理问题进行辨识、思考，了解工程师应具备的科学精神、应遵循的科学伦理规范和法律规范。

（4）分析的思路与要点

本案例通过梳理海水淡化与海洋生态环境保护的进展，选取代表性组织部门与社会争议焦点，从社会伦理、生态伦理、工程伦理三个角度进行工程实践的原因分析，案例试图从公众参与发挥监督职能，参与生态保护的角度谈社会治理，有助于学生打开新的学习思路。

（5）课堂安排建议

根据具体课时安排，可以多个课时开展。课前先安排学生阅读相关资料，让学生自主了解海上风电开发的相关历史背景。

课堂（45 分钟）安排：

教师讲授	（15 分钟）
学生讨论	（10 分钟）
学生报告和分享	（15 分钟）
教师总结	（5 分钟）

补充阅读

[1] SDPLAZA 海水淡化网. 加州重提投资 10 亿美元建设亨廷顿海水淡化项目 [EB/OL]. (2016-02-18) [2024-10-22]. https://huanbao.bjx.com.cn/news/20160218/708995.shtml.

[2] 温菲. 近 50 年国际海水淡化技术研究的发展状况——基于 Web of Science 数据库的文献计量分析（1971—2020 年）[J]. Marine Sciences，2021，45(1)：110-119.

[3] 方陵生. 海水淡化之今昔 [J]. 世界科学，2008(8)：15-18.

[4] 李团章，郭晓丽，邹淑萍，等. 太阳能海水淡化界面材料应用研究及发展现状 [J]. 云南化工，2024，51(8)：43-48.

[5] 何昕. 加州新建海水淡化项目取用深海水源 [J]. 水处理技术，2016，42(9)：72.

[6] 周媛. 美国加州水资源部拨款 3440 万美元，支持新建八座海水淡化项目 [J]. 水处理技术，2018，44(3):44.

[7] 丛河. 美国人要喝太平洋的水——加州海水淡化工厂开始选址考察 [J]. 海洋世界，2003(10)：8-9.

[8] 马煜婷. 未来水产业：如何解地球之渴 [J]. 经济，2010(9)：26-29.

[9] 童国庆. 美国加州缺水现状及应对措施 [J]. 水利水电快报，2008(4)：14-16.

[10] 赵汉畅，马雪郡，吕建燚. 基于金属有机框架材料电容去离子技术淡化海水的研究进展 [J]. 有色金属工程，2024，14(10)：158-166.

4.1.5　海花岛白蝶贝事件

内容提要：海花岛白蝶贝事件是一起发生在中国海南省儋州市的生态破坏案例。恒大集团开发的海花岛超大型文旅综合体在建设过程中，因违规填海造地，导致大面积珊瑚礁和白蝶贝被永久破坏，引发了广泛关注和争议。2017 年，中央环保督察组对海南省开展环境保护督察，点名批评儋州政府及海洋部门对海花岛项目的违规审批，指出其"化整为零"

的审批方式，使不过关的项目得以推进，造成生态破坏。此事件凸显了在追求经济发展的同时，必须严格遵守生态保护法规，正确处理经济发展与生态环境保护的关系。

关键词： 恒大集团；儋州市；海花岛；白蝶贝；生态破坏

4.1.5.1 引言

国家二级重点保护动物白蝶贝（Pinctada maxima）又称大珠母贝，属于珍珠贝科，是南海珍珠的主要生产者之一，也是世界上最大的珍珠贝种类之一，最大体长可超过 30 厘米。白蝶贝的外壳通常为圆形或卵形，表面光滑，颜色多为白色、浅粉色或淡黄色，内含特殊的珠光。这种贝类主要分布在印度洋、太平洋和西太平洋的热带和亚热带海域，包括澳大利亚、印度尼西亚、菲律宾和缅甸等地。在中国，白蝶贝主要生长在南海的雷州半岛西部沿海和海南岛西部沿海，尤其是在儋州、临高和澄迈等市县沿海海域。

20 世纪 80 年代，为了保护白蝶贝，国家设立了白蝶贝自然保护区。然而，尽管有保护措施，非法捕捞问题依旧存在，保护区也面临着为促进经济发展而进行的调整，这导致了更大程度的生态破坏。进入新世纪，一系列填海造地和旅游开发项目不断开展，尤其是海花岛项目，尽管这些项目涉及巨额罚款和环保问题，但在资本的推动下项目仍在进行。一些试图修复生态的项目最终失败，令人失望。最终，在生态环境问题日益严峻和法律制约下，违法建筑被要求拆除，但也引发了关于生态环境处理的新争议。这一事件凸显了在追求经济发展的同时，必须严格遵守生态保护法规，正确处理经济发展与生态环境保护的关系。

4.1.5.2 案例背景介绍

白蝶贝因其高经济价值长期遭受过度捕捞和环境污染，导致其野生种群数量急剧下降。为保护这一珍贵资源，多国采取了包括设立保护区、限制捕捞量和人工养殖等措施。中国自 20 世纪 80 年代起也开始实施保护措施。1983 年，海南省儋州市和临高县设立了白蝶贝自然保护区，总面积约 693 千米^2。1997 年，保护区范围调整为 642 千米^2。2005 年，《海南生态省建设规划纲要》提出控制海上污染、保护海洋水质，并加强珊瑚礁、麒麟菜、白蝶贝等自然保护区的建设与管理。然而，这些措施似乎未完全落实。2006 年，《海南日报》报道了白蝶贝保护区内非法捕捞活动严重，每天有数百只白蝶贝被盗捕。涉案人员包括本地渔民和外地专业潜水人员，对白蝶贝资源构成严重威胁。

恒大海花岛项目位于海南省儋州市滨海新区，介于排浦港与洋浦港之间的洋浦湾区域，南起排浦镇，北至白马井镇，距离海岸约 600 米，总长度约 6.8 千米。该项目通过吹沙填海技术建造，旨在创建一个集居住、休闲、旅游功能于一体的综合社区。该人工岛由 3 个独立的岛屿构成，规划填海面积达 8 千米^2。设计上，海花岛借鉴了迪拜棕榈岛的风格，展现了设计师的创意与现代艺术及建筑技术的融合。一号岛作为主要的旅游区，配备了多样化的旅游设施，包括海洋乐园、国际会议中心和商业街等。海花岛被定位为国际级旅游服务区，提供旅游度假、商业会展、酒店会议、娱乐休闲、餐饮和海洋运动等多种服务，满足不同游客的需求。岛上还设有大剧院和音乐厅，为游客提供高水准的艺术体验。

然而，海花岛的建设对当地海洋环境产生了显著影响，尤其是对珍稀生物白蝶贝的栖息地造成了破坏。吹沙填海技术涉及使用挖泥船将海底沙水吹入目标区域，以实现填海造地。在此过程中，沙粒被留在圈内，而海水流出，随着沙粒不断积累，逐渐形成陆地。这一方法依赖水动力学原理，挖泥船产生的高速气流带动沙粒形成沙浪，这些沙浪在空气推力和重力作用下向特定方向移动，海浪和潮汐也会影响沙粒的移动。海花岛的建设因此导致珊瑚礁和白蝶贝遭到大量破坏。

4.1.5.3　案例过程概述

自 2009 年起，海南省白蝶贝资源的严重破坏引起了官方媒体的关注。《海南日报》报道，海南省水产研究所完成的调查显示，白蝶贝自然保护区内的资源量极为稀少，现有种群规模过小，难以实现资源恢复。专家呼吁加强保护和管理，以促进资源的快速恢复，并指出资源量已显著下降。在 20 世纪 80 年代，白蝶贝在水深 10 米左右的水域即可采集，而目前在 20 米左右的水深处才能发现其踪迹。专家分析，保护区管理不善是导致资源稀少的主要原因。2010 年，临高县向海南省海洋与渔业厅提出调整白蝶贝资源自然保护区面积的请求，理由是保护区范围过大，影响了当地渔业的发展规划。同年 7 月，专家及相关部门负责人在海口召开评审会，同意将保护面积调整为 82.3 千米^2。调整后的保护区涉及的渔业人口减少，有利于管理，同时为渔船提供了更大的作业空间和开放式用海空间，促进了海洋经济的开发利用。

2010 年 10 月，儋州市政府与恒大集团签订了白马井填海项目的投资开发框架协议。随后，国家海洋局组织专家对该项目的海洋环境影响进行了评审。2011 年，为推动洋浦经济开发区等重点项目建设，海南省启动了对海南白蝶贝省级自然保护区的调整工作，2012 年 3 月，省政府批复适当调整保护区范围，调出儋州市沿海全部范围，面积为 299 千米^2。同年，恒大海花岛填海项目开始立项和建设。

2012 年 7 月，儋州市海洋与渔业局向市政府提出对白马井至排浦海域进行岸线整治规划的请示，并开展新英湾疏浚前期工作。同年 12 月，国家海洋局批复了海花岛旅游综合体区域建设用海规划。2013 年 1 月，海南省儋州市政府及海洋部门批准了 18 个子项目，以便于填海工程的进行。截至 2013 年 8 月，恒大取得了全部《海域使用权证书》。自 2015 年起，恒大通过公开招拍挂方式取得土地使用权，并开始开发建设。2016 年，儋州市海洋主管部门对海花岛项目涉嫌的违法用海行为进行立案查处，并做出罚款决定。然而，与整个项目的规模相比，罚款金额显得微不足道。同年 9 月，恒大海花岛二期的广告在中央电视台播出，进一步提升了项目的知名度。

2017 年，中央环保督察组对海南省进行环境保护督察，指出房地产行业过度依赖、政府规划与企业利益关联过紧，导致生态环境破坏严重。2017 年 12 月，中央第四环境保护督察组指出儋州市政府及海洋部门在海花岛填海项目审批过程中存在违规审批，造成大面积珊瑚礁和白蝶贝被破坏。2018 年 1 月，海花岛项目被实施"双暂停"，但两个月后又复工。2018 年 5 月，海南省发布整改方案，指出项目审批中存在问题，导致海洋生态遭受破坏。从 2019 年 3 月开始，恒大海花岛公司实施了海花岛周边海域珊瑚和白蝶贝资源修复补偿项目。项目得到了儋州市海洋局的部署和相关单位的支持与监督。然而，项目遭遇失败，移植的珊瑚几乎全部死亡，投入的生态修复经费无法收回。

2019 年 4 月，生态环境部发布的报告显示，恒大在儋州海花岛项目中的违法违规行为被处以约 2.15 亿元罚款。同日，海南省公布了整改进展情况，提到了对局部生态环境造成影响的围填海项目，相关市县已组织业主单位及技术单位进行海洋生态环境影响后评价，并制定了整治修复方案，开始了生态修复工作。2020 年，海南省官网发布了《临高县海南白蝶贝省级自然保护区资源现状调查与评估项目》招标公告。中央第三生态环境保护督察组于2020年5月向海南省反馈了督察报告。随后，《海南日报》报道了海南白蝶贝省级自然保护区管护站的成立，并宣布将对周边海域进行全面监管。

2021年1月，《中国纪检监察报》报道指出，海南省委原常委、海口市委原书记在担任儋州市委书记期间，涉嫌违规推动海花岛项目。同年2月，《国家重点保护野生动物名录》进行了调整，大珠母贝（白蝶贝）被列为国家二级重点保护野生动物。2021年6月，海南省生态环境厅发布了《2020年海南省生态环境状况公报》，提到该省在自然保护地建设方面取得进展。2021年9月，海南省政府采购网发布了关于临高县临高林场进行海南白蝶贝省级自然保护区白蝶贝底播项目的竞争性谈判公告。根据审计结果，海花岛生态修复需要继续投入1.77亿元，而恒大海花岛有限公司截至2022年仅缴纳500万元。

2022年1月，海南省儋州市一份行政处罚决定书指出，海花岛39栋楼为违法建筑，要求相关公司拆除。中国生物多样性保护与绿色发展基金会法律工作委员会（以下简称绿会法工委）对此表示关注，并建议避免对生态环境造成二次破坏。同年1月，绿会法工委致函生态环境部，建议对国家海洋局南海海洋工程勘察与环境研究院涉嫌环评弄虚作假的行为进行调查。中国生物多样性保护与绿色发展基金会秘书长周晋峰向海南恒大海花岛提出新方案：将39栋楼交由信托管理，实现回归社会公益。

恒大集团对此事件的回应是，将按照决定书的指引，积极沟通、妥善处理。恒大集团还提到，海花岛项目已累计投入约810亿元，并已与全部业主解除了328套购房协议，这些住宅建筑将转为项目业主自用，所有房源坚决不得用于销售。

4.1.5.4 案件分析与启示

海花岛项目在建设过程中对周边海域的生态环境造成了破坏。违规填海造地活动破坏了珊瑚礁和白蝶贝，对海洋生物多样性产生了负面影响。此外，项目的建设还涉及"化整为零"获取土地的方式，这不仅违反了相关法规，也对海洋生态系统的完整性造成了损害。尽管儋州市自然资源管理服务中心已经启动了海花岛周边海域岸滩修复工程，但生态修复仍在路上，需要长期的努力和投入。

恒大集团在海花岛事件中的角色是该项目的开发商。在该项目中，恒大集团因违规填海造地，导致珊瑚礁和白蝶贝遭受破坏，引发了环保争议。恒大集团在海花岛项目中为满足环保要求采取了一系列措施。面对中央环保督察组的多次点名，在相关要求下，恒大集团设立了生态修复基金，持续推进海花岛及周边海域的生态修复工作。这包括对珊瑚礁和白蝶贝进行资源修复，以及对受影响的海洋生态环境进行修复恢复。根据整改要求，海花岛项目中的3#涵管桥和4#涵管桥已完成拆除，其他拆除工作也在推进中，以减少对海洋环境的影响。此外，恒大集团对海花岛的规划进行了调整，增加了公园绿地的范围，并将部分居住用地变更为公园绿地，以减少对生态环境的破坏。对于39栋住宅建筑，恒大集团制定了后续处置方案，将其转型为酒店经营、办公租赁、员工宿舍及人才公寓等，不再用于商品住宅销售。恒大集团持续进行岸滩演变跟踪监测和安全监测工作，以确保项目的安全性和对环境的影响降到最低。这些措施体现了恒大集团在面对环保问题时的态度和努力，旨在减少海花岛项目对环境的影响，同时满足社会和政府的环保要求。

恒大集团在海花岛项目中因违规填海造地而引发的一系列问题，对其品牌形象和市场地位产生了显著影响。首先，海花岛项目因违规建设被多次点名并受到处罚，这直接损害了恒大集团的公众形象，使其在消费者心中的信誉受损。其次，由于项目中的 39 栋楼被责令限期拆除，这不仅意味着巨大的经济损失，也反映出公司在合规性和风险管理方面可能存在缺陷。此外，恒大集团在处理海花岛事件中的行动，包括与业主解除购房协议、申请行政复议及积极沟通整改，虽然显示出公司在应对危机时付出的努力，但同时也暴露了其在项目规划和执行过程中的不足。这些事件的累积效应可能导致投资者和市场对恒大集团的信心下降，进而影响其股票价格和市场表现。

海花岛这样的填海建岛等文旅经济项目的推进虽然在一定程度上促进了地方经济的发展，但也给生态环境带来了不可逆的损害。这种"先污染后治理"的发展方式不仅增加了环境治理的成本，也严重威胁了生态系统的平衡。被损毁过后的环境再怎么努力也难以恢复到原本的模样，这一切都凸显了严格执法和有效监管的紧迫性。尽管政府已出台一系列保护政策和措施，但非法捕捞和违规开发活动仍屡禁不止，暴露了政策执行和监管方面的漏洞和不足。因此，我们必须加强执法力度，确保相关政策和措施得到有效执行。

我们应深刻地认识到，资本在追逐利润的过程中，往往容易忽视对环境产生的负面影响。这并非偶然，而是市场经济体制下的一种普遍现象。资本的本质是追求最大的回报，而环境保护往往需要投入大量的资源和资金，这在短期内可能无法直接转化为经济效益，因此往往被忽视。然而，随着环境问题日益严重，人们逐渐意识到环境保护的重要性，并开始寻求资本与环境保护之间的平衡。为了实现这一平衡，我们需要制定更加科学合理的经济政策。这些政策应该既能激发资本的积极性，又能确保环境保护得到有效实施。具体来说，我们可以通过政策引导资本投入绿色产业。绿色产业是指那些在生产过程中对环境影响较小，或者能够改善环境质量的产业。政府可以通过提供税收优惠、财政补贴等方式，鼓励企业投资绿色产业，推动绿色技术的研发和应用。同时，我们还可以通过建立绿色金融市场，为绿色产业提供融资渠道，降低其融资成本。

我们同样需要坚决限制和逐步淘汰那些高污染、高能耗的产业。这些产业虽然可能在短期内为经济带来一定的增长，但长远来看，它们对环境的破坏却是深重的，且难以修复。它们不仅会消耗大量的资源，还会排放出大量的污染物，对空气、水源和土壤造成了严重的污染，影响了生态系统的平衡和人类的健康。为了遏制这些产业的过度发展，政府应当采取一系列有力的措施。首先，政府可以制定严格的环保标准，对不符合标准的企业进行处罚或限制其生产活动。这些标准应当包括污染物排放限制、能源消耗标准等，以确保企业的生产活动不会对环境造成过大的压力。同时，政府还可以加强环境监管，对企业的生产活动进行定期检查和评估，确保它们严格遵守环保法规。除了加强监管和处罚外，政府还可以通过引导企业转型升级，推动其向更加环保、高效的生产方式转变。这包括鼓励企业研发和应用环保技术，降低生产过程中的污染排放和能源消耗；推动企业进行产业结构优化，发展绿色、低碳的产业；以及提供政策支持和资金扶持，帮助企业实现转型升级。政府还可以加强与社会各界的合作，共同推动高污染、高能耗产业的淘汰和转型。例如，可以加强与环保组织、研究机构等的合作，共同研发和推广环保技术；加强与金融机构的合作，为企业的转型升级提供融资支持；以及加强与国际社会的合作，借鉴其他国家和地区的成功经验，共同应对全球环境问题。

我们还需要进一步强化环境监管和执法力度，以确保环境法规的严格执行和环境保护工作的有效推进。环境保护不仅是一项社会责任，更是企业的法律义务。然而，在现实中，一些企业为了追求短期经济利益，往往忽视环境保护，甚至违法排放污染物，严重破坏了生态环境。因此，政府必须加大对环境违法行为的处罚力度，让违法成本远远高于守法成本，从而迫使企业真正重视环境保护。具体而言，政府可以出台更加严格的环保法规，对环境违法行为设定高额罚款，并实行严格的执法措施。同时，政府还可以加强环境执法队伍的建设，提高执法人员的专业素质和执法能力，确保环保法规得到切实执行。除了加大处罚力度外，政府还需要加强环境监管，完善监管机制。这包括建立健全环境监测体系，对企业排放的污染物进行实时监测和评估；加强环境风险评估和预警，及时发现和处理环境风险；以及加强环境信息公开和舆论监督，让公众了解环境保护工作的进展和问题，促进全社会共同参与环境保护。

此外，公众参与和监督，这两股力量在推动环境保护事业的深入发展中扮演着不可或缺的角色。环境保护并非只是政府或特定组织的责任，而且需要全社会的共同参与和努力。提高公众的环保意识，加强舆论监督，不仅能够增强环境保护工作的推动力，更能促进形成全民参与、共建共享的良好氛围。提高公众的环保意识至关重要。只有每个人都意识到保护环境的重要性，才能形成强大的社会共识和行动力。政府、媒体、教育机构等应多方合作，通过各种渠道普及环保知识，宣传环保理念，让公众了解环境问题的严重性，认识到个人行为对环境的影响，从而在日常生活中做出环保选择。此外，加强舆论监督是确保环境保护工作得到有效执行的重要手段。媒体作为社会舆论的放大器，应积极报道环境问题，揭示环境违法行为，引起公众关注。同时，公众也应积极参与监督，通过举报、投诉等方式，对环境违法行为进行监督和制约。这种舆论监督的力量，能够促使政府和企业更加重视环境保护工作，遵守环保法规，履行环保责任。

对于已经造成的生态破坏，我们绝不能坐视不理，必须立即采取行动，进行生态修复和补偿工作。这两项工作不仅是必要的，更是紧迫的，它们对于恢复生态平衡、保护生物多样性及维护人类生存环境的健康与稳定具有重大意义。然而，在进行生态修复和补偿工作时，必须确保这些工作科学合理，避免造成二次破坏。修复和补偿不是简单的"修补"过程，而是一个需要精心设计和谨慎执行的复杂工程。我们需要充分考虑生态系统的整体性和复杂性，理解各生态要素之间的相互作用和依赖关系，从而制定出切实可行的修复方案。在修复过程中，我们需要采用科学的方法和技术手段。这包括利用生态学、地理学、环境科学等多学科的知识，对受损生态系统进行深入研究和评估，找出问题的根源和关键因素。同时，还要借助现代科技手段，如遥感技术、地理信息系统等，对修复过程进行实时监测和评估，确保修复效果的最大化。此外，还需要注重生态修复和补偿工作的可持续性。这意味着我们不能仅关注短期的修复效果，更要考虑长期的生态稳定和发展。因此，在修复过程中，需要尽可能地采用自然恢复的方式，减少对生态系统的干预和破坏。同时，还需要建立长期的监测和管理机制，确保修复后的生态系统能够持续健康地发展。

4.1.5.5　结论

恒大海花岛事件不仅反映了珍贵的野生白蝶贝资源因过度捕捞和环境污染与破坏而急剧减少的悲剧，更揭示了环境保护与经济发展之间微妙的平衡和冲突。这一冲突在当今社会中尤为突出，恒大海花岛事件是个典型的例子，它提醒我们在追求经济增长的同时，不能以牺牲环境为代价，这种经济发展模式显然是不可持续的。

4.1.5.6　思考题

（1）考虑到海花岛项目对珊瑚礁造成的破坏，请分析这种破坏对当地生态系统和生物多样性可能产生的长期影响，并讨论如何评估和量化这些影响。

（2）结合海花岛案例，讨论 EIA 在项目规划和执行过程中的重要性，以及如何确保评估结果的准确性和实施的有效性。

（3）海花岛项目中的违规行为引发了哪些法律问题？讨论在商业决策中遵守相关环境保护法律法规的必要性，以及违反这些法规可能带来的后果。

（4）企业在进行可能对环境造成破坏的商业活动时，应如何平衡利润追求与生态修复的责任？结合海花岛案例，探讨企业应采取哪些具体措施来修复受损的珊瑚礁生态系统。

（5）追求经济增长的同时，如何确保商业活动不会对环境造成不可逆转的损害？讨论在类似海花岛这样的大型开发项目中，可以采取哪些可持续商业实践来减少对珊瑚礁等生态系统的影响。

4.1.5.7　案例使用说明

（1）案例摘要

海花岛白蝶贝事件是一起发生在中国海南省儋州市的生态破坏案例。在开发过程中，该项目因违规填海造地，导致大面积珊瑚礁和白蝶贝被永久破坏，引发了广泛关注和争议。在海花岛事件中，恒大集团的角色和行动，以及事件对公司的影响，为教学提供了丰富的案例材料。通过分析恒大集团在海花岛事件中的应对措施，学生可以更深入地理解企业在面对挑战时的决策过程，以及这些决策对企业长期发展的潜在影响。同时，该案例也强调了企业在追求增长和利润的同时，必须遵守法律法规，注重环境保护和社会责任。

（2）课前准备

学生通过查找相关新闻报道及相关文献资料，较为清晰、准确地了解珊瑚礁的经济价值与海洋生态环境保护的意义，为课堂学习和深入讨论做好充分的知识准备、情境准备和心理准备。

（3）教学目标

通过案例分析，学生可以对珊瑚礁保护的科学性与综合性有更为清晰的认识，并在此基础上，对工程实践中的伦理问题进行辨识、思考，了解工程师应具备的科学精神、应遵循的科学伦理规范和法律规范。

（4）分析的思路与要点

本案例通过梳理珊瑚礁保护的进展，选取代表性组织部门与社会争议焦点，从社会伦理、生态伦理、工程伦理三个角度进行工程实践的原因分析，案例试图从公众参与发挥监督职能，参与生态保护的角度谈社会治理，有助于学生打开新的学习思路。

（5）课堂安排建议

根据具体课时安排，可以多个课时开展。课前先安排学生阅读相关资料，让学生自主了解白蝶贝对生态平衡的重要性。

课堂（45 分钟）安排：

教师讲授　　　　　　（15 分钟）

学生讨论　　　　　　（10 分钟）

学生报告和分享　　　（15 分钟）

教师总结　　　　　　（5 分钟）

补充阅读

[1] 薛鹏，管筱璞. 敬畏生态守住红线 [N]. 中国纪检监察报，2022-01-07(4).

[2] 崔振昂，侯月明，赵若思，等. 海南临高海岸带典型生态环境问题与对策研究 [J]. 海洋开发与管理，2023，40(7)：70-76.

[3] 周胜杰，马振华，孟祥君，等. 三沙地区白蝶贝与点篮子鱼混养研究 [J]. 科学养鱼，2021(1)：61-62.

[4] 王晓樱，魏月蘅. 海南珍稀白蝶贝遭疯狂盗捕 [N]. 光明日报，2006-06-28(11).

[5] 黎霞. 海南奇宝——白蝶贝 [J]. 中国商检，1996(11)：40.

[6] 中国生物多样性保护与绿色发展基金会. 海南白蝶贝是怎样一步步走向濒临灭绝的？[EB/OL]. (2022-01-10) [2024-10-22]. https://www.kepuchina.cn/article/articleinfo?business_type=100&ar_id=88656.

[7] 彭飞. 海花岛 39 栋楼拆除背后："化整为零"获取土地 珊瑚礁永久破坏 [EB/OL]. (2022-01-07) [2024-10-22]. https://new.qq.com/rain/a/20220107A021ZG00.

[8] 王艺鸶. 保护修复受损海洋生态系统结构 恒大海花岛公司联合多部门增殖放流 65 万粒白蝶贝苗种 [EB/OL]. (2019-08-22) [2024-10-22]. https://www.danzhou.gov.cn/danzhou/ywdt/jrdz/201908/t20190822_2655511.html.

4.1.6　海域滥用致红树林死亡案例

内容提要：红树林湿地对于维持沿海生态平衡和支持人类社会的持续发展具有关键作用。然而，不当的土石方工程，如非法填海，常常导致红树林大规模死亡。本案例以防城港的非法填海活动为例，该行为不仅导致珍贵红树林生态系统遭受破坏，也反映了商业行为对自然环境的忽视和破坏。这种行为不仅破坏了红树林，更是对法律和道德规范的公然藐视。保护生态环境不能仅依赖法律制度的严格执行，更需要每个人的自觉行动和责任感。

关键词：红树林湿地；环境破坏；商业活动；非法填海

4.1.6.1　引言

红树林生态系统作为热带和亚热带海岸潮间带特有的木本植物群落，不仅拥有丰富的生物多样性，而且在维持海岸生态安全、提供生物栖息地、防风消浪、净化水质、固碳储碳等方面扮演着关键角色。它们通过光合作用吸收大气中的二氧化碳，展现出强大的固碳能力，成为重要的碳汇，对缓解气候变化具有显著的积极影响。红树林还为众多鱼类、甲壳类和软体动物提供了繁殖、育幼和觅食的场所，是近海生物多样性的重要发源地。

尽管如此，红树林生态系统也极为脆弱，容易受到海岸带活动的威胁。例如，广西北海铁山港东港区榄根作业区的违规施工导致大量红树林受损，257 亩红树林枯死或被砍伐。施工单位排放的含高岭土的污水堆积在红树林根部，影响了其呼吸和光合作用。红树林还面临着围填海、海堤建设、污染、外来物种入侵和非法采伐等威胁，这些活动破坏了红树林的栖息地，导致生物多样性下降，减弱了其海岸防护作用，降低了水质净化能力，同时也减少了其固碳潜力。

为了保护红树林，中国已经实施了一系列措施，包括建立自然保护区、实施保护修复工程、加强法律法规建设、提升公众意识等。海南东寨港自然保护区通过保护修复工作，成功恢复了生态系统，增加了野生动植物的种类和数量。此外，中国还推出了《红树林保护修复专项行动计划（2020—2025 年）》，以进一步保护和修复红树林生态系统。

4.1.6.2　案例背景介绍

红树林湿地是全球生态价值极高的生态系统之一，对沿海生态的稳定及人类社会的可持续发展具有重要影响。但近年来，由于人类活动的干扰和资源的过度开发，红树林遭受了严重破坏。在南方沿海地区，经济建设的快速发展往往伴随着土石方工程，这些工程填埋了红树林湿地，导致红树林大面积死亡。

位于中国广西的防城港市以其丰富的自然资源和独特的生态景观而闻名。该市的红树林生态系统作为珍贵的海岸湿地之一，在保护海岸线、维护海洋生物多样性和提供生态服务方面发挥着关键作用。2012 年，防城港市启动了西湾红沙环生态海堤整治修复项目，该项目显著提升了防灾减灾能力和生态效益。自 2016 年起，防城港市人大常委会制定并实施了包括《防城港市海岸带保护条例》和《防城港市防城江流域水环境保护条例》在内的 5 部地方性法规，从海岸带保护、城市污水排放、垃圾处理等方面加强了海洋环境保护，初步建立了该市陆域、海域、江域的生态环境保护体系。2023 年 9 月，防城港市西湾红沙环海堤生态化建设项目被选为自然资源部和世界自然保护联盟联合发布的《海岸带生态减灾协同增效国际案例集》中的 8 个典型案例之一。经过生态化改造，海堤现已恢复生机，植被层次分明，护卫着岸线。

然而，2016 年的一起海域滥用事件引起了公众的广泛关注。防城港市一家置业公司的法定代表人许某为了个人利益，虚构了合作开发码头项目，骗取资金用于个人消费。他随后与他人签订合作协议，涉及大量海域土地的填海工程，却忽视了对红树林生态系统的影响和对法律程序的遵守，导致 13.15 亩红树林地被毁。这一事件暴露了商业合作背后人们对自然环境的无视和破坏，不仅是对红树林这一珍贵生态系统的破坏，更是对法律和道德规范的蔑视。保护生态环境不能仅依赖法律制度的严格执行，更需要每个人的自觉行动和责任感。

4.1.6.3　案例过程概述

2016 年，防城港市某置业公司的法定代表人许某以合作开发码头项目为名，实施了骗取资金的违法行为，严重违反了国家法律。许某不仅未对自己的行为进行反思，反而继续策划未来的违法行为。

在寻求参与码头开发的过程中，杨某通过他人介绍与许某相识。许某向杨某透露，项目需要大量土石方填海，杨某看中了这一机会，随即与许某签订了相关协议。之后，杨某又通过他人介绍与广西某建筑公司的法定代表人邓某相识。邓某当时正承包一项安置房工程，面临大量弃土的处理问题。杨某以置业公司的名义与邓某签订了《土石方工程合作协议书》，但该协议未经过林地审批手续，违反了法律规定。未经任何林地审批，杨某和邓某便雇佣工程车，将弃土从安置房工程处运至许某指定的海域进行填放。这一行为公然挑战法律，导致沿海湿地 13.15 亩红树林林地被毁，引起了社会广泛关注，并触发港口区检察院展开调查。

2021 年 10 月，防城港市港口区人民检察院接到案件线索，涉及非法填海造成沿海湿地红树林死亡。检察院迅速立案调查，并在办案过程中充分发挥了刑事检察职能。面对红树林具体损坏株数难以调查的问题，检察院向广西红树林研究中心等机构征求了专家意见，明确了案件涉及区域属于红树林林地，并需将周围生态环境的修复纳入计划。2022年4月，港口区检察院依法向港口区人民法院提起刑事附带民事公益诉讼。由于案件侦办、审查和诉讼过程导致红树林地未能及时修复，港口区自然资源局承担了统一修复责任，并已逐步恢复了受影响区域的红树林生态环境。检察院判决侵权人承担清除污染和生态修复的费用，并要求公开赔礼道歉。

防城港市港口区人民法院和防城港市中级人民法院认定，三被告未经林地、用海审批手续，非法占用红树林地，构成非法占用农用地罪，应承担连带赔偿责任。法院判决三被告连带赔偿清除污染和补种红树林的费用，并在防城港市新闻媒体上公开赔礼道歉。该裁决体现了法律对环境保护的重视，强调个人和企业必须遵守相关法律法规。对于非法侵占和破坏自然生态环境的行为，法律将给予严厉制裁。通过公益诉讼，法院旨在恢复受害红树林生态系统，并向社会传达保护生态环境的重要性。

4.1.6.4 案例分析

红树林是沿海生态系统的关键组成部分，对于生态保护具有至关重要的作用。它们通过根系稳固海岸土壤，防止侵蚀，尤其是在风暴季节，红树林能减轻海浪冲击，为沿海地区提供天然屏障。同时，红树林为鱼类、贝类、甲壳类等海洋生物提供了栖息地和繁殖场所，其复杂的根系和树冠构成食物链中的关键环节，有助于维持海洋生态平衡。此外，红树林还能吸收水中的营养和有害物质，净化水质，保障海洋生态系统的健康。

然而，土石方工程，如围海造田和填海造陆，会破坏红树林的自然生境。在广西北部湾国际港务集团的违规施工案例中，含高岭土的污水和工程建设导致红树林区域的水动力减弱，悬浮物堆积，影响了红树林的呼吸和光合作用，造成红树林大面积消亡。施工产生的含泥沙和污染物的废水流入湿地，使水体透明度降低，影响了红树林的生长。此外，土石方工程可能会破坏地形和水文条件，打破水盐平衡，影响红树林的生长环境。这一事件凸显了海域滥用对珍贵生态系统的破坏性，强调了海洋环境保护和合理利用的重要性。只有平衡经济发展与生态保护，才能实现可持续发展，实现人与自然的和谐共生。

红树林的破坏事件牵涉众多利益方和伦理问题，需从环境伦理、法律伦理和社会责任伦理三个维度进行深入探讨。环境伦理强调了保护红树林的重要性，红树林作为沿海生态系统的关键，其稳定海岸、保护生物多样性和净化水质的功能对维持生态平衡至关重要。破坏红树林会破坏生态平衡，威胁生物多样性和可持续发展，因此保护红树林是对未来世代的责任。法律伦理视角下，破坏红树林是违法行为，违反了环境保护法规。我国法律对自然环境和生态系统保护有明确规定，违法行为将受到法律制裁。依法处理红树林破坏事件，对维护法律权威和社会正义至关重要，法律是维护社会秩序和公民权利的基石。社会责任伦理要求企业和个人对生态环境负责。作为社会成员，我们在追求经济利益的同时，也要考虑环境保护和可持续发展。在开发自然资源时，应注重生态保护，实现经济发展与环境保护的双赢。企业应积极履行社会责任，遵守环保法规，减少环境影响，并参与生态保护。

综合三个伦理角度，保护红树林生态系统具有重要的伦理价值。只有全社会共同努力，才能有效保护和恢复红树林，实现人与自然和谐共生，促进可持续发展。

4.1.6.5　结论

红树林对沿海生态平衡和人类社会的可持续发展具有至关重要的作用。然而，频繁的土石方工程，例如，防城港的非法填海行为导致红树林大面积消亡，破坏了生态系统，违反了法律和道德规范。此类事件提醒我们，在商业活动和政府监管中，必须重视预防生态环境犯罪，加强预警和监管，并强化法律执行及提升公众环保意识，以实现经济发展与环境保护的双赢局面。这一案例凸显了在经济发展与生态保护之间取得平衡的重要性，强调了社会各界对海洋环境保护和合理利用的重视。通过有效的法律手段和社会责任感的培养，可以更好地保护红树林这一珍贵的生态系统，确保人类与自然的和谐共生。

4.1.6.6　思考题

（1）土石方工程，如非法填海，对红树林生态系统造成了哪些具体影响？

（2）在这个案例中，哪些因素导致了红树林的大面积消亡？

（3）兼顾经济发展与环境生态保护是环境工程的重点，请你谈谈该如何在保护沿海红树林的情况下开发沿海和红树林资源？

（4）2016 年广西北海铁山港东港区榄根作业区的违规施工案例揭示了哪些环境伦理问题？

（5）针对红树林保护，谈谈如何在地方经济发展规划中融入环境保护的策略？

4.1.6.7　案例使用说明

（1）案例摘要

2016 年，广西防城港沿海湿地发生了一起 13.15 亩红树林被毁的事件，引起了社会的广泛关注。随后，港口区人民检察院依法对该事件进行了调查。经过详细的取证和调查过程，法院裁定三名故意破坏红树林的被告人犯有非法占用农用地罪。此事件之后，相关监管部门加强了监督，并采取了一系列措施来加强对红树林的保护。

（2）课前准备

学生通过查找广西防城港红树林破坏的新闻报道及相关文献资料，较为清晰、准确地了解红树林的生态价值与防城港红树林受破坏和保护的历程，为课堂学习和深入讨论做好充分的知识准备、情境准备和心理准备。

（3）教学目标

通过案例分析，学生可以对红树林保护的科学性与综合性有更为清晰的认识，并在此基础上，对工程实践中的伦理问题进行辨识、思考，了解工程师应具备的科学精神、应遵循的科学伦理规范和法律规范。

（4）分析的思路与要点

本案例通过梳理海域滥用致红树林死亡的案例事件的进展，选取代表性组织部门与社会争议焦点，从社会伦理、生态伦理、工程伦理等角度进行工程实践的原因分析，案例试图从发挥公众自觉保护生态环境，公众自觉参与生态保护的角度谈社会治理，有助于学生打开新的学习思路。

（5）课堂安排建议

根据具体课时安排，可以多个课时开展。课前先安排学生阅读相关资料，让学生自主了解防城港红树林的相关背景。

课堂（45 分钟）安排：

教师讲授　　　　　（15 分钟）

学生讨论　　　　　（10 分钟）

学生报告和分享　　（15 分钟）

教师总结　　　　　（5 分钟）

补充阅读

[1] 督促管理. 广西北部湾国际港务集团生态环保意识淡薄，违规施工致红树林大面积受损 [EB/OL]. (2021-05-17) [2024-10-22]. https://www.mee.gov.cn/ywgz/zysthjbhdc/dcjl/202105/t20210517_833121. shtm.

[2] 国家海洋预报台. 广西大片红树林被损毁，被称为"海洋卫士"的它，作用有多大？[EB/OL]. (2021-05-23) [2024-10-22]. https://mp.weixin.qq.com/s/qCF_FBfiGqR1a4U44RO-Mw.

[3] 澎湃新闻. 北部湾 3 万多株红树死亡引千万公益诉讼，管辖权确定后诉讼主体资格争议又起 [EB/OL]. (2023-12-02) [2024-10-22]. https://new.qq.com/rain/a/20231202A04PC500.

[4] 李玫，熊红，陈玉军，等. 码头工程建设对红树林湿地的影响及修复措施 [J]. 海岸工程，2024，43(3)：206-216.

[5] 李相逸，刘育辰，赵九州，等. 深圳西部海岸带生态保护和修复策略研究 [J]. 住区，2024(1)：100-109.

[6] 何磊，叶思源，赵广明，等. 海岸带滨海湿地蓝碳管理的研究进展 [J]. 中国地质，2023，50(3)：777-794.

[7] 顾醒航，吴凰汇. 寸绿不让守护"海上森林" [N]. 广西日报，2024-10-21(9).

[8] 宁秋云，赖廷和，何斌源，等. 广西茅尾海海域优势红树种群结构和动态变化特征 [J]. 植物资源与环境学报，2024，33(5)：90-97.

[9] 覃杰，刘秀，田红灯，等. 基于 SWOT 分析的广西互花米草可持续治理策略研究 [J]. 绿色科技，2024，26(16)：32-38.

[10] 方晓淦. 以生态保护为墨，绘北海绿水青山 [N]. 北海日报，2024-09-28(1).

4.2 海洋环境污染案例

4.2.1 船舶污染防治案例

4.2.1.1 船舶装卸事故致碳九泄漏案例

摘要： 船舶在推动海洋经济发展中发挥着核心作用，全球超过 80% 的贸易货物依赖海运，对全球供应链和经济增长具有重要的支撑作用。但在装卸货物时，船舶可能会对海洋生态环境产生负面影响。2018 年 11 月，化学品船"天桐 1 号"在东港石油化工实业有限公司（以下简称东港石化）所属码头装载碳九期间，由于船只和码头操作不当，导致输油管断裂并发生泄漏，对周边生态环境造成了严重污染。本案例通过回顾事件过程和分析原因，探讨了事故发生的原因，为海洋环境管理中的职责划分提供了参考。

关键词： 船舶污染；装载泄漏；碳九；海洋污染；大气污染

4.2.1.1.1 引言

船舶是海洋经济的重要推动力，承担着全球超过 80% 的贸易货物运输，是全球供应链的核心组成部分。尽管如此，在装卸货物过程中，船舶也可能对海洋生态环境造成压力，主要环境影响包括油污水排放、生活污水、船舶垃圾、废气排放及压载水的不当处理。这些污染物不仅会威胁海洋生物多样性，还可能导致水质恶化和生态系统遭到破坏。

近年来，一些典型案例凸显了船舶装卸作业对海洋环境的潜在影响。例如，2018 年 11 月，宁波舟山通州船务有限公司的"天桐 1 号"轮在东港石化码头装载工业用裂解碳九时，由于违规操作和设备故障，导致大量裂解碳九物料泄漏，严重污染了周边海域。事故调查发现，涉事企业存在安全生产意识薄弱、管理无序、主体责任不落实等问题，导致 69.1 吨裂解碳九泄漏，对海洋生态环境造成了极大的破坏。

为降低船舶活动对海洋环境的影响，各国都出台了一系列规定和措施。《国际防止船舶造成污染公约》（MARPOL）对船舶排放的油污水、生活污水、垃圾、废气和压载水等进行了严格控制和规范。中国也实施了《中华人民共和国船舶及其有关作业活动污染海洋环境防治管理规定》和《防治船舶污染海洋环境管理条例》，旨在规范船舶的环保行为，减少对海洋环境的污染。这些规定和措施的实施，有助于减轻船舶活动对海洋环境的影响，保护海洋生态系统的健康和可持续发展。

4.2.1.1.2 案例背景介绍

肖厝村位于福建省泉州市泉港区南埔镇，是一个三面环海的渔村小半岛，位于湄洲湾南岸，拥有天然良港之一的肖厝港。该村地理位置优越，交通网络发达，湄洲湾海域饵料资源丰富，为海水养殖提供了良好条件。肖厝村居民世代以渔业为生，主要进行网箱养鱼、鲍鱼、海蛎养殖，海带、紫菜种植，定置网生产和浅海捕捞等海上生产活动，并在柯港围垦内进行蛤类、虾蟹、鱼类等养殖。该村岸线总长达 6 千米，其中深水岸线长 3 千米，可建设 1 万吨级至 10 万吨级以上泊位，码头岸线长约 2 千米。码头建设项目包括泰山石化仓储石油码头、海洋液体化工码头和东港石化 3 万吨石化码头项目，以及已建成投产的 10 万吨聚苯乙烯项目等。此外，肖厝村还设有台轮停泊点、渔业专用码头、小型渔船避风澳、在建的泉港交通码头和旅游专用停车场。

东港石化成立于 2005 年 3 月，是一家危险化学品码头仓储企业，固定资产达 3.5 亿元，年设计吞吐量为 95 万吨液体化学品。公司库区占地 376 亩，分为东库区和西库区，拥有多种危险化学品仓储经营许可。公司现有近岸 2000 吨级码头和 3 万吨级码头，均已投入使用，并配备自动控制系统和视频监控管理系统。东港石化拥有《成品油仓储经营许可证》及《成品油批发经营许可证》。

本案例中的污染物为裂解碳九，是一种由含碳数量在 9 左右的碳氢化合物组成的混合物，通常在石油提炼过程中获得。碳九的主要成分是脂肪烃，不含苯环，但在加工过程中可能产生芳烃物质。裂解碳九是一种易燃液体，具有高危险性，人体接触后可能刺激眼睛、皮肤和呼吸系统，误食或吸入高浓度蒸汽可能导致严重健康问题。虽然裂解碳九未被列入《危险化学品名录》和《剧毒化学品名录》，但长时间、高浓度接触可能会对人体造成危害。

"天桐 1 号"轮泄漏事故发生在福建东港石化码头，涉及船舶在装载裂解碳九作业时，由于违规操作和设备故障导致约 69.1 吨裂解碳九泄漏，远超最初报告的 6.97 吨，造成严重的环境污染和生态破坏。事故暴露出涉事企业安全生产意识薄弱、管理无序、主体责任不落实，以及存在恶意隐瞒事故情况的行为。8 名相关责任人被依法追究刑事责任，包括东港石化的法定代表人和相关管理人员，以及"天桐 1 号"轮的作业人员。同时，属地监管部门也因履职不到位受到相应处理。

4.2.1.1.3 案例过程概述

2018 年 11 月 4 日，化学品船"天桐 1 号"在东港石化码头装载裂解碳九时，输油管道发生故障导致碳九泄漏。发现泄漏后，作业人员立即停止装船作业，委托专业单位进行污油回收。尽管围油栏内的清污作业基本完成，但部分污油已扩散至肖厝海域，泉港部分区域空气也受到污染。

泉州市迅速启动应急预案，成立多个工作小组，提出 5 项工作要求：优先保障人民健康安全，迅速清理油污和恢复环境；动态监测大气、水质和水产品，及时发布信息；评估养殖户损失并赔偿；查明事故原因，追究责任；完善防范和应急机制，防止再发生类似事件。油污吸附工作动用 400 多艘船舶和 2500 余人，使用 732 袋吸油毡和 70 桶清油剂，基本完成漂浮油污清理。泉港区医院共接诊 52 名患者，其中 10 人留院观察，9 人症状好转，1 人病情稳定。

挥发性有机物（VOCs）的监测结果显示，上西村（泄漏点最近村庄）的 VOCs 浓度从 14.9 毫克/米³ 降至 0.429 毫克/米³，其他区域也有所下降，均低于国家职业卫生标准限值。泄漏导致泉港区海域水产品面临安全问题，区政府暂缓受影响海域水产品的销售与食用。福建省海洋与渔业监测中心专家对污染养殖区进行样品抽样初检，连续两周监测，确定污染程度并采取措施。事故影响约 0.6 千米² 海域，约 300 亩网箱养殖区受损，涉及 152 户养殖户。修复工作于 11 月 6 日启动，调查评估工作也随后进行。11 月 6 日，肖厝网箱养殖区海域石油类含量为 154.6 微克/升，符合第三类海水水质标准。东港石化码头区海域石油类含量为 363.5 微克/升，化学需氧量含量为 0.79 毫克/升，均符合标准。至 11 月 8 日，除肖厝码头外，其他监测点的石油类含量均符合标准，所有监测点的化学需氧量含量均达第一类海水水质标准。

碳九泄漏对海域和大气环境造成严重污染，影响面积约 13 千米²。泉州市生态环境局采取应急措施，调查发现事故由违规操作导致，泄漏量远超官方报告。生态环境局对东港石化和"天桐 1 号"轮相关责任方提起诉讼，索赔 1926 万元，包括应急处置、海洋生态服务功能、海洋环境容量和大气环境损失。生态环境局认为，事故严重破坏了当地环境、经济和社会稳定。

在诉讼过程中，"天桐 1 号"轮所有人试图通过设立海事赔偿责任限制基金来保护自身利益。然而，泉州市生态环境局指出，由于船舶和码头双方在事故发生后未如实报告泄漏原因和数量，加剧了事故后果，因此船舶所有人不应享有此项权利。在审理中，被告方辩称部分泄漏的碳九已挥发，无须治理，且认为生态恢复期间的损失为虚拟治理成本。泉州市生态环境局则坚持要求被告承担赔偿责任，并强调了环境保护的重要性。该事件引起了社会广泛关注，公众认为事故暴露了化学品运输管理和环保意识的不足，强调了加强法规执行和提升安全环保意识的必要性。

厦门海事法院审理此案时认为，事故是船舶和岸上作业双方的共同责任，东港石化、"天桐 1 号"轮所有人及承租人均应赔偿损失，船舶管理人也因过错需承担赔偿责任。法院认为，尽管采取了自然恢复措施，但恢复期间生态服务功能受损。关于"天桐 1 号"轮的海事赔偿责任限制，法院认为承租人因谎报事故而丧失了对扩大损失部分的责任限制。

厦门海事法院判决"天桐 1 号"轮所有人和承租人连带赔偿泉州市生态环境局 13 089 076.90 元，承租人对其赔偿部分中的 20% 享有海事赔偿责任限制权，管理人赔偿 1 963 361.54 元，所有人享有海事赔偿责任限制权，东港石化在采取合理恢复措施后，可减少赔偿，对上述债务在 10 089 076.90 元范围内负连带责任，泉州市生态环境局的债权受偿总额上限为 13 089 076.90 元。一审后，部分被告上诉，但福建省高级人民法院二审维持了原判，为未来环保和赔偿问题提供了法律参考。

4.2.1.1.4 案件分析与启示

在此次事故中，官方通报指出，码头吊机的长期故障是直接原因。由于吊机无法使用，操作员采用了人工拖拽的非规范操作方式连接输油软管。为确保软管稳定，他们还用绳索进行了固定。在"天桐 1 号"轮装载裂解碳九期间，随着船体质量增加和潮位下降，船体不断下沉。两端被固定的输油软管在受到超过其承受范围的下拉力后发生破裂，导致裂解碳九泄漏。

此次裂解碳九泄漏事故是一起典型的安全生产责任事故。事故发生的原因是多方面的，但最主要的原因是船岸双方作业人员未按照《油船油码头安全作业规程》进行操作，属于严重违规。此外，作业现场的值守和巡查也存在疏漏，未能及时发现和纠正不规范操作。东港石化作为涉事企业之一，未能及时修复故障吊机，也未全面排查和治理隐患。事故发生后，东港石化还试图掩盖真相，这种态度暴露了涉事企业安全生产意识薄弱、管理混乱和主体责任不落实的问题。

总的来说，事故的主要原因是涉事企业的安全生产意识和责任心不足，未建立有效的安全管理制度和操作规程，导致了这起严重的泄漏事故。对于这类安全生产责任事故，相关部门必须加强监管，严格追究法律责任，并采取措施防止类似事故再次发生。此次裂解碳九泄漏事故主要暴露出以下问题：①设备维护不及时，东港石化存在"重生产、轻安全"现象，未按规定维护保养生产设备和安全设施；②隐患排查治理不彻底，东港石化未能及时消除隐患，导致吊机长期故障；③现场作业人员违规操作，东港石化和"天桐 1 号"轮的安全管理制度和操作规程落实不到位；④违法隐瞒事故情况，东港石化和"天桐1号"轮恶意串通，刻意隐瞒事实，伪造证据，瞒报泄漏数量；⑤部门安全监管不到位，福建省泉州市湄洲湾港口管理局存在安全监管意识淡薄、监管不力问题。

事故调查组经过深入调查，确认东港石化为本次事故的主要责任方。由于东港石化在安全管理上存在严重问题，湄洲湾港口管理局肖厝港务管理站已责令其停业整顿，进行全面的安全隐患排查和整改。公安机关已对东港石化包括法人代表黄某某在内的6名人员采取刑事强制措施，他们涉嫌重大责任事故罪，将受到法律的严惩。同时，"天桐1号"轮也被认定为事故的直接责任方，海事部门已限制其离港，并对其船业公司展开调查。公安机关对"天桐1号"轮包括值班水手长叶某某在内的4名操作人员采取了刑事强制措施，这些人员同样涉嫌重大责任事故罪，将面临法律制裁。针对此次裂解碳九泄漏事故，相关部门提出了以下5项改进措施以提升生产管理和保障安全生产。

（1）深刻汲取事故教训，提高安全生产意识，强化企业主体责任和部门监管责任，构建风险分级管控和隐患排查治理的双重预防机制。根据《交通运输部安委办关于加强水路运输危险货物安全管理的紧急通知》要求，查找薄弱环节，加强问题整改和风险防范。

（2）加强设施设备隐患排查治理，严格执行隐患排查治理制度，全面排查并及时消除隐患。立即整改存在事故隐患的设施，停用未达要求的设施设备，并加大安全生产投入，定期维护和更新设施设备。

（3）强化作业现场管理，严格执行安全生产法律法规和标准规范。企业负责人和安全管理人员要带头学习和遵守相关法规，提高守法意识，落实全员安全生产责任制。加强现场管理，杜绝违章作业，对违规行为进行严肃查处。

（4）提升安全监管实效，加强安全监管，严格执行监督检查计划，加大现场监管力度。实化监管措施，防止监督检查走过场，严格实施行政处罚，创新监管方式，聘请第三方专业技术机构开展监督检查。

（5）加强事故应急处置和信息报送能力，充实应急力量和物资，完善应急预案，提高应急反应能力。依法及时、准确报告事故情况，杜绝迟报、漏报、谎报或瞒报行为。

4.2.1.1.5　结论

"11·4"泉港裂解碳九泄漏事故是一起具有全国影响的重大突发环境污染事件，也是国内首次涉及海洋和大气污染的新型复合型生态环境损害事故。事故的直接原因是船岸双方违规操作，而根本原因则在于涉事企业的安全生产意识薄弱、管理混乱及主体责任未落实。此次事故暴露出的问题包括设施设备维护不当、隐患排查治理不彻底、现场作业人员违规操作、事故情况被违法隐瞒及部门安全监管不力，责任由企业、地方政府和行业监管部门共同承担。针对此次事故，相关部门提出了以下5项改进措施：深刻汲取教训、以设施设备为重点加强隐患排查治理、强化作业现场的法规标准制度执行、提升安全监管实效，以及加强事故应急处置和信息报送能力。

4.2.1.1.6　思考题

（1）泄漏事故的直接原因和根本原因有何不同？请解释这两者之间的区别。

（2）泄漏事故中提到的"新型复合型生态环境损害事故"有哪些特点？

（3）根据事故案例，讨论设施设备维护对预防环境污染事故的重要性。应该如何通过维护设备预防环境污染？

（4）泄漏事故中提到的"隐患排查治理不彻底"具体指什么？这对企业安全管理有何启示？

（5）泄漏事故中现场作业人员违规操作反映了哪些问题？应如何加强现场作业管理？

（6）考虑到泄漏事故的复合型特征，讨论如何建立一个有效的跨部门协作机制来应对类似的环境污染事件。

4.2.1.1.7　案例使用说明

（1）案例摘要

泉港裂解碳九泄漏事故是国内首例同时涉及海洋和大气污染的复合型生态环境损害事件。事故直接起因是船岸双方违规操作，而根本原因在于涉事企业安全意识薄弱、管理混乱及主体责任缺失，导致设施维护不足、隐患排查不彻底、作业违规、事故隐瞒和监管不力。责任由企业、地方政府和监管部门共同承担。事故中，码头吊机故障导致操作员违规人工连接输油软管，最终因船体质量增加和潮位下降导致软管破裂泄漏。此次事故是典型的安全生产责任事故，主要是由未遵守《油船油码头安全作业规程》而导致的。东港石化未能修复吊机故障，也未排查隐患，事故发生后还试图掩盖真相，反映出安全管理混乱的现象。事故的主要原因是涉事企业缺乏安全生产意识和责任心，未建立有效的安全管理制度和操作规程，因此必须加强监管，严格追究法律责任，采取措施防止类似事故再次发生。改进措施包括深刻汲取教训、强化隐患排查治理、加强作业现场管理、提升安全监管实效和加强事故应急处置和信息报送能力。

（2）课前准备

学生通过查找相关新闻报道及相关文献资料，较为清晰、准确地了解海水淡化的经济价值与海洋生态环境保护的意义，为课堂学习和深入讨论做好充分的知识准备、情境准备和心理准备。

（3）教学目标

通过案例分析，学生可以对船舶装卸事故的科学性与综合性管理有更为清晰的认识，并在此基础上，对工程实践中的伦理问题进行辨识、思考，了解工程师应具备的科学精神、应遵循的科学伦理规范和法律规范。

（4）分析的思路与要点

本案例通过梳理船舶装卸事故原因，选取代表性社会争议焦点，从职业安全、应急处理和监督管理三个角度进行工程实践的原因分析，案例试图从公众发挥监督职能，参与生态保护的角度谈社会治理，有助于学生打开新的学习思路。

（5）课堂安排建议

根据具体课时安排，可以多个课时开展。课前先安排学生阅读相关资料，让学生自主了解船舶污染的严重性。

课堂（45 分钟）安排：

教师讲授	（15 分钟）
学生讨论	（10 分钟）
学生报告和分享	（15 分钟）
教师总结	（5 分钟）

补充阅读

[1] 陈晓明. 泉港区危险化学品事故政府应急管理研究 [D]. 泉州：华侨大学，2021.

[2] 麻涛. 我国突发性环境监管问题与对策——从福建碳九事件谈起 [J]. 农村经济与科技，2019，30(5)：38-39+107.

[3] 张纪翔. 泉港碳九泄漏事件 [J]. 中国安全生产，2018，13(12)：52-53.

[4] 姜浩. 福建泉州海域共造成 6.97 吨碳九泄漏 [J]. 现代班组，2018(12)：25.

[5] 班玉冰. 突发事件政府信息发布中的自噪声生成及消解路径——以福建泉港碳九泄漏事件为例 [J]. 福建开放大学学报，2021(6)：72-79.

[6] 陈鼎豪，陈思莉，潘超逸，等. 福建泉港"碳九"事件中海洋水体超标面积及大气影响范围的确定 [J]. 环境工程学报，2021，15(8)：2536-2546.

[7] 许翘楚. 灾害舆情特征分析及用户情绪倾向影响因素研究 [D]. 武汉：华中科技大学，2021.

[8] 何苍海. 突发环境事件的网络舆情管理研究 [D]. 泉州：华侨大学，2020.

[9] 刘舒萍. 福建泉港碳九泄漏事件网络舆情公众满意度研究 [D]. 武汉：华中科技大学，2020.

[10] 肖洁，张珰妮，张天闻. 海洋污染事故中裂解碳九主要成分的监测分析方法 [J]. 渔业研究，2020，42(2)：138-145.

[11] 潘亚茹. 地方政府在公共危机管理中的外部沟通问题研究 [D]. 郑州：郑州大学，2019.

[12] 段新. 突发性环境危机的政府风险治理研究 [D]. 武汉：华中师范大学，2021.

[13] 刘秀. 海上溢油事件情景构建与分析研究 [D]. 武汉：武汉大学，2019.

[14] 黄萍萍. 突发环境事件中的风险沟通——以"泉港碳九泄漏事件"报道为例 [J]. 今传媒，2019，27(3)：41-43.

[15] 谷雪. 互动与对抗：突发环境事件中的话语建构研究 [D]. 兰州：兰州大学，2020.

[16] 赵玲. 新媒体时代政府舆论引导力提升研究 [D]. 重庆：西南政法大学，2019.

[17] 张宏，周伯煌. 泉港碳九泄漏事件引起的生态环境危机 [J]. 中国环境管理干部学院学报，2019，29(1)：38-41.

[18] 本刊综合. 碳九是什么——福建泉港碳九泄漏事故"元凶"揭秘 [J]. 发明与创新（大科技），2018(12)：31.

4.2.1.2　油污损害债权确权纠纷案

内容提要： 近年来，近海石油泄漏事件频发，对海洋生态和经济社会造成了严重损害。但由于评估和索赔机制的不足，油污受害者往往难以获得适当赔偿。2018 年 12 月，两艘外籍轮船在我国嘉兴海域相撞引发溢油事故，宁波海事法院判决溢油船舶所有方向受损方赔偿4.6 亿元。此案的处理体现了我国在溢油事故应急响应、履行国际公约义务方面的能力，同时平衡了国内外当事人的合法权益和国际航运业的整体利益。该判决为全国海事法院处理类似案件提供了重要的参考。不过，案件中关于原告的诉讼资格、海洋生态与渔业资源损失的赔偿额度、非溢油船只的侵权责任等焦点问题仍需进一步探讨。

关键词： 海事海商纠纷；船舶油污损害赔偿基金；诉讼主体；溢油油污损害评估

4.2.1.2.1　引言

海洋溢油污染是海洋环境面临的普遍问题，严重威胁着海洋生态系统，并对沿海经济和人类健康产生了不利影响。这类污染来源多样，包括船舶事故、海上石油开采和非法排放等。油污覆盖海面会阻碍氧气交换，导致水下生物缺氧死亡，同时油中的有毒物质会通过食物链累积，影响生物多样性，给渔业和旅游业带来损失。我国已采取多项措施应对海洋溢油污染，如加强法规建设、提升应急能力、促进国际合作等。《防治船舶污染海洋环境管理条例》和《中华人民共和国海洋环境保护法》等法规明确了污染事故的法律责任和赔偿机制，并通过参与《国际防止船舶造成污染公约》（MARPOL）强化全球治理。

在处理海洋溢油污染事故的责任和权责划分时，存在确定污染源、责任主体复杂性、损害评估挑战，以及国际与国内法律在赔偿标准和程序上的差异等问题。责任主体可能涉及多国或多企业，损害评估需专业技术量化生态和经济损失。油污损害赔偿范围可能不涵盖所有损失类型，尤其是生态服务价值的评估和赔偿尚无统一国际标准。油污基金的设立和运作也需要进一步完善，以确保受害者得到及时、公正的赔偿。

总体而言，海洋溢油污染的防治和赔偿是一个复杂的多利益方问题，需要国际合作和法律支持。随着海洋经济活动的增加，这一问题的重要性日益凸显，需各国政府、企业和国际组织共同努力，加强法律制度建设，提升防治和应对能力。

4.2.1.2.2　案例背景介绍

海洋溢油污染对海洋生态环境和沿海经济活动构成了严重威胁，其影响可能长期存在。全球石油贸易的不平衡导致海上运输成为主要的运输方式，约 60% 的原油消耗依赖海洋运输。然而，这也增加了发生海上溢油事故的风险，这些事故不仅会直接损害海洋生态系统，还会通过食物链影响海洋生物多样性，并使渔业和旅游业面临经济损失。油污覆盖阻碍氧气交换，导致水下生物缺氧死亡，有毒物质累积影响人类健康。油污还会沉积在海滩和沿海地区，破坏海滨风景和旅游景区。海上溢油对生态环境的危害是长期的，即便进行清理和修复，其影响也可能持续几十年。因此，采取有效的防控措施和紧急应对策略至关重要。同时，建立健全法规和国际合作机制，加强监测和预警体系也是保护海洋环境的重要手段。2011 年，中国明确了油污损害赔偿的四大范围，包括预防措施费用、财产损失、收入损失和环境复原措施费用。尽管赔偿范围更详细，但计算方法仍不精确。过去 20 年中，55 起溢油事故仅有 17 起得到赔偿，占比 39%，赔偿机制存在难题。未来需深入研究，完善法律机制，提高赔偿效果，保护受害者权益。

美国根据《石油责任与赔偿法》（OPA），指示国家海洋和大气管理局（NOAA）制定自然资源损害评估（NRDA）规定，重点衡量恢复受损自然资源成本。法律要求先评估自然资源损害，用恢复费用替代生态损失。NRDA 框架下发展了生态价值等效分析（HEA）和资源等效分析（REA）等方法，计算补偿性恢复规模，抵消生态服务和物种损失。中国采用《海洋溢油生态损害评估技术导则》（HY/T 095—2007）方法，制定程序和定量方法处理溢油污染程序，包括事故调查、油源诊断、损害规模、环境损害评估和损失计算。海洋生态损失包括直接损失、栖息地恢复费用、物种恢复和调查评估费用。直接损失涵盖服务功能损失和环境承载能力损失。该技术指南为监测、调查和评估海上溢油污染影响提供了标准化程序，引导当局确定环境损害，构建国际公约规范与实际环境损害实践间的桥梁。

中国学术界和实务界对"谁漏油，谁负责"原则存在广泛争议。争议焦点包括原则适用范围、责任界定、国内法律体系、环境保护和赔偿平衡等。这一系列争议体现了该原则在中国实践的复杂性和多样性，强调制定和执行法规时需考虑多方面因素，更好地适应中国法律和社会背景。自然资源损害评估（NRDA）和中国溢油损害评估方法未被环境科学家广泛接受，NRDA 依赖专业人士意见，中国方法可能违反国际公约框架。未来需开展更深入、详细的工作，如结合实际案例或模拟场景评估生态损害理论和技术，建立处理油污损害赔偿的标准程序，为相关立法制定奠定基础。

4.2.1.2.3 案例过程概述

2018 年 12 月，光荣公司所属的"佐罗"轮与艾灵顿航运私营有限公司所属的"艾灵顿"轮在嘉兴水域发生碰撞。事故导致"佐罗"轮右舷 6 号压载水舱、6 号货舱和右舷清洁水舱受损，并且 SHELL-500N 基础油发生泄漏。当时，"佐罗"轮满载着 865 吨原油，事故导致全船油料泄漏。

事故发生后，嘉兴海事处迅速响应，立即启动应急处理方案，并指派嘉兴市洁洋环境保护服务有限公司等单位进行海上紧急清理。同时，嘉兴市自然资源和规划局、生态环境局、农业农村局（简称"三原告"）委托国家海洋局宁波海洋环境监测中心站对受影响水域的生态破坏进行了调查和评估，并提出了相应建议。自 2018 年 12 月 25 日起，国家海洋局宁波海洋环境监测中心对相关海域进行了紧急监控。此外，浙江省海洋水产研究所于 12 月 27 日对该海域的渔业资源损害进行了调查和监测。

国家海洋局宁波海洋环境监测中心在对溢油事件进行评估后，确认"佐罗"轮的 6 号右货舱所载的 865 吨基础油已全部泄漏，其中 757.28 吨未得到回收，污染面积达到了 1807.2 千米^2。SHELL-500N 基础油是一种高纯度矿物油，具有难以分解的特性，通常用于油漆、清洗剂和润滑油等产品。此次泄漏事件对杭州湾海域的海洋生态和渔业资源造成了严重损害。2019 年 8 月 16 日，三原告根据《中华人民共和国海洋环境保护法》的相关规定，就海事债权确认问题向宁波海事法院提起诉讼。为确保诉讼程序的顺利进行，三原告向检察机关提出诉讼请求，请求检察院对此案给予支持。随后，于同年 8 月 17 日，嘉兴市检察院根据民事诉讼法的规定，做出了支持起诉的决定。

鉴于涉案船舶均为外籍，本案应首先遵循相关国际公约，对于未涉及的问题，则依据中华人民共和国法律处理。嘉兴市检察院在审查类似案例时注意到，三原告在"海洋环境容量损失"案件中，不同阶段的判决结果存在差异。为了给予三原告最大程度的支持，检察院补充了嘉兴沿海重点海域海洋生态综合治理项目的相关材料和成本，包括东沙湾、海盐潮滩和西沙坞滩涂的整治与清理工作。在本案中，海上溢油污染危害范围的判定主要依赖数值模拟，涉及内容包括应急监测、综合环境影响调查、潮间带断面监测、油污指纹识别和生物毒性试验等，此外，还包括对鱼类卵仔鱼、浮游动物的平均密度差异、致死数量计算等方面的专业评估。

为了确保项目的合理性，嘉兴市检察院组织了多次专家评审会，对项目和数值模拟进行了评估，确定了恢复计划和所需经费，并讨论了三原告在取证过程中遇到的疑难问题。评估报告中涉及的损害项目和数额的客观性和合理性，将直接影响行政机关诉讼请求的支持情况。因此，检察院要求国家海洋局宁波海洋环境监测中心站和浙江省海洋水产研究所的专家出庭作证，就相关问题给予解答，并提供了充分证据，证明该海域遭受了严重的海洋生态和渔业资源破坏，以及恢复成本的客观性。

本案原定于 2020 年 2 月 13 日开庭审理，但由于新冠肺炎疫情的影响，开庭时间被推迟。为了加快审判进程，双方协商决定采用网络庭审的方式进行。在审管办的积极协助下，经过 3 个多小时的审理，庭审顺利结束。宁波海事法院于 2021 年 3 月 31 日对三原告提出的海洋污染责任赔偿请求做出判决，判决被告主权公司支付赔偿金，包括用于东沙湾基地的整治清理、海盐潮滩和西沙坞滩涂的滩涂整治清理等海洋生态修复费用，以及海洋渔业损失、生态损失调查评估费和渔业损失调查评估费。

4.2.1.2.4　案件分析与启示

在本案的法庭审理过程中，双方就多个关键问题展开了辩论，包括三原告的诉讼主体资格、海洋生态与渔业资源损失的合理赔偿金额、非溢油船的侵权责任主体及船舶优先权的主张。在审理过程中，被告对三原告的诉讼主体资格提出疑问，认为需要进一步分析和讨论三原告是否有权提起诉讼。被告主权公司根据《中华人民共和国海洋环境保护法》及《防治船舶污染海洋环境管理条例》的规定，主张只有国家机关才有权要求赔偿，而三原告不具备代表国家提出诉讼的权利。嘉兴检察院则依据《中华人民共和国海洋环境保护法》第八十九条第二款的规定，认为三原告作为溢油事故的主管单位，有权代表国家提出油污损害赔偿请求。

另一被告艾灵顿公司则认为，相关机关仅有监督权限和相应的民事赔偿权利，而根据《中华人民共和国海洋环境保护法》第十九条等规定，行政主管单位应负责海上污染事故的调查和取证工作。艾灵顿公司指出，三原告尚未开展这些工作，因此对其诉讼主体资格持有异议。宁波海事法院最终裁定，两名被告的上诉请求未获得充分支持。法院认为，《防止船舶污染海洋环境管理条例》仅规定了调查和处理船舶油污污染事故的行政机构层级，并未明确主管机关的权力。艾灵顿公司提出的"只有行使监督管理权的同时才能行使相关民事索赔权"的观点，是对法律条文的误解。

根据《中华人民共和国海洋环境保护法》第八十九条第二款，并结合三原告的职能规定，法院审查后确认，三原告作为事故海域的主管机关，对管辖海域内发生的溢油事故，有权向责任方提出起诉，即依法享有索赔权。这一诉讼主体的合理界定，有助于确保法庭对案件进行公正、客观的审理，避免因主体资格问题影响案件的正常审理进程。

确定海洋生态损害和渔业资源损害的赔偿金额是本案审理的关键争议点。本案需要细致评估溢油事故对海洋生态和渔业资源造成的影响，以确定索赔金额的合理性。在此过程中，法庭可以利用环境科学家、生态学家和渔业专家的专业意见，为判决提供科学依据。

主权公司对索赔金额的合理性提出异议。首先，该公司认为杭州湾海域的特殊地形和潮汐作用导致溢油迅速扩散，原油经过扩散和生物降解后不再构成危险污染物，因此不会对海洋生态系统造成长期影响。其次，主权公司指出三原告的主张缺乏事实和法律支持：一是三原告对海洋生态系统服务和环境能力的损害进行了理论模型的抽象定量分析，但未进行有效的环境修复或提出合理的恢复措施；二是三原告关于自然渔业资源损失的说法缺乏客观依据，未能证明污染水体中的油污均由本次事故引起，也未对渔业资源受损情况进行全面的科学调查和分析；三是三原告未能提供充分证据证明其主张的 395 万元生态损失评估费用及 100 万元实际发生费用的真实性。艾灵顿公司进一步指出，根据《1992 年油污公约》，索赔者只能就已采取或将采取的合理修复措施费用提出索赔，不得对船主提出其他污染损失要求。此外，艾灵顿公司认为三原告的鉴定结果不符合国家标准，因此其主张的损害赔偿金额不应得到支持。

在确定赔偿金额时，依据《1992 年国际油污损害民事责任公约》（以下简称《1992 年油污公约》）关于环境损害赔偿的规定，该条款仅适用于已经采取或即将采取的合理修复措施。因此，三原告提出的海洋生态系统服务价值 2.381 亿元和海洋环境容量损失 114 亿元的索赔被驳回。在审理过程中,法院认为《渔业评估报告》在数据采集、处理、分析及计算公式的引用等方面存在缺陷。尽管如此,由于石油污染对渔业资源造成了一定损害,法院最终对报告给予了适当的赔偿,金额为 214.54 万元(原告主张的金额为 2.619 74 亿元)。法院最终确定,该海域生态恢复的合理支出为 4.100 亿元,渔业损失合理数额为 214.54 万元,两项调查评估费用为 340 万元,总计赔偿金额为 4.654 54 亿元。在本案中,法院对各方的质疑进行了审查,参考了相关证据和专业意见,以确保赔偿金额的合理性、科学性,并符合法律依据。法院在裁决中对索赔数额的调整充分考虑了原告和被告的争议点,综合权衡了各方利益,做出了相对公正的裁决。

在海事纠纷案件中,尤其是涉及船舶碰撞导致的溢油事件,确定非漏油船的责任主体地位是一个核心的法律议题。这一问题的解决需要对事故进行详尽的调查和证据收集。对非漏油船责任主体地位的明确界定,不仅对案件的判决结果具有决定性影响,而且为未来类似案件的法律处理提供了重要的参考。

在本案中,赔偿责任主体的问题主要围绕漏油船"佐罗"轮与非漏油船"艾灵顿"轮之间的责任分配。三原告主张,主权公司应对污染事故承担全部赔偿责任,而艾灵顿公司则应根据其过错程度承担相应的赔偿责任。两被告对此提出异议,均认为本案不适用先前案例。主权公司指出,先前案例涉及的船舶溢油为燃料油,其法律依据为《2001 年国际燃油污染损害民事责任公约》和《中华人民共和国海商法》的相关规定。由于"佐罗"轮溢油事故涉及的是持久性货油(基础油),应遵循《1992 年油污公约》中的"谁漏油,谁负责"的原则。此外,主权公司还提出三原告未能提供充分证据,证明嘉兴水域的油污源于"佐罗"轮,因此不能排除其他污染来源的可能性。"艾灵顿"公司则辩称,由于"艾灵顿"轮并非漏油船只,因此不应承担责任,且最新修订的《中华人民共和国海商法》规定,仅由漏油船对污染损害承担责任,非漏油船不承担赔偿责任。

在赔偿责任的划分上,依据《1992 年油污公约》第三条第一款的规定,"佐罗"轮需对因漏油引起的污染损失及相关利益损失承担全部责任。对于非漏油船"艾灵顿"轮的责任判定则较为复杂。法院裁定,损害赔偿责任的确定应以《1992 年油污公约》及相应法律规定为依据。根据《1992 年油污公约》的规定,除非漏油是由非漏油船的故意行为所致,否则非漏油船不承担赔偿责任,而是由漏油船承担全部责任,即遵循"谁漏油,谁负责"的原则。

在《1992 年油污公约》框架下的油污损害赔偿通常遵循漏油船承担全部赔偿责任的原则,非漏油船不直接承担责任。最终,法院判决"艾灵顿"轮作为非漏油船,无须直接承担油污损害的责任。此判决反映了法院对国际公约原则的遵循,既保护了漏油船的合法权益,也确保了非漏油船在此类案件中不承担直接的油污赔偿责任。

在本案中,尽管被告以外国船主身份出现,但其赔偿资金实际上由其所属的保险协会提供。这可能涉及多层次的国际保险和赔偿机制,包括船东责任保险、国际油污责任和赔偿公约的规定、船舶保险及保赔协会提供的保险等。这些因素增加了案件权责关系的复杂性。考虑到中国是世界最大的原油进口国,国际保赔协会和保险机构对本案的判决结果极为关注,中国的法律裁决可能对其成员企业的运营和风险管理产生直接影响。本案的处理不仅涉及国际合作和法律协调,而且通过妥善解决国际纠纷,维护公正和各方权益,有助于提升国际社会对中国法治建设的信任,推动国际合作的深入发展。因此,本案不仅是一起普通的海事纠纷案件,更是涉及国家利益和全球航运业务的复杂案例,具有新型、疑难、复杂的特点,并对社会产生了重大影响。

在明确直接责任主体的基础上，本案可以促使油污损害事故的责任方，即漏油方，在事故发生后尽快设立油污损害赔偿责任限制基金。这将确保相关的清污工作、海洋生态环境修复工作及对油污受害者的赔偿工作能够迅速展开，从而将污染损失和危害降至最低，避免因资金不足导致工作延误，最大限度地减少对生态环境的二次伤害。同时，基金的设立有助于弥补油污受害者的经济损失，恢复当地经济的正常运作，减轻社会负担。

在本案中，当事人基于《1992 年油污公约》，向中国海事法院申请建立油污损害赔偿责任限额基金。该申请符合国际通行做法，宁波海事法院依法批准了基金的成立，展现了中国司法机关在遵守国际公约的同时，严格依法保护海洋生态环境的法治精神。最终，本案通过法律程序合理、符合国际公约规定的案例处理，能够引导企业更加重视环境保护、遵守国际法规，为预防和应对类似事件提供了明确的法律依据。这有助于在今后的实践中促使企业在海洋运输活动中更加谨慎负责，保护海洋生态环境和相关当事人的利益。

4.2.1.2.5　结论

海洋溢油损害是一个多学科的研究领域，涉及海洋生物学、环境生态学和经济学等。在我国，多数海上溢油事故并未得到适当的赔偿，导致了生态和经济上的严重损失。因此，建立海洋生态权益赔偿制度，对于维护海洋生态权益和推动资源的可持续利用至关重要。此次船舶油污损害公益诉讼案引起了广泛关注，体现了我国海事法院在处理溢油事故时对环境保护和国际责任的重视。为了更有效地应对海上溢油事故，我国需要建立一个全面的溢油评估和应急响应体系，以确保对环境、生态系统和经济损失进行全面和可靠的评估。加强关键区域的长期监测，收集基础数据，为石油污染危害评价研究提供支持。这将有助于更准确地确定责任方，为赔偿计算和清污工作提供科学依据，从而更全面、准确地评估我国海域的生态破坏和经济损失。

4.2.1.2.6　思考题

（1）本案中提到了油污损害责任限制基金的设立，如何确保这一基金的后续管理能够在事故后迅速启动清污和修复工作？如何发挥公众对其的监督作用？

（2）在处理涉及多国当事人的国际海事纠纷时，如何维护公正和权益以确保国际司法协调？

（3）随着科技的进步，如何利用新技术手段（如卫星监测、智能船舶技术）来提高海事纠纷的调查、证据收集、裁决效率和赔偿定额？

（4）关于溢油对海洋生态的损害评估方法，如何在法律和科学领域实现更好的衔接，以确保赔偿金额的科学性和公正性？

（5）海洋溢油损害涉及哪些学科领域，这些领域是如何相互关联的？

（6）赔偿计算和清污工作在溢油事故后的重要性是什么？科学依据如何辅助这些工作的开展？

4.2.1.2.7　案例使用说明

（1）案例摘要

由于评估和索赔机制的不完善，油污事故的受害者常常难以获得适当的赔偿。2018 年12 月，在我国嘉兴海域发生的一起两艘外籍轮船相撞引发的溢油事故中，宁波海事法院裁定溢油船舶的所有方向受损方支付 4.654 54 亿元的赔偿。这一判决展现了我国对于溢油事故的应急响应能力及履行国际公约义务的能力，同时在保护国内外当事人的合法权益和维护国际航运业整体利益之间取得了平衡。该判决为全国海事法院处理类似案件提供了重要的参考依据。本案例为帮助学生深入了解海洋生态环境管理实际工作的复杂性提供了很好的切入口。

（2）课前准备

学生通过查找相关新闻报道及相关文献资料，较为清晰、准确地了解海上溢油与船舶管理的生态环境保护意义，为课堂学习和深入讨论做好充分的知识准备、情境准备和心理准备。

（3）教学目标

通过案例分析，学生可以对船舶装卸科学性与综合性管理有更为清晰的认识，并在此基础上，对工程实践中的伦理问题进行辨识、思考，了解工程师应具备的科学精神、应遵循的科学伦理规范和法律规范。

（4）分析的思路与要点

本案例通过梳理船舶装卸事故原因，选取代表性社会争议焦点，从职业安全、应急处理和监督管理三个角度进行工程实践的原因分析，案例试图从公众参与发挥监督职能，参与生态保护的角度谈社会治理，有助于学生打开新的学习思路。

（5）课堂安排建议

根据具体课时安排，可以多个课时开展。课前先安排学生阅读相关资料，让学生自主了解全球范围内的溢油事件。

课堂（45分钟）安排：

教师讲授	（15分钟）
学生讨论	（10分钟）
学生报告和分享	（15分钟）
教师总结	（5分钟）

补充阅读

[1] 央广网. 最高人民法院发布 2022 年全国海事审判典型案例 [EB/OL]. (2023-06-30) [2024-01-09]. https://baijiahao.baidu.com/s?id=1770118754995384287&wfr=spider&for=pc.

[2] 王丹. 外轮相撞造成嘉兴海域重度污染，法院判赔 4600 万 [EB/OL]. (2021-04-01) [2024-01-09]. https://china.huanqiu.com/article/42Xkm4QQ8el.

[3] 中国法院网. 中德巨轮碰撞后引发的亿元官司终以和解结案 [EB/OL]. (2007-09-11) [2024-01-09]. https://news.ifeng.com/c/7fYRbWAJD9M.

[4] 吴勇奇，吕辉志. 当事人申请设立油污损害赔偿责任限制基金的处理 [J/OL]. 人民司法，2019(29)：78-83.

[5] 最高人民检察院. 两外轮相撞漏油污染我国海域，检察机关支持起诉 [EB/OL]. (2021-08-05) [2024-01-09]. https://baijiahao.baidu.com/s?id=1707227210583591357&wfr=spider&for=pc.

[6] 澎湃新闻. 宁波海事法院借助"云上法庭"审理一起重大涉外涉油污船舶碰撞案件 [EB/OL]. (2020-03-20) [2024-01-09]. https://m.thepaper.cn/baijiahao_6779956.

[7] 吴清. 索赔康菲路何艰 [J]. 中国石油石化，2011(18)：20-24.

[8] 中国法院网. 2020 年浙江海事审判情况报告 [EB/OL]. (2021-10-25) [2024-01-09]. https://www.chinacourt.org/article/detail/2021/10/id/6328821.shtml.

4.2.2 "交响乐"轮溢油事件

内容提要: 2021 年 4 月,黄海发生了一起严重的船舶污染事故,两艘外籍货轮相撞导致约 9000 吨货油泄漏,造成损失达 37.4 亿元。然而,根据国际公约,涉案船舶的赔偿责任限制基金仅为 4.7 亿元,实际赔付比例不足 1/8。这起案件也是我国首例因船舶碰撞追究船长刑事责任的案件。该事故凸显了海洋污染索赔机制的复杂性及赔偿制度的不足,因此迫切需要加快完善海洋环境的国际标准和行动规则,优化赔偿责任制度。

关键词: 货轮碰撞;货油泄漏;污染;赔付比例;赔偿责任;索赔机制

4.2.2.1 引言

黄海是中国重要的海上运输通道,具有重要的经济和生态价值。该海域的温度和盐度变化显著,具有明显的陆缘海特性,并且季节和日变化较大。黄海在中国近海中具有最强的温跃层和最弱的盐跃层,这为对其进行海洋学研究具有重要价值。黄海地区的经济活动主要集中于渔业、航运和海洋资源开发,作为连接中国与朝鲜半岛的关键水域,在政治、经济和安全方面扮演着重要角色。黄海丰富的渔业资源和潜在的矿产资源对沿海国家和地区的经济发展具有深远影响,同时作为重要的航运通道,对区域乃至全球的贸易流通起着至关重要的作用。

目前,我国原油进口主要依赖海上运输。船舶在航行中可能发生的碰撞、触礁和船体结构破损等事件,可能导致溢油事故,对海洋生态环境构成严重威胁。为了降低海上溢油风险并及时应对大规模海上溢油污染事故,国际公约和中国法律法规均对海上溢油事故的处理制定了行为规范。然而,在海上清污费用的索赔过程中,仍存在事实认定和法律适用的难点。特别是海事赔偿责任限制制度,使船东可以依法享有赔偿限制,但这导致受油污影响的沿海地区和受害者无法获得足够的赔偿,限制了受污染国家海洋环境的修复和生态治理工作。

4.2.2.2 案例背景介绍

黄海是中国原油供应链的关键环节,其地理位置靠近中国主要的炼油基地,如山东半岛,这里是中国第三大炼油中心,具备强大的炼油能力。黄海区域已经建立了广泛的原油输送管网,构成了原油产业链的"黄金通道",这有助于提升原油运输的效率并降低成本。黄海还是中国重要的海上原油运输通道,连接中国与全球多个原油生产国。黄海沿岸的港口,如日照港和青岛港,是中国主要的原油进口港,配备了先进的接卸设施,能够处理超大型油轮的原油卸载作业。

黄海还拥有丰富的渔业资源,对中国渔业的发展具有极其重要的作用。黄海海域是众多经济鱼类的觅食场、产卵场和孵化场,同时也是著名的鱼类洄游通道,被誉为"三场一通道"。特别是黄海中南部海域,鳀鱼、小黄鱼、鲅鱼、蓝点马鲛等经济鱼类的数量相当可观,捕捞量也常年居高不下。黄海的渔业资源不仅会对当地渔业产生影响,还对周边海域乃至全球海洋生态系统的平衡产生影响。黄海的生物多样性和生态服务功能对全球生物多样性保护和气候变化缓解都有积极作用。然而,黄海的渔业资源也面临着过度捕捞、环境污染、生境破坏和生态退化等问题,这些问题严重影响了渔业资源的可持续发展。

近年来,黄海溢油污染事件频发,对渔业和生态环境造成了严重影响。溢油污染主要源于船舶事故、海上石油开采等活动,其中 2018 年发生在黄海的"佐罗"轮船舶溢油事故就是一个典型案例。该事故导致超过 800 吨基础油泄漏，造成了严重的海域污染，对当地的渔业资源和生态系统造成了极大的破坏。溢油会覆盖海洋表面，影响海洋生物的呼吸和光合作用，导致生物大量死亡。油污中的有毒物质还会通过食物链累积，对渔业资源带来长期影响。此外，溢油污染还会导致海洋生态系统服务功能下降，如海岸防护作用减弱。

目前，中国在处理溢油污染方面已采取了一系列措施，包括加强船舶监管、提高应急响应能力、推动国际合作等。例如，中国实施了《防治船舶污染海洋环境管理条例》和《中华人民共和国海洋环境保护法》，明确了船舶污染事故的法律责任和赔偿机制。尽管如此，溢油污染的赔偿责任认定和赔偿金额的确定仍然是一个复杂的问题。国际船舶油污损害索赔机制复杂，赔付金额往往难以覆盖海洋生态修复和养殖损失。例如，在"交响乐"轮事故中，由于受海事赔偿限制，中国沿海养殖户和清污单位等实际获得的赔偿比例非常有限。根据《1992 年油污公约》的规定，本案中船舶油污赔偿责任限制基金仅 4.7 亿元左右，造成的损失却远远超过了该基金的数额。

这起事故不仅是中国近年来最严重的船舶污染事件，也是首次因船舶碰撞追究船长刑事责任的案例。这一事件的处理过程暴露出海洋污染索赔机制的不足和国际赔偿制度的局限性，引发了对海洋环境保护法律体系和国际合作机制的深刻反思。如何在保障航运安全的同时，有效应对和解决海上溢油事故带来的环境问题，确保海洋生态的可持续发展，成为亟待解决的问题。因此，需要进一步完善海洋领域国际技术标准和行动规则，优化海事赔偿责任制度和海事刑事立法，统筹推进海洋环境综合治理。

4.2.2.3 案例过程概述

2021 年 4 月 27 日，巴拿马籍杂货船"SEA JUSTICE"（以下简称"义海"轮）在从苏丹港驶往青岛的途中，与在青岛朝连岛东南水域锚泊的利比里亚籍油船"ASYMPHONY"（以下简称"交响乐"轮）发生碰撞。此次事故导致"义海"轮船首受损，"交响乐"轮左舷第 2 货舱破损，约 9400 吨货油泄漏入海，引发严重海域污染，构成特别重大船舶污染事故。据初步估计，两船的修理费用约 3500 万元，泄漏货油的价值约 2200 万元。幸运的是，本次事故未造成人员伤亡等次生事故，应急处置历时 54 天。

后续调查发现，"义海"轮在能见度不佳的水域航行时，未能保持正规瞭望、使用安全航速、及时采取有效的避让行动，以及驾驶台资源管理失效等，是造成碰撞的主要原因；"交响乐"轮未按规定发出引起他船注意的信号，是造成碰撞的次要原因。两船碰撞后，未能建立有效联系以协调溢油应急行动，"义海"轮采取倒车措施使两船脱离，导致"交响乐"轮碰撞破口完全暴露，货油快速泄漏入海，加大了溢油量。在此次碰撞事故中，"义海"轮负主要责任，"交响乐"轮负次要责任。

本次溢油事故的总覆盖面积达到 4360 千米^2，受影响的岸线总长度为 786.5 千米（含岛屿岸线）。油污污染事件不仅影响了渔业生产，还导致旅游业和海洋休闲活动减少。截至 2021 年 9 月 3 日，青岛海事法院登记的渔业损失、生态环境损失债权金额共约 37.4 亿元，实际损失金额后续将按法定程序确定。2021 年 6 月 19 日，专家组评估提出，溢油初期海面大面积油污已得到清除。然而，本次溢油事故造成的污染损失巨大，船东依照国际公约享有的赔偿限额难以满足赔偿要求。例如，事故中涉及海洋渔业资源损失公益诉讼一案，涉案标的额就达 4.5 亿元，与本案中能使用的赔偿基金 4.7 亿元相当；而根据报告，截至 2021 年 9 月 3 日，这次事故在青岛海事法院登记的渔业损失、生态环境损失债权金额共约 37.4 亿元，比例近 1 : 8。

本次溢油事故中的赔偿问题不仅是经济上的挑战，也是法律上的困境。相撞溢油事件引发了一系列的赔偿问题，养殖户、清污公司、政府等多方利益交织在一起，面临着复杂的法律挑战。养殖户面临的不仅是经济损失，还有执行法律程序的艰难。养殖户了解到，两艘船的赔偿基金总计约人民币 5 亿元，但索赔标的已远超这一数额，尤其是黄岛区沿岸的海洋牧场索赔金额巨大。青岛政府在应急处置中也承担了巨额费用。根据人民法院报的公告，青岛海事法院已受理两艘船舶的责任限制基金申请，其中"义海"轮的责任限制基金约为人民币 3900 万元，"交响乐"轮的责任限制基金约为人民币 4.7 亿元。海商法专业人士指出，责任限制基金的设立限制了船东的责任，但养殖户的损失远超过现有基金的覆盖范围。养殖户面临的另一个问题是"两证"不全。由于缺乏海域使用权证和养殖证，法院可能只能认可对养殖户投苗的部分赔偿，而无法认可对海里大量存货被污染死亡的赔偿。养殖户的诉讼投入可能需要数十万，但赔偿基金有限，胜诉后能否追回投入也存在不确定性。这使养殖户陷入了两难境地：继续诉讼可能面临经济损失，放弃诉讼则无法证明实际受损。

4.2.2.4　案件分析与启示

在法律和赔偿方面，黄海溢油事故揭示了现行国际船舶油污损害索赔机制的不足之处。由于国际船舶油污损害赔偿责任限制基金的数额有限，受污染地区的实际赔偿往往无法满足海洋生态修复和养殖损失的需求。这种情况促使业内对海洋环境保护法规和国际赔偿机制进行了重新审视和讨论。行业内部人士呼吁，应加快完善海洋领域的国际技术标准和行动规则，优化海事赔偿责任制度和海事刑事立法，以更有效地保护海洋环境和沿海社区的权益。

面对新的形势变化，现有的处理公约已不再适用。外籍油轮在进入中国水域前，需要签订清污合同，但中国尚未有明确的行业协会或主管机构来规定清污费率标准，通常由各清污公司自行设定费率。这导致在与外轮船东签订清污协议时，外轮船东往往不认可这些自定费率，而要求采用国际油轮船东防污染联合会（ITOPF）认可的费率。这种协商过程可能耗时较长，且 ITOPF 认可的费率低于市场行情，不利于保护清污公司的利益。例如，"交响乐"轮的清污费率协商就耗时 20 多天。随着船舶吨位的不断增加，船舶碰撞事故导致的海上溢油污染面积广、持续时间长、影响范围大，造成的危害也更为严重。业内人士认为，为了维护中国的海洋权益，需要加快完善海洋领域的国际技术标准和行动规则，推动全球海洋治理的合作。

从国际公约的角度来看，《1992 年油污公约》已经实施了 30 多年，其中规定的船舶油污赔偿责任限制基金的计算标准相对较低，与国际航运的发展和社会变革不相适应。业内建议，为了创造有利的法治条件和外部环境，中国应主动参与国际规则的制定，并适时推动提高公约关于油污责任限额的规定。在本次污染事件中，赔偿问题的理解需要从国际公约的制定过程和实际执行情况两方面来考虑。"谁漏油谁赔偿"的原则并非孤立存在，而是在《1969 年国际油污损害民事责任公约》（以下简称《1969 年油污公约》）和《1971 年国际油污损害赔偿基金公约》（以下简称《1971 年油污基金公约》）的基础上，经过半个多世纪的实践逐步确立并被普遍接受的。实际上，国际社会普遍接受的原则是"谁漏油谁赔偿、石油行业兜底"。

在中国海商法界，对于"谁漏油谁赔偿"原则的理解，尤其是在两船互有过失碰撞导致一船漏油的情况下，非漏油船是否应直接向油污受损害人承担赔偿责任的问题，长时间存在争论。这一问题的核心在于如何平衡船舶所有人、货主或船舶所有人和货主共同承担严格责任的立场，以及如何在航运业和石油业之间协调分配风险。

在 1969 年布鲁塞尔会议上，各国对于油污损害责任的性质和责任主体等问题存在显著分歧。经过协商，最终达成了《1969 年油污公约》和《1971 年油污基金公约》，其中《1971 年油污基金公约》为油污受害者提供了额外的赔偿保障。这两个公约共同构成了一个完整的赔偿体系，确保了油污受害者能够获得充分的赔偿。1971 年布鲁塞尔会议上通过的《1971 年油污基金公约》与《1969 年油污公约》相辅相成，共同构成了一个全面的赔偿机制。这一机制在航运、保险和石油行业之间分配了责任，并在船东国家、沿海国家和石油生产国之间实现了平衡，奠定了今天我们所称的"谁漏油谁赔偿"原则的基础。

自加入《1992 年油污公约》以来，中国已经建立了中国船舶油污损害赔偿基金（COPC），但其赔偿限额与国际油污赔偿基金（IOPC）相比仍有较大差距。在实际操作中，对于"谁漏油谁赔偿"原则的理解和非漏油船是否应直接承担赔偿责任的讨论，反映出中国油污赔偿体系尚不能提供迅速、便捷、充分的赔偿。

为了解决这些问题，需要从以下几个方面着手：首先，重新评估和调整赔偿责任限制基金的额度，使其与当前的经济发展水平和环境治理成本相适应；其次，推动国际公约的修订，提高船舶油污赔偿责任限额，以更准确地反映油污事故对环境和经济的影响；接下来，建立一个更加公平和透明的赔偿机制，简化赔偿程序，降低受害者获得赔偿的门槛；然后，加强海洋环境保护的国际合作，共同应对海上溢油事故，提升全球海洋治理的能力；最后，提高公众对海洋环境保护的意识，通过教育和宣传，鼓励公众参与海洋环境保护和监督工作。

4.2.2.5　结论

"交响乐"轮溢油事故揭示了现行海洋油污损害赔偿机制的不足之处。事故导致的损失索赔金额远远超出了责任方设立的赔偿责任限制基金，这表明现有机制无法满足受损方的实际需求。此外，该事件对海洋生态系统的健康构成了直接威胁，造成了生物多样性的损失和生态服务功能的下降，这些长期影响难以用经济价值来衡量。然而，在实际操作中，经济利益往往占据主导地位，导致环境风险评估和预防措施被忽视或削弱。这使得在类似溢油事件发生时，赔偿和修复工作常常面临资金不足的问题。这种冲突表明，目前的经济活动和法律框架还没有充分考虑环境伦理，需要重新评估和设计。必须确保环境保护不仅是法律的要求，更是经济发展的内在组成部分。

4.2.2.6　思考题

（1）如何设计一个更有效的海洋油污损害赔偿机制，以确保受害者得到公正的补偿？

（2）油污事故中，非经济损失（如生态服务功能下降）应如何纳入赔偿考量？

（3）从"交响乐"轮溢油事故中，我们能学到哪些关于预防和减轻海洋油污损害的教训？

（4）油污事故发生后，如何有效地进行生态修复和环境恢复工作？

（5）溢油事故中，如何评估和量化海洋生态系统的健康损失和生物多样性的下降？

4.2.3.7　案例使用说明

（1）案例摘要

2021 年 4 月 27 日，黄海海域发生了一起重大船舶碰撞事故，导致超过 9000 吨货油泄漏，对海洋生态系统和经济活动造成了严重破坏。青岛海事法院记录的损失金额达到 37.4 亿元人民币，而船舶油污赔偿责任限制基金的总额仅为 4.7 亿元人民币，这意味着赔偿能力仅达到损失金额的一小部分。此次事故引起了公众对海洋环境保护法规、国际赔偿机制及油污损害赔偿基金额度的广泛关注，并激发了对这些问题的深入讨论。

（2）课前准备

学生应通过查找关于黄海油污污染事件的新闻报道、学术文章、政府报告和国际公约，了解黄海的生态价值、油污污染对海洋生态系统的影响，以及油污损害赔偿机制的运作方式。这将帮助学生在课堂上更好地参与讨论，并为深入分析做好准备。

（3）教学目标

本案例旨在让学生理解海洋油污污染事件对生态系统和社会经济的影响，掌握海洋环境保护法规和赔偿机制的相关知识。同时，培养学生的批判性思维能力，使其能够从法律、伦理和经济角度分析环境赔偿问题，并探讨如何改进现有的国际赔偿机制。

（4）分析的思路与要点

案例分析应从以下几个角度进行：法律与政策分析，探讨现有国际公约和国家法律在油污污染事件中的适用性和效力；经济影响评估，分析油污污染对渔业、旅游业和区域经济的长期影响；生态伦理考量，讨论在经济发展与生态保护之间如何取得平衡；社会责任与公众参与，分析公众和非政府组织在监督环境保护法规执行和推动政策改进中的作用。

（5）课堂安排建议

根据具体课时安排，可以多个课时开展。课前先安排学生阅读相关资料，让学生自主了解船舶溢油对海洋的危害。

课堂（45 分钟）安排：

教师讲授	（15 分钟）
学生讨论	（10 分钟）
学生报告和分享	（15 分钟）
教师总结	（5 分钟）

补充阅读

[1] 徐金梦，丁苗苗，于潭，等. 基于卫星遥感的黄海海域溢油提取 [J]. 石化技术，2024，31(9)：352-354.

[2] 姜晓娜. 海洋溢油生态损害评估标准及方法学研究 [D]. 大连：大连海事大学，2010.

[3] 陈铎. 船舶污染防治与港口环境污染有效治理分析 [J]. 中国港口，2024(7)：48-51.

[4] 刘佳妮. 我国近年来海上最大溢油污染事故调查 [EB/OL]. (2024-03-19) [2024-10-22]. https://www.bjnews.com.cn/detail/1710835160129910.html.

[5] 姚妮娜. "谁漏油谁赔偿"原则的历史探究 [EB/OL]. (2023-02-27) [2024-10-22]. https://www.thepaper.cn/newsDetail_forward_22100034.

[6] 冯翀. 青岛海上溢油事故登记债权索赔金额远超赔偿基金 [EB/OL]. (2021-08-12) [2024-10-22]. https://china.qianlong.com/2021/0812/6149555.shtml.

[7] 李真真，杜鹏，黄小茹. 环境伦理的实践导向研究及其意义 [J]. 中国科学院院刊，2008(3)：239-244.

[8] 刁凡超. 代表委员聚焦环境教育立法：教育缺失，环境伦理底线就守不住 [EB/OL]. (2016-03-10) [2024-10-22]. https://www.thepaper.cn/newsDetail_forward_1442084.

[9] 环境保护部, 中共中央宣传部, 中央精神文明建设指导委员会办公室, 教育部, 共产主义青年团
    中央委员会, 中华全国妇女联合会. 关于印发《全国环境宣传教育工作纲要(2016—2020年)》
    的通知 [Z]. 2016-04-06.

[10] 郑度. 关于环境伦理的思考 [J]. 文明, 2006(7): 8-10.

[11] 周治华, 郭艳丽. 环境道德教育现状与改善对策: 基于环境德性伦理学的视角 [J]. 现代基础教
    育研究, 2012, 5(1): 19-24.

4.2.3 违法倾倒威胁中华白海豚案例

内容提要: 厦门海域是我国一级保护动物中华白海豚(Sousa chinensis)及其他珍稀海
洋生物的关键栖息地。2021年7月, 安徽芜湖一家航运公司所属的疏浚作业船在厦门高崎
污水处理厂尾水排海管工程中非法倾倒废弃物, 严重破坏了包括中华白海豚在内的12种珍
稀物种的生态环境, 损害了国家和社会的公共利益。厦门海警局对此案件进行了立案, 厦门
海事法院审理后, 判决被告赔偿生态环境修复费用128万余元。此案是《中华人民共和国海
警法》实施以来, 首起由海警机构根据海洋生态环境保护职责提起的海洋自然资源与生态环
境损害赔偿诉讼。该案件展示了海事司法与执法在海洋治理体系中的有效协作, 为海洋生态
环境保护提供了新的司法实践和法律解决方案。

关键词: 废弃物; 海洋环境; 中华白海豚; 生态修复; 诉讼案件

4.2.3.1 引言

厦门, 这座位于中国东南沿海的海湾型城市, 拥有1699千米^{2}的陆地面积和333千米^2
的海域面积。厦门岛上, 仅158千米^{2}的土地便聚集了全市近半数的人口。厦门海域包括厦
门岛周边、五缘湾、杏林湾、马銮湾等区域, 这些地区是海洋生物多样性的重要宝库, 尤其
对中华白海豚这一珍稀物种具有重要意义。中华白海豚作为国家一级重点保护水生野生动
物, 主要栖息在厦门、珠江口、台湾西部、广东湛江和汕头、广西三娘湾及海南西南等水域
的近岸浅水区, 这些地方通常是河口咸淡水交汇的区域, 构成了白海豚的理想栖息地。

为了保护中华白海豚, 中国已设立了包括厦门在内的7个自然保护区。然而, 城市发
展和海洋工程的增加对中华白海豚的栖息地构成了威胁。农业部发布的《中华白海豚保护行
动计划(2017—2026年)》明确了保护中华白海豚的具体目标和措施, 包括遏制种群数量下
降、加强栖息地保护、推动科学研究和公众参与等。厦门市委、市政府遵循生态文明建设的
指导方针, 投入巨资进行海域综合整治和生态修复工作, 如筼筜湖、马銮湾等地的生态修复
工程和红树林的复种项目, 这些措施有效改善了海洋生态环境的质量。

4.2.3.2 案例背景介绍

中华白海豚的主要栖息地集中在沿岸海域, 这些区域与人类活动区域高度重叠。由于
近海渔业资源逐渐枯竭, 中华白海豚的食物来源减少, 导致它们不得不扩大觅食范围。例
如, 南澳海域因其紫菜丰产季节能吸引鱼群, 进而吸引了中华白海豚前来觅食。河口地带作
为鱼类的密集产卵地, 也成为中华白海豚的天然觅食场所, 许多民众在此拍摄到了白海豚的
照片和视频。中华白海豚在泉州地区(包括围头湾、南安石井等地)出现频次的增加, 可能
与厦门种群因桥隧工程和围填海工程的干扰而向东迁移有关。2018年, 中华白海豚保护联

盟将每年农历三月廿三（妈祖诞辰）定为"中华白海豚保护宣传日"。

近年来，多个研究单位利用照片监视系统和人工智能算法，建立了个体识别数据库，并通过神经网络建模等方法对中华白海豚进行高效监测。虽然这些保护措施为中华白海豚的生存提供了一定保障，但海洋生态环境的根本好转仍是一个复杂的问题，存在明显的结构性差异。历史上，中华白海豚在中国海域曾有较大的连续分布种群。然而，由于东南沿海围填海面积的不断扩大和海洋海岸工程的日益增多，中华白海豚的栖息地不断萎缩和破碎化，种群数量也在减少。三娘湾、厦金海域和汕头海域的中华白海豚形成了所谓的"小种群"。由于栖息地的严重碎片化和种群数量的持续减少，厦门、汕头和珠海的小种群之间没有发现任何个体交流的证据，这使得小种群面临更大的灭绝风险。珠江口的中华白海豚数量正以每年2.5%的速度减少，而汕头小种群数量在过去10年减少了38%，三娘湾小种群数量在过去5年减少了35%。

中华白海豚的生存问题主要归结为栖息地衰减、人为活动干扰和种群退化三个方面。现代工业化进程极大地压缩了中华白海豚的生存范围，围填海工程、工业排污、海上交通和渔业捕捞等活动导致近海渔业资源快速衰退，使中华白海豚面临食物短缺的问题。海洋塑料垃圾的增多增加了中华白海豚的摄食风险，有害化学物质如 DDT 和 PCBs 及铅汞等重金属在其体内富集，成为致病因素之一。中华白海豚活泼近人的性情及其近岸摄食偏好也使其面临船舶碰撞、渔网缠绕和螺旋桨击打等意外伤害的风险。

安徽芜湖某航运公司在厦门海域违法倾倒疏浚废弃物的事件，不仅直接破坏了中华白海豚等珍稀物种的栖息地，也暴露了海洋环境保护中存在的问题和挑战。据厦门海警局的调查，该航运公司在未获得相应许可证的情况下，将大量疏浚废弃物倾倒在厦门翔安刘五店外侧附近海域，倾倒方量达到 64 700 米^3，涉及倾废面积 115 275 米^2。这种违法倾倒行为不仅破坏了海洋生物的栖息地，还可能通过污染食物链，对整个生态系统造成长期影响。

4.2.3.3　案例过程概述

2021 年 7 月，安徽芜湖一家航运公司的疏浚作业船在厦门高崎污水处理厂尾水排海管工程中违法倾倒疏浚废弃物，严重破坏了中华白海豚等 12 种珍稀物种的生态环境，损害了国家和社会公共利益。该案件由厦门海警局提起，经厦门海事法院审理，被告被判赔偿生态环境修复费用 128 万余元。该案是《中华人民共和国海警法》实施后，首例由海警机构依据海洋生态环境保护职责提起的海洋自然资源与生态环境损害赔偿诉讼案件，体现了海事司法与执法在海洋治理体系中的良性互动，为海洋生态环境保护提供了新的司法实践和法治方案。

违法倾倒行为直接破坏了中华白海豚及其他珍稀海洋生物的栖息地，对生物多样性造成了不可逆转的损害。疏浚废弃物可能含有有害物质，这些物质通过污染食物链，对整个生态系统造成了长期影响。中华白海豚作为顶级捕食者，其生存状况直接关系到海洋生态系统的平衡。厦门海事法院审理此案，为受损的海洋生态环境争取到了修复资金，传递出对破坏海洋生态环境行为零容忍的信号。

2021 年 8 月，厦门海警局据此做出警告并处罚款 20 万元的行政处罚。但要修复倾废面积达 115 275 米^2 的海域，20 万元的罚金犹如杯水车薪，更难以起到震慑作用。2021 年 11 月，厦门海警局依据《中华人民共和国海洋环境保护法》第八十九条，代表国家对责任者提出海洋生态损害赔偿要求，向厦门海事法院提起海洋生态公益诉讼，请求判令被告承担生态环境修复费用 128 万余元，并要求被告深刻吸取教训，在今后海上施工作业过程中严格履行保护海洋生态环境责任。

从立案到审结历时一个多月的时间，厦门海事法院从查明事实真相入手，再组织原、被告双方调解，促使当事人自愿达成协议：被告同意承担由评估机构专家提出的赔偿生态环境修复费用 128 万余元的评估意见，并表示愿意将该款项用于修复被损害的生态环境和中华白海豚等珍稀动物保护事业。

2022 年 2 月 25 日，厦门海警局联合厦门海事法院、厦门市自然资源和规划局等单位，在厦门火烧屿中华白海豚救助繁育基地举办海洋公益诉讼生态修复赔偿金交付仪式，将128 万余元的生态修复赔偿金交付厦门中华白海豚文昌鱼自然保护区事务中心，用于海洋保护区环境损害修复和环境保护工作。该案是《中华人民共和国海警法》实施后，首例由海警机构依据海洋生态环境保护职责提起的海洋自然资源与生态环境损害赔偿诉讼案件。

4.2.3.4 案件分析与启示

环境工程和海洋保护项目对于维护和改善海洋生态环境、保障海洋生物多样性具有重要意义。然而，在经济发展与生态保护的关系处理上，这一领域面临伦理和道德挑战。中华白海豚作为海洋生态系统的旗舰物种，其生存状况直接反映了海洋环境的健康状况。违法倾倒行为不仅对中华白海豚构成直接威胁，也破坏了海洋生态平衡，引发公众对环境伦理和法律遵守的深刻反思。在厦门海域违法倾倒疏浚废弃物的案例中，我们看到了环境保护与经济利益之间的冲突。航运公司未获得相应许可证进行违法倾倒，这种行为虽可能在短期内减少企业经营成本，但长期来看，对海洋生态系统将造成不可逆转的损害。这种行为忽视了环境保护在经济活动中的重要性，损害了公共利益，违背了可持续发展的原则。

此案例反映出环境伦理的缺失，以及对环境保护法律法规的忽视。为了应对这些挑战，需要从多个层面采取行动：政府部门应加强监管和执法力度，确保所有海洋活动都在法律允许的范围内进行；立法机构应完善相关法律法规，提高违法成本，以起到有效的震慑作用；企业和个人应提高环保意识，认识到保护海洋生态环境对经济发展和社会福祉的长远意义；公众和民间组织应积极参与到海洋保护中来，通过教育、倡导和监督，共同构建人与自然和谐共生的未来。

长期以来，海洋生态赔偿公益诉讼主要存在"线索发现难、调查取证难、损害鉴定难、惩戒震慑难"等问题。该案的成功审结，是对相关难题进行的有益的探索破解。海事行政执法与海事司法都是维护海洋生态环境的有生力量，海事法院受理该案是海警机构保护海洋生态环境职责在司法案件中得到的首次确认，体现了海洋司法与执法在海洋治理体系中的良性互动，为提升海洋生态环境保护的效率、效益、效能做出了积极的贡献。

厦门海事法院顺应海上执法体制改革，依法受理本案，在全国海事法院中首次从司法层面确认海警机构保护海洋生态环境的执法主体及职责，体现了海洋司法与执法在海洋现代化治理中的良性互动。法院贯彻损害担责、全面赔偿的原则，明确违法行为人应对生态破坏行为造成的损失承担民事责任，有效解决了海洋生态环境行政处罚力度不足、违法成本低的问题，加大了对破坏海洋生态行为的惩戒和震慑力度，充分落实了最严格生态保护制度的要求。同时，经法院准许，本案赔偿金直接支付给对应的专门机构，保证生态修复资金专款专用，率先对建立海洋公益诉讼损害赔偿专项基金制度进行了有益的探索，将海事司法保障的范围从确认污染损害赔偿进一步延伸到海洋生态环境的实际修复环节，强化了对海上自然保护区生物多样性的保护。本案在法律适用、司法实践上具有创新指导和例证意义，为同类案件的处理提供了可复制、可推广的经验，彰显了海事司法健全完善海洋生态环境损害救济体系、参与海洋现代化治理、促进人与自然和谐共生的重要作用。

针对违法倾倒威胁中华白海豚的案例，加强监管和执法力度的措施至关重要，以确保海洋生态环境受到保护和珍稀物种的安全。首先，政府需要通过立法手段，对现有的海洋环境保护法律法规进行修订和完善，确保法规对违法倾倒行为有明确的界定和严格的处罚措施。这包括但不限于高额的经济罚款、吊销营业执照、禁止相关责任人从事特定行业等。同时，应建立更为严格的许可证制度，对所有可能涉及海洋倾倒活动的企业和个人进行审查，确保其具备合法资质和环保意识。此外，政府应加大对海洋监管机构的投入，扩充监管人员队伍，提升其专业能力和技术水平，确保能够有效执行监管任务。利用现代科技手段，如卫星遥感监测、无人机巡查等，提高监管效率和覆盖面，减少监管盲区。同时，应强化跨部门协作机制，如海警、环保、渔业、交通等部门应建立信息共享平台，形成监管合力，共同打击违法倾倒行为。

其次，政府应推动公众参与海洋保护，通过教育和宣传提高公众对海洋环境保护的意识，鼓励公众参与监督和举报违法倾倒行为。可以设立举报奖励机制，激励公众积极参与。此外，政府应加强对海洋工程项目的环境影响评估，确保所有活动对环境的影响降到最低，并采取有效措施减轻对海洋生态环境的损害。对于违法倾倒的企业，除了给予经济处罚外，还应要求其承担生态修复责任，出资或出力参与受损海域的修复工作。通过这些综合措施，可以形成对违法倾倒行为的有力震慑，保护中华白海豚等珍稀海洋生物的栖息地，维护海洋生态平衡。同时，这也是对其他企业和个人一个警示，表明政府对海洋环境保护的决心和态度，推动社会形成尊重自然、保护生态的良好风尚。

4.2.3.5　结论与启发

非法倾倒行为不仅违背了环保法规，也忽视了海洋生态系统和珍稀物种的生存权益。它揭示了在经济利益面前，一些企业和个人忽视了法律和道德的约束。这种行为不仅对中华白海豚等海洋生物构成直接威胁，还破坏了海洋生态平衡，对环境造成了长期的伤害。此事件凸显了强化法律执行、提升企业和公众环保意识的重要性，以及在所有经济活动中坚持道德和法律原则的必要性。该案例提醒我们，保护生态环境是全社会的共同责任，需要政府、企业和公众的共同努力，以确保环境评估的科学性和合法性，维护生态平衡，保障珍稀物种的生存，实现可持续发展。

4.2.3.6　思考题

（1）如何看待厦门海域作为中华白海豚栖息地的生态价值及其在区域发展中的角色？

（2）如何评价违法倾倒疏浚废弃物行为对中华白海豚及其栖息地的影响？

（3）在追求经济发展的同时，如何平衡与海洋环境保护的关系，避免类似违法倾倒事件的发生？

（4）如何通过法律、政策和教育等手段提高公众对海洋保护的意识，以及如何鼓励公众参与监督和举报违法倾倒行为？

（5）针对此类海洋污染事件，法律制度和社会监管应如何改进以提高预防和应对能力？

4.2.3.7 案例使用说明

（1）案例摘要

安徽芜湖某航运公司涉嫌在厦门海域违法倾倒疏浚废弃物，引发公众和环保组织的广泛关注。该行为对中华白海豚等珍稀海洋生物的栖息地造成了严重破坏。厦门海警局随后介入调查，确认违法事实，并对涉事公司进行了行政处罚及生态环境损害赔偿。此案例不仅暴露出海洋环境保护监管的不足，也引发了公众对海洋生态文明建设的深入思考。

（2）课前准备

学生需通过查找厦门海域中华白海豚的保护状况、违法倾倒事件的新闻报道及相关环境保护法律法规，了解厦门海域的生态价值、中华白海豚的保护现状及违法倾倒行为对海洋生态的影响，为课堂学习和深入讨论做好充分的知识准备、情境准备和心理准备。

（3）教学目标

本案例分析旨在提升学生对海洋生态环境保护重要性的认识，理解企业在进行海洋活动时应遵守的环保法规和伦理标准。同时，培养学生的批判性思维能力，使其能够辨识工程实践中的伦理问题，了解社会治理在生态保护中的作用。

（4）分析的思路与要点

本案例通过分析违法倾倒事件的背景、影响及处理结果，从法律、伦理和社会治理三个角度探讨海洋环境保护的问题。案例着重分析企业违法成本、公众监督职能的发挥，以及如何通过社会参与加强生态保护，旨在帮助学生形成全面的环境保护观念。

（5）课堂安排建议

建议将案例分析安排在环境保护法律、伦理学或海洋生态学等相关课程中。课前要求学生阅读相关背景资料，了解厦门海域及中华白海豚的基本情况。

课堂（45分钟）安排：

教师讲授	（15分钟）
学生讨论	（10分钟）
学生报告和分享	（15分钟）
教师总结	（5分钟）

补充阅读

[1] 黄祥麟，莫深杰，刘昕明，等. 中华白海豚与我们最亲密的海洋鲸类动物 [J]. 森林与人类，2024(3)：8-21.

[2] 农业部. 农业部关于印发《中华白海豚保护行动计划（2017—2026年）》的通知 [Z]. 2017-10-18.

[3] Lin M, Liu M, Dong L, et al. Modeling intraspecific variation in habitat utilization of the Indo-Pacific humpback dolphin using self-organizing map[J]. Ecological Indicators, 2022, 144: 109466.

[4] 牛雨晗. 中华白海豚：如果注定灭绝，为什么还要保护？[EB/OL]. (2023-08-18) [2024-10-22]. https://www.thepaper.cn/newsDetail_forward_24266963.

[5] 李珣. 中华白海豚面临三大严峻威胁，农业部启动保护行动十年计划 [EB/OL]. (2017-12-15) [2024-10-22]. https://www.thepaper.cn/newsDetail_forward_1908078.

[6] 厦门海事法院. 厦门海事法院海洋生态环境司法保护白皮书(2016.1—2022.9)[EB/OL]. (2022-10-10) [2024-10-22].

[7] 蒲冰梅，初腾飞. 蓝丝带海洋保护协会：关爱中华白海豚，维护海洋生物多样性 [EB/OL]. (2022-

04-22) [2024-10-22]. https://www.thepaper.cn/newsDetail_forward_17743223.

[8] 李敏. 地球一小时 | 中华白海豚的危机：致命的幽灵渔网与挖砂的侵扰 [EB/OL]. (2019-03-30) [2024-10-22].https://www.thepaper.cn/newsDetail_forward_3226146.

[9] 郭浪. 写在中华白海豚保护宣传日——中山大学海洋科学学院海洋鲸类与环境保护研究团队 [EB/OL]. (2022-04-23) [2024-10-22].https://pub-static.hizh.cn/a/202204/23/AP626360cce4b0b857f33ce38c.html.

[10] 林涛. 逆转中华白海豚危机，或许没有多少试错的余地 [EB/OL]. (2022-12-05) [2024-10-22]. https://new.qq.com/rain/a/20221205A01CG200.

4.3 跨区域协同治理案例

4.3.1 外轮压载水处置案例

内容提要： 在洋山港接受检查时，一艘外籍集装箱船因多处违反《国际船舶压载水和沉积物控制和管理公约》(《BWM 公约》，以下简称《压载水管理公约》) 而被滞留调查。这是自 2019 年 1 月 22 日压载水管理公约对中国生效以来，首艘因压载水管理问题被滞留的外籍船舶。船级社的验船师登船更新了压载水管理计划和记录簿的格式，并对船员进行了相关培训，同时对安全管理体系进行了审核。经过复查确认合格后，该船于 2019 年 1 月 31 日被解除滞留。此事件凸显了提升船员对压载水管理公约认知和培训的必要性，以确保他们熟悉并遵循相关规定。同时，也应加强港口国的监督检查，提高中国在船舶压载水管理方面的合规性和效率，从而保护海洋环境，促进航运业的可持续发展。

关键词： 船舶压载水；压载水管理公约；海洋环境；国际合作与协调

4.3.1.1 引言

压载水是船舶为了维持重心和稳定性而携带的水，通常在不同海域之间转移。这一过程中可能会携带并释放各种海洋生物，包括微生物、浮游生物、鱼类幼体等，这些生物可能会在新环境中生存并繁殖，引发生物入侵，破坏当地生态系统的平衡。例如，斑马贝（Dreissena polymorpha）原产于里海和黑海，但通过船舶压载水传播到了英国、西欧、加拿大和美国等地并大量繁殖，其通过滤食浮游动物影响了自然食物链，对当地软体动物的生态功能造成损害，并导致巨大的经济损失，被认为是世界上 100 个最恶劣的入侵者之一。同样，亚洲海藻（Undaria pinnatifida）原产于北亚，随压载水被引入澳大利亚南部、新西兰、美国西部海岸、欧洲和阿根廷，其大量繁殖导致当地生物多样性显著降低，影响了渔业和养殖业，使航运业的经济性和效率下降，并对海滨娱乐场、观光海滩等海岸上的宜人场所造成影响。

为了应对压载水带来的生态问题，国际海事组织（IMO）通过了《压载水管理公约》，目的是通过控制和管理船舶压载水和沉积物，防止、减少并最终消除有害水生物和病原体的转移对环境、人体健康、财产和资源的风险。中国于 2019 年加入了该公约，以保护海洋环境并推动航运业的可持续发展。同年，一艘外籍集装箱船舶在我国洋山港因压载水管理缺陷被滞留检查。尽管该船为新船并安装了良好的压载水处理系统，但由于多次在我国毗连区排放未经处理的压载水，且操作过程不符合压载水管理公约的要求，因此被滞留。这一案例为我国船舶压载水管理提供了宝贵的经验。

4.3.1.2 案例背景介绍

为了降低船舶压载水操作中引入外来物种的风险及其对海洋生态系统和人类活动的潜在影响，IMO 制定了《压载水管理公约》。该公约的核心目标是通过控制和管理船舶压载水及沉积物的排放，防止、减少并最终消除有害水生物和病原体的转移。2019 年 1 月 22 日，该公约在中国正式生效。随后，中国海事局发布了《船舶压载水和沉积物管理监督管理办法

（试行）》作为实施细则。根据公约，船舶必须制订压载水管理计划，详细说明如何通过必要的程序实现合规，包括压载水的置换、处理和记录等。这些计划应根据船舶的实际操作情况制定，并由船旗国主管机关或其授权的船级社审批签发，涵盖压载水管理系统的具体配置、操作程序、安全措施和船员培训要求等。压载水管理计划对于船舶合规运营和港口国监督检查至关重要。

港口国监督（PSC）是一种监管机制，旨在确保到港船舶遵守 IMO 的规定和标准。PSC的主要目标包括确保海上安全、预防海洋污染、保护船员权益及提升船舶标准。在船舶压载水管理方面，PSC 的检查重点包括：核查船舶是否持有有效的《国际压载水管理证书》《压载水管理计划》和《压载水记录簿》等文件；检查船舶是否安装了符合规定的压载水处理系统（BWMS），并且该系统是否正常运行；确认船员是否熟悉压载水管理程序，包括 BWMS的操作；检查《压载水记录簿》的记录是否完整、准确，涵盖压载水的加装、处理、排放等操作；以及核查船舶是否有针对 BWMS 故障或其他意外情况的应急措施。

在实际操作中，船舶压载水管理面临多种挑战。技术层面上，BWMS 可能因不同地区的水质差异而遇到难题，特别是在浊度高或悬浮固体含量较高的水域，可能导致 BWMS 无法正常运行。例如，过滤系统可能因高悬浮固体而堵塞，紫外线处理系统可能因水质中的特定成分而无法有效灭活生物。合规性方面，船舶在某些港口可能难以达到《压载水管理公约》规定的 D-2 排放标准，尤其是在水质条件恶劣的情况下，可能需要采取旁通或其他应急措施，这些措施可能不完全符合公约要求。监管方面，全球对压载水管理的监管力度和执行标准存在差异，导致统一监管困难。不同国家和地区可能有不同的法规和执行力度，对国际航行的船舶构成挑战。此外，安装和维护 BWMS 的成本较高，对船东构成了经济压力，可能影响船舶的运营效率和盈利能力。

4.3.1.3　案例过程概述

2019 年 1 月 30 日，一艘外籍集装箱船（简称 A 轮）在洋山港接受港口国控制检查时，因多项违反《压载水管理公约》的行为被开具缺陷报告并滞留。该船在亚太地区港口国监督谅解备忘录中被列为高风险船舶和优先检查对象。该船原挂中国香港旗，后改挂印度洋上非洲某岛国国旗，同时船级社和船名也有所更改。在检查压载水管理计划时，PSC 发现该计划未获得船舶当前船旗国或船级社的批准。直到检查接近结束时，船长才提供了一份由当前船级社于 2019 年 1 月 18 日临时认可的压载水管理计划，但计划中的船舶信息未更新，且无任何流转记录。船长承认该计划未在涉及压载水管理的船员中流转和签名。据悉，该船共持有 5 份压载水管理计划，仅有 1 份得到当前船级社的认可，且相关信息未进行更新。

在检查该船的压载水记录簿时，PSC 发现记录簿格式不符合《压载水管理公约》要求，记录内容也不符合规定。例如，未使用项目代码，未记录港外吸入压载水时的水深，错误地使用了吨而非米³作为压载水容积单位等。该船在 2018 年 10 月 28 日和 11 月 8 日分别对5SWBT(P) 和 5SWBT(S) 舱内的压载水进行了置换而未经处理。作为一艘新船，应按照公约D-2 标准处理压载水，而非置换。此外，根据压载水记录簿的记录和大副的陈述，该船自投入营运以来，多次排放未经处理的压载水。大副表示，根据他的理解，由于排放地点为公海，因此无须处理即可排放。2019 年 1 月的排放记录显示部分排放的压载水经过了处理，但大部分压载水被直接排放而未经处理。

PSC 通过电子船舶信息和证书数据交换系统核实了该船排放压载水的地点，发现最近一次排放的地点大多位于中国专属经济区内，最近的一次排放点距离中国领海基线不足18海里。因此，排放地点既不属于公海，也不符合压载水管理公约第 A-3 条规定的例外情况。在检查该船的压载水管理系统和操作说明时，PSC 发现该船吸入和排放压载水都需要经过系统处理，这表明该船在压载水方面的操作也不符合说明书的要求。PSC 抽取了 5DB(P) 和 (S) 两个压载舱的压载和排放情况进行核实。压载水记录簿显示：① 2018 年 8 月 11 日，该船在韩国水域装载了未经处理的压载水，装载后 5DBP 和 S 舱的压载水容量分别为 1071 吨和 1000 吨；② 2018 年 10 月 24 日，该船在 COLOMBO 港排放了经过处理的压载水，但排放前 5DBP 和 S 舱内的压载水容量分别为 659 吨和 666 吨，与 8 月 11 日的记录不一致，排放后，两个舱内剩余的压载水分别为 98 吨和 110 吨；③ 12 月 14 日，该船在天津对这两个舱进行压载，但压载前这两个舱内的压载水容量分别为 21 吨和 28 吨，与 10 月 24 日记录的剩余压载水容量也不一致；④ 2019 年 1 月 28 日，该船在山东水域排放了未经处理的 5DBP 和 S 舱的压载水，排放后的容量分别为 67 吨和 71 吨。船长和大副都无法解释上述两个舱的记录前后不一致的问题，也承认排放了部分未经处理的压载水，包括混合压载水。

由于该船在压载水管理方面存在多项问题，因此 PSC 将其压载水管理计划和记录簿的缺陷记录为一般缺陷，并将该船在压载水管理系统工况良好的情况下多次排放未经处理的压载水的行为记录为滞留缺陷。这些缺陷显示该船的压载水管理不符合安全管理体系的相关规定，因此开具了具体的滞留缺陷，并要求进行附加审核。这是《压载水管理公约》对中国生效后，中国 PSC 因压载水管理缺陷滞留的首艘外轮。在该轮被滞留后，船级社的验船师登轮进行了相关工作，更新了压载水管理计划，确保其获得船舶当前船旗国或船级社的批准，并更改了压载水记录簿的格式，以使其符合《压载水管理公约》的要求。验船师还对船员进行了《压载水管理公约》相关要求和压载水处理系统操作的培训，以确保船员了解并遵守相关规定。同时，针对船舶的安全管理体系，验船师进行了附加审核。在审核过程中，发现了关于船员操作和压载水记录簿的两个不符合项，要求船舶的安全管理公司限期找出问题的根本原因，并采取相应的措施，以避免类似问题再次发生。随后，PSC 登轮进行复查，核实了船舶的压载水管理计划、记录簿及船员的培训情况。如果复查结果符合要求，即船舶已经采取了必要的纠正措施并符合相关规定，那么船舶会于 2019 年 1 月 31 日被解除滞留状态。这些措施和审核流程旨在确保船舶在压载水管理方面符合国际公约的要求，并提高船舶的安全性和环保性能。

4.3.1.4　案件分析与启示

船舶压载水对海洋环境造成的损害具有明显的特点，因此需要通过国际合作和协调来预防和控制这类损害。《联合国海洋法公约》将海洋划分为内水、领海、毗连区、专属经济区和公海等不同区域，每个区域都有其特定的法律属性和规定。这意味着各国在保护海洋环境方面拥有不同的权利和义务，并对不同海域的污染行为拥有不同程度的管辖权。没有任何一个国家能够单独解决复杂的海洋环境保护问题。在本案例中，根据压载水记录簿的记录，该船在运营过程中多次排放未经处理的压载水。大副误以为在公海排放压载水无须处理，但调查核实发现，排放地点既不在公海，也不符合《压载水管理公约》中规定的例外情况，而是位于中国专属经济区内。因此，制订跨国界的统一标准和行动计划显得尤为重要。各国需要共同努力，通过合作和协商来保护海洋环境免受污染和破坏。

防控船舶压载水对海洋环境造成的损害，包括采取预防措施来控制和管理船舶压载水，以预防、减少或消除随压载水转移的有害生物和病原体通过压载水排放对海洋环境造成的损害。国际合作与协调是国际环境领域广泛开展的合作形式之一，国际社会本着全球伙伴和合作精神，为防止、减轻或消除船舶压载水携带外来生物和病原体对海洋环境造成的损害，进行各种协作、谈判并采取必要的共同行动和措施。面对严重的环境问题，任何国家，无论其经济和科技实力多么雄厚，都无法单独解决全球性或地域性问题，只有通过国家间的相互合作才能有效保护和解决环境问题。船舶压载水对海洋环境造成的损害也需要各国间的真诚合作，这决定了在全球范围内对船舶压载水进行防控的国际合作和协调的必要性。

在本案例中，压载水管理计划存在缺陷的原因是船舶更换了船旗、船级社和船名，而船级社对计划中涉及的内容未进行更新。船舶持有多份计划，但只有一份得到了船级社的认可。船舶最初提供的是未经认可的版本，后来才提供了经认可的版本，这表明船舶在文书管理方面存在问题。计划的流转、船员培训和熟悉度也未得到有效执行。PSC 建议船舶更新相关信息，并确保压载水管理计划涉及的内容及时更新；安排专人保管计划，并在检查时能及时提供；对涉及计划的船员，应做好计划的流转、培训和熟悉度，并做好记录。

《压载水管理公约》生效以来，关于压载水记录簿的缺陷是最多的。在案例中，压载水记录簿的格式不符合要求，记录存在多项问题，更严重的是，某些舱的压载水容积记录不连续，船员也无法清晰说明排放压载水的去向。关于压载水记录簿的格式和记录，公约有明确要求。但当前船舶所持的压载水记录簿格式五花八门，大多数来自公司体系文件，与公约要求不一致，导致船员记录也存在不少问题。随着越来越多安装压载水管理系统的新船投入运营，部分新船对压载水的处理存在问题，应通过系统处理压载水，而不应再进行压载水置换或排放未经处理的压载水。在紧急情况下，如压载水管理系统发生故障，压载水的吸入或排放可以直接旁通，不需经过处理系统，但应在压载水记录簿中做好记录。

上述问题的共性在于缺乏国际合作与协调机制。良好的压载水管理需要船舶与不同国家的港口和船旗国进行紧密合作，以确保一致性和合规性，并共同保护海洋环境。国际合作与协调在制定共同标准、指导方针和法规方面至关重要，以减少管理规定的多样性，降低管理复杂性和不确定性。此外，国际合作还能促进信息共享、经验交流和技术创新，提高全球船舶压载水管理水平，并加强监督和执法措施，确保违规行为得到发现和纠正。只有通过国际合作与协调，才能解决压载水管理缺陷的根本问题，并实现全球范围内的可持续发展。

4.3.1.5　结论

在洋山港进行的检查中，一艘外籍集装箱船因违反压载水管理公约而被滞留，这在中国尚属首次。该船的压载水管理计划未得到批准，其压载水记录簿的格式也不符合公约的规定，且记录方式不规范。尽管该船的压载水处理系统运行正常，但船方多次排放未经处理的压载水，违反了相关规定。这一事件凸显了加强船舶压载水管理的紧迫性。为了提升船员对《压载水管理公约》的认识，确保他们能够熟悉并遵守相关要求，需要采取相应的措施。同时，强化港口国监督（PSC）检查也是提升中国在船舶压载水管理方面的合规性和效率的重要手段。这不仅有助于保护海洋环境，还能促进航运业的可持续发展。

4.3.1.6　思考题

（1）鉴于本事件对海洋环境可能造成的影响，讨论如何通过国际合作加强公海区域的压载水排放监管，以及如何平衡船旗国、沿海国和港口国之间的利益和责任？

（2）考虑到船员对压载水管理规定理解不足的情况，如何通过教育和培训提升船员对《压载水管理公约》的认识，并确保他们能够正确执行压载水管理计划？

（3）考虑到不同国家和地区在压载水管理技术和立法上的差异，如何建立一个有效的国际合作框架，以促进信息共享和技术转移？

（4）鉴于本事件对海洋环境可能造成的影响，讨论如何通过国际合作加强公海区域的压载水排放监管，以及如何平衡船旗国、沿海国和港口国之间的利益和责任？

4.3.1.7 案例使用说明

（1）案例摘要

2019 年 1 月 30 日，洋山港发生了一起外籍集装箱船因违反《压载水管理公约》而被滞留的案例。该船存在多项压载水管理缺陷，导致其被记录并滞留。随后，通过船级社验船师的介入，该船更新了压载水管理计划和记录簿，对船员进行了相关培训，并完成了安全管理体系的审核。此事件突出了国际合作在船舶压载水管理中的关键作用，并指出了加强管理、提高船员意识及建立国际合作框架的必要性。这些措施对于确保船舶压载水管理的合规性、保护海洋环境及促进航运业的可持续发展至关重要。

（2）课前准备

学生收集案例相关新闻和相关国际公约文本，提前阅读案例和相关背景资料，了解船舶压载水管理的基本知识和国际合作的必要性。课上鼓励学生分成小组，每组针对案例中的不同方面进行深入讨论，如法律、技术、环保等。

（3）教学目标

本案例旨在帮助学生理解船舶压载水管理的基本概念、国际公约的要求及压载水对海洋环境的潜在影响，分析和评估船舶压载水管理计划的合规性，识别潜在的缺陷，并提出改进措施。并培养学生对海洋环境保护的责任感和国际合作精神。

（4）分析的思路与要点

本案例分析了《压载水管理公约》的主要内容和对船舶的具体要求，探讨了压载水管理系统的技术要求，包括压载水置换、处理和记录等，讨论了未经处理的压载水排放对海洋生态环境的潜在影响，强调不同国家在船舶压载水管理中的合作与协调的重要性，深入分析了案例中的具体缺陷，如管理计划的批准、记录簿的格式和内容等。

（5）课堂安排建议

根据具体课时安排，可以多个课时开展。课前先安排学生阅读相关资料，让学生自主了解船舶压载水的相关背景。

课堂（45 分钟）安排：

教师讲授	（15 分钟）
学生讨论	（10 分钟）
学生报告和分享	（15 分钟）
教师总结	（5 分钟）

补充阅读

[1] 信德海事网. PSC 典型案例：首艘外轮因压载水管理缺陷被滞留 [EB/OL]. (2019-02-22) [2024-10-22]. https://www.xindemarinenews.com/topic/PSC/2019/0225/10515.html.

[2] 章奇林, 孙玉杰. 压载水管理缺陷滞留案例分析 [J]. 世界海运, 2020, 43(5)：44-47.

[3] 全国船用机械标准化技术委员会. 船舶压载水处理系统第 4 部分：排放取样装置和规程: GB/T 43330.4-2023[S]. 北京：中国标准出版社, 2023.

[4] 张卫东, 杜彬, 曲慧芳, 等. 船舶压载水处理技术研究背景、进展与面临的挑战 [J]. 海洋工程装备与技术, 2023, 10(4)：1-10.

[5] 李志文, 杜萱. 防控船舶压载水造成海洋环境损害的国际合作与协调 [J]. 法学杂志, 2012, 33(6)：40-45.

[6] 张爽, 王海, 张硕慧. 涉及船舶压载水及沉积物处置的应急反应概述 [J]. 中国海事, 2009(12)：35-39.

[7] 党坤, 宋家慧, 赵殿荣, 等. 船舶压载水问题综述 [J]. 航海技术, 2001(4)：60-63.

[8] 刘佳. 论环境保护的国际合作原则 [D]. 青岛：中国海洋大学, 2006.

[9] 肖均亮, 马汝涛. 船舶压载水管理典型缺陷分析及管理对策 [J]. 世界海运, 2023, 46(9)：12-14.

[10] Wei F, Yating C, Tao Z, et al. Evaluate the compliance of ballast water management system on various types of operational vessels based on the D-2 standard[J]. Marine Pollution Bulletin, 2023, 194(PB): 115381.

[11] Rak G, Zec D, Kostelac M M, et al. The implementation of the ballast water management convention in the Adriatic Sea through States' cooperation: The contribution of environmental law and institutions[J]. Marine Pollution Bulletin, 2019(10): 245-253.

4.3.2　浒苔跨区域防治案例

内容提要： 2021 年, 黄海海域的浒苔灾害规模达到了历史最高值。这场灾害不仅造成了经济损失, 还影响了近岸的水质和空气环境, 导致一些滨海休闲项目无法正常进行, 对当地旅游业造成了重大影响。浒苔的暴发揭示了跨区域污染防治的问题, 暴露了海洋环境污染管理的不足。为了有效应对这一挑战, 需要提高对海洋生态环境监督与管理的效率, 这不仅涉及技术层面的改进, 也包括对相关政策和措施进行强化。提升管理水平和船员的环保意识可以使海洋环境得到更好的保护, 航运业的可持续发展也将得以促进。

关键词： 生态环境损害; 浒苔打捞; 系统保护; 政府治理; 生态伦理; 监督职能

4.3.2.1　引言

浒苔属于石莼科, 是一种单层细胞构成的管状或带状绿色藻类植物, 广泛分布于全球沿海国家, 在中国主要集中于辽宁、山东、江苏、福建等省的近海区域, 以及浙江奉化沿海和象山港。近年来, 浒苔大量增殖形成的绿潮已成为全球频繁发生的生态现象, 中国也多次出现了孔石莼、浒苔等大型海藻的异常增殖和聚集。

在适宜条件下, 浒苔能迅速繁殖。大量繁殖的浒苔会阻塞鱼类等生物的呼吸系统, 导致其死亡。同时, 它们还会遮挡阳光, 使水底固着的藻类因缺乏光照而死亡。研究还表明, 浒苔分泌的化学物质可能会对其他海洋生物产生不利影响, 这些有害化学物质会在鱼和贝类体内积累, 进而导致水鸟或人类食用后中毒。此外, 浒苔死亡后腐烂分解, 会大量消耗水中氧气, 使得受影响水域失去生机, 同时浒苔的大量聚集还会严重影响景观, 干扰旅游观光和水上运动。

全球气候变化和水体富营养化等因素导致海洋大型海藻浒苔绿潮频繁暴发。大量浒苔聚集于岸边，阻塞航道，堆积腐烂时会消耗大量氧气，并散发出恶臭，破坏海洋生态系统，严重威胁沿海渔业和旅游业的发展。2008 年，浒苔绿潮在山东省和江苏省沿岸及近海海域造成了 13.22 亿元的直接经济损失。2021 年，青岛海域浒苔覆盖面积达到 1746 千米²，打捞量约 24 万吨，对当地渔业、旅游业和海洋生态环境造成了严重影响。当年，青岛市动用了 7300 余艘次船只进行浒苔打捞，投入了大量人力物力进行灾害处置；黄海浒苔分布面积达到了 60 594 千米²，覆盖面积达 1746 千米²，是 2013 年覆盖面积最大年份的 2.3 倍；6 月 30 日青岛所辖海域的浒苔覆盖面积达到峰值，约 551 千米²。这些数据凸显了浒苔绿潮灾害对我国相关海域造成的经济和生态压力。

4.3.2.2　案例背景介绍

黄海海域的浒苔绿潮灾害在我国尤为显著，特别是山东青岛近海区域，已连续多年遭受大规模侵袭。每年 4 月中下旬，浒苔绿潮首先在黄海南部浅滩及周边海域出现，随后向北和东北方向扩散，逐渐形成条带状并迅速增加生物量。到了 6 月中上旬，绿潮会抵达山东半岛南岸，最终形成大规模的绿潮现象。

研究发现，浒苔的跨区域转移与苏北近海浅滩的大规模紫菜养殖活动密切相关。春季海水温度上升时，养殖筏架上的浒苔开始繁殖，随后在洋流和风力作用下向北漂移，在海面上迅速生长，并在山东沿岸登陆。这一跨区域的浒苔转移对黄海海域造成了显著影响，不仅使当地渔业和旅游业遭受经济损失，还因浒苔腐烂后释放的氨氮和硫化物导致水中硫化物浓度上升，发出恶臭，严重破坏了海洋生态环境。此外，浒苔绿潮还可能引发次生赤潮灾害，对海洋生态系统造成长期影响。

在治理浒苔方面，山东和江苏两省存在争议。有研究指出，绿潮的形成与苏北浅滩的特殊环境及当地养殖活动有关。而山东则投入了大量资金对其进行治理，2016 年青岛官方公布的数据显示，仅处置浒苔就花费了 1 亿元，对滨海旅游业和沿海养殖造成的损失可能远超此数。为应对这一挑战，中国采取了一系列措施加强跨区域海洋生态保护合作。生态环境部联合有关部门和环渤海"三省一市"开展了渤海综合治理攻坚战，在海洋污染防治、生态保护修复和环境风险防范等方面采取了一系列跨区域治理措施。2020 年，渤海近岸海域水质优良比例达到 82.3%，相比攻坚战实施前的 2017 年大幅提升了 15.3%。

自然资源部通过"蓝色海湾"整治行动，支持长三角地区城市开展海洋生态保护修复工作。同时，生态环境部会同有关部门共同编制了《长江三角洲区域生态环境共同保护规划》，聚焦上海、江苏、浙江、安徽共同面临的系统性、区域性、跨界性突出生态环境问题，加强生态空间共保，推动环境协同治理。这些措施旨在提升海洋生态环境的高效监督与管理，保护海洋环境，促进航运业的可持续发展。

4.3.2.3　案例过程概述

2021 年 7 月，青岛附近海域的浒苔大规模暴发，这已是该地区连续第 15 年面临浒苔问题。自然资源部北海预报中心的监测显示，5 月 17 日，卫星首次在苏北浅滩附近海域检测到成规模的漂浮浒苔。这些浒苔随后向偏北方向漂移，分布面积和覆盖面积迅速扩大。至 6 月 26 日，黄海海域浒苔的分布面积已达 60 594 千米²，覆盖面积达 1746 千米²，是 2013 年覆盖面积最大年份的 2.3 倍。到了 6 月 30 日，青岛海域的浒苔覆盖面积达到峰值，约 551 千米²。尽管每年都进行浒苔打捞，但治理措施一直停留在治标不治本的层面。浒苔的来源尚未得到明确的高层次认定。尽管山东和江苏两省是主要发现地，但尚未建立有效的联动机制来共同追根溯源，从根本上解决问题。

自 2007 年首次暴发浒苔以来，2008 年，青岛作为北京奥运会"奥帆赛"的举办城市，为了保障水域条件，开始了对浒苔的溯源防治。专家研究后认为浒苔源于江苏沿海，但江苏对此提出反驳，认为江苏沿海从未暴发过浒苔灾害，而青岛在 2006 年已有浒苔出现。因此，对于浒苔的起源，两地均不承认。2011 年，国家海洋环境监测中心的研究表明，浒苔主要源于苏北浅滩，长江入海口以北的紫菜养殖筏架是浒苔的老家。随后，中科院烟台海岸带研究所通过卫星遥感图展示了浒苔的扩展过程，显示绿色斑块最初出现在江苏盐城和连云港沿岸，后随洋流向北迁移至黄海中心，并在青岛东南 100 千米处的外海达到最大面积。

2012 年，中科院海洋研究所的研究员提出，浒苔生成发展于黄海南部，具体形成地点将在一两年内研究清楚。2013 年，研究员再次明确得出结论，浒苔源于江苏射阳、盐城、如东一带沿海，当地独特的辐射沙洲地形和富含氨氮的海水是浒苔绿潮形成和暴发的重要原因。2014 年，国家重点基础研究发展计划项目结论也认为，浒苔绿潮的源地为苏北浅滩。2016 年，原国家海洋局与山东省、江苏省、青岛市人民政府共同建立了黄海跨区域浒苔绿潮灾害联防联控工作机制，全面加强黄海绿潮灾害跨区域联动。在当年召开的联防联控工作协调组会议上提出，由政府牵头、多部门参与的浒苔绿潮灾害防控工作小组应成立，旨在加强源头治理和防治，减少污染物入海总量，并做好浒苔绿潮末端治理。

2018 年，青岛成为上海合作组织青岛峰会的主办城市。为保障峰会顺利召开，自然资源部印发了《保障 2018 年青岛上合组织峰会浒苔绿潮联防联控工作方案》，要求江苏省、山东省及相关单位启动联防联控机制，协同应对黄海浒苔绿潮灾害。由于峰会的高规格要求，两省对浒苔治理工作给予了空前重视。江苏在浒苔绿潮源头区设置了多条通道和防线，组织沿海多个县市实施"网格式"浒苔防控，并加强了紫菜养殖筏架附生浒苔和养殖区漂浮浒苔的清理工作。山东省则在日照至青岛设置了多道海上拦截防线，并在重点海湾和海域设置了近岸拦截网，安排船只巡查打捞。

从 2022 年起，自然资源部和山东、江苏两省共同成立了黄海浒苔绿潮前置打捞联合指挥部，出动大功率船只和大型驳船到苏鲁交界海域开展浒苔绿潮前置打捞工作。同时，综合利用卫星遥感、无人机、船舶巡航等手段进行浒苔监测，及时发布预警信息。江苏省也推进了除藻作业和筏架回收，对发现的问题进行督促整改。在两省的共同努力下，浒苔绿潮早期生物量有效降低，浒苔绿潮规模及影响明显减轻，为社会创造了一个清洁、优美的海洋环境。

4.3.2.4 案件分析与启示

江苏省作为我国条斑紫菜的主要产区，聚集了全国 97% 的条斑紫菜生产企业。2019—2020 年，该省条斑紫菜栽培面积达到 70 万亩，种苗培育室面积 102 万米^2，年产标准制品达 60 亿张，占据国际紫菜市场贸易份额超过 65%，出口至全球近 80 个国家和地区，年出口额高达 3 亿美元，总产值达到 120 亿元人民币。江苏省的紫菜养殖产业之所以兴旺，主要得益于其优越的自然条件。位于黄海南部的江苏省，拥有 954 千米的海岸线，广阔的沿海滩涂和浅海海域，滩涂面积达 980 万亩，约占全国滩涂总面积的 1/4。特别是该省独有的辐射沙洲滩涂，为紫菜养殖提供了理想的自然条件。

江苏省的南通市、盐城市及省管海域内适宜养殖紫菜区域的潮流、水深、营养盐等条件均适宜紫菜生长。连云港市拥有广阔的适宜紫菜生长的浅海海域，2020 年该市紫菜养殖面积达 51 万亩，年总产值达到 25.04 亿元。然而，适宜紫菜生长的环境也为浒苔提供了生长的温床。海水中的浒苔孢子会混入紫菜养殖区并附着在养殖筏上，尽管养殖户会进行处理，但仍有部分浒苔会逃逸。随着养殖户向深水海域发展及机械化采收的普及，附着在养殖筏上的浒苔被采收机械扯下，随水流漂散，为浒苔的北漂和生长提供了条件。当浒苔到达黄海北纬 33°~35° 的海域时，得益于适宜的光照、营养、海水和温度，其能在短短 20 天内繁殖到原来的 1.5 倍，加之受到青岛附近海湾的地形和洋流影响，导致浒苔聚集。

早期紫菜养殖中，养殖户使用氮肥、酸剂等物质，以及插杆和泡沫浮体等物品，对近岸海域造成了一定程度的污染。随着海洋生态环境保护工作的推进和养殖技术的提升，可持续的紫菜养殖技术得到了广泛推广。作为全国最大的条斑紫菜生产基地，江苏省连云港市已主动缩减紫菜养殖规模，计划到 2025 年减少占用海域指标 9 万亩以上。自然资源部与江苏省在苏北辐射沙洲紫菜养殖区共同开展了浒苔绿潮防控试验，通过除藻作业和及时回收紫菜养殖筏架等措施，从源头上控制了入海浒苔绿藻的初始生物量。

浒苔的跨区域转移和大量聚集不仅阻塞了航道，影响了沿海渔业和旅游业，还造成了经济损失。浒苔腐烂后释放的氨氮增加了水中硫化物的浓度，发出恶臭，严重破坏了海洋生态环境。此外，处理这些浒苔需要大量的人力和物力，进一步影响了当地经济的发展。这一现象暴露了我国在海洋生态保护合作方面的管理和制度缺陷。目前缺乏有效的跨区域协调机制，使得不同省份在治理浒苔时缺乏统一的行动和规划。同时，全国性的海洋生态灾害防控体系尚未完全建立，缺少一个统一的海洋灾害防控目录和体系，难以从国家层面统筹规划浒苔绿潮灾害的处置工作。此外，公众对海洋保护的意识和参与度不高，缺乏有效的宣传教育和公众参与机制。提升公众对海洋生态保护的认识，鼓励公众参与浒苔绿潮的防治，是解决这一问题的重要途径。

有观点认为，通过打捞等方式在浒苔源头地减少种源是治标，而控制污染排放、改善近海水质才是治本。只有标本兼治，才能彻底解决问题。目前，我国海域污染的跨区域治理尚不完善，地方政府在海洋环境管理中行动滞后，难以实现区域内共治海洋环境的目标。有学者指出，在海洋环境污染区域管理中，地方政府之间的关系往往是"自然无关联与合作并存"。面对重大突发性海洋环境问题时，各地能够迅速建立统一战线合作治理，但对于一般海洋环境问题，则往往处于无关联状态，使得浒苔问题成为跨省域海洋环境治理中的难题。

为解决浒苔跨区域转移问题，建立有效的跨区域协调机制至关重要。首先，需要建立统一的协调机构，负责统筹不同省份间的浒苔治理工作，确保行动一致、信息共享。例如，自然资源部与山东、江苏两省共同成立的黄海浒苔绿潮前置打捞联合指挥部，通过前置打捞工作，有效减少了海上浒苔生物量，延缓了浒苔北上的时间。其次，应加强区域间的合作与交流，建立定期会商和信息通报制度，共同研究治理措施和对策。通过制定区域性的治理规划和行动方案，明确各方责任和任务，形成联防联控的工作格局。同时，加强海洋生态保护法律法规的建设，为区域协调治理提供法律支撑。此外，提高公众对海洋保护的意识，鼓励公众参与到浒苔绿潮的防治工作中来，通过教育、媒体宣传等方式，让公众了解浒苔的危害和防治的重要性，形成全社会共同参与的良好氛围。最后，应加强海洋环境监测和预警系统建设，提高对浒苔绿潮的监测和预警能力，利用现代信息技术手段，如卫星遥感、无人机监测等，实时掌握浒苔的分布和漂移情况，为科学治理提供依据。

4.3.2.5　结论

浒苔对近海环境和沙滩造成了破坏，对当地旅游业发展产生了严重影响，导致海产品养殖损失，并且对水上运动和航道造成了影响。黄海浒苔的跨区域转移问题揭示了海洋环境管理中跨区域协调机制和生态补偿机制的缺失。不同区域在处理浒苔问题时往往独立行动，缺乏统一的规划和行动，使得防治工作难以形成有效的合力。为应对这一挑战，需要加强区域间的合作与交流，建立定期的会商和信息通报制度，共同研究和制定治理措施与对策。

4.3.2.6　思考题

（1）分析浒苔问题为何需要跨区域协调机制来解决，并讨论这种机制面临的潜在挑战。

（2）讨论为什么单一省份或地区难以独立解决浒苔问题，并解释联防联控的重要性。

（3）跨区域联合治理如何更好地引导各方全力实现管控目标？

（4）如何更好地向公众解释"表面非污染区域"的污染责任承担问题？

（5）提出建立一个全国性的海洋灾害防控体系可能面临的挑战，并讨论如何克服这些挑战。

4.3.2.7　案例使用说明

（1）案例摘要

青岛海岸线长期受到浒苔绿潮的影响，而在 2021 年，这一问题尤为严重。恰逢旅游高峰期间，浒苔的大量出现加剧了近岸水域和空气质量的恶化，进一步影响了海滨休闲活动。此次浒苔泛滥事件不仅是一次环境危机，也凸显了跨区域污染防控的不足，对如何更有效地保护和管理海洋生态环境提出了新的挑战。

（2）课前准备

学生通过查找浒苔绿潮灾害联防联控工作的新闻报道及相关文献资料，较为清晰、准确地了解浒苔的危害、暴发原因与防治措施，为课堂学习和深入讨论做好充分的知识准备、情境准备和心理准备。

（3）教学目标

通过案例分析，学生可以对海洋保护的科学性与综合性有更为清晰的认识，并在此基础上，对工程实践中的伦理问题进行辨识、思考，了解工程师应具备的科学精神、应遵循的科学伦理规范和法律规范。

（4）分析的思路与要点

本案例通过梳理浒苔绿潮灾害联防联控工作的进展，结合卓有成效的治理效果，从社会伦理、生态伦理、工程伦理三个角度进行工程实践的原因分析，案例试图从政府部门统一部署，配合协作，参与生态保护的角度谈社会治理，有助于学生打开新的学习思路。

（5）课堂安排建议

根据具体课时安排，可以多个课时开展。课前先安排学生阅读相关资料，让学生自主了解浒苔的相关历史背景。

课堂（45 分钟）安排：

教师讲授　　　　　　　（15 分钟）

学生讨论　　　　　　　（10 分钟）

学生报告和分享 　　（15分钟）

教师总结 　　　　　（5分钟）

补充阅读

[1] 高硕，靳熙芳，张盼盼，等. 基于生长漂移预测模型的浒苔灾害风险动态评估方法研究 [J]. 海洋技术学报，2022，41(3)：75-82.

[2] 李大秋，贺双颜，杨倩，等. 青岛海域浒苔来源与外海分布特征研究 [J]. 环境保护，2008(16)：45-56.

[3] 梁宗英，林祥志，马牧，等. 浒苔漂流聚集绿潮现象的初步分析 [J]. 中国海洋大学学报（自然科学版），2008(4)：601-604.

[4] 刘佳，张洪香，张俊飞，等. 浒苔绿潮灾害对青岛滨海旅游业影响研究 [J]. 海洋湖沼通报，2017(3)：130-136.

[5] 日照海洋. 浒苔前置打捞见成效，较去年上岸量明显减少！王宏副部长担任组长！自然资源部积极协调成立黄海跨区域浒苔绿潮灾害联防联控工作协调组 [EB/OL]. (2022-07-11) [2023-11-20]. https://mp.weixin.qq.com/s?__biz=MzUyODA0NTc0Nw==&mid=2247508562&idx=3&sn=75553a17d67fabe2b937b3c9e584e7d1&chksm=fa74a18ecd032898f493e467b307a5596255b982c39a5aa18947c366fefec984df4b92de17b2&scene=27.

[6] 单俊伟，刘海燕，马栋. 浒苔的研究与资源化利用进展 [J]. 现代农业科技，2016(15)：258-260.

[7] 唐启升，张晓雯，叶乃好，等. 绿潮研究现状与问题 [J]. 中国科学基金，2010，24(1)：5-9.

[8] 王春忠. 虾蟹贝混养中浒苔危害的防治方法 [J]. 科学养鱼，2014(3)：56-57.

[9] 王文娟，赵宏，米铕，等. 大型绿藻浒苔属植物研究进展 [J]. 湖南农业科学，2009(8)：1-4.

[10] 徐承斌，杨同娥. 浒苔在池塘养殖中的危害及防治技术 [J]. 齐鲁渔业，2002(1)：31.

[11] 于波，汤国民，刘少青. 浒苔绿潮的发生、危害及防治对策 [J]. 山东农业科学，2012，44(3)：102-104.

[12] 张雪，栾青杉，孙坚强，等. 绿藻浒苔对浮游植物群落结构影响研究 [J]. 海洋科学，2013，37(6)：24-31.

[13] 中国环境. 这场浒苔阻击战，已持续 16 年 ![EB/OL]. (2022-07-26) [2023-11-20].https://baijiahao.baidu.com/s?id=1739419886728548916&wfr=spider&for=pc.

4.4　英法渔业争端案例

　　内容提要： 英国脱离欧盟后，与欧盟国家在渔业领域的紧张关系升级。"脱欧"协议虽已明确欧盟渔民在英国海域的捕鱼权利，但在执行过程中出现的挑战引发了双方的分歧和不满。这场争端揭示了多个层面的问题：资源分配和捕捞权成为主要争议点，双方在特定海域的历史权益主张上存在差异。同时，渔业争端也催生了对合作与对话的需求，强调通过协商解决分歧，尊重彼此的权利和利益。此外，责任和尊重构成了解决争端的伦理基础，要求双方承担相应责任，遵守国际法和协议，以建立相互尊重和平等的关系。

　　关键词： 海洋渔业；捕捞；脱欧；政治博弈；伦理

4.4.1　引言

　　根据"脱欧"协议，自 2021 年 1 月 1 日起，欧盟国家的渔民获得了在英国海域捕鱼的权限。然而，在随后的几个月内，英国频繁拒绝法国渔船的捕鱼许可申请，导致仅有少数渔船获得批准。法国对此提出指责，认为英国违反了协议，并计划实施制裁，如限制英国渔船进入法国港口和加强对英国商品的检查，甚至考虑限制对英国的能源供应。英国对法国的这些举措表示失望并发出警告。尽管英欧双方已签署协议，但渔业问题仍未得到妥善解决，英国在国内外政治压力下，不太可能轻易妥协，使得双方的争端前景仍然不明朗。

　　法国政府扣押了一艘英国渔船，并对另一艘发出了口头警告。英国对此表示失望，并威胁法国不要采取进一步的报复行动。法国海洋事务部宣布，他们对两艘英国渔船进行了检查，并暂扣了其中一艘。法国负责欧洲事务的国务秘书表达了对英国的零容忍态度，同时也表示愿意进行对话。尽管法国总理表示愿意就渔业争端进行谈判，但分析认为，英国政府在渔业问题上难以让步，希望通过这一问题向欧盟展示其强硬立场，以避免在其他问题上处于被动地位。

　　渔业问题不仅是英法之间的争端，也是英国"脱欧"后遗症的体现。约翰逊政府希望通过强硬的态度来避免被视为"容易退缩"，而法国则试图通过行动和争取欧盟支持来解决问题。然而，欧盟成员国在对英国采取行动方面持谨慎态度，而法国推动欧盟层面的行动并不容易。

4.4.2　案例背景介绍

　　英国的渔业资源主要依赖世界著名的北海渔场，该渔场由北大西洋暖流与东格陵兰寒流交汇形成，丰富的鱼类资源包括鲱鱼、鲭鱼、鳕鱼、鳘鱼和比目鱼等，其中鲱鱼和鲭鱼占据了捕捞量的 50%。此外，英国海域还盛产龙虾、牡蛎和贝类。英国曾是欧盟最大的渔业国之一，其捕捞量占欧盟的 25%。大不列颠群岛周围的海域水深不到 200 米，形成了适宜鱼类繁衍生长的大陆架，便于捕捞作业。

　　法国与英国隔英吉利海峡相望，拥有丰富的渔业资源，包括 100 多种鱼类、20 多种甲壳类和 10 多种贝类及头足类。自 20 世纪 90 年代以来，法国的渔业产量稳定在 40 万~

50万吨。联合国粮农组织的统计显示，法国有200多种捕捞种类，但渔获量在万吨级以上的不足20种。法国的海洋捕捞业主要集中在大西洋沿岸的加来、诺曼底、布列塔尼等区域，以及地中海地区。

英国和法国都拥有丰富的渔业资源。在"脱欧"前，由于欧盟的统一管理，两国之间的渔业摩擦较小，双方通过政策协调确定了各自的海域和捕鱼区域，以确保经济利益的最大化。然而，"脱欧"后，英法之间的联系减弱，历史因素和新的政策限制导致了两国间渔业摩擦的增加。英国前国家安全顾问彼得·里基茨指出，这些摩擦本质上与英国"脱欧"有关。2020年12月底，英国和欧盟就"脱欧"协议达成共识，其中包括渔业问题的五年半过渡期，其间欧盟船只在英国水域的捕获量将减少25%，并在之后每年重新确定捕捞配额。"脱欧"协议的谈判和实施过程中，英法渔业之间的纠葛尤为突出。

4.4.3　案例过程概述

2013年1月23日，英国首相戴维·卡梅伦首次提出"脱欧"公投的构想。2016年6月，英国通过全民公投决定脱离欧盟。2017年3月16日，英国女王伊丽莎白二世批准了"脱欧"法案，授权首相特雷莎·梅启动"脱欧"程序，该程序于3月29日正式开启。根据英国与欧盟的协议，英国定于2019年3月29日正式"脱欧"。2018年6月26日，英国女王批准了"脱欧"法案，正式允许英国退出欧盟。同年7月12日，英国发布了"脱欧"白皮书，11月25日，欧盟27国领导人一致通过了英国"脱欧"协议草案。12月10日，欧洲法院裁定英国可以单方面撤销"脱欧"决定。2020年1月30日，欧盟正式批准英国"脱欧"。经过多轮谈判，欧盟与英国在2020年12月就贸易等合作关系达成协议，为英国按计划结束"脱欧"过渡期铺平了道路。

根据"脱欧"协议，从2021年1月1日起，欧盟国家渔民可以申请捕鱼许可进入英国海域。然而，随后的数月中，法国渔船的申请频频被拒，导致数百艘渔船中只有数十艘获得批准，法国对此表示批评。2021年5月，数十艘法国渔船聚集在英国泽西岛的主要港口圣赫利尔港，抗议英国对法国渔船的限制。这一争议一度导致双方派出军舰。

2021年10月28日，法国政府证实扣押了一艘英国渔船并对另一艘发出口头警告。英国对此表示失望，并警告法国不要采取进一步的报复措施。分析人士指出，捕鱼权是"脱欧"谈判中的一个棘手问题，尽管双方已达成协议，但至今未得到妥善解决。法国海洋事务部宣布，10月27日深夜对两艘英国渔船进行检查，其中一艘渔船因缺乏捕鱼许可被暂扣于勒阿弗尔港。法国负责欧洲事务的国务秘书博纳表示，法国将对英国采取零容忍态度，阻止英国渔船进入直至英国补足法国所要求的捕鱼许可。

争端的焦点在于泽西岛，该岛是英国皇家属地，靠近法国海岸线，岛上的电力主要依赖法国供应。据法国媒体报道，50多艘法国渔船在泽西岛首府圣赫利尔海域举行示威活动，部分渔船封锁了港口，直至傍晚才结束。法国还派出两艘军舰前往泽西岛附近，回应英国此前的行动。

此次纠纷源于"脱欧"后法国渔船在泽西岛海域的准入问题。根据"脱欧"协议，欧盟国家渔民可以申请捕捞许可进入英国海域。然而，泽西岛政府在2021年4月30日出台了新的捕鱼许可制度，要求法国渔船提供过去3年的捕鱼数据，基于此授予当年的许可。

在 344 艘提交申请的法国渔船中，只有 41 艘获得了批准，引发了法国渔民的不满。英法双方对于泽西岛的做法是否违反"脱欧"协议各执一词。泽西岛政府认为其捕捞限制措施符合与欧盟的贸易安排，而法国则认为英国单方面强加了未经提前告知的条款。

欧盟曾要求英国在 2021 年 12 月 10 日前批准数十艘法国渔船的申请，否则可能采取法律行动。2021 年 12 月 10 日晚，英国同意发放 23 份新的捕鱼许可。12 月 12 日，欧盟成员国渔业部长在布鲁塞尔会晤，讨论各国在欧盟海域的捕捞配额，并与英国就共享水域的捕捞配额进行谈判。

4.4.4　案件分析与启示

渔业在英国和法国都扮演着重要的经济和文化角色。作为海洋国家，英法两国的渔业不仅是就业来源，还支撑着包括加工、运输和销售在内的相关产业链。渔业也是文化和历史传承的载体，对沿海社区的生活至关重要。在英国，渔业不仅是就业来源，也是社区文化的象征，其产品还出口到欧洲及其他国家，为国家经济做出了贡献。法国的渔业同样是经济的重要支柱，国民对海鲜的偏好使渔业成为饮食文化的重要组成部分。

然而，"脱欧"后的渔业协议在英法之间引发了严重冲突。协议允许欧盟国家渔民进入英国海域捕鱼，但英国政府频繁拒绝法国渔船的许可申请，导致双方关系紧张。法国认为英国违反了协议，并计划采取制裁措施，包括限制英国渔船进入法国港口和加强对英国商品的检查，甚至考虑限制能源供应以对英国施压。此次争端揭示了渔业资源管理中的属地和资源分配问题。属地问题主要涉及法国渔船在英国水域的准入，尤其是在英属泽西岛海域的捕鱼权。根据"脱欧"协议，欧盟国家渔民自 2021 年 1 月 1 日起可以申请进入英国海域捕鱼，但需提供在该海域捕鱼的历史证明。英国当局对申请文件的严格审核导致大量申请被拒，引发法国不满。资源问题则体现在渔业资源的分配上，这成为双方争议的焦点。

在英法渔业争端中，双方均主张对特定海域的捕捞权利，使得资源的公平分配成为争议的核心。这一争端不仅涉及对历史渔业权利的不同理解和主张，还关联到资源分配的公正性。英国可能强调其在领海内的捕捞传统，而法国则可能提出在相关海域的历史权利。因此，平衡这些历史权利成为一个复杂问题。同时，渔业资源的有限性与不断增长的需求之间的矛盾，也带来了如何公正分配资源的挑战。例如，如何分配英法两国渔业船只在某一海域的捕捞配额，以确保资源的可持续利用和公平分配，是一个关键问题。此外，渔业资源分配还需考虑生态和环境影响，平衡渔业发展与生态保护的关系。

解决渔业冲突需坚持合作和对话原则，避免采取单方面制裁或威胁。通过建立互信和合作机制，有效化解矛盾，实现长期稳定发展。合作与对话是解决渔业争端的基础，有助于双方了解立场，找到解决方案。这不仅有助于建立互信，还有利于实现长期稳定发展。通过合作机制和共同管理框架，共同管理渔业资源，实现资源的可持续利用和公平分配，有利于双方利益和海洋生态保护。

此次争端对我国渔业资源管理的启示包括：建立和完善渔业资源管理法律法规，确保资源合理分配和利用；加强跨区域协调，通过区域合作与交流，建立定期会商和信息通报制度，共同研究治理措施；提高公众海洋保护意识，鼓励公众参与，形成全社会共同参与的良好氛围。

4.4.5　结论

英法之间的渔业冲突映射出两国在政治、经济和文化等多重背景下的利益对立。渔业冲突的核心在于如何公平分配资源，这不仅涉及对特定海域的历史渔业权利的不同理解和主张，还涉及渔业资源的有限性与需求增长之间的矛盾。如何在满足各方合理需求的同时，不损害他方利益，是一个挑战。例如，如何分配英法两国渔业船只在某一海域的捕捞配额，以确保资源的可持续利用和公平分配，是一个重要问题。同时，渔业资源的分配还涉及生态和环境考量，渔业活动对海洋生态系统的影响，以及如何平衡渔业发展与生态保护之间的关系，是权利与公正的重要方面。解决渔业冲突需坚持合作和对话原则，避免采取单方面制裁或威胁。建立相互信任和合作的机制，可以有效地化解双方之间的矛盾，实现长期稳定的发展。

4.4.6　思考题

（1）英法渔业冲突中，双方的核心争议点是什么？这些争议点如何反映更深层次的公正性问题？

（2）英国"脱欧"协议对渔业资源管理有哪些具体规定？这些规定为何会导致后续的冲突和争议？

（3）泽西岛的地理位置和政治地位在这一争端中扮演了什么角色？

（4）英法渔业冲突中，双方对于历史渔业权利的理解和主张有何不同？这些差异如何影响了争端的发展？

（5）考虑到渔业资源的有限性和需求的增长，如何设计一个公平且可持续的渔业资源分配机制，以平衡各方利益并保护海洋生态环境？

4.4.7　案例使用说明

（1）案例摘要

2021 年，英国与法国间的渔业争端引起了广泛关注。这场争端起因于"脱欧"协议，导致两国关系趋于紧张，其影响不仅限于渔业领域，还可能引发更广泛的贸易冲突，波及两国的其他经济领域。尽管双方在渔业问题上均表现出强硬立场，但同时也有迹象显示，两国都倾向通过外交手段防止局势进一步恶化。此次争端凸显了英国"脱欧"后英欧间结构性问题的复杂性，以及在协议具体执行过程中可能出现的一系列"脱欧"后遗症。

（2）课前准备

学生通过查找英法渔业冲突的新闻报道及相关文献资料，较为清晰、准确地了解此次国际冲突事件的历程，为课堂学习和深入讨论做好充分的知识准备、情境准备和心理准备。

（3）教学目标

通过案例分析，学生可以对海洋资源保护的科学性与综合性有更为清晰的认识，并在此基础上，对工程实践和政治中的伦理问题进行辨识、思考，了解工程师应具备的科学精神、应遵循的科学伦理规范和法律规范。

（4）分析的思路与要点

本案例通过梳理英法两国针对渔业问题冲突的进展，选取代表性事件与社会争议的焦点，从社会伦理、政治伦理、工程伦理三个角度对此次冲突的原因进行分析，案例试图从国际层面展示海洋资源保护的重要性，以及从参与生态保护的角度谈社会治理，有助于学生打开新的学习思路。

（5）课堂安排建议

根据具体课时安排，可以多个课时开展。课前先安排学生阅读相关资料，让学生自主了解英法两国渔业的相关历史背景。

课堂（45 分钟）安排：

教师讲授　　　　　（15 分钟）

学生讨论　　　　　（10 分钟）

学生报告和分享　　（15 分钟）

教师总结　　　　　（5 分钟）

补充阅读

[1] 王禹. 英法渔业争端暴露"脱欧"后遗症 双方同意暂缓诉诸报复 [EB/OL]. (2021-11-08) [2024-10-22].https://www.chinanews.com/gj/2021/11-08/9604258.shtml.

[2] 澎湃新闻. 英媒：英国和法国为捕鱼摆开鱼死网破架势 深层原因是什么 [EB/OL]. (2021-11-04) [2024-10-22].https://www.thepaper.cn/newsDetail_forward_15224128.

[3] 冯智源. 英法渔权争端持续，法国渔民围堵英国船 [EB/OL]. (2021-11-27) [2024-10-22].https://www.guancha.cn/internation/2021_11_27_616427.shtml.

[4] 杨舒怡. 渔业争端升级 法国威胁制裁英国 [EB/OL]. (2021-10-22) [2024-10-22].http://www.news.cn/world/2021-10/22/c_1211414036.htm.

[5] 徐桑奕. 从世界意义到地方经验：近来英法关系研究中的"海峡视角"[J]. 海交史研究，2023(3)：10-18.

[6] 陶凤，赵天舒. 英法渔业争端没完没了 [N]. 北京商报，2021-12-13(8).

[7] 董一凡. 渔业纠纷凸显"后脱欧时代"的英欧矛盾 [J]. 世界知识，2021(23)：52-53.

[8] 刘旭. 多国放宽入境政策英法渔业争端难解 [N]. 国际商报，2021-11-09(4).

[9] 邵惠文，徐世伟. 渔业争端凸显英法裂痕 [N]. 中国国防报，2021-11-08(4).

[10] 项梦曦. 脱欧隐患浮现英法渔业争端愈演愈烈 [N]. 金融时报，2021-11-02(8).

4.5 海洋环境管理典型案例

4.5.1 深圳湾环评造假案例

内容提要：深圳湾是迁徙水鸟的关键栖息地，为包括国家重点保护的鸬鹚在内的多种水鸟提供了重要的觅食场所和休息站。2020 年 3 月 27 日，因被指多处内容抄袭湛江港项目报告书，《深圳湾航道疏浚工程（一期）环境影响报告书》受到了公众的广泛关注。随后，于 4 月 16 日，深圳市生态环境局针对该报告书涉嫌抄袭造假的问题，宣布已迅速依法启动调查程序，并由省生态环境厅派员参与此次调查。

关键词：环评报告；环境破坏；社会治理；生态伦理；监督职能；职业道德

4.5.1.1 引言

深圳市坐落于中国南海边，其内的深圳湾是众多迁徙水鸟，包括国家重点保护动物鸬鹚的重要栖息地和休憩场所。深圳湾作为我国重要的海湾之一，长期面临泥沙淤积问题。研究预测显示，未来 50 年内深圳湾将持续处于累积性淤积状态。这种淤积现象影响了湾区的水动力条件，并对当地的防洪排涝、水环境容量、生态环境及航道水深等方面造成了负面影响。尽管深圳湾的水质有所改善，但底泥污染问题依然存在，可能构成更大挑战。深圳湾水环境容量有限，水体交换周期长，容易导致污染累积。加之水土流失严重，导致湾区底泥淤积问题严重。因此，即使入海水质得到改善，如果污染的底泥未得到有效治理，清澈的排水仍可能被再次污染。

2020 年 3 月 27 日，深圳湾航道疏浚工程环评造假事件引起了公众广泛关注。该事件中，中国科学院南海海洋研究所编制的《深圳湾航道疏浚工程（一期）环境影响报告书》涉嫌多处抄袭《湛江港 30 万吨级航道改扩建工程环境影响报告书》内容，报告书中出现了"湛江"等字样，存在基础资料不实、内容虚假等严重质量问题。这种行为违反了环境影响评价的标准和技术规范，忽略了环评的客观性、公开性和公正性，引发了公众对航道疏浚工程可能对深圳湾生态环境造成影响的担忧。

4.5.1.2 案例背景介绍

深圳湾分为外湾和内湾，当前所指的深圳湾主要是指东角头以北的内湾，而外湾则从东角头延伸至赤湾口。过去 40 多年间，深圳湾的填海面积达到了约 25 千米^2，占当前湾区面积的 25%，且主要集中在深圳湾北部的深圳一侧。每年，深圳湾东北部的 3 条河流向湾内输送约 83 800 吨泥沙，按内湾 50 千米^2 的面积计算，每年每千米的泥沙输入量高达 1676 吨。由于深圳湾的内循环能力较弱，大部分泥沙沉积在内湾北侧。从过去几十年的水深变化记录来看，1986 年深圳湾深圳一侧的水深超过 2 米，而到了 2016 年，已无 2 米水深的区域，表明内湾基准水深持续变浅，潮间带面积不断扩大。数据表明，深圳湾淤泥年均增长 1.9 厘米，若以此速度发展，100 年后内湾基准水深将降至 0 米。

深圳湾的生态环境脆弱，主要面临三大问题：陆域污染源、不断增加的淤泥及长期受污染的淤泥。尽管政府加强了对陆域污染的管理，投入了大量资源，但深圳湾海水仍时常散发出恶臭，反映了污染的严重性。然而，对于淤泥的增长和污染问题，目前尚缺乏有效的解决方案。部分原因可能是任何对深圳湾的干预都可能被视作破坏生态的行为。当前能做的是投资建设污水处理设施，防止未处理的污水直接排放入海，但这并不能完全阻止泥沙入海。面对深圳湾的海水污染、不断堆积的淤泥和不断降低的水深，我们不能袖手旁观。淤泥的增长虽每年只有 1.9 厘米，但长期累积，其影响不容忽视。

疏浚工程在施工期间确实会对周围生态环境产生一定影响，工程师一直在研究如何减少这些影响。深圳湾的疏浚工程旨在清理 20 世纪 70—80 年代深圳河对外航运航道中的淤泥，是一项旨在疏通、挖泥、排洪的环境保护工程。首期工程计划将航道水深从至少 1 米疏浚至最多 3 米，工程涉及的内湾面积仅为 0.4 千米²，占整个深圳湾面积的 0.44%。因此，关注如何减少施工期间的影响，而非全盘否定疏浚工程，显得更为重要。航道疏浚后，适当的船舶航行将加速海水流动，增强水域流动性。管理航道船舶的密度、时间和周期并非难事。然而，2020 年 3 月下旬深圳市交通运输局官网公布的深圳湾航道疏浚工程报告书中出现了与湛江市规划相关的不相关描述。3 月 27 日晚，深圳市交通运输局官方微信对报告书涉嫌抄袭一事做出回应，宣布终止正在进行的环评公示，并责成环评单位重新开展环评工作。

4.5.1.3　案例过程概述

2020 年 3 月 3 日，深圳市交通运输局发布了《深圳湾航道疏浚工程（一期）环境影响报告书征求意见稿公众参与公告》。该征求意见稿中多次错误提及"湛江"，将深圳湾的情况误归于湛江，文中共出现了 35 次"湛江"。这一错误百出的征求意见稿被指责为"抄袭时忘记修改城市名称""忽视公共环境利益"，引发公众的广泛讨论。例如，环评报告中出现了"深圳湾航道疏浚工程是落实湛江市国民经济和社会发展'十三五'规划的体现"，以及"项目建设可实现'以湛江港为龙头，充分发挥其作为西南沿海地区主枢纽港的辐射功能，在湛江湾、雷州等地布局建设若干港口物流基地'的目标"。项目生态评价部分中甚至出现了"项目不会对湛江湾现有红树林造成明显不利影响"的表述。专家指出，报告中未提及对栖息地的侵占、食物破坏，以及运营期间油污、噪声、光污染对鸟类的影响，也未提出任何鸟类保护措施，因此不是一个完整的报告。

深圳航道事务中心表示，为了适应经济发展的需要，深圳市计划对现有的深圳湾航道进行疏浚，将 300 吨级的航道拓展至千吨级，需要将航道加深约 1.5 米。为此，深圳航道事务中心通过招投标，选定中交水运规划设计院有限公司作为全过程工程咨询单位，包括环境影响评估。中交水运规划设计院有限公司中标后，将环境影响评估工作分包给了中国科学院南海海洋研究所。中国科学院南海海洋研究所公布的调查显示，相关技术团队自 2019 年 12 月底开始工作。2020 年 1 月 19 日、3 月 3 日和 3 月 19 日，深圳市交通运输局三次公示环评报告，第三次公示期间，市民发现了报告存在抄袭问题。

深圳湾作为深圳的生态标志，是一个典型的半封闭感潮海湾，拥有完整的红树林湿地生态系统。福田红树林自然保护区作为国内唯一的城市腹地中的最小国家级森林和野生动物类型自然保护区，与香港米埔—后海湾湿地隔海相望，后者是国际重要的湿地，每年吸引近 10 万只候鸟栖息。环保组织的负责人担心，由于计划中的航道疏浚工程距离湿地仅 200 米，可能会对红树林的生态环境、候鸟的栖息地及底栖动物的生存造成影响。《南方都市报》的调查显示，79% 的受访者反对实施深圳湾航道疏浚工程，担心会破坏生态环境。当地媒体"南方+"的调查也显示，90% 的参与者（96 633 名）不同意该项目。

深圳市蓝色海洋环境保护协会指出，项目地点位于关键的鸟类保护区域内，但环评报告未对其进行评估，同时忽略了疏浚工程及其运营期间对迁徙水鸟的影响。深圳湾与伶仃洋相连，具有典型的海湾湿地生态系统，能在潮涨潮落之间调节气候、净化水质、抵御台风等自然灾害，并孕育丰富的鱼类和底栖动物，是珍稀水鸟的庇护所。福田红树林保护区内有约200种鸟类，其中23种为国家重点保护鸟类，包括卷羽鹈鹕、海鸬鹚、白琵鹭、黑脸琵鹭、黄嘴白鹭、鹗、黑嘴鸥、褐翅鸦鹃等。深圳湾是全球8条候鸟迁徙路线中，从西伯利亚至澳大利西亚路线上的重要"加油站"。近年来，冬季到深圳湾观鸟已成为热门活动，1月份的鸟类聚集数量可达10万只以上。为保护这些鸟类，深圳市政府自2014年起将深圳湾划定为禁渔区，全年禁止所有养殖和捕捞活动。

2020年3月27日，中国科学院南海海洋研究所成立了调查小组，对《深圳湾航道疏浚工程（一期）环境影响报告书》涉嫌抄袭和造假的问题进行调查。次日，深圳市生态环境局宣布对此事开展调查。4月1日，中国科学院南海海洋研究所发布的调查结果显示，涉事报告书的部分内容与该所编写的《湛江港30万吨级航道改扩建工程环境影响报告书》的定性分析部分相同或高度相似，确认存在抄袭行为。报告书的负责人未按规定程序提交文件，未经审核同意便私自对外公示，负有直接责任。作为技术咨询合同的承担单位，中国科学院南海海洋研究所对员工的职务行为监管不力，导致有关人员在未审核盖章的情况下擅自提交了成果文件。中国科学院南海海洋研究所表示，其已立即中止该项目合同，退还全部费用，并不再参与后续工作。项目直接责任人徐某某的所有相关工作被停止，以进行调查整顿，并在得到委托方同意后，由相关业务管理部门协调其他人接手。根据《事业单位工作人员处分暂行规定》及相关规章制度，对徐某某及相关人员进行了处理，并启动了问责程序。主管部门已介入调查，项目建设工作也已暂停。

在生态环境部的例行新闻发布会上，相关负责人指出，该事件暴露出的抄袭和造假问题性质严重，已责成广东省和深圳市生态环境部门依法进行严肃查处。目前，省市联合调查组已完成对编制单位的调查取证，案件已进入立案处罚阶段。2020年6月初，深圳湾航道疏浚工程环评事件的处罚结果公布，深圳市生态环境局发布了行政处罚决定书和失信记分决定书，对相关单位进行了处罚。中国科学院南海海洋研究所被记15分失信记分，并处以320万元罚款；深圳市交通运输局被处以100万元罚款；广东省深圳航道事务中心被处以200万元罚款。

4.5.1.4　案件分析与启示

《中华人民共和国环境影响评价法》规定环境影响评价应客观、公开、公正，并综合考虑规划或建设项目对环境因素及生态系统的影响，为决策提供科学依据。监管部门的介入旨在查明真相，依法处理相关责任人。该事件凸显了环评报告质量参差不齐的问题。生态环境部的通报显示，环评文件质量差占问题总数的90%，16家环评机构连续两年被通报。环境影响评价本应作为防止违规建设项目的屏障和环境风险的过滤器，但若沦为形式或造假，将无法有效过滤环境风险，也无法保护生态环境。环评报告的抄袭行为虽不常见，但存在问题的环评报告并非个案。这些问题暴露了环评机构缺乏求实态度、有关机构监管不严、委托机构对环评报告质量关注不足等问题。

《中华人民共和国环境保护法》第五十八条针对污染环境、破坏生态、损害公共利益的行为，赋予社会组织向法院提起诉讼的权力。但实际操作中存在挑战，如社会组织需满足特定条件，包括合法登记并在环境保护公益活动中连续工作 5 年以上且无违法记录。这些限制阻碍了许多社会组织提起诉讼。加之立案难、取证难和资源有限，导致环境公益诉讼数量较少。另一种方式是社会组织和个人向相关部门举报，根据《中华人民共和国环境保护法》第五十七条，公民、法人和其他组织有权举报污染环境和破坏生态的行为。这种方式更高效、成本更低，对监督环境问题有积极影响。尽管如此，社会组织和个人在监督环境工程方面仍面临挑战和限制，需要政府、社会组织和公众共同努力，以促进环境保护和社会责任的落实。此外，公众可在项目开工前，即环境影响评价公示期间提出建议，依照《环境影响评价公众参与办法》参与监督。建设项目开工前需经过区域规划公示、环评报告编制和公示等步骤。《环境影响评价公众参与办法》要求建设单位听取公众意见，并公开相关信息。在深圳湾航道疏浚工程环评报告造假事件中，公众正是依据这一法律向政府部门发送了举报函。

深圳湾航道疏浚工程的环境影响评价报告造假事件触及了环境保护和公共安全的重要伦理议题。环评报告在建设前的环境审查中扮演着关键角色，其准确性和诚信度直接关联到生态环境的有效维护。然而，受到质疑的报告中存在错误标识和虚假信息，这不仅挑战了环评制度，也违背了伦理道德。从伦理角度来看，环境影响评价的主要任务是准确评估工程对环境和公共安全的潜在影响，并提出相应的预防和控制措施。这包括工程师和环境部门对社会的责任，确保工程建设不会对生态环境和公众造成负面影响。该环评报告的问题揭示了存在的不诚实行为，违反了科学性和客观性原则。这类造假事件可能反映了多方面问题，包括一些单位对环评报告重要性的认识不足，将其视为常规流程，缺乏深刻的环境保护伦理理解。同时，在监管不力的情况下，造假行为的成本较低，导致某些人员忽视了道德责任，采取了不当行动。

对于深圳湾这样的生态敏感区域，环评的失实可能会直接威胁候鸟迁徙的安全和生态平衡，给生态系统和公共安全带来严重风险。因此，强化环境评价中的伦理意识至关重要。监管机构和从业者必须将公共安全和环境保护作为首要任务，确保环评报告的真实性和可信度，这不仅是对环评制度的尊重，也是对生态环境保护和公众安全的责任所在，为维护生态平衡提供了更可靠的保障。环评报告的不实可能会掩盖工程带来的生态破坏，对生态系统健康和生物多样性构成潜在威胁。生态安全不仅涉及湿地本身，也关系到整个区域生态系统的稳定性，以及候鸟等生物的生存状况。为保障生态安全，监管机构和从业者应以诚信和责任感为指导，确保环评报告的准确性和可信度。只有真实客观地评估工程对生态系统和生物多样性的影响，才能采取有效的保护措施，确保生态系统的稳定性和可持续性。

4.5.1.5　结论

深圳湾航道疏浚工程的环境影响评价（环评）造假事件暴露了环境评估体系中的多个问题和需要吸取的教训。该事件的造假行为严重挑战了环境评估的道德、诚信和法规。因此，严格遵守法规和道德标准是环境评估的重要保障，需要从多方面着手，包括对评估报告的真实性和合法性进行严格审查，确保环评报告的信息来源合法、数据准确可靠。此外，环境评估必须全面考虑项目可能带来的各种影响。在以往的事件中，评估过程忽视了对鸟类栖息地的侵占、食物破坏，以及运营期间的油污、噪声和光污染对生态系统的潜在影响。这种疏漏反映了相关人员在评估过程中未能全面考虑公共环境利益的问题。在本次事件中，环评报告的公示和征求意见环节存在公众参与不足的问题。相关部门未能充分与公众沟通交流，未能充分重视公众意见和关切，这导致了公众的不满和热议。该事件提醒我们，环境评估需要严格遵守法规，全面考虑环境影响，提高透明度和公众参与，加强监管，以保护生态环境。只有全社会共同努力，才能确保环境评估过程更加科学、合法和可靠，从而维护生态平衡和社会稳定。

4.5.1.6 思考题

（1）环评报告在工程建设中扮演什么角色，其重要性体现在哪些方面？

（2）环评造假事件反映了哪些深层次的伦理问题，如何从伦理角度进行分析？

（3）针对此类环评造假事件，应如何制定有效的预防措施和应对策略，以保护生态系统的健康和生物多样性？

（4）在环境评价过程中，如何应对和化解环境工程面临的公共安全、生产安全、社会公正、环境与生态安全、社会利益的公正分配等问题？

（5）在生态敏感区域如深圳湾进行工程建设时，应如何平衡发展与保护？

4.5.1.7 案例使用说明

（1）案例摘要

《深圳湾航道疏浚工程（一期）环境影响报告书》被指多处抄袭湛江港项目，引发了公众的广泛关注。随后，深圳市生态环境局宣布，针对该项目环评报告涉嫌抄袭造假的问题，已迅速依法启动调查程序，省生态环境厅也派员参与了调查。调查最终确认了抄袭行为，相关责任部门和人员因此受到了相应的处罚。此事件凸显了环境评估过程中应严格遵守法规、全面评估环境影响、提升透明度和公众参与度、加强监管以保护生态环境的必要性。它提醒我们，只有通过全社会的共同努力，才能确保环境评估过程的科学性、合法性和可靠性，进而维护生态平衡和社会稳定。

（2）课前准备

学生通过查找深圳湾航道疏浚工程的新闻报道及相关文献资料，较为清晰、准确地了解深圳湾的生态价值与深圳湾航道疏浚工程项目的历程，为课堂学习和深入讨论做好充分的知识准备、情境准备和心理准备。

（3）教学目标

通过案例分析，学生可以对湿地保护的科学性与综合性有更为清晰的认识，并在此基础上，对工程实践中的伦理问题进行辨识、思考，了解工程师应具备的科学精神、应遵循的科学伦理规范和法律规范。

（4）分析的思路与要点

本案例通过梳理深圳湾航道疏浚工程环评报告书造假事件的进展，选取代表性组织部门与社会争议焦点，从社会伦理、生态伦理、工程伦理三个角度进行工程实践的原因分析，案例试图从公众参与发挥监督职能，参与生态保护的角度谈社会治理，有助于学生打开新的学习思路。

（5）课堂安排建议

根据具体课时安排，可以多个课时开展。课前先安排学生阅读相关资料，让学生自主了解深圳湾的相关历史背景。

课堂（45分钟）安排：

教师讲授　　　　　　　（15分钟）

学生讨论　　　　　（10 分钟）
学生报告和分享　　（15 分钟）
教师总结　　　　　（5 分钟）

补充阅读

[1] 李丽. 深圳湾航道疏浚工程环评造假，人民日报一追到底 [EB/OL]. (2023-06-10) [2024-10-23]. https://www.thepaper.cn/newsDetail_forward_7782336.

[2] 孙志成. 连名字都抄！"深圳湾"环评报告造假，项目恐威胁 10 万水鸟生存，央视怒批 [EB/OL]. (2020-04-19) [2024-10-23]. https://new.qq.com/rain/a/20200419A0FMVL00.

[3] 绿茵. 生态环境部：深圳湾航道疏浚项目环评报告抄袭造假事发，体现出环评公参工作的重要意义 [EB/OL]. (2021-12-27) [2024-10-23]. https://baijiahao.baidu.com/s?id=1720006298576742701.

[4] 章轲. 错得离谱！深圳湾环评报告竟有 35 处"湛江"，当地已开展调查 [EB/OL]. (2020-03-29) [2024-10-23]. https://news.sina.com.cn/o/2020-03-29/doc-iimxyqwa3877698.shtml.

[5] 绿茵. 抄袭不认真，忘改城市名！深圳湾航道疏浚工程环评，视公共环境利益如儿戏？ [EB/OL]. (2020-03-28) [2024-10-23]. https://www.thepaper.cn/newsDetail_forward_6736698.

[6] 子舒. 香港有线采访周晋峰：以深圳湾航道疏浚工程环评事件为戒，让生态文明建设切实落地 [EB/OL]. (2020-04-06) [2024-10-23]. https://baijiahao.baidu.com/s?id=1663238351090437915.

[7] 人民网. 深圳湾环评报告抄袭：环保首道"闸门"岂可失守？[EB/OL].(2020-04-27) [2024-10-23]. https://www.eol.cn/yuqing/anli/202008/t20200831_2004995.shtml.

[8] 童克难. 迷之深圳湾航道环评事件，背后隐藏了哪些真相？ [EB/OL]. (2020-03-28) [2024-10-23]. https://new.qq.com/rain/a/20200328A0MTGD00.

[9] 陆成宽. 深圳湾航道环评报告涉嫌抄袭，中科院南海所回应：将严肃处理 [EB/OL]. (2020-03-30) [2024-10-23]. https://www.thepaper.cn/newsDetail_forward_6754062.

[10] 陈绪厚. 深圳湾航道疏浚工程环评造假处理：失信记分，最高罚 320 万 [EB/OL]. (2020-06-07) [2024-10-23]. https://www.thepaper.cn/newsDetail_forward_7745174.

[11] 刁凡超，冯建悦. 环境部回应深圳湾航道疏浚工程环评造假：性质十分恶劣，严查 [EB/OL]. (2020-04-15) [2024-10-23]. https://www.thepaper.cn/newsDetail_forward_6978308.

[12] 张维. 生态环境部：持续对环评违法行为保持高压严惩态势 [N]. 法治日报，2023-06-02(6).

[13] 毕竞悦. 环评报告不该"走过场"[J]. 法人，2020(5)：32-33.

[14] 环评报告造假，环保红线抓瞎 [N]. 新华每日电讯，2020-04-16(4).

4.5.2　盐城海域使用权纠纷案例

　　内容提要： 2015 年 8 月，盐城市大丰区自然资源和规划局对东沙紫菜养殖部分海域使用权进行了公开招标，15 家公司中标并签订了为期 3 年的海域使用权合同，合同明确到期后不予续期。2018 年 8 月合同期满后，考虑到东沙养殖海域紧邻黄海湿地申遗提名地，涉及生态保护，政府部门决定不再出让海域使用权，并要求相关公司停止养殖活动并清理垃圾。15 家公司对这一决定表示不满，最终提起诉讼。该案例突显了在海域使用权出让，尤其是涉及重要生态区域时，公共利益与个体利益之间的平衡问题。该案例提醒，在制定和执行海域使用权制度时，应综合考虑生态、经济和社会等多重因素，确保资源开发既促进地方经济，又保护海洋生态环境，符合国家可持续发展战略。这要求政府部门在决策时，必须兼顾生态保护的需求和个体经营者的合法权益，通过合理的补偿和妥善的过渡安排，实现环境保护与经济发展的双赢。

关键词：海洋行政管理；海域使用权；行政协议效力争议

4.5.2.1 引言

围绕领海、专属经济区和大陆架等海洋领土的划界问题，一些国家之间存在争端。为了避免潜在冲突，国际社会建立了一套公认的海洋法律框架来规范海洋资源的利用和划界原则。20 世纪 50 年代以来，技术进步使海洋资源的开发更加可行，深海石油开采技术的发展和海洋科学研究的进展进一步增加了公众对海洋资源的关注和需求。为此，国际社会建立了国际法规来规范海洋事务，如 1960 年的《海洋领土和管辖权公约》和 1982 年的《联合国海洋法公约》，为海洋利用和管理提供了法律框架。

2001 年 10 月 27 日，第九届全国人民代表大会常务委员会第二十四次会议通过了《中华人民共和国海域使用管理法》，并于 2002 年 1 月 1 日施行。该法律确立了海域使用权制度，明确提出海域属于国家所有，单位和个人使用海域必须依法取得海域使用权。海域使用权是指个人或组织经政府批准后获得的使用海域的权利，通常由政府颁发的海域使用权证书规定使用时间和条件，允许持证人在特定海域内进行商业活动，推动商业发展。海域使用权制度是为了充分利用海洋资源和促进海洋经济发展而设立的。然而，在实施过程中出现了一些问题，包括海域使用权纠纷案件。例如，江苏省盐城市大丰区拥有广阔的沿海滩涂，紫菜种植是当地的特色产业。2015 年 8 月，江苏瑞达海洋食品有限公司在东沙紫菜养殖海域使用权招标中中标，并与当地自然资源和规划局签订合同。2018 年，该公司申请续期未果，合同期满后被要求停止养殖并清理设备，引发了养殖公司的不满，从而导致诉讼。

这一案例涉及海域使用权的行政纠纷，法院依法进行了审理。它提出了海域使用权相关法律规定的完善性、行政部门职责的履行情况及行政行为的合法性等问题，同时，也指出了养殖公司在签订海域使用权合同时应注意的事项，为海域使用和管理的各利益相关方提供了宝贵的经验。

4.5.2.2 案例背景介绍

江苏省盐城市大丰区拥有约 112 千米的海岸线，水域面积占全区总面积的 20%，沿海滩涂面积超过 1000 千米²。该区域的农林牧渔业较为发达，2020 年总产值达到 182.22 亿元。大丰东沙紫菜作为该区的代表性特产之一，其产量占全国条斑紫菜总产量的 15%。自 20 世纪 70 年代初以来，江苏省便开始了条斑紫菜的养殖和发展。2009 年，大丰区东沙海滩的紫菜养殖区域已达 100 千米²，干紫菜交易额超过 1.4 亿元。到了 2014 年，亚洲最大的紫菜育苗基地在大丰区建成，并配备了国际先进的紫菜加工生产线。同年，大丰东沙紫菜成为中国首个海藻类的地理标志产品。

为加强海域使用管理，盐城市人民政府于 2003 年发布了《盐城市海域使用权招标拍卖实施办法》（以下简称《实施办法》），明确了海域使用权招标的要求和管理规定。随着《实施办法》的推出，大丰区也开始实施海域使用权的对外公开招标。这一措施使海域所有权保持国有，同时为当地企业和居民创造了商业机会，促进了沿海地区的经济发展。实际上，大丰区自然资源和规划局与大丰区滩涂海洋与渔业局每三年就会对外公开招标东沙紫菜养殖海域使用权。

4.5.2.3　案例过程概述

2015 年 8 月，大丰区自然资源和规划局对东沙紫菜养殖部分海域的使用权进行了公开招标，涉及多个标段。最终，包括江苏瑞达海洋食品有限公司在内的 15 家公司中标。瑞达公司与大丰区自然资源和规划局签订了 3 份海域使用权合同，涉及东沙辐射沙洲的 3 个紫菜养殖区。合同规定使用期限为 3 年，自 2015 年 8 月 20 日起至 2018 年 6 月 30 日止。合同第十条明确指出，期满后海域使用权将不续期。瑞达公司随后获得了 3 份海域使用权证书，证书上显示登记机关为大丰区自然资源和规划局，发证机关为大丰区政府，证书上同样明确了使用权的终止日期，并注明期满后不再续期。

瑞达公司表示，在 2012 年的上一轮海域使用权招标中，尽管合同中同样写明了不予续期的条款，但实际到期后大丰区自然资源和规划局会继续向原使用权人发出招标邀请。本轮招标后，盐城市政府、盐城市海洋与渔业局、大丰区政府等官方机构也发布了多项鼓励东沙海域紫菜养殖产业发展的通知和报告。多年来，包括瑞达公司在内的多家企业均认为紫菜养殖是受到大丰区和盐城市官方支持的产业，因此对东沙海域的紫菜养殖投入了大量资源。瑞达公司等养殖户原本期望在 2018 年本轮使用权到期后，大丰区自然资源和规划局会像以往一样，继续向原中标企业发出招标邀请，但实际情况并非如此。

2018 年初，瑞达公司通过邮寄方式向大丰区政府及大丰区自然资源和规划局提交了海域使用权续期的申请。仅大丰区自然资源和规划局在合同到期前的 4 月 16 日回复了不予续期的决定，而大丰区政府在行政许可有效期届满前未对瑞达公司的续期申请做出回应。瑞达公司认为，只有作为批准其使用海域的原决策单位大丰区政府才有权决定是否续期。根据《中华人民共和国海域使用管理法》第二十六条的规定，海域使用权人在期限届满前有权申请延长使用期限，除非是基于公共利益或国家安全的需要，原批准用海的政府应批准续期申请。简而言之，除非存在重大问题，政府应同意延长海域使用时间，即批准续期。

2018 年 8 月 30 日，即合同约定的海域使用权期限届满两个月后，大丰区自然资源和规划局通知所有东沙海域的紫菜养殖户，要求立即停止养殖活动，并迅速清理所有相关设备和垃圾。这一通知引起了养殖户的强烈不满。以瑞达公司为首的 15 家公司在通知发布两个月后的 10 月 30 日，向大丰区政府提出行政复议申请，要求撤销该通知，并请求大丰区自然资源和规划局继续对原中标企业进行海域使用权出让招标。大丰区政府在次年 1 月 25 日的答复中支持了大丰区自然资源和规划局的通知，并驳回了继续招标的要求。面对续期申请的连续拒绝，以及被要求立即拆除设施和清理垃圾的情况，15 家公司对两负责单位在海域使用权续期和驱逐原有紫菜养殖企业等方面的处理方式感到不满，并向上海海事法院提起诉讼。

2019 年 12 月 4 日，上海海事法院对本案做出的《行政判决书》指出，案件的核心争议在于大丰区自然资源和规划局拒绝瑞达公司等 15 家公司续期申请的行为是否合法合规。争议焦点可分为两个方面：一是大丰区自然资源和规划局是否有权决定海域使用权续期的申请；二是双方 3 年前的行政协议是否具有行政效力。

《行政判决书》的分析总结如下：大丰区自然资源和规划局作为当地海洋行政主管部门，依法负责管理大丰东沙养殖海域，并有权审批海域使用申请。因此，该局拒绝续期申请是在其行政管理权限范围内，未超越职权。双方签订的海域使用权出让合同第十条明确规定了合同期满后海域使用权终止，不予续期，且双方均无证据显示签订过程中存在欺诈或胁迫。

因此，双方均明确理解合同条款，企业方投标和签约即表示接受招标方案及合同条件。关于是否违反《中华人民共和国海域使用管理法》第二十六条，法院认为该条为赋权性规定，非强制性规定，未排除通过明确协议约定海域使用权交易的方式。即双方通过行政协议约定续期情况在法律上是允许的。因此，海域使用权出让合同中明确"到期不予续期"的约定，且该约定不违反法律强制性规定，3年前的合同具有行政效力。

瑞达公司等多家企业获得的海域使用权所对应的紫菜养殖区域位于大丰区东沙辐射沙洲，这一区域与江苏省海洋生态保护红线相邻，接近盐城湿地珍禽国家级自然保护区和盐城黄海湿地。因此，在2015—2018年，这些企业在该海域的紫菜养殖活动违反了自然保护区管理的相关法规。实际上，任何在自然保护区试验区进行的养殖活动都必须事先获得相关管理部门的批准，尽管大丰区政府曾提出申请，但未获批准。同时，对于生态红线保护区域的开发强度必须严格控制，并且要高度重视生态环境的保护和修复。2016年，国家海洋局发布了《关于全面建立实施海洋生态红线制度的意见》，指导全国海洋生态红线划定工作，标志着该项工作的全面启动。实施海洋生态红线制度的目的是确保海洋生态安全和海洋生态系统的可持续发展。中央政府加强了对海洋的监管措施，各级地方政府需要严格执行中央政策。

盐城市以其太平洋西岸和亚洲大陆边缘最大、保护最好的海岸型湿地而闻名，包括陆地、淡水、海岸带和海洋生态系统，涵盖动植物群落演替的各个方面，具有显著的普遍价值，是生物学和生态学过程的典范。盐城的中国黄（渤）海候鸟栖息地（第一期）主要分布在海域，是中国世界自然遗产向海洋领域扩展的重要里程碑。这不仅是对中国湿地生态系统的认可，也是对全球生物多样性和生态平衡的重要贡献。在国家对海洋环境保护的高度重视下，考虑到黄海湿地的保护需求，大丰区政府决定不再出让海域使用权用于紫菜养殖。这并不是禁止紫菜养殖，而是需要重新规划养殖区域，并在专家严格认证的基础上，确保生态保护不受影响，合理开展养殖活动。

4.5.2.4 案件分析与启示

瑞达公司等紫菜养殖企业在东沙海域的投资建设是经过多年市场调研、设备采购、人员培训等环节的成果，形成了完整的生产链条和市场渠道。在2015—2018年的海域使用权合同期间，当地官方机构多次公开发布支持东沙海域紫菜养殖产业的通知和报告，使这些企业相信紫菜养殖是受到官方支持的产业。因此，企业在东沙海域的紫菜养殖中投入了大量的资源。特别是上一轮海域使用权合同到期后，大丰区自然资源和规划局再次邀请原中标企业参与投标，企业因此形成了一种期待和依赖，认为他们能够继续在该海域经营。从紫菜养殖企业的角度来看，他们对海域的投资不仅涉及经济层面，还包括时间、精力和情感的投入。他们在海域内建立了养殖设备，培养了专业人才，并构建了供应链和销售网络。这些努力使企业在市场上建立了竞争优势，甚至可能形成了品牌和口碑。因此，瑞达公司等企业可能认为他们在海域继续经营的权利应得到尊重和保护。

然而，2018年6月合同到期时，大丰区自然资源和规划局与大丰区政府两次拒绝了原中标企业的海域使用权续期申请，不再批准其在该海域继续养殖紫菜，要求企业立即清理垃圾并撤离。这对原中标企业来说是一个巨大的打击，因为他们已在海域内建设了大量养殖设备，并投入了大量资源和努力。原中标企业可能因此感到困惑和失望，认为大丰区自然资源和规划局与大丰区政府的决定缺乏合理的解释和事先沟通，进一步引发了对有关部门的不满和不信任，最终导致了纠纷的发生。

从生态保护的角度出发，政府认为紫菜养殖区域靠近生态保护区和黄海申遗地，可能对周边生态环境产生不良影响。因此，政府决定不再续签海域使用权，以保护生态环境，确保海域资源的可持续利用。政府可能会主张其有权在合同到期后重新考虑是否继续授予企业海域使用权，并认为终止合同是为了更好地保护生态环境和公共利益。然而，政府在此前发布的工作报告和新闻中多次倡导紫菜养殖，导致多家企业在该产业中投入重金，突然要求企业撤离，难免引发不满。本案的核心争议在于，大丰区自然资源和规划局在上一轮海域使用权到期后，邀请原中标企业继续在原养殖海域投标，企业方可能将其视为海域使用权期限的顺延，认为招标仅是流程所需。政府的行为可能导致公众形成惯性思维，产生误导，损害政府的公信力，引发纠纷。

为了避免产生类似误导，政府在未来的决策中应更加注重透明度和公正性，严格规范招标流程，确保每一步都符合法规和政策的要求。透明公正的招标过程和沟通机制有助于树立政府的良好形象，赢得公众的信任与支持，维护社会稳定、促进公正发展。同时，政府应加强与企业和公众之间的有效沟通，明确解释政策背后的逻辑和执行原则，避免产生误解和争议。对于受影响的企业，政府应给予适当的安抚，解释并非禁止紫菜养殖，而是需要重新规划养殖区域，并在规划好后进行公开招标，给予企业一定的缓和时间，以缓冲经济损失和经营利益。

从法律角度来看，本案中的合同具有法律效力，各方应履行合同约定的义务。瑞达公司等企业在 3 年前的合同中明确了海域使用权期满后不予续期的条款，法院认定该合同有效，意味着企业应遵守合同规定。伦理上，签署方有责任充分理解合同内容并履行义务。本案的争议主要集中在企业对《海域使用管理法》第二十条和第二十六条的理解不足。第二十六条允许海域使用权人在期限届满前申请续期，除非基于公共利益或国家安全的需要，否则应批准续期申请。瑞达公司以此为依据要求续期，但该规定是赋权性而非强制性规定，瑞达公司需增强法律意识，深化对法律条款的理解。

行政机关拥有一定的自由裁量权，可以根据环境保护和公共利益等因素拒绝延长海域使用权期限的申请。规定限期出让海域使用权是一项合理措施。行政协议中事先约定"到期不予续期"体现了行政机关在维护公共利益和海域使用权人权益之间的平衡，符合比例原则，也符合民法典的绿色原则。涉案海域紧邻江苏省海洋生态红线区，且与国家级自然保护区相邻，其生态环境保护是重要的公共利益。因此，事先约定不予续期的方式有助于保障这一公共利益。

我国近海区域正遭遇严重的过度开发问题，这对海洋生态系统造成了显著破坏。对此，国家对海洋生态保护给予了高度关注，并通过海洋督察行动指出了盐城市大丰区东沙养殖区的多项问题。黄海湿地作为世界遗产保护地，是众多候鸟迁徙途中的重要栖息地，因此，退渔还湿成为恢复这些海域生态平衡的关键措施。这一决策不仅有助于改善海洋环境，也满足保护社会公共长远利益的迫切需求。在本案中，原告企业认为他们的紫菜养殖方式是环保的，不会对生态环境造成破坏，而且紫菜养殖作为当地的特色产业，对促进地方经济发展具有积极作用。然而，大丰区政府考虑到养殖区域的特殊性，认为需要进行更详尽的专家评估，并强调没有禁止紫菜养殖的意图。

当前，政府面临的主要挑战是通过科学合理的管理和规划，实现社会经济发展与海洋生态保护之间的平衡，以促进人与自然的和谐共生。政府和企业需要对紫菜养殖对海洋生态的影响进行全面评估，并协商探讨出既保障原告等企业的生存与发展，又兼顾海洋生态保护的解决方案。在推动海洋经济发展的同时，保护海洋生态系统和维护环境的可持续性，是一个复杂而关键的问题。

4.5.2.5 结论

海域使用权的出让需平衡经济发展与环境保护、生态平衡。江苏瑞达海洋食品有限公司与盐城市大丰区人民政府的海域使用权行政许可纠纷案突显了在签订合同时，企业应充分理解合同条款和相关法律法规。本案中，瑞达公司等企业对《海域使用管理法》第二十条和第二十六条的理解存在不足，特别是第二十六条，该条规定海域使用权人在期限届满前有权申请续期，但并非强制性规定。瑞达公司以此为依据要求续期，但法院认为该规定是赋权性而非强制性规定，瑞达公司需加深对法律条款的理解。行政机关在执行海洋生态红线制度时拥有一定的自由裁量权，可以根据环境保护和公共利益等考虑拒绝延长海域使用权期限的申请。涉案海域紧邻江苏省海洋生态红线区，并与国家级自然保护区相邻，其生态环境的保护是重要的公共利益。因此，通过事先约定不予续期的方式，有助于保障这一公共利益。本案体现了我国特色的海域使用权制度在实际实施过程中遇到的具体问题。本案的调查和判决过程不仅为行政管理和司法实践提供了宝贵的经验，也为完善我国的海域使用权制度和相关海域使用法规提供了深刻启示。

4.5.2.6 思考题

（1）政府决定不再续期海域使用权，以保护生态环境。如何评价公共利益与个体利益之间的冲突？

（2）海域使用权的期限为 3 年且不续期。这样的期限设置对海洋生态环境有何影响？它如何影响养殖业的可持续性？

（3）法律和政策如何影响海域使用权的分配和海洋资源的管理？在本案中，法律和政策如何被应用？

（4）对于因公共利益而受损的个体利益，是否应该建立生态补偿机制？如果应该，这样的机制应如何设计？

（5）在决定不再续期海域使用权时，社区和利益相关者的参与和协商是否充分？他们应如何更有效地参与决策过程？

4.5.2.7 案例使用说明

（1）案例摘要

2015 年盐城市大丰区自然资源和规划局对东沙紫菜养殖海域进行了公开招标，15 家公司获得了为期 3 年的海域使用权。2018 年合同到期后，由于该海域紧邻黄海湿地申遗提名地，政府基于生态保护考虑，决定不再续期并要求公司停止养殖。这一决定引发了公司的不满，导致双方对簿公堂。该案件突显了在海域使用权出让，尤其是在关键生态区域，公共利益与个体利益的冲突。它强调了在海域使用权管理中，必须平衡经济发展与生态保护，确保资源的可持续利用，支持国家的长期可持续发展战略。

（2）课前准备

学生通过查找相关新闻报道及相关文献资料，较为清晰、准确地了解海域使用权确权与转让过程细节，为课堂学习和深入讨论做好充分的知识准备、情境准备和心理准备。

（3）教学目标

通过案例分析，学生可以对海域使用权和海洋养殖发展有更为清晰的认识，并在此基础上，对实践中的伦理问题进行辨识、思考，了解工程师应具备的科学精神、应遵循的科学伦理规范和法律规范。

（4）分析的思路与要点

本案例通过梳理海域使用权纠纷中的关键节点和主要事件，选取代表性组织部门与社会争议焦点，从社会伦理、生态伦理、工程伦理三个角度进行工程实践的原因分析，从公众参与发挥监督职能，参与生态保护的角度谈社会治理，有助于学生打开学习思路。

（5）课堂安排建议

根据具体课时安排，可以多个课时开展。课前先安排学生阅读相关资料，让学生自主了解盐城的相关历史背景。

课堂（45 分钟）安排：

教师讲授	（15 分钟）
学生讨论	（10 分钟）
学生报告和分享	（15 分钟）
教师总结	（5 分钟）

补充阅读

[1] 上海海事法院. 公报案例|上海海事法院一起海域使用权行政许可纠纷案入选《最高人民法院公报》案例 [N]. 澎湃新闻, 2020-08-27.

[2] 中国政府法制信息网. 江苏省盐城市大丰区司法局创新推进审查监督应诉"三位一体"建设 [EB/OL]. (2020-12-11) [2024-10-23]. https://xzfy.moj.gov.cn/c/2021-01-05/487546.shtml.

[3] 中华人民共和国最高人民法院. 江苏瑞达海洋食品有限公司诉盐城市大丰区人民政府等海域使用权行政许可纠纷案 [EB/OL]. (2020-12-10) [2024-10-23]. http://gongbao.court.gov.cn/Details/df64bfe9faf1b55036ee1059ac842d.html.

[4] 盐城市人民政府. 盐城市人民政府关于建立海域使用权直通车制度的通知 [N]. 盐城市人民政府公报, 2013(3): 18-19.

[5] 姜林, 王辉, 王明俊. 盐城市在创新中推进海域管理工作 [N]. 中国海洋报, 2006-01-10(2).

[6] 卢峰. 建立完善配套制度规范海域使用管理 [J]. 海洋开发与管理, 2008(8): 66-68.

4.5.3　海域废弃物倾倒许可纠纷案例

内容提要：海洋是地球上面积最广的水域，导致海洋污染的因素众多。其中，一个尤为关键的因素是人们大量利用海洋的生态容量将废弃物倾倒到海洋中。这种行为无疑会导致海洋生态环境的退化和海洋资源的损坏，从而对人类健康构成威胁。2012 年，四名原告共同向法院提出行政诉讼，指控被告国家海洋局某分局违反规定颁发《废弃物海洋倾倒许可证》，侵犯了他们在养殖区的合法权益。这起纠纷案引发关注，随后山东省高级人民法院迅速依法开展调查工作，并做出判决。

关键词：海洋倾废；环境破坏；社会治理；生态伦理；监督职能

4.5.3.1 引言

我国允许向海洋倾倒的废弃物主要包括疏浚物、城市阴沟淤泥、渔业加工废料、惰性无机地质材料、天然有机物、岛上建筑物料、船舶平台等。其中，疏浚物根据污染程度分为清洁疏浚物、沾污疏浚物和污染疏浚物三类，需通过生物学检验并进行适当处理后方可倾倒。根据《海洋倾废管理条例》和《中华人民共和国海洋环境保护法》，我国对海洋倾倒废弃物实行许可证制度。需要向海洋倾倒废弃物的单位必须向主管部门申请，获得倾倒许可证后方可进行倾倒活动。

主管部门对海洋倾倒活动进行监视和监督，必要时可派员随航。倾倒单位应为随航公务人员提供方便，并在倾倒后详细记录倾倒情况。对于违反条例的行为，如未经批准倾倒、未按批准条件和区域进行倾倒等，主管部门可责令其限期治理，支付清除污染费，赔偿损失，并处以罚款。我国还建立了海洋倾倒区监测制度，定期进行监测，加强管理，避免对渔业资源和其他海上活动造成有害影响。当发现倾倒区不宜继续倾倒时，主管部门可决定予以封闭。

2008 年，黄岛区薛家岛街道南庄二村居民王某某通过公开投标程序，成功获得了东海海底和滩涂的承包权。但是，附近的一个码头公司因需要进行泊位的清淤工作，向国家海洋局某分局申请了《废弃物海洋倾倒许可证》，导致了一系列的纠纷。王安某等四人以被告国家海洋局下属单位违法颁发《废弃物海洋倾倒许可证》给第三方港口公司，侵害其养殖海域合法权利为由，向法院提起行政诉讼。这个案子的裁决不仅会评估被告的行政许可行为的合法性，还会决定原告是否有权要求赔偿和支付诉讼费用。该案件的最终结果将对类似的海洋倾倒许可证案件产生显著的影响，从而引起公众对环境保护和资源管理的关注。

4.5.3.2 案例背景介绍

海洋覆盖了地球大部分表面，一旦受到污染，影响将非常严重。导致海洋污染的因素众多，其中关键因素之一是大量废物被排放到海洋中。鉴于海洋的自净能力和空间承载能力有限，无节制的废物倾倒将导致海洋生态环境退化和资源损害，进而威胁人类健康。工业革命时期，随着海洋贸易的蓬勃发展，首次出现了海洋倾倒现象，但所倾倒的废弃物数量相对较少，未超出海洋的自净能力。

20 世纪 70 年代以前，海洋废弃物倾倒未受官方监管，缺乏专门法律规范，废弃物倾倒位置随意设定。然而，随着海洋垃圾数量的增加，海洋的自我净化能力已无法承受这种无节制的倾倒行为，对健康的生态环境构成了严重威胁。随着时间的推移，全球对海洋环境污染问题的关注和重视逐渐增加。在中国，海洋倾倒问题最初出现在港口和航道建设维护过程中产生的疏浚物上。随着沿海地区经济的发展，这些疏浚物的倾倒数量不断增加，到 20 世纪 70 年代，总量已超过数千万吨。污染物的持续累积使非法倾倒成为海洋污染的主要来源之一。

海洋对人类生活至关重要，但其生态环境正因海洋经济的持续增长而逐渐退化。海洋环境污染主要分为四大类：第一类是陆源污染，源自分散的点源或面源的污染物；第二类是由海上或沿海工程操作事故及自然灾害引起的污染；第三类是海底石油开采过程中的操作失误导致的污染；第四类是海洋废弃物污染，占所有海洋环境污染的 11%，已成为一个迫切需要解决的问题。从法律角度来看，倾废管理是防止我国海洋环境进一步恶化的关键措施，也是我国在保护海洋环境和推动经济增长方面的基本需求。

20 世纪 70 年代是海洋倾废监管与执法的起始阶段。在这一时期，人们开始意识到海洋倾倒活动对海洋生态环境构成了巨大威胁，并开始实施管理和监督措施。全球范围内，一些国家和地区开始起草相关法律和法规，并设立专门机构监督海洋倾倒行为。例如，1973 年，国际海事组织批准了《海洋倾废公约》，旨在规范和管理船舶倾倒废物行为。此后，该公约经过多次修改和增补，已成为国际海洋倾倒管理的核心法律框架。

自新中国成立以来，倾倒疏浚物的数量持续增长，20 世纪 50 年代至 80 年代，疏浚物的倾倒量分别经历了 300 万米^3、800 万米^3、2000 万米^3 和 5000 万米^3 的 4 个阶段。这一行为给海洋环境保护带来了新的挑战和机遇。为了应对这些挑战，我国在 1982 年正式颁布了《中华人民共和国海洋环境保护法》，该法律详细规定了废弃物倾倒对环境的影响，标志着我国在海洋环境保护方面的初步尝试。

随后，我国在 1985 年、1990 年和 2004 年相继出台了《中华人民共和国海洋倾废管理条例》《中华人民共和国海洋倾废管理条例实施办法》和《倾倒区管理暂行规定》，这些法规进一步明确了我国在海洋倾倒管理领域的执法标准。1982—1998 年，我国成立了"中国海监总队"，并在 1999 年对海洋环境保护法进行了修订，加强了对海洋倾倒行为的监管和执法。

中国在这一领域已经建立了多个相关机构并实施了一系列管理措施。例如，中国海洋环境监测中心主要负责海洋环境的监测和评价，海事部门负责执行法律和监控船舶的倾倒行为，环保部门则主要负责海洋环境的协调和管理。这些措施共同构成了我国海洋环境保护的监管框架，旨在减少倾倒疏浚物对海洋环境的影响，保护和改善海洋生态环境。

4.5.3.3   案例过程概述

本案涉及黄岛区薛家岛街道南庄二村的东海海底和滩涂承包权持有者王某某及其亲属，以及码头公司和国家海洋局的当地分支机构。码头公司向国家海洋局某分局提交了书面申请，请求将 144 万米^3 的疏浚物倾倒至海洋倾倒区。该分局在全面评估了倾倒和船舶作业的相关工程后，向相关船舶发放了编号为 2011100018 的倾倒许可证。随后，为加快挖泥和港池清挖工程，码头公司于 2011 年 8 月 1 日向该分局提交了增加两条泥驳船进行倾倒作业的申请。该分局在收到申请后，于 8 月 8 日发放了编号为 2011100018AA 的许可证。由于预计在 2011 年 12 月 21 日的有效期内无法完成疏浚作业，码头公司向分局提交了延期和增加船舶的申请，请求将工程延期至 2012 年 3 月 31 日。该分局在重新评审和核查项目后，发放了编号为 2011100018AAPA 的许可证。

在码头公司提交倾倒废物许可证申请并进行合法倾倒操作期间，拥有滩涂承包权的王某某多次投诉称，倾倒行为导致其养殖海域内大量水生动物死亡。2012 年 3 月 13 日，中国海事监督总队下属的海事处向王某某出具书面意见，认为码头公司未侵犯其合法权益。王某某原为南庄二村居民，后不幸因意外去世。其配偶、父母和儿子作为原告，向法院提起行政诉讼，指控国家海洋局某分局违法发放《废弃物海洋倾倒许可证》，侵犯了他们的合法权益。原告指出，在发放许可证时，相关机构未事先通知王某某，且在王某某报告第三方非法倾倒废物导致养殖损失后，被告未能有效执行监管职责，继续允许第三方在侵权海域非法倾倒废弃物。原告要求法院确认国家海洋局分支机构的违法行为，并要求其承担相应的法律责任。

被告在审理过程中提交了一幅示意图，该图显示实际的放养区位于倾倒区西侧，两者之间的最短距离为 450 米。原告对此示意图未提出异议。尽管原告曾向法院报告第三方倾倒疏浚物导致其养殖物大量死亡的情况，但在庭审中未能提供确凿证据。特别指出的是，2012 年 1 月 6 日，国家海洋局下属的环境监测中心站发布了《青岛胶州湾三类疏浚物海洋倾倒区 2011 年跟踪监测报告》。该报告基于 2011 年对倾倒区水质、沉积物和海洋生物的监测调查，表明所研究海域内所有监测站的沉积物均符合国家一级质量要求，且质量趋势稳定。海洋生物评估的大多数指标均在正常参考范围内。报告还引用了 2003 年发布的《关于青岛胶州湾外三类疏浚物海洋倾倒区部分海域暂停使用及加强倾倒区监测的通知》，该通知暂时缩减了倾倒区的范围。

被告发放给第三方码头公司的倾倒许可证中所标明的倾倒区域，与国家海洋局划定的胶州湾外三类疏浚物倾倒区域一致。然而，根据 2012 年环境监测中心站发布的数据报告，许可证中的部分倾倒区域超出了通知规定的缩小后的倾倒范围。对此，该分局解释称，海洋环境监测中心作为其下属机构，主要负责监控和管理海洋倾倒区。该中心发布的工作通知是一项规范性文件，旨在通知倾倒单位临时减少倾倒区面积，停止在界定范围外的作业活动，这属于一项临时性的作业调整措施。

在审理此案时，法院认为这是一起旨在确认行政行为合法性的诉讼，由非行政行为的相对方提起。这类诉讼通常涉及行政机关与个人之间的法律关系，相对人即因特定行为受到利益或损害的个人或组织，他们有权依法提起诉讼。本案的审理重点包括：原告的诉讼主体资格、被告在颁发倾倒许可证时是否应公示并通知原告、许可证规定的倾倒范围是否合法及被告的行政行为是否违法。尽管原告王某某承包的养殖区与倾倒许可证指定区域不重叠，但两者相邻，最近距离为 450 米。海洋活动可能导致废弃物影响附近水域。尽管原告未能提供废弃物漂移的直接证据，但许可证区域与养殖区的相邻关系构成了法律上的利害关系。根据《中华人民共和国行政诉讼法》第二条，王某某有权提起诉讼。王某某去世后，其四位亲属作为合法继承人，依法有权参与诉讼。

关于被告在发放倾倒许可证前是否应公开并通知原告，根据《中华人民共和国行政许可法》第四十六条和第四十七条的规定，行政机关在做出行政许可决定前，若该行为直接影响到申请人与他人之间的重大利益关系，应告知申请人和利害关系人有权要求听证。因此，对于涉及公众利益或重大利益关系的行政许可事项，在决定前应进行公示、征求意见，并通知相关申请人和利害关系人。

根据相关条款，首先，《中华人民共和国海洋环境保护法》第五十七条规定，在确定海洋倾倒区和核准临时海洋倾倒区前，国家海洋行政主管当局应征询海事和渔业主管当局的意见。这意味着，只有在确定废弃物倾倒区域时，才需要进行公开展示和听证。然而，本案仅涉及发放倾倒许可证，并未涉及公开展示和听证的法律要求，这与第一种情况不符。对于第二种情况，该分局在正常范围内向码头公司发放倾倒许可证，此行为不涉及重大公共利益。原告未能提供充分证据证明王某某与许可证发放行为有重大利益关联，因此，该分局在颁发许可证前无须公示或通知原告。关于第三种情况，即倾倒许可证规定的倾倒区域是否超出法定界限，需评估倾倒区域是否符合法律要求。国家海洋局环境监测中心站发布的《青岛胶州湾三类疏浚物海洋倾倒区 2011 年跟踪监测报告》缩小了原定倾倒区域，但该分局发放的许可证所规定的倾倒区域与国际海洋局定义的胶州湾外第三类疏浚物倾倒区相符，符合法律具体定义。尽管该范围超出了报告中缩小的区域，但由于报告为内部文件，非法律规定，因此不能作为评估许可证发放合法性的法律依据。最终，许可证发放的合法性应依据《中华人民共和国海洋倾废管理条例》第六条，该条款规定，有关部门需提交书面申请，填写废料倾倒表格，并附上废料性质及成分试验报告。当局在收到申请后，须在两个月内完成批准程序，并发放许可证。

本案中，码头公司已提交合理书面请求，被告也按规定对废物进行样本分析，并核实倾倒操作船舶是否装有倾废仪。因此，该流程与许可证发放流程一致。法院裁决表明，原告要求确认被告违法发放倾废许可证的行政行为缺乏充分的事实和法律依据，法院驳回原告诉求，二审维持原判。

4.5.3.4　案件分析与启示

为维护海洋生态和生物多样性，国家对海洋倾倒区的规划和临时海洋倾倒区的审批实施了严格的管理。法律要求，在确定倾倒区位置前，必须征询海洋和渔业主管机构的意见，以确保在政策制定和决策过程中，充分考虑海事和渔业等不同领域的利益和影响。

海洋活动，如潮汐和海浪，常影响废弃物的排放。潮汐是由引力和惯性力共同作用产生的海水周期性涨落现象，其不稳定性可能导致海水流速和方向变化，进而影响废弃物的漂移方向和范围。涌浪是由风力引起的海面波动，可能引起海水上升和下降，进一步影响废弃物的分布和流动。这些影响取决于多种因素，包括疏浚物的性质、倾倒地点的特征及海洋环境状况。为减少疏浚活动的负面影响，相关部门通常会采取选择适宜的气候和潮汐条件、控制疏浚物释放速度和方式、进行漂移预测和实时监控等措施，以减轻对海域的破坏，保护和促进环境的可持续性。

当有关部门计划将废物倾倒至海洋时，需向政府提交海洋垃圾倾倒许可证申请。这类许可证允许持有者在指定海域进行废弃物倾倒，其发放受国家或地区法律法规和环境政策的制约。海洋废弃物倾倒许可证的申请流程和标准因国家及地区而异，但通常包括申请、审查、批准和监管四个主要环节。在倾倒活动中，持有人应严格遵守相关法律和许可证条款，采取适当措施减轻对海洋生态系统的负面影响。

本次事件涉及国家海洋局某分局发放的倾倒许可证，以及该局下属海洋环境监测中心发布的一份报告，该报告在事件发生时对海洋倾倒区域的定义进行了临时调整。当监测中心站发布的工作通知具有规范性文件特征时，其法律效力通常被视为机关规范性文件。这类文件由政府部门或其附属单位制定，对特定行政行为具有普遍适用性，通常在法律和法规授权下发布，具有一定的法律效力。机关规范性文件的效力限于其管辖范围和对象。在海洋环境监测中，工作通知可能针对特定倾倒区的监控和管理发布，对相关机构和个体具有约束力。

原告的养殖区可能受码头公司倾倒行为的影响，但本案中，该公司的倾倒行为是合法的。当时，海洋倾废监管和执法尚处于起步阶段，面临诸多挑战。一方面，海洋环境的广阔和复杂性增加了监管和执法的难度；另一方面，存在违法倾倒废物的行为，这要求加强执法严格性和监管有效性。为确保海洋环境的有效保护和可持续利用，需不断优化和加强海洋倾废监管和执法体系，包括完善法律法规、提升监测技术和手段、增加执法人员并进行培训。

在国家海洋事业发展和海洋权益保护方面，我国曾面临海洋执法力量分散的问题，导致进展缓慢。根据《国务院机构改革和职能转变方案》，我国通过整合 4 个部门成立了中华人民共和国海警局，并重组国家海洋局，由自然资源部管理。国家海洋局代表中国海警局执行海上维权和执法活动。2017 年 3 月，国务院修订了《海洋倾废管理条例》，自此，统一的海上倾倒监管和执法机构成立，结束了多部门监管的局面。

尽管海洋环境保护法历经三次修改，但并未涉及防止倾倒废物对海洋环境造成的污染和损害。2018 年，生态环境部和自然资源部接替了原国家海洋局的任务，国家海洋局管理的海警团队移交武警部队，成立了中国人民武装警察部队海警总队。此次改革明确了海洋倾废的行政许可权和行政执法权的划分，生态环境部负责倾倒区选择和许可证审批，中国海警局负责执法检查和处罚。为保持与国家级别的海洋权益保护执法一致，广东、大连等省市建立了地方性海洋综合执法团队，集中执行地方权力范围内的海洋相关执法任务。这标志着中国海洋法律执行进入新阶段，海洋综合执法机构的主要职责和机构设置经历了多项调整，系统重构了海洋执法体制机制。

疏浚废弃物对海洋环境的影响主要分为两类：一是对海洋生态的直接改变，二是对海洋生物及渔业活动的影响。疏浚物排放的影响包括短期环境后果和长期环境后果。疏浚作业初期会产生高浓度悬浮物质，直接影响海洋生物，例如，影响定居性贝类的生存环境，并通过食物链中有毒物质的累积，导致水生生态系统的初级生产力下降。建筑方法如炸礁等人工行为也会对海洋生态产生直接影响。悬浮固体浓度的增加会导致海水浊度上升，从而引发包括水质下降和污染物扩散在内的短期后果，某些鱼类种群受损可能导致经济损失。

长期来看，疏浚物倾倒会改变海底地形、沉积物特征和沉积速率。清洁度高的疏浚物主要产生物理效应，而被污染的倾倒物则会引发更严重的化学效应，涉及有害物质、重金属和石油类污染物的排放。本案例主要探讨了海洋倾倒对生物的影响，倾倒活动可能对底层生物栖息地产生不良影响，疏浚物倾倒影响浮游生物和漂浮生物，导致水质浑浊、溶解氧减少和透光率降低，影响光合作用，降低初级生产能力。研究显示，疏浚物排放对养殖生物如蛏子、牡蛎的生长和毒性有短期影响。因此，原告提出的第三方疏浚物倾倒对其承包区域生物的影响在一定程度上是有依据的。高密度悬浮泥沙也可能对海藻和浮游生物产生短期不利影响，影响海洋渔业。

近年来，多国为疏浚物海洋倾倒区的环境影响制定了标准和条例，深入研究了倾倒区的生态环境变化。海洋倾倒物可能对生物群落产生不良影响，海底沉积物中的重金属浓度可能是周边海域的 2~3 倍。初期环境影响评估主要关注物理和化学方面，随着对生态影响理解的加深，生态毒理学和渔业资源损害研究也逐渐受到关注。通过研究疏浚物倾倒对海洋生态系统的具体影响，以及海域生态系统的变化趋势和特性，我们能更深刻地理解海洋废弃物处理带来的生态和环境挑战。这有助于我们借鉴国外海洋废弃物管理经验，制定科学实用的解决方案，应对海洋废弃物管理问题。这不仅减轻了疏浚物处理对海洋生态的影响，也提升了海洋垃圾处理的效益，具有重要的理论和实践价值。

4.5.3.5　结论

本案例分析了海洋倾废行为的典型案例，指出了其中的问题和教训。海洋倾废对环境构成挑战，导致生态恶化和资源破坏，案例强调了依法进行环境评估的重要性，提出了加强海洋倾废管理的措施，包括细致审查倾倒行为、建立监控管理体系、实时监控和数据收集，以及提升检测验证能力。法律的完善和加强对于保护海洋环境、维护公共利益和实现可持续发展至关重要，需要明确法律、加强惩罚和威慑力，建立监督和追责机制。案例中的争议点包括倾倒许可证发放过程中的公众参与和透明度，强调了未来监管体制需提升责任心和效率，确保流程规范和科学。最终，保护生态环境是首要任务，项目执行必须考虑生态影响，全社会应共同努力确保倾废行为合法合规，减少环境损害。

4.5.3.6　思考题

（1）在海洋倾废行为中，环境评估扮演什么角色？为什么它是防止环境损害的关键步骤？

（2）如何构建一个有效的海洋倾倒监控和管理体系？你认为哪些措施是必不可少的？

（3）为什么对海洋倾倒行为的实时监控和数据收集对于环境保护至关重要？这些数据如何帮助我们更好地管理海洋资源？

（4）在发放倾倒许可证的过程中，为什么需要公开展示和听证？公众参与如何影响倾倒决策的透明度和公正性？

（5）监管机构在海洋倾废行为中承担哪些责任？如何提升监管机构的责任心和工作效率？

4.5.3.7　案例使用说明

（1）案例摘要

本案例剖析了一宗典型的海洋倾废案例，揭示了其引发的问题与教训。海洋倾废行为对环境构成严峻挑战，引发生态退化与资源损毁，突显了依法开展环境评估的必要性。本案例提出强化海洋倾废管理的策略，涵盖严格审查倾废行为、构建监控管理体系、实施实时监控与数据采集，以及提高检测与验证技术。法律的完备性与执行力对海洋环境保护、公共利益维护及可持续发展具有决定性作用，需明确法律条文、强化惩处力度及威慑力，并建立监督与问责机制。案例中的争议集中在倾倒许可证发放的公众参与度和透明度上，未来监管体系须提升责任意识与工作效率，确保流程的规范性与科学性。

（2）课前准备

学生通过查找相关新闻报道及相关文献资料，较为清晰、准确地了解海洋倾废和海洋环境动态监测的过程细节，为课堂学习和深入讨论做好充分的知识准备、情境准备和心理准备。

（3）教学目标

通过案例分析，学生可以对海洋倾废管理的发展有更为清晰的认识，并在此基础上，对实践中的伦理问题进行辨识、思考，了解工程师应具备的科学精神、应遵循的科学伦理规范和法律规范。

（4）分析的思路与要点

本案例通过梳理海洋倾废权纠纷中的关键节点和主要事件，选取代表性组织部门与社会争议焦点，从社会伦理、生态伦理、工程伦理三个角度进行工程实践的原因分析，从公众参与发挥监督职能，参与生态保护的角度谈社会治理，有助于学生打开学习思路。

（5）课堂安排建议

根据具体课时安排，可以多个课时开展。课前先安排学生阅读相关资料，让学生自主了解海洋废弃物倾倒的危害。

课堂（45 分钟）安排：

教师讲授　　　　　　（15 分钟）

学生讨论　　　　　　（10 分钟）

学生报告和分享　　（15 分钟）
教师总结　　　　　（5 分钟）

补充阅读

[1] 国务院. 中华人民共和国行政许可法 [J]. 青海国土经略，2004，14(2)：20-24.

[2] 中国法治出版社. 中华人民共和国海洋环境保护法 [M]. 北京：中国法治出版社，2014.

[3] 中华人民共和国生态环境部. 中华人民共和国海洋倾废管理条例 [EB/OL]. (2017-03-21) [2024-10-23].

[4] 虞志英，张勇. 疏浚物倾抛对海洋环境影响的研究述 [J]. 海洋与湖沼，1999，30(4)：460-46.

[5] 范志杰，宋春印. 我国海洋倾废活动的发展历程 [J]. 交通环保，1994，15(5)：19-24.

[6] 樊光裕，王成芳，方剑明. 海洋非法倾废公益诉讼办案实践 [J]. 中国检察官，2021(18)：3-7.

[7] 孙旭. 我国海洋倾废管理立法的完善 [D]. 青岛：山东科技大学，2020.

[8] 孙淑艳，许自舟，刘述锡，等. 基于非现场监管的海洋倾废监督管理系统 [J]. 海洋环境科学，2023，42(1)：160-164.

4.5.4　缅因州巴尔港海湾邮轮诉讼案例

内容提要：美国缅因州巴尔港海湾是游轮的热门目的地，每年大量游轮乘客的涌入增加了当地旅游业收入，为巴尔港小镇带来了经济效益，但游轮数量的增加和游客规模的扩大，引发了一场涉及海滨企业、游轮公司和当地居民的法律诉讼。最终，美国地方法院裁定巴尔港镇胜诉，巴尔港镇有权限制游轮乘客上岸，法院指出，根据缅因州宪法，该法令是对地方自治权力的合法行使，此外，该法令不受美国宪法至上条款的限制，也不违反商业和正当程序条款，这一裁决对巴尔港的游轮旅游业产生了深远影响，揭示了游轮旅游业发展中所涉及的多方利益和挑战，以及当地社区为维护生活质量所做的努力。

关键词：游轮旅游业；地方利益；洲际商业；环境保护；道德伦理；法律诉讼

4.5.4.1　引言

巴尔港是美国缅因州一个风景如画的小镇，以自然美景和旅游业闻名，近年来已成为游轮的热门目的地。大量游轮乘客的涌入增加了旅游业收入，为小镇带来了经济效益，但也引发了居民对过度拥挤、交通堵塞和环境影响的担忧。首先，从经济角度来看，旅游业是巴尔港的重要经济支柱之一。根据市场研究，缅因州的旅游业季节性波动较大，但在旅游旺季，它对当地经济的贡献尤为显著。旅游业的发展带动了酒店、餐饮、零售和服务业的增长，为当地居民提供了就业机会，增加了税收，促进了经济的多元化发展。此外，旅游业的增长还带动了先进材料、航空航天、食品和林业等相关产业的发展，进一步增强了当地经济的活力。然而，旅游业的发展也给巴尔港的生态环境带来了压力。旅游活动的增加可能导致自然资源的过度消耗，如水资源的紧张、土地利用的变化等。此外，旅游设施的建设和游客的大量涌入可能会对当地的生态系统造成破坏，如土壤侵蚀、生物多样性减少等。旅游业的扩张还可能带来环境污染问题，如废水排放、垃圾处理不当等，这些都可能对海洋和陆地生态系统的健康造成长期影响。

自 2022 年以来，巴尔港小镇一直在努力寻求解决游轮游客管理问题的方案。巴尔港小镇成立了一个特别工作组，以解决巴尔港游轮游客的管理问题，同时工作组建议成立游轮委员会，并在旺季和淡季实施每日乘客人数上限，以管理在该镇上岸的游轮乘客人数。而通过与游轮公司的协商和制定一系列法规，巴尔港小镇试图在维持经济利益的同时，保护当地社区的生活质量和环境。然而，这一切的努力都并未消除居民的担忧和争议。就在不久前，一场涉及游轮公司、当地企业和巴尔港居民的诉讼引发了广泛关注，该诉讼的结果将对巴尔港的未来发展产生深远影响。

4.5.4.2　案例背景介绍

巴尔港小镇政府为了实现可持续的社区管理，与邮轮公司达成一致，同意根据现有邮轮较低的泊位容量，自愿设置每日乘客上限。游轮运营商认识到需要平衡游轮旅游的经济效益和小镇接待游客的能力，因此接受了乘客上限的规定。在最初的协议之后，小镇与多家邮轮公司签订了协议备忘录（MOA），进一步完善了乘客上限和船期安排。这些协议备忘录调整了每日乘客上限，引入了每月上限，并将某些月份排除在预订系统外，以便更有效地管理游轮游客。

尽管采取了自愿措施并达成了协议，但巴尔港的居民，包括在镇上拥有一家画廊的查尔斯·西德曼，仍旧担心邮轮旅游业对该小镇的生活质量和当地福利产生负面影响，甚至包括保护和维护当地生计协会（APPLL）成员在内的一群当地居民发起了公民倡议，要求对游轮上岸实施更严格的规定。为了寻求解决诸如过度拥挤、交通拥堵及与游轮访问相关的环境问题等问题，公民提议修订《巴尔港法规》，该提案被列入了 2022 年 11 月 8 日巴尔港举行的特别市民会议的议事令。最终，在巴尔港特别市民会议上，关于土地使用条例的新增规定——游轮乘客上岸必须获得许可，并设定每日上岸人数上限为 1000 人，因大多数参加会议的登记选民支持该条款而投票通过，表明社区群众支持拟议土地使用的条例，其中查尔斯·西德曼是提议主要的支持者和新规的共同起草者。

条例制定后，人们就制定规则进行了讨论，以解决诸如将机组人员排除在乘客限制外及监控乘客数量等细节问题。总的来说，巴尔港的土地使用条例，包括规定游轮乘客下船人数上限为 1000 人，是对当地考虑了游轮旅游业对城镇环境、基础设施和社区福祉的影响的回应。该条例反映了社会在平衡经济利益与维护本地生活质量方面所做的努力。

4.5.4.3　案例过程概述

2023 年 1 月 4 日，巴尔港的海滨企业对当地政府限制游轮乘客数量的措施提出质疑，认为每天限制 1000 名游客下船的规定过于严格且随意，违反了宪法，并阻碍了游轮及海事设施参与联邦政府批准的运营，引发了诉讼。这场诉讼涉及游轮公司、海事设施和巴尔港镇之间的利益冲突。诉讼中，巴尔港的企业主质疑当地居民限制游轮访问量以维持生活质量的做法，认为这影响了他们与游轮公司及其乘客的商业关系。争议的核心在于，拥有私有港口设施的市政当局是否有权为了地方福利限制州际游轮贸易，还是必须允许任何水平的贸易以支持地方市场。

原告包括维护和保护当地生计协会（APPLL）、B.H. Piers, L.L.C.、Golden Anchor L.C.、巴尔港观鲸公司、Delray Explorer Hull 495 LLC、Acadia Explorer 492, LLC，以及作为代表参与诉讼的 The Penobscot Bay 和 The Pilots Association。APPLL 是一个由巴尔港企业主组成的商业联盟，旨在利用为游轮乘客提供商品和服务带来的经济机遇，成员包括当地餐馆、零售店和旅游相关企业的业主和员工。B.H. Piers 和 Golden Anchor 在巴尔港拥有码头，并获海岸警卫队批准用于游轮客运业务。巴尔港观鲸公司负责协调观鲸之旅以满足游轮乘客需求。Delray Explorer Hull 495 LLC 和 Acadia Explorer 492, LLC 拥有的招标船负责将游轮乘客从停泊在法国人湾的游轮运送到巴尔港。领航员协会提供从 Boothbay Harbor 到 Frenchman Bay，以及从 Penobscot Bay 西领航站到 Penobscot River Port of Brewer 的领航服务，覆盖 75 英里范围。

依照法律规定，外籍邮轮和部分国内游轮在进入法国人湾及其航道时，必须由当地领航员领航。领航员在离岸 8~12 英里处登船，引导邮轮至法国人湾锚地或其他佩诺布斯科特湾目的地。这些锚地距离巴尔港海滨及码头大约 2 英里。领航员协会的业务受缅因州领航委员会监管。为应对邮轮交通增长，协会投资购置了船只并扩大了领航员队伍，拥有专门船员和定制船只以满足法国人湾邮轮交通的领航需求。领航服务费用由法律设定，根据船只大小决定，船只越大，费用越高。

巴尔港镇作为被告，是外籍邮轮重返美国的主要入境港和北大西洋邮轮航线的热门停靠点。该镇由镇议会管理，曾设立游轮委员会（现已解散）。镇上常住人口约 5500 人，接近大型邮轮的最低载客量。查尔斯·西德曼先生代表巴尔港镇参与诉讼。

APPLL 代表当地居民和企业，关注邮轮旅游业对社区的影响，倡导可持续旅游、环境保护及维护小镇特色和生活质量。巴尔港的企业在维持与邮轮公司及其乘客的商业关系的同时，也担心镇上对邮轮停泊的限制对业务产生负面影响。在州际商业方面，这些企业担心镇上的规定可能会限制州际邮轮贸易。这些涉及旅游业的企业观点不一，有的担心限制邮轮访问可能带来的经济损失，有的则强调邮轮旅游经济效益和保持巴尔港旅游业繁荣的重要性。

巴尔港镇作为本案被告，主张其限制游轮乘客数量的措施是为了解决交通拥堵、环境影响和社区福祉问题，以保护城镇利益并维持旅游业收入与当地生活质量之间的平衡。该镇认为，限制游轮访问是为了保持当地的生活质量和社区福利。同时，镇上强调了在管理游轮到访和保护当地社区方面行使人民主权的权利，以及在处理地方利益和邮轮旅游经济利益之间寻求平衡的重要性。在审理过程中，查尔斯·西德曼证实，1000 名乘客的上限并非基于严格研究，而是经过讨论和考虑后的结果。巴尔港镇的讨论小组评估了多种可能的上限，最终确定了 1000 人的限制。西德曼明示了对富裕乘客小型游轮的偏好，反映出他希望塑造巴尔港旅游业的特定方向。这些论点揭示了当地企业希望维持商业关系与镇上为社区福祉管理游轮访问之间的利益冲突。

在法院设定加急时间表且原告撤回初步禁令动议后，案件进入庭审阶段。巴尔港镇同意在诉讼结果出炉前暂不执行受质疑的土地使用法规。经过 2023 年 7 月为期 3 天的审理，双方提交了书面结案陈词。基于证据记录、律师辩论和法律考量，美国地区法官兰斯·沃克判决，巴尔港镇对游轮游客的限制是在缅因州宪法下合法行使地方自治权，并未违反美国宪法的正当程序条款或商业条款。除一项罪状外，法官判决被告巴尔港镇胜诉，即使在该项罪状上，判决也部分支持巴尔港镇，因为仅在确认部分优先权问题时给予有限的宣告性救济，而非原告及其代理所寻求的全面救济。

在判决中，法院综合考量了多种因素和法律原则，以平衡地方利益与州际商业的关系。首先，法院认可巴尔港镇对游轮访问的管理是出于对当地社区独特挑战和影响的关注，确认该镇为解决过度拥挤和环境影响等问题所做的努力是合法的地方利益体现。其次，法院在承认州际商业受影响的同时，强调为实现合法的地方公共利益而对商业进行的监管是可以接受的，除非这种监管相对于地方利益而言对商业造成的负担过重。法院还考虑了地方福利与州际商业之间的平衡，确认城镇有权管理可能影响商业的地方事务。然后，法院强调了巴尔港镇通过民主程序制定游轮管理条例，体现了社区意愿，突出了地方自治在解决地方问题中的重要性。最后，法院做出了有限的宣告性救济决定，支持巴尔港镇的立场，表明法院在平衡地方利益和州际商业方面采取了细致的方法，通过部分优先权的认定，旨在消除担忧，同时承认镇上为地方福利进行管理的权力。

裁决发布后，巴尔港官员于 2024 年 3 月 11 日宣布，将减少允许上岸的游轮游客数量，实行每天 1000 名乘客的上限。这意味着几乎未来所有前往巴尔港的游轮都将受限，游轮公司需根据新规定调整运营计划。在此背景下，巴尔港将继续努力平衡旅游业的经济利益与社区生活质量，确保小镇的可持续发展。法院的裁决体现了对竞争利益的慎重权衡，既承认了地方利益的重要性，也考虑了对州际商业的影响。

4.5.4.4　案件分析与启示

巴尔港案例突出了治理在平衡相互竞争的利益和价值观方面的复杂性，强调了考虑监管决策的更广泛社会影响的整体方法的重要性。最终，该案例体现了法律、经济、环境和伦理在制定公共政策和地方治理方面的动态相互作用。关于缅因州巴尔港限制游轮乘客法令的法律分析涉及几个关键方面，包括宪法解释、地方治理原则及州和联邦法律之间的关系。

法院的裁决支持了基于缅因州宪法授予的地方自治权的法令。这一宪法规定赋予市政当局自主管理地方事务的权力，体现了地方自治和分权的原则。法院通过确认该条例是对地方自治权力的合法行使，加强了州宪法在界定市政权力范围和确保地方一级民主代表权方面的重要性。该案件还强调了地方治理的基本原则，包括市政主权的概念和市政作为独立政治实体的作用。市政当局拥有为其居民的健康、安全和福利颁布必要法律和条例的固有权力。限制游轮乘客的条例就是这种权力的例证，因为它解决了当地对基础设施、环境和社区福祉的关注。通过承认市政法规的合法性，法院维护了地方决策过程的完整性，并促进了对选民的问责制。此外，该案件阐明了州法和联邦法之间错综复杂的关系，特别是关于优先购买权和联邦制的问题。尽管根据美国宪法的最高条款，联邦法律具有至高无上的地位，但各州在各自的权力范围内保留了很大的自主权。最高法院对联邦法律的分析，包括"至上条款"和"商业条款"，确保地方法令不与联邦法规或宪法条款相冲突或破坏。通过在州和联邦权力之间保持微妙的平衡，最高法院维护了联邦制的原则，尊重了宪法划定的司法界限。

从经济角度分析巴尔港限制游轮乘客的法令涉及多个方面，包括游轮旅游的经济影响、法令背后的理论依据、对当地企业的潜在经济影响及对当地经济的更广泛影响。游轮旅游可对当地经济产生重大影响，包括为企业创收、创造就业机会及增加旅游部门的支出。在巴尔港，游轮访问通过支持餐馆、商店、旅行社和运输服务等企业为当地经济做出贡献。然而，游轮旺季期间乘客的快速涌入也会给当地资源和基础设施造成压力，导致交通拥堵、环境恶化，并对居民的生活质量产生负面影响。限制游轮乘客的法令反映了该镇管理旅游业影响、保护当地环境和社区完整性的积极态度。通过对乘客数量设置上限，该法令旨在缓解交通拥堵、减少环境污染，并保持巴尔港作为旅游目的地的整体吸引力。

虽然该条例服务于更广泛的经济和环境目标，但可能会对依赖游轮旅游的企业造成潜在的经济影响。限制乘客数量可能会导致餐厅、商店和其他为游客提供服务的场所的人流量和销售额减少。此外，旅游运营商和运输服务的需求可能会减少，从而影响其收入和盈利能力。这些经济效应可能会对整个当地经济产生连锁反应，影响就业水平、税收和整体商业可行性。不过，从更广泛的角度来看，该法令的经济影响超出了对与游轮旅游业直接相关的企业的直接影响。通过保护小镇的自然资源和生活质量，该条例有助于当地经济的长期可持续性和恢复力。健康的环境和充满活力的社区对于吸引游客、居民和企业，促进经济增长和长期繁荣至关重要。此外，该条例还向潜在的投资者和游客发出信号，表明巴尔港将负责任的旅游行为和可持续发展放在首位，从而提高其作为理想休闲娱乐目的地的声誉。

我们可以从环境角度分析巴尔港限制游轮乘客的法令，包括研究游轮旅游对环境的影响、法令背后的理论依据、对当地环境的潜在益处及对可持续发展和保护工作的广泛影响。邮轮旅游会对环境造成空气和水污染、栖息地破坏和海洋生态系统破坏。大型游轮排放二氧化硫、氮氧化物和颗粒物等污染物，造成港口地区的空气污染。此外，游轮排放的废水，包括污水、灰水和压舱水，可能含有对海洋生物有害的污染物和入侵物种。在邮轮旺季，乘客的快速涌入也会导致自然区域过度拥挤和退化，加剧侵蚀、践踏植被并干扰野生动物栖息地。限制游轮乘客的法令反映了该镇为减轻旅游业对环境的影响和保护当地生态系统而采取的积极措施。通过限制乘客数量，该法令旨在减少污染，减轻对敏感栖息地的压力，保护巴尔港及其周边水域的整体生态完整性。从环境的角度来看，该法令旨在平衡旅游业的经济效益与环境管理的必要性，承认自然资源和生物多样性的内在价值。

限制游轮乘客可为当地环境带来若干潜在益处。通过减少游轮和乘客数量，该条例可减轻空气和水污染，最大限度地减少对栖息地的干扰，减轻对海洋生态系统的压力。该条例还有助于保护脆弱物种和栖息地，包括沿海湿地、潮间带和珊瑚礁，因为它们对人类活动和污染很敏感。此外，通过推广可持续旅游实践和负责任的游览方式，该条例支持当地环境的长期健康和恢复能力，确保为子孙后代保护环境。从环境的角度来看，这个案例强调了保护和可持续发展的重要性。游轮旅游会对环境造成严重的影响，包括污染、栖息地破坏和对海洋生态系统的干扰等。通过限制邮轮乘客的数量，该新增的土地法令旨在减少邮轮对巴尔港脆弱的沿海环境造成的生态足迹，以此保护巴尔港当地的生物多样性和自然资源。这种优先为子孙后代保护自然资产的思路，体现了一种积极主动的环境管理方法。

4.5.4.5　结论

缅因州巴尔港的邮轮诉讼案例为地方治理、环境管理和道德决策提供了重要经验。法院支持地方性法规，强调了地方自治和可持续发展在公共政策中的重要性，肯定了市政当局为社区最佳利益进行监管的权力。此案件不仅影响了巴尔港，还为类似市政权力和宪法解释问题树立了先例，指导了未来法律挑战，并强调宪法解释在塑造地方治理中的作用。该案例可能促使游轮业与社区更紧密合作，调整运营以符合不同法规，加强与市政当局的对话。它还引发了关于游轮旅游管理的全国性讨论，以及国会在解决相关问题中的作用的思考。从可持续性角度看，该条例不仅影响巴尔港，还扩展到更广泛的环境保护工作，为负责任的旅游业管理树立了先例，强调了地方政府在促进可持续发展和吸引利益相关者参与保护计划中的作用。通过优先考虑环境保护，该条例支持全球应对气候变化和生物多样性丧失的努力，这与国际可持续发展目标一致。巴尔港案例还强调了地方自治在应对挑战、管理市政事务中的重要性，赋予了市政当局制定法规的权力，促进了民主治理。它强调了可持续旅游管理的必要性、道德决策，以及合作治理方法，鼓励利益相关者参与，促进对话，围绕共同目标达成共识。该案例为治理、可持续性和道德领导力提供了宝贵的经验和指导原则，体现了地方行动的力量和塑造更公正、公平和可持续发展未来的集体责任。

4.5.4.6　思考题

（1）在制定游轮乘客数量限制的过程中，巴尔港镇是否充分考虑了经济利益和社区生活质量之间的平衡？还可以采取哪些措施来更好地解决这一平衡问题？

（2）法院裁定巴尔港镇有权限制游轮乘客上岸，这一裁决对游轮旅游业产生了深远影响。在法律层面上，该裁决是否能够为其他海滨城镇提供类似的法律依据，以解决类似的社区挑战？这可能会如何影响整个游轮行业的运营和发展？

（3）在制定类似限制时，政府、企业和社区应如何更好地协商和合作，以平衡经济发展和社区环境保护之间的关系？有哪些经验教训可以从巴尔港案例中吸取，以指导其他地区在处理类似问题时更有效地进行决策和管理？

（4）如何平衡地方利益与州际商业之间的关系是一个复杂的问题。在巴尔港案例中，法院裁定支持了地方政府的权利来限制游轮乘客上岸，但也对州际商业的影响进行了考量。对于其他城镇和地区，如何在制定类似政策时考虑和平衡地方利益和州际商业的利益？

4.5.4.7　案例使用说明

（1）案例摘要

本案例探讨巴尔港游轮旅游业的背景与发展，以及围绕着游轮访问限制的争议和最终的法院裁决。通过对诉讼双方的观点、法律考量及法院裁决的分析，本案例将揭示出这一复杂问题的多个层面，并试图理清其中的利益纠葛与权衡。最终，本案例希望为学生提供一个更深入了解小镇发展与当地社区利益之间相互作用的视角，以及在面对类似挑战时可能采取的解决方案。

（2）课前准备

学生通过查找相关新闻报道及相关文献资料，较为清晰、准确地了解滨海旅游经济发展和生活环保的全面耦合关系，为课堂学习和深入讨论做好充分的知识准备、情境准备和心理准备。

（3）教学目标

通过案例分析，学生可以对海洋旅游经济发展和生活环保的全面耦合关系有更为清晰的认识，并在此基础上，对实践中的伦理问题进行辨识、思考，了解工程师应具备的科学精神、应遵循的科学伦理规范和法律规范。

（4）分析的思路与要点

本案例通过梳理海洋旅游经济发展和生活环保中的关键优劣进行对比分析，选取代表性组织部门与社会争议焦点，从社会伦理、生态伦理、工程伦理三个角度进行工程实践的原因分析，从公众参与发挥监督职能，参与生态保护的角度谈社会治理，有助于学生打开学习思路。

（5）课堂安排建议

根据具体课时安排，可以多个课时开展。课前先安排学生阅读相关资料，让学生自主了解巴尔港游轮旅游业的相关历史背景。

课堂（45 分钟）安排：

教师讲授　　　　　　　　（15 分钟）

学生讨论　　　　　　（10 分钟）

学生报告和分享　　　（15 分钟）

教师总结　　　　　　（5 分钟）

补充阅读

[1] Gabe, T. Yelp.com ratings and the businesses visited by cruise passengers in Bar Harbor, Maine[J]. Applied Economics Letters, 2020, 28(2): 119-123.

[2] 白岠，姚瑶 ."游向"大海深处邮轮游潜在风险带来法治新挑战 [J]. 法人，2024(7)：42-44.

[3] 丁蓉，张美娜．邮轮游热度攀升满足消费者多元化出游需求 [N]. 证券日报，2024-10-08(A03).

[4] 黄玲 ."邮轮＋文旅"融合"破题出圈"[N]. 中国水运报，2024-09-18(5).

[5] 张广艳，战旗．陆海联动新通道交通旅游两相宜 [N]. 滨城时报，2024-09-03(2).

[6] 储静伟，陈伊萍，陈逸欣，等．邮轮日本游变韩国游，回上海后少数游客维权起纷争 [EB/OL]. (2015-08-31) [2024-10-23]. https://www.bjnews.com.cn/detail/1710835160129910.html.

[7] 郑彬．全球邮轮业复苏步伐加快 [N]. 人民日报海外版，2024-08-06(10).

[8] 韩鑫．邮轮旅游市场稳步向好 [N]. 人民日报，2024-07-23(7).